第四次气候变化国家评估报告

第四次气候变化国家评估报告特别报告

中国应对气候变化地方典型案例集

《第四次气候变化国家评估报告》编写委员会 编著

图书在版编目（CIP）数据

第四次气候变化国家评估报告特别报告：科学数据集/《第四次气候变化国家评估报告》编写委员会编著. —北京：商务印书馆，2022

（第四次气候变化国家评估报告）

ISBN 978-7-100-21195-6

Ⅰ. ①第… Ⅱ. ①第… Ⅲ. ①气候变化-评估-研究报告-中国 Ⅳ. ①P467

中国版本图书馆 CIP 数据核字（2022）第 085170 号

第四次气候变化国家评估报告

第四次气候变化国家评估报告特别报告

科学数据集

《第四次气候变化国家评估报告》编写委员会 编著

商 务 印 书 馆 出 版

（北京王府井大街 36 号邮政编码 100710）

商 务 印 书 馆 发 行

北京艺辉伊航图文有限公司印刷

ISBN 978-7-100-21195-6

2022 年 11 月第 1 版　　开本 710×1000 1/16

2022 年 11 月北京第 1 次印刷　印张 35 1/2

定价：238.00 元

《第四次气候变化国家评估报告》编写委员会

编写领导小组

组　长	张雨东	科学技术部
副组长	宇如聪	中国气象局
	张　涛	中国科学院
	陈左宁	中国工程院
成　员	孙　劲	外交部条约法律司
	张国辉	教育部科学技术与信息化司
	祝学华	科学技术部社会发展科技司
	尤　勇	工业和信息化部节能与综合利用司
	何凯涛	自然资源部科技发展司
	陆新明	生态环境部应对气候变化司
	岑晏青	交通运输部科技司
	高敏凤	水利部规划计划司
	李　波	农业农村部科技教育司
	厉建祝	国家林业和草原局科技司
	张鸿翔	中国科学院科技促进发展局
	唐海英	中国工程院一局
	袁佳双	中国气象局科技与气候变化司
	张朝林	国家自然科学基金委员会地学部

曾经是《第四次气候变化国家评估报告》编写领导小组成员，并为报告的编写做了大量工作和贡献，后因职务变动等原因不再作为成员的有徐南平、丁仲礼、刘旭、张亚平、苟海波、孙桢、高润生、吴远彬、杨铁生、文波、刘鸿志、庞松、杜纪山、赵千钧、王元晶、高云、王岐东、王孝强。

专家委员会

主　任	徐冠华	科学技术部
副主任	刘燕华	科学技术部
委　员	杜祥琬	中国工程院
	孙鸿烈	中国科学院地理科学与资源研究所
	秦大河	中国气象局
	张新时	北京师范大学
	吴国雄	中国科学技术大学
	符淙斌	南京大学
	丁一汇	中国气象局国家气候中心
	吕达仁	中国科学院大气物理研究所
	王　浩	中国水科院国家重点实验室
	方精云	北京大学/中国科学院植物研究所
	张建云	南京水利科学研究院
	何建坤	清华大学

周大地	国家发展和改革委员会能源研究所
林而达	中国农业科学院农业环境与可持续发展研究所
潘家华	中国社会科学院城市发展与环境研究所
翟盘茂	中国气象科学研究院

编写专家组

组　长	刘燕华		
副组长	何建坤	葛全胜	黄　晶
综合统稿组	孙　洪	魏一鸣	
第一部分	巢清尘		
第二部分	吴绍洪		
第三部分	陈文颖		
第四部分	朱松丽	范　英	

领导小组办公室

组　长	祝学华	科学技术部社会发展科技司
副组长	袁佳双	中国气象局科技与气候变化司
	傅小锋	科学技术部社会发展科技司
	徐　俊	科学技术部社会发展科技司

	陈其针	中国21世纪议程管理中心
成　员	易晨霞	外交部条约法律司应对气候变化办公室
	李人杰	教育部科学技术与信息化司
	康相武	科学技术部社会发展科技司
	郭丰源	工业和信息化部节能与综合利用司
	单卫东	自然资源部科技发展司
	刘　杨	生态环境部应对气候变化司
	汪水银	交通运输部科技司
	王　晶	水利部规划计划司
	付长亮	农业农村部科技教育司
	宋红竹	国家林业和草原局科技司
	任小波	中国科学院科技促进发展局
	王小文	中国工程院一局
	余建锐	中国气象局科技与气候变化司
	刘　哲	国家自然科学基金委员会地学部

曾经是《第四次气候变化国家评估报告》编写工作办公室成员，并为报告的编写做了大量工作和贡献，后因职务变动等原因不再作为成员的有吴远彬、高云、邓小明、孙成永、汪航、方圆、邹晖、王孝洋、赵财胜、宛悦、曹子祎、周桔、赵涛、张健、于晟、冯磊。

本书作者

指导委员	何建坤	教　授	清华大学
	吕达仁	院　士	中国科学院大气物理研究所
领衔专家	曲建升	研究员	中国科学院成都文献情报中心
	吴力波	教　授	复旦大学
首席作者			
第一章	肖子牛	研究员	中国科学院大气物理研究所
	高晓清	研究员	中国科学院西北生态环境资源研究院
第二章	董金玮	研究员	中国科学院地理科学与资源研究所
	董利苹	助理研究员	中国科学院西北生态环境资源研究院
第三章	周凌晞	研究员	中国气象科学研究院
第四章	曹军骥	研究员	中国科学院地球环境研究所
	车慧正	研究员	中国气象局气象科学研究院
第五章	师春香	研究员	中国气象局国家气象信息中心
第六章	董广辉	教　授	兰州大学资源环境学院
第七章	于华明	副教授	中国海洋大学

	田崇国	研究员	中国科学院烟台海岸带研究所
第八章	康世昌	研究员	中国科学院西北生态环境资源研究院
	史健宗	工程师	中国科学院西北生态环境资源研究院
第九章	王秋凤	研究员	中国科学院地理科学与资源研究所
第十章	施小明	研究员	中国疾病预防控制中心环境与健康相关产品安全所
	陶　燕	教　授	兰州大学
第十一章	鲍振鑫	教授级高工	南京水利科学研究院
第十二章	叶　谦	教　授	北京师范大学
	安培浚	副研究员	中国科学院西北生态环境资源研究院
第十三章	黄建国	生态中心副主任/研究员	中国科学院华南植物园
第十四章	胡国铮	副研究员	中国农业科学院农业环境与可持续发展研究所
第十五章	秦佩华	副研究员	中国科学院大气物理研究所
	张培群	副总工程师	中国气象局国家气候中心

第十六章	高志刚	正高级工程师	国家海洋信息中心
	王　慧	研究员	国家海洋信息中心
	李宇航	副研究员	中国21世纪议程管理中心
第十七章	邹乐乐	副研究员	中国科学院科技战略咨询研究院
第十八章	廖　华	教　授	北京理工大学
第十九章	马蔚纯	教　授	复旦大学
第二十章	裴惠娟	副研究员	中国科学院西北生态环境资源研究院
第二十一章	卢鹤立	教　授	河南大学
第二十二章	方　恺	研究员	浙江大学公共管理学院
第二十三章	张　艳	副教授	复旦大学
	王文涛	研究员	中国21世纪议程管理中心
	曾静静	副研究员	中国科学院西北生态环境资源研究院

主要作者

第一章	赵　亮	中国科学院大气物理研究所
	尹志强	国家天文台
	李瑜洁	中国科学院西北生态环境资源研究院
第二章	赵国松	中国地质大学（武汉）

崔耀平 河南大学
匡文慧 中国科学院地理科学与资源研究所
尤南山 中国科学院地理科学与资源研究所
第三章 刘燕飞 中国科学院西北生态环境资源研究院
刘立新 中国气象局气象探测中心
程巳阳 中国气象科学研究院
第四章 李建军 中国科学院地球环境研究所
桂 柯 中国气象局气象科学研究院
苏小莉 中国科学院地球环境研究所
第五章 廖 琴 中国科学院西北生态环境资源研究院
曹丽娟 国家气象信息中心
韩 帅 国家气象信息中心
孙 帅 国家气象信息中心
姜立鹏 国家气象信息中心
张 涛 国家气象信息中心
梁 晓 国家气象信息中心
孙丞虎 国家气象信息中心/中国气象科学研究院
陈 哲 国家气象信息中心
第六章 王明达 中国科学院青藏高原研究所
吕厚远 中国科学院地质与地球物理研究所

侯居峙　中国科学院青藏高原研究所
徐德克　中国科学院地质与地球物理研究所
沈才明　云南师范大学
周爱锋　兰州大学
第七章　王金平　中国科学院西北生态环境资源研究院
刘应辰　中国海洋大学
于江华　南京信息工程大学
李学荣　中国科学院烟台海岸带研究所
王秀娟　中国科学院烟台海岸带研究所
第八章　李　娜　中国科学院西北生态环境资源研究院
郭万欣　中国科学院西北生态环境资源研究院
吴通华　中国科学院西北生态环境资源研究院
第九章　陈　智　中国科学院地理科学与资源研究所
田大栓　中国科学院地理科学与资源研究所
任小丽　中国科学院地理科学与资源研究所
刘　宇　中国科学院地理科学与资源研究所
裴惠娟　中国科学院西北生态环境资源研究院
朱剑兴　中国科学院地理科学与资源研究所
张雷明　中国科学院地理科学与资源研究所
第十章　李　勇　兰州大学

李永红　　中国疾病预防控制中心环境与健康相关产品安全所

第十一章　吴秀平　　中国科学院西北生态环境资源研究院

李彬权　　河海大学

宋晓猛　　中国矿业大学

第十二章　王　瑛　　北京师范大学

方伟华　　北京师范大学

赵纪东　　中国科学院西北生态环境资源研究院

白　静　　兰州大学

第十三章　梁寒雪　　中国科学院华南植物园

王文锦　　中国科学院华南植物园

褚建民　　中国林业科学研究院林业研究所

第十四章　高清竹　　中国农业科学院农业环境与可持续发展研究所

干珠扎布　　中国农业科学院农业环境与可持续发展研究所

秦晓波　　中国农业科学院农业环境与可持续发展研究所

万运帆　　中国农业科学院农业环境与可持续发展研究所

刘　硕　中国农业科学院农业环境与可持续发展研究所
赵转军　兰州大学
第十五章　谢瑾博　中国科学院大气物理研究所
贾炳浩　中国科学院大气物理研究所
陈康君　中国科学院大气物理研究所
辛晓歌　国家气候中心
张　莉　国家气候中心
李　健　中国气象科学研究院
容新尧　中国气象科学研究院
第十六章　李　响　国家海洋信息中心
李　欢　国家海洋信息中心
郑惠泽　中国 21 世纪议程管理中心
第十七章　李恒吉　中国科学院西北生态环境资源研究院
刘昌新　中国科学院科技战略咨询研究院
顾佰和　中国科学院科技战略咨询研究院
陈佩佩　中国科学院科技战略咨询研究院
吴　怡　中国科学院科技战略咨询研究院
第十八章　马晓微　北京理工大学
伍敬文　北京理工大学

第十九章 钱浩祺 复旦大学

刘莉娜 中国科学院西北生态环境资源研究院

赵荣钦 华北水利水电大学

蒋　平 复旦大学

汤昊玥 复旦大学

第二十章 马瀚青 中国科学院西北生态环境资源研究院

第二十一章 刘桂芳 河南大学

李　强 河南大学

第二十二章 杜立民 浙江大学经济学院

张旭亮 浙江大学区域协调发展研究中心

李程琳 浙江大学公共管理学院

张琦峰 浙江大学公共管理学院

王思亓 浙江大学公共管理学院

序

气候变化不仅是人类可持续发展面临的严峻挑战，也是当前国际经济、政治、外交博弈中的重大全球性和热点问题。政府间气候变化专门委员会（IPCC）第六次评估结论显示，人类活动影响已造成大气、海洋和陆地变暖，大气圈、海洋、冰冻圈和生物圈发生了广泛而迅速的变化。气候变化引发全球范围内的干旱、洪涝、高温热浪等极端事件显著增加，对全球粮食、水、生态、能源、基础设施以及民众生命财产安全等构成长期重大影响。为有效应对气候变化，各国建立了以《联合国气候变化框架公约》及其《巴黎协定》为基础的国际气候治理体系。多国政府积极承诺国家自主贡献，出台了一系列面向《巴黎协定》目标的政策和行动。2021 年 11 月 13 日，联合国气候变化公约第 26 次缔约方大会（COP26）闭幕，来自近 200 个国家的代表在会期最后一刻就《巴黎协定》实施细则达成共识并通过"格拉斯哥气候协定"，开启了全球应对气候变化的新征程。

中国政府高度重视气候变化工作，将应对气候变化摆在国家治理更加突出的位置。特别是党的十八大以来，在习近平生态文明思想指导下，按照创新、协调、绿色、开放、共享的新发展理念，聚焦全球应对气候变化的长期目标，实施了一系列应对气候变化的战略、措施和行动，应对气候变化取得了积极成效，提前完成了中国对外承诺的 2020 年目标，扭转了二氧化碳排放快速增长的局面。2020 年 9 月 22 日，中国国家主席习近平在第七十五届联合国大会一般性辩论上郑重宣示：中国将提高国家自主贡献力度，采取更加有力的政策和措施，二氧化碳排放力争于2030年前达到峰值，努力争取2060年前实现碳中和。中国正在为实现这一目标积极行动。

科技进步与创新是应对气候变化的重要支撑。科学、客观的气候变化评估是应对气候变化的决策基础。2006年、2011年和2015年，科学技术部会同中国气象局、中国科学院和中国工程院先后发布了三次《气候变化国家评估报告》，为中国经济社会发展规划和应对气候变化的重要决策提供了依据，为推进全球应对气候变化提供了中国方案。

为更好满足新形势下中国应对气候变化的需要，继续为中国应对气候变化相关政策的制定提供坚实的科学依据和切实支撑，2018年，科学技术部、中国气象局、中国科学院、中国工程院会同外交部、国家发展改革委、教育部、工业和信息化部、自然资源部、生态环境部、交通运输部、水利部、农业农村部、国家林业和草原局、国家自然基金委员会等十五个部门共同组织专家启动了《第四次气候变化国家评估报告》的编制工作，力求全面、系统、客观评估总结中国应对气候变化的科技成果。经过四年多的不懈努力，形成了《第四次气候变化国家评估报告》。

这次评估报告全面、系统地评估了中国应对气候变化领域相关的科学、技术、经济和社会研究成果，准确、客观地反映了中国2015年以来气候变化领域研究的最新进展，而且对国际应对气候变化科技创新前沿和技术发展趋势进行了预判。相关结论将为中国应对气候变化科技创新工作部署提供科学依据，为中国制定碳达峰、碳中和目标规划提供决策支撑，为中国参与全球气候合作与气候治理体系构建提供科学数据支持。

中国是拥有14.1亿多人口的最大发展中国家，面临着经济发展、民生改善、污染治理、生态保护等一系列艰巨任务。我们对化石燃料的依赖程度还非常大，实现双碳目标的路径一定不是平坦的，推进绿色低碳技术攻关、加快先进适用技术研发和推广应用的过程也充满着各种艰难挑战和不确定性。

我们相信，在以习近平同志为核心的党中央坚强领导下，通过社会各界的共同努力，加快推进并引领绿色低碳科技革命，中国碳达峰、碳中和目标一定能够实现，中国的科技创新也必将为我国和全球应对气候变化做出新的更大贡献。

王志刚

科学技术部部长

2022 年 3 月

前　言

2018年1月，科学技术部、中国气象局、中国科学院、中国工程院会同多部门共同启动了《第四次气候变化国家评估报告》的编制工作。四年多来，在专家委员会的精心指导下，在全国近100家单位700余位专家的共同努力下，在编写工作领导小组各成员单位的大力支持下，《第四次气候变化国家评估报告》正式出版。本次报告全面、系统地评估了中国应对气候变化领域相关的科学、技术、经济和社会研究成果，准确、客观地反映了中国2015年以来气候变化领域研究的最新进展。报告的重要结论和成果，将为中国应对气候变化科技创新工作部署提供科学依据，并为中国参与全球气候合作与气候治理体系构建提供科学数据支持，意义十分重大。

本次报告主要从"气候变化科学认识""气候变化影响、风险与适应""减缓气候变化""应对气候变化政策与行动"四个部分对气候变化最新研究进行评估，同时出版了《第四次气候变化国家评估报告特别报告：方法卷》《第四次气候变化国家评估报告特别报告：科学数据集》《第四次气候变化国家评估报告特别报告：中国应对气候变化地方典型案例集》等八个特别报告。总体上看，《第四次气候变化国家评估报告》的编制工作有如下特点：

一是创新编制管理模式。本次报告充分借鉴联合国政府间气候变化专门委员会（IPCC）的工作模式，形成了较为完善的编制过程管理制度，推进工作机制创新，成立编写工作领导小组、专家委员会、编写专家组和编写工作办公室，坚持全面系统、深入评估、全球视野、中国特色、关注热点、支撑决策的原则，确保报告的高质量完成，力争评估结果的客观全面。

二是编制过程科学严谨。为保证评估质量，本次报告在出版前依次经历了内审专家、外审专家、专家委员会和部门评审“四重把关”，报告初稿、零稿、一稿、二稿、终稿“五上五下”，最终提交编写工作领导小组审议通过出版。在各部分作者撰写报告的同时，我们还建立了专家跟踪机制。专家委员会主任徐冠华院士和副主任刘燕华参事负责总体指导；专家委员会成员按照领域分工跟踪指导相关报告的编写；同时还借鉴 IPCC 评估报告以及学术期刊的审稿过程，开通专门线上系统开展报告审议。

三是报告成果丰富高质。本次报告充分体现了科学性、战略性、政策性和区域性等特点，积极面向气候变化科学研究的基础性工作、前沿问题以及中国应对气候变化方面的紧迫需求，深化了对中国气候变化现状、影响与应对的认知，较为全面、准确、客观、平衡地反映了中国在该领域的最新成果和进展情况。此外，此次评估报告特别报告也是历次《气候变化国家评估报告》编写工作中报告数量最多、学科跨度最大、质量要求最高的一次，充分体现出近年来气候变化研究工作不断增长的重要性、复杂性和紧迫性，同时特别报告聚焦各自主题，对国内现有的气候变化研究成果开展了深入的挖掘、梳理和集成，体现了中国在气候变化领域的系统规划部署和深厚科研积累。

本次报告得出了一系列重要评估结论，对支撑国家应对气候变化重大决策和相关政策、措施制定具有重要参考价值。一方面，明确中国是受全球气候变化影响最敏感的区域之一，升温速率高于全球平均。如中国降水时空分布差异大，强降水事件趋多趋强，面临洪涝和干旱双重影响；海平面上升和海洋热浪对沿海地区负面影响显著；增暖对陆地生态系统和农业生产正负效应兼有，中国北方适宜耕作区域有所扩大，但高温和干旱对粮食生产造成损失更为明显；静稳天气加重雾霾频率，暖湿气候与高温热浪增加心脑血管疾病发病与传染病传播；极端天气气候事件对重大工程运营产生显著影响，青藏铁路、南水北调、海洋工程等的长期稳定运行应予重视。另一方面，在碳达峰、碳中和目标牵引下，本次评估也为今后应对气候变化方面提供了重要参考。总而言之，无论是实施碳排放强度和总量双控、推进能源系统改革，还是加强气候变化风险防控及适应、产业结构调整，科技创新都是必由之路，更是重要依靠。

我们必须清醒地认识到，碳中和目标表面上是温室气体减排，实质是低碳技术实力和国际规则的竞争。当前，中国气候变化研究虽然取得了一定成绩，形成了以国家层面的科技战略规划为统领，各部门各地区的科技规划、政策和行动方案为支撑的应对气候变化科技政策体系，较好地支撑了国家应对气候变化目标实现，但也要看到不足，在研究方法和研究体系、研究深度和研究广度、科学数据的采集和运用，以及研究队伍的建设等方面还有提升空间。面对新形势、新挑战、新问题，我们要把思想和行动统一到习近平总书记和中央重要决策部署上来，进一步加强气候变化研究和评估工作，不断创新体制机制，提高科学化水平，强化成果推广应用，深化国际领域合作，尽科技工作者最大努力更好地为决策者提供全面、准确、客观的气候变化科学支撑。

本次报告凝聚了编写组各位专家的辛勤劳动以及富有创新和卓有成效的工作，同时也是领导小组和专家委员会各位委员集体智慧的集中体现，在此向大家表示衷心的感谢。也希望有关部门和单位要加强报告的宣传推广，提升国际知名度和影响力，使其为中国乃至全球应对气候变化工作提供更加有力的科学支撑。

徐冠华

中国科学院院士、科学技术部原部长

目　录

第二篇 气候变化事实科学数据

第四篇　气候变化未来预估科学数据

第五篇　气候变化相关经济社会数据

第六篇　气候变化科学数据服务现状与建议

摘　要

科学数据是全球气候治理、国家应对气候变化内政外交和科学研究工作的重要基础性要素，特别是在当前碳达峰、碳中和双碳战略目标下，加强气候变化相关科学数据的供给尤为重要。本报告运用文献调研、综合集成、专家咨询、数据挖掘与大数据分析法，对大量有价值的数据资源进行了遴选，并经过多轮次专家评审，全面、系统地评估了中国气候变化数据的现状及其总体保障情况。较之《第三次气候变化国家评估报告：数据与方法集》，本报告从气候变化科学数据的主题分布、学科分布、维护机构、可获得性等方面切入，对气候变化数据集进行量化分析，并分析了中国碳达峰、碳中和工作对气候变化科学数据的紧迫需求，是一次有益的尝试。最后，基于评估结果，本报告为中国提高气候变化领域内的科学数据保障能力提出了建议。

一、气候变化科学数据评估的定性结论

本报告的定性评估结果显示，中国气候变化数据资源状况因主题类别不同存在一定差异。不同主题类别的评估结论如下。

中国天文数据相关指标在国际上处于较先进水平。早在20世纪60年代，中国科学家就已经开始使用与太阳活动有关的指标数据研究其与气候和大气环流的关系。卫星时代和信息时代的来临，使得中国的天文科学数据经过长

期积累，规模不断增长，应用领域日益广泛。这些数据目前服务于天文学、空间物理学、气候变化等学科前沿的研究和业务应用中，也服务于航空航天等领域。天文因子数据的建设及其在气候变化领域中的应用，对揭示气候变化规律至关重要。但是，由于天文数据建设管理的差异性、存储结构和共享方式不同，自主太阳探测卫星缺乏，学科交叉性强等方面原因，还需加强天文因子等专门数据库集的建设，包括提升服务能力建设、进一步丰富数据内容等，尤其是加强天文因子对近代气候变化影响的认知和研究数据的积累。在气候变化领域，天文数据的应用和挖掘还需进一步加强。在天文因子对近代气候变化影响方面，人类的认知水平也还不足以回答许多科学问题，因此有针对性的天文科学数据的保障能力还需要提高。加强这一领域的工作，对准确认识气候变化、提高中国的气候变化适应能力具有重要的科学价值和现实意义。

中国土地利用与土地覆盖科学数据在区域尺度上的质量和精度较高，可基本满足中国的研究与国家决策需求。中国的土地利用与土地覆盖变化数据的获取方式已经完成了从历史调查和统计资料中获取向遥感观测自主获取转移。数据的时效性、准确度、空间分辨率等得到了突飞猛进的发展。具有高时空分辨率和高光谱分辨率能力的中国对地观测系统已构建完成，可基本满足中国的研究与国家决策需求。但中国的对地观测技术体系在数据处理精度等许多环节上尚有待提高。中国土地利用和土地覆盖产品在生产过程中进行了严格的质量控制，在区域尺度上比全球产品质量和精度高，但产品仍主要依赖国外卫星数据。随着时间的推移，可开放获取的土地利用和土地覆盖数据越来越多，其中，科学界在全球土地利用/覆盖变化（Land Use/Cover Change, LUCC）数据共享方面做出了杰出的贡献，并且为满足不同用户的需求，商业化数据库正在提高其满足个性化数据定制需求的能力。为满足不同领域研究和行业发展的需求，中国城市、农田、森林、水体等亚类数据库也得到了长足的发展。不断改进的土地利用和土地覆盖产品已经得到国内外用户的广泛应用，为生态系统结构与功能评价、粮食安全与耕地保护、气候变化模拟与评价等研究提供了重要的数据支撑。

中国已初步建成网络化本底大气温室气体浓度和通量观测体系及其数据管理体系。中国大气温室气体观测技术及质控方法达到了国际先进水平，为中国应对气候变化和空气质量治理等多领域科学研究提供了重要的科技支撑。但是，在调查研究过程中也发现，与当前国际发展状况相比，中国大气温室气体观测布局规划、数据应用和服务等方面仍处于初级发展阶段。大量温室气体观测分析工作尚未实现系统化、规范化和标准化管理。科学数据共享工作仍任重道远。

过去几十年以来，运用地基观测、卫星遥感等手段，中国已经积累了大量的大气气溶胶科学数据，包括气溶胶的物理属性（如气溶胶的粒径、粒子形状和粒子谱分布等）、化学属性（如气溶胶粒子化学组成和成分浓度等）和光学属性（如气溶胶消光系数、光学厚度、散射系数、吸收系数）等。这些数据已经广泛应用于大气科学、大气化学及其他相关领域的研究中。研究成果显著加深了我们对中国气溶胶的时空分布、化学成分及其气候效应和变化规律的认识。尽管中国大气气溶胶观测技术已经越来越成熟，但仍然存在一定的不足。如地基观测站点（如气溶胶化学组分、光学特性观测站点）分布较为稀疏，观测时段较短，一定程度上限制了区域气溶胶长期演变趋势、来源解析及其气候效应等方面的研究；国产卫星观测起步较晚，气溶胶光学产品（如气溶胶光学厚度）反演算法的准确性有待提高；缺乏一套中国区域长时间尺度的气溶胶再分析数据集等。为更准确地量化评估大气气溶胶在过去和未来气候变化中起到的作用，有必要开展更加精细化的大气气溶胶多属性观测，发展高分辨率的气溶胶—气候系统模型和中国气溶胶再分析产品。

气候观测数据能较好地反映中国气候变化的历史演变过程。中国气候观测数据集的构建虽然起步相对较晚，但目前气候序列均一化数据集、陆面融合与同化再分析数据集、中国全球大气再分析数据集（CMA’s Global

Atmospheric ReAnalysis, CRA-40）能较好地反映中国气候变化的历史演变过程。较之国外产品，中国陆面融合与同化再分析数据集在中国区的质量更高，已被广泛用于开展区域及中国的气候变化监测与评估中，并且其他数据集产品的质量也已跻身国际前列。以气候序列均一化数据集、全球大气再分析数据集和 CRA-40 为主的部分中国气候观测数据均可在中国气象数据网上公开下载。中国气候观测数据集已被广泛应用于业务科研，包括开展气候变化监测、国家及区域气候变化评估报告编写以及气候趋势分析与气候变化研究工作中。中国大量的气候观测数据集已经建立，但是在数据体系化共享、开放合作研发等方面，还需要不断加强。

古气候科学数据建设工作发展趋势良好。对比国内外古气候数据现状，中国古气候数据共享平台起步较晚，但近年来呈现良好的发展趋势，逐渐从单一、分散的模式转为数据共享服务模式。数据质量方面，由于数据共享平台设置了相关配套标准，使得共享数据的质量得到保证。数据服务环节与国外数据库相比，仍存在一定的不足，建议继续简化下载流程，使得数据共享更为快捷便利。古气候数据共享的主要目的之一即加深对气候变化机制的理解，因此，围绕古气候、古环境数据并结合数值模拟结果，建设更大规模的中国古气候数据共享平台将为预估未来气候变化提供重要的支撑和保障。

中国海洋科学数据体系不断完善，正处在向高质量发展的过程中。近年来中国海洋科学数据质量有所提高，但是数据管理和质量还需进一步提高。中国海洋科学数据服务范围不断扩大，但是服务的效率和便捷性有待进一步提高。中国各涉海单位正在协同合力推进，形成统一的海洋科学数据质量跟踪、质量检验、质量控制、数据提交和数据服务平台，并接受用户的反馈。海洋科学数据建设能力的提高亟须切实可行的制度保障。

中国冰冻圈科学数据质量整体较好。冰冻圈研究正在由过去单要素自身机理和过程研究向冰冻圈科学体系化方向迈进。同时，冰冻圈科学数据也由过去的单要素观测积累，逐渐发展为多要素的系统观测与遥感模拟。中国冰冻圈科学数据质量整体较好，冰冻圈各要素多已形成相应的观测研究标准或规范。观测数据的生产都遵循各自的标准规范。遥感模式等计算类数据也多有相应观测点进行验证。模拟精度范围较过去均有提高。中国冰冻圈科学数据服务主要依靠寒区旱区科学数据中心、国家冰川冻土沙漠数据中心和国家青藏高原科学数据中心等平台展开。为提高中国气候变化方面冰冻圈科学数据建设能力，建议建立一套长期有效的冰冻圈科学数据共享机制以及相应的数据平台来完善冰冻圈全要素及长时间序列的观测，以期满足中国冰冻圈科学研究的数据需求。

中国生态系统数据量增长迅速，涵盖内容越来越全面。中国现有与气候变化相关的生态系统科学数据主要通过地面观测、调查、实验、遥感、文献整合等方式获取。得益于观测技术的发展，中国生态系统数据量大幅增长，涵盖内容越来越全面，为中国相关研究奠定了基础。最具影响力的数据库包括中国生态系统研究网络和中国物候观测网的物候数据，但中国生态系统观测数据起步较晚，部分数据库存在后续更新不及时的问题，一些指标缺乏近期数据。另外，由于生态系统数据涉及对象和领域较多，还需加强对数据的整合、强化集成与共享工作。在构建更高层次的综合性数据平台中，还有许多工作要做，主要包括：组建协调组织，出台数据搜集、处理和存储规范，本体构建和语义分析，专题分析和领域建模，服务标准和服务内容规范化等。

气候变化相关的中国人口健康科学数据质量整体较好。中国人口健康科学数据与环境质量相关关系数据的整理工作都晚于其他国家，但发展迅速，目前分别以中国疾病预防控制中心和中国环境监测总站监测发布为主，其他相关部门、行业协会和公益网站平台为辅。中国人口健康科学数据与环境质量相关关系数据质量整体较好。人口健康数据的审核与反馈会定期进行。环境质量数据的监测也都遵循各自的标准规范，同时数据的系统性和全面性较过去均有提高。中国人口健康科学数据与环境质量相关关系数据为分析气候变化对人口健康和环境质量的影响提供了支持，但是服务的范围和便捷性有待进一步提高。为提高中国人口健康科学数据与环境质量相关关系数据建设能力，建议为人口健康科学和环境质量相关关系数据建立一套合理有效的数据共享机制以及相应的网站平台，加强科研人员对其访问的便捷性，以期为气候变化相关科学研究提供数据支撑和保障。

中国水文与水资源科学数据有严格的观测和整编规范，质量较高。同时，中国水文与水资源科学数据的服务范围不断提高，共享途径与方式不断进步。提高中国气候变化方面水文与水资源科学数据建设能力需要各单位协同合力，共同推进。

中国已建成一批供科研用户使用的气候变化相关灾害数据库。中国气候变化相关灾害影响科学数据的搜集整理工作晚于其他国家。当前中国多个机构已建成了一批供科研用户使用的气候变化相关灾害数据库。中国气候变化相关灾害影响科学数据库对自然灾害事件的收录较为系统和全面，但数据来源部门众多，不同部门负责的灾种或较为单一或相互交叉，统计字段标准并不统一，难以实现有效共享，难以同国际社会接轨。中国气候变化相关灾害影响科学数据对从宏观角度分析中国自然灾害的区域差异起到了重要作用，为分析气候变化对持续侵扰中国的水旱灾害的影响提供了支持。中国灾害种类较为齐全，但散落在各个灾害管理职能部门。灾害种类的划分和灾情指标的统计标准不统一。提高中国气候变化相关灾害影响科学数据建设能力，需要在统一标准的前提下，各部门协同合作，共同建设全面一致且持续更新的气候变化相关灾害影响科学数据库。

中国已积累很多有科研价值的林业科学数据。中国从二十世纪五六十年代起就在摸索较为系统的林业数据收集工作，截至目前已经形成了和国际接轨的数据收集采集标准，并获得了一定量的有科研价值的数据积累，但获取难度依然很大。除森林资源连续清查数据集外，其余大多数数据集还存在不完整、不连续、难以系统性地使用等问题和需求。数据平台较多，数据集不够集中，且获取方式复杂，很多平台较难获得权限。针对以上问题，建议由政府相关部门或者权威机构对全国的林业科学数据进行整合，综合共享多方数据，从而提供全面准确的林业基础数据，加快林业与气候变化相关领域的发展，最终为森林适应性管理、生态增汇以及国家双碳战略和生态文明建设服务。

农牧渔业数据库数据量大，有规范的数据采集及处理规范，数据质量较高。在全部数据集中，1949 年以后构建的数据集占 99%。时间跨度为 1 年的数据集约占 1/3，50 年以上的数据集很少。近 2/3 的数据集更新到了 2001～2012 年，仅 25%的数据集在 2013 年后仍有更新。公开的数据集占一半的比例，40%的数据集需要注册后提出申请，经管理员审核后可以下载；9%的数据集处于离线状态，需要与数据管理员联系，多为存储空间较大的数据。国家农业科学数据中心在科技支撑和社会效益方面均提供了相应服务，为相关产业体系的建设提供了重要的数据支撑。基于以上评估结果，建议进一步加强农牧渔业数据更新与共享规范建设。

气候模式可以实现合理再现未来年平均温度与降水的基本特征。通过评估参与第五次耦合模式比较计划（The fifth phase The Coupled Model Intercomparison Project, CMIP5）及第六次耦合模式比较计划（The sixth phase The Coupled Model Intercomparison Project, CMIP6）模式的降水温度预估数据发现，21 世纪中叶及末期中国平均气温明显上升，其中 21 世纪末期中国大部分地区气温增幅超过 2 摄氏度。未来暖昼指数、日最高气温、暖夜指数、热暖夜日数等暖的极端事件都呈现增长趋势，而霜冻日数等冷的事件有减少趋势。对比观测降水，中国的模式能合理再现全球年平均降水及热带降水年循环模态的基本分布特征。通过中国科学院大气物理研究所（Institute of Atmospheric Physics/Chinese Academy of Sciences, IAP-CAS）数据节点及二进制卷积码（Binary Convolutional Code, BCC）数据节点等共享方式，模式数据得到了广泛应用，为科研人员及业务人员进行相关研究提供了数据基础。此外，不同模式对降水温度模拟差别很大，存在很大不确定性，这就需要通过完善模式物理过程描述、提高模式分辨率等方式提高模式模拟性能，进而提供更为合理的温度降水数据。

中国海平面观测预测及数据管理体系逐步完善。目前中国已建立了基于验潮站和卫星的海平面观测网络，形成了完善的海平面观测数据质控技术体系，以及均一化的海平面数据集，能够合理反映全球、中国近海及沿海的海平面时空变化特征。基于优选的地球系统模式对中国近海的集合预测，以及考虑地面沉降的中国沿海相对海平面上升预测较为成熟。相关海平面数据服务范围不断扩大，业务支撑能力逐步提升，海平面历史变化和未来预测数据在沿海防灾减灾、气候变化研究等领域得到广泛应用。

中国经济社会科学数据覆盖的时间周期长、涉及的经济变量丰富，已经形成了一定的数据基础。中国经济社会科学数据主要以国家统计局和其他政府职能部门发布的中、宏观数据为主，以企业和其他科研院所、机构发布的特色数据或微观数据为辅，覆盖的时间周期长、涉及的经济变量丰富，已经形成了一定的数据基础。现有中国经济社会科学数据质量存在差异，主要体现在数据统计口径不一致、核算方法不统一、覆盖期间有差异、变量设计和分类法不一致等方面。其中官方发布的数据质量较高但数据颗粒度较大；企业和科研机构发布的特色数据质量差异大但数据颗粒度较小。现有数据服务建设不足，多数数据集需要烦琐的获取操作，同时存在部分特色数据集获取难度大、成本高等情况。未来要提高中国经济社会科学数据的统计质量，规范指标设计和统计方法，扩大数据开放，倡议整合经济社会通用数据集并提高数据的时效性、扩大数据的覆盖面。此外，随着互联网技术的快速发展和互联网经济的不断壮大，有必要考虑互联网经济和行为框架下的气候变化影响，因此建议开放和共享相关经济统计数据和指标，夯实研究中国问题的数据基础。

中国不同层面能源数据标准和质量存在一定差异。中国气候变化相关能源数据主要以国家统计局发布为主，其他政府机构、行业协会、大型企业辅之。不同层面数据因统计口径和核算方法不一致，数据质量存在差异和不一致情况。国家碳达峰、碳中和工作对能源数据监测与服务也提出了更高要求。未来能源数据建设应着重提高数据覆盖面和数据质量，并加强数据的系统性、可比性、及时性和开放性。

中国温室气体排放数据集建设工作起步较晚，但发展迅速，已建立起中国的核算体系和数据库体系。国际相关数据库提供了包括中国在内多个国家和地区长达50年的时间序列数据，包括世界资源研究所数据库、国际能源署数据库、世界银行数据库、联合国气候变化框架公约数据库、美国能源信息管理局数据库、美国能源部数据库、欧盟联合研究中心和荷兰环境评估机构组成的数据库、欧洲环保署数据库等。国内近期新建立了中国排放数据核算数据库及中国高分辨率碳排放清单，但温室气体种类及排放源尚需完善和补充。在遥感数据方面，中国于 2016 年发射了碳卫星（TanSat），目前官方已提供一级数据产品。相关机构基于卫星观测数据建立卫星反演碳数据库的工作还在进行中。建议在数据基础能力建设方面继续加大力度，集中优势力量，完善系统、科学的二氧化碳与其他温室气体的排放因子数据库及卫星反演碳浓度数据库，并通过多源、高时空分辨率的数据相互印证，从而为碳达峰、碳中和工作以及科学研究和科学决策提供强有力的支撑。

二、气候变化科学数据评估的定量结论

相对《第三次气候变化国家评估报告：数据与方法集》，本次评估报告重点加强了气候变化数据集的收集和量化分析。第二十章和第二十一章是本报告的定量评估内容，这部分的主要定量结论如下：

气候变化科学数据中气候变化影响与适应科学数据最多。从主题分布角度出发，本报告分析了气候变化科学数据，发现气候变化驱动因素科学数据占 20%，气候变化事实科学数据占 24%，气候变化影响与适应科学数据占

40%，气候变化未来预估科学数据占 6%，气候变化相关社会经济数据占 10%。

气候变化科学数据中地理学相关的数据最多，占比高达 46%。气候变化科学数据分布广泛，既包括自然科学数据（如温度、降水、海平面等数据），也包括社会科学数据（如能源数据与温室气体排放数据）。报告收集的数据，主要涉及的一级学科类别包括：地理学（46%）、畜牧学与水产学（14%）、大气科学（11%）、生物学（10%），其余还涉及一部分的医学（5%）、应用经济学（4%）、天文学（4%）、海洋科学（4%）与林学（2%）。

不同领域的气候变化科学数据的地域分布各具特点。土地利用与覆盖产品主要以全球和全国尺度遥感数据及其分类数据产品为主，表现为土地覆盖、城市、森林和水体分类数据。由于土地覆盖等数据可以直接从遥感产品解译而来，所以产生了大量全球和全国的多套数据集，基本满足了现阶段的气候变化研究。中国湖泊科学数据分布基本以全国和典型湖泊为主。太湖、巢湖、鄱阳湖等重点湖泊流域，分布有高质量的环境卫星影像数据。针对中亚五国地区和青藏高原地区，有专题湖泊分类、分布数据集。

中国气候变化科学数据中，来自中国科学院的数据最多，占 32%。本报告共收集到 518 条气候变化科学相关的数据集/库。其中有 390 条来自国内各机构，128 条来自国际机构及其他国家。国内各机构维护的 390 条数据中，中国科学院各院所占 32%，其他依次为各部委直属机构、农科院/林科院/工程院、地方机构、高校与其他机构（联合网络、企业、期刊等）。国际机构及其他各国维护的 128 条数据中，主要分布在美国、欧洲国家、日本与部分国际组织中。

气候变化科学数据受采集来源影响，数据尺度差异显著。气候变化科学数据根据采集来源，主要有观测数据、统计数据、遥感数据和再分析数据等。遥感数据、再分析数据基本以全球和全国尺度为主，观测数据以观测站点为主，而统计数据则以省级行政单位、重要城市、重要样点统计数据为主。

气候变化科学数据的质量正在提高。经过多年的不断努力，中国气候变化科学数据已形成较长的时间序列，数据的空间覆盖率、数据精度等方面不断提高。

气候变化科学数据多为可公开获取以及注册访问的科学数据。从气候变化科学数据的可获得性看，可公开获取以及注册访问的气候变化科学数据最多，其余依次为协议共享、付费获取、部分公开和无法获取的数据。

不同类型气候变化科学数据的应用状况不尽相同。目前，科学数据开放共享已广为科研人员及各种利益相关者所认同，但由于数据口径、数据类型、数据处理方法等方面的差异，导致不同类型气候变化科学数据的应用状况也不尽相同。

三、提高气候变化领域科学数据保障能力的建议

中国气候变化科学数据不足主要存在以下三方面：①能源、灾情、经济社会、温室气体排放等气候变化相关科学数据存在统计口径不一致、核算方法不统一、关键指标缺失的问题；②面向碳达峰、碳中和的数据资源未成体系；③各类数据的质量参差不齐；④数据共享的限制条件较多、共享资源不足。为了提高中国气候变化领域的科学数据保障能力，本报告针对以上问题，提出了以下几条建议：

1. 完善气候变化科学数据体系的建议：系统梳理现有气候变化数据集，按指标属性和时间序列建立索引目录。优化监测站的布局，构建数据更新和完善机制，提高数据的时空分辨率。使用大数据分析手段，构建具有权威性、科学性、高质量、综合集成的再分析数据库。

2. 加强支撑碳达峰、碳中和战略的数据资源建设的建议：碳达峰、碳中和工作是当前中国应对气候变化和实现经济社会体系系统性变革的中长期战略，对温室气体排放、能源消费、经济社会活动、碳捕集、利用与封存（Carbon Capture, Utilization and Storage, CCUS）和生态碳汇等的数据需求极为迫切，

但目前还存在数据资源零散、部分关键数据准备不足、数据保障的系统性不够等问题，亟需建立覆盖全面、更新及时的双碳数据监测和服务体系，以加强对双碳科学研究、技术研发和科学决策的支持保障。

3. 持续提升气候变化数据质量的建议：集中优势力量，对不同领域气候变化相关的科学数据集进行综合梳理。制定数据质量控制标准，对数据分类体系、投影方式等数据处理过程进行规范，提高数据的可比性。

4. 推动气候变化数据共享的建议：出台数据共享标准，要求配备完整的资料说明技术文档，提高数据界面的友好性。扫除存储空间、网络传输等数据集共享方面的技术保障。加强合作，构建具有自主知识产权的气候变化科学综合集成数据共享平台，同时建立中国气候变化科学数据索引系统，便于各级用户查询和使用。加强气候变化科学数据共享中的法律保障和用户分级管理，通过构建“数据共享考核机制”，推动我国数据开放共享。

第一篇

气候变化驱动因素科学数据

气候变化的主要驱动因素包括天文（含太阳活动）、土地利用与土地覆盖、大气温室气体、气溶胶、火山活动、大气环流等。本部分从天文、土地利用与土地覆盖、大气温室气体、气溶胶四类气候变化驱动因素数据切入，从科学数据情况、数据的质量情况、数据的服务情况和建议几方面分析，全面、系统地评估了中国气候变化数据的现状及其总体保障情况。评估结果显示：①天文。中国天文数据相关指标在国际上处于较先进水平。早在 20 世纪 60 年代，中国科学家就已经开始使用与太阳活动有关的指标数据研究其与气候和大气环流的关系。卫星时代和信息时代以来，中国的天文科学数据经过长期积累，规模不断增长，应用领域日益广泛。这些数据目前服务于天文学、空间物理学、气候变化等科学前沿的研究和业务应用中，也服务于航空航天、国防军事等领域。天文因子数据的建设及其在气候变化领域中的应用，对揭示气候变化规律至关重要。但是，由于天文数据建设管理的差异性、存储结构和共享方式不同、自主太阳探测卫星缺乏、学科交叉性强等方面原因，还需要加强天文因子数据库集的建设，包括提升服务能力建设、进一步丰富数据内容等。在气候变化领域，天文数据的应用和挖掘还需进一步加强。在天文因子对近代气候变化影响方面，人类的认知水平也还不足以回答许多科学问题，有针对性的天文科学数据的建设保障能力还需要提高。加强这一领域的工作，对准确认识气候变化、提高中国的气候变化适应能力具有重要的科学价值和现实意义。②土地利用与土地覆盖。中国的土地利用与土地覆盖变化数据的获取方式已经完成了从历史调查和统计资料向遥感观测的转变。数据的时效性、准确度、空间分辨率等得到了突飞猛进的发展。具有高时空分辨率和高光谱分辨率的中国对地观测系统已构建完成，可基本满足我国的研究与国家决策需求。但中国的对地观测技术体系在数据处理精度等许多环节尚有待提高。中国土地利用和土地覆盖产品在生产过程中进行了严格的质量控制，在区域尺度上比全球产品质量和精度高，但产品仍主要依赖国外卫星数据。随着时间的推移，可开放获取的土地利用和土地覆盖数据越来越多，其中，科学界在全球土地利用和土地覆盖数据共享方面做出了杰出的贡献，并且为满足不同用户的需求，商业化数据库正在提高其满足个性化数据定制需求的能力。为满足不同领域研究和行业发展的需求，中国城市、农田、森林、水体等亚类数据库也得到了长足的发展。不断改进的土地利用和土地覆盖产品已经得到国内外用户的广泛应用，为生态系统结构与功能评价、粮食安全与耕地保护、气候变化模拟与评价等研究提供了重要的数据支撑。③大气温室气体。中国已初步建成网络化本底大气温室气体浓度和通量观测体系及其数据管理体系。观测技术及质控方法达到了国际先进水平，为中国应对气候变化和空气质量治理等多领域科学研究提供了重要的科技支撑。但是，在调查研究过程中也发现，与当前国际发展状况相比，中国大气温室气体观测布局规划、数据应用和服务等方面仍处于初级发展阶段。大量温室气体观测分析工作尚未实现系统化、规范化和标准化管理。科学数据共享工作仍任重道远。④气溶胶。过去几十年以来，通过地基观测、卫星遥感等手段，中国已经积累了大量的大气气溶胶科学数据，包括气溶胶的物理属性（如气溶胶的粒径、粒子形状和粒子谱分布等）、化学属性（如气溶胶粒子化学组成和成分浓度等）和光学属性（如气溶胶消光系数、光学厚度、散射系数、吸收系数）等。这些数据已经广泛应用于大气科学、大气化学及其他相关领域的研究中。研究成果显著加深了人们对中国气溶胶的时空分布、化学成分及其气候效应和变化规律的认识。尽管中国大气气溶胶观测技术已经越来越成熟，但仍然存在一定的不足：如地基观测站点（如气溶胶化学组分、光学特性观测站点）分布较为稀疏，观测时段较短，一定程度上限制了区域气溶胶的长期演变趋势、来源解析及其气候效应等方面的研究；国产卫星观测起步较晚，气溶胶光学产品（如气溶胶光学厚度）反演算法的准确性有待提高；缺乏一套区域长时期尺度的气溶胶再分析数据集等。为了更准确地量化评估大气气溶胶在过去和未来气候变化中起到的作用，有必要在未来的气溶胶科学数据建设过程中，开展更加精细化的大气气溶胶多属性观测，发展高分辨率的气溶胶—气候系统模型和中国气溶胶再分析产品。

第一章　天文（含太阳活动）

天文因子（含太阳活动）是气候变化的外部强迫。地球气候在不同时空尺度上，受到了太阳等天文因子的影响（肖子牛等，2013）。天文因子通过辐射、能量粒子、磁场、轨道变化等多种途径，可以对地球气候系统产生直接和间接的影响（赵亮等，2011）。本部分针对以上可能的影响途径，收集了具有代表性的气候变化相关天文因子数据，相应地梳理了数据的性质内容、来源、获取方式、制作方法、质量和服务情况等，以期为提高中国气候变化领域天文科学数据建设能力提供参考。

中国天文数据主要来源于中国科学院下属各天文机构的地基观测站。其中，国家天文台数据中心规模最大，数据来源丰富。上海天文台、紫金山天文台、云南天文台和新疆天文台也有自己的天文数据归档与发布环境（张海龙等，2017）。中国自己的空间探测设备观测数据进展较为缓慢（甘为群等，2019）。目前多国的天文机构以虚拟天文台协议标准为基础，实现了天文数据的归档与发布。本部分的评估结果显示，总体上，中国天文数据相关指标在国际上处于较先进水平。这些数据目前服务于天文学、空间物理学、气候变化等科学前沿的研究和业务应用中，也服务于航空航天、国防军事等领域。早在20世纪60年代，中国科学家就已经开始使用与太阳活动有关的指标数据研究其与气候和大气环流的关系。卫星时代和信息时代以来，中国的天文科学数据经过长期积累，规模不断增长，应用领域日益广泛，在气候变化领域的应用越来越多。但是，由于天文数据建设管理的差异性、存储结构和共享方式不同、自主太阳探测卫星缺乏、学科交叉性强等方面原因，中国对天文因子数据库的建设总体上滞后，未来亟需加强能力建设、丰富内容和提高水平，尤其应加强天文因子对近代气候变化影响的认知和研究。在气候变化领域，天文数据的应用和挖掘还不够深入。在天文因子对近代气候变化影响方面，人类的认知水平也还不足以回答许多科学问题。天文科学数据的建设还需要提高。天文因子数据的建设及其在气候变化领域中的应用，对揭示气候变化规律至关重要。加强这一领域的工作，对准确认识气候变化、提高中国的气候变化适应能力具有重要的科学价值和现实意义。

一、科学数据情况

天文因子是驱动气候变化的重要自然强迫因子之一。在气候变化研究开展以来，天文因子作为自然强迫的重要因子被国内外学者关注和研究，并取得了丰富的成果。有些成果及其相关数据已经在业务工作中被应用。经相关文献的不完全统计，被应用到气候变化研究领域的天文因子在 40 种以上，在此，重点收集了被较广泛应用于气候变化研究的天文因子数据，包括太阳辐射、太阳黑子、太阳风、能量粒子、宇宙射线、太阳白斑、近地天体、地球自转速度、日长、极移、有效大气角动量、地球磁场、月球等离子体参数等数据，共 18 个数据集，其中，6 个数据集来自国内，涉及国内外共 12 家科研单位，见表 1–1 和表 1–2。这些数据已经过质量检验，较广泛地应用于气候变化、气象学、天文学等相关领域。

表 1–1　来源于中国机构的天文数据分布情况

数据集名称	性质/内容	版权归属及贡献者	维护机构	数据集来源/网址	可获取性
太阳射电频谱数据（数据覆盖范围为1994～2014年）[①]	数据为太阳射电波段的观测数据 数据来自射电频谱仪 采样范围：1.0～2.1 吉赫（1994～2010 年，缺少 2007～2008 年）； 2.6～3.8 吉赫（1996～2014 年）； 5.2～7.6 吉赫（1999～2014 年） 数据格式：FITS	国家天文台 明安图观测基地	中国科学院 国家天文台	http://sun.bao.ac.cn/SHDA_data/hsos_sbrs	公开
太阳射电频谱天文数据库（1999～2015 年）[②]	数据记录了太阳活动产生的射电辐射 数据来自射电频谱仪 采样范围：4.5～7.49 吉赫，共 300 个通道； 一次采样时间：5 毫秒；该数据包含从 2002～2007 年、2010～2013 年的紫金山天文台太阳射电频谱数据，2008～2009 年由于设备故障数据未存档 数据格式：nul	宁宗军、卢磊、孟璇	中国科学院 紫金山天文台	http://www.pmo.csdb.cn/index1.php	公开
太阳总辐射（Total Solar Irradiance, TSI）重建数据[③]	数据为利用太阳黑子数等指标对 TSI 的重建 时间分辨率：月 时间跨度：1874～2009 年 数据类型/格式：txt	北京师范大学	北京师范大学 天文系	zj@bnu.edu.cn	公开
太阳黑子（Sunspot Number, SSN）[④]	数据为中国科学院国家天文台太阳活动预报中心提供的太阳黑子活动数据 时间分辨率：日 覆盖时间：2001 年 1 月 1 日至今 数据格式：表格式、电码式、描述式	王华宁等	中国科学院国家天文台	http://rwcc.bao.ac.cn/history/index.jsp	公开

续表

数据集名称	性质/内容	版权归属及贡献者	维护机构	数据集来源/网址	可获取性
毫米射电频谱天文数据库[5]	数据库为针对中科院紫金山天文台 13.7 米毫米波射电望远镜近十年所观测的分子谱线数据的管理、维护、查询、再利用等进行研发的。该数据库于 2010 年初开发，并于同年 5 月投入试运行。2010 年底，国家重大科研装备“超导成像频谱仪”成功研制并在 13.7 米望远镜上安装完成，可以对整个银河系平面±5 度范围内的一氧化碳同位素三条分子谱线大尺度巡天。对于伴随而来的海量观测数据，毫米波射电天文数据库也将为其提供数据存储、网络发布和资源共享 时间：于 2010 年初开发，并于同年 5 月投入试运行；网站上非登录用户可获取 2011 年 2 月之后的数据。年均开机 292 天，24 小时持续运行 获取方式：非登录用户可以采用源坐标、源名、日期、谱线类型四种方式查询 数据格式：图片形式	中国科学院紫金山天文台	中国科学院紫金山天文台	http://www.radioast.csdb.cn/	公开
近地天体望远镜数据库[6]	近地天体望远镜位于中国科学院紫金山天文台盱眙观测站 设备：望远镜采用传统的施密特型光学系统，主镜和施密特改正镜的口径分别为 120 厘米和 104 厘米，焦距 180 厘米，光学无晕视场为 3.14 度。望远镜采用叉式赤道结构，适合于各类巡天观测和天体的跟踪观测。目前配备有两组电荷耦合元件（Charge-coupled Device, CCD）终端，分别为 4K×4K CCD 相机和 10K×10K CCD 相机，单帧覆盖的视场分别是 3.78 平方度和 9 平方度，具有很高的巡天效率 数据格式：图片、纯文本格式（Comma Separated Values, CSV） 获取方式：直接下载	马月华等	中国科学院紫金山天文台	http://www.cneost.org/index.html	公开

续表

数据集名称	性质/内容	版权归属及贡献者	维护机构	数据集来源/网址	可获取性
太阳光谱数据库⑦	太阳光谱数据库为针对中科院紫金山天文台紫金山观测点自 2001 年所观测的太阳光谱数据研发的 仪器：紫金山天文台多通道近红外太阳光谱仪。该光谱仪目前在三个波段，即 Ha 6563、CaII 8542 和 HeI 10830，对太阳及其活动现象进行光谱观测，并同行获得缝前的 Ha 单色像；通过该光谱仪的观测，我们可以得到三条谱线的中心、线翼及附件连续谱的强度、谱线轮廓、速度等信息 时长：2001～2015 年，提供部分月份的数据 数据格式：Fit 获取方式：网页直接获取	中国科学院紫金山天文台	中国科学院紫金山天文台	http://www.pmo.csdb.cn/spectrum/index.php	公开

① 中国科学院国家天文台发布，2018. 太阳射电频谱数据. http://sun.bao.ac.cn/SHDA_data/hsos_sbrs/ [2019-11-26]。

② 中国科学院紫金山天文台发布，2016. 太阳射电频谱天文数据库. http://www.pmo.csdb.cn/index1.php[2019-11-26]。

③ 北京师范大学天文系发布，元数据作者：赵娟. 2012. 太阳总辐射（TSI）重建数据. zj@bnu.edu.cn（邮件）; Zhao, J., and Han, Y. B. 2012. Sun's total irradiance reconstruction based on multiple solar indices. Science China-Physics Mechanics Astronomy,55(1):179～186. Doi:10.1007/s11433-011-4496-5。

④ 中国科学院国家天文台发布，2007（每日更新）. 往日太阳活动状况查询：太阳黑子. http://rwcc.bao.ac.cn/history/index.jsp [2019-11-26]。

⑤ 中国科学院紫金山天文台发布，2010.毫米射电频谱天文数据库. http://www.radioast.csdb.cn/[2019-11-26]。

⑥ 中国科学院紫金山天文台发布，2015.近地天体望远镜数据库. http://www.cneost.org/index.html [2019-11-26]。

⑦ 中国科学院紫金山天文台发布，2015.太阳光谱数据库. http://www.pmo.csdb.cn/spectrum/index.php [2019-11-26]。

表 1–2　来源于国际机构的天文数据分布情况

数据集名称	性质/内容	版权归属及贡献者	维护机构	数据集来源/网址	可获取性
TSI [①]	太阳辐射和气候试验卫星 3 级产品逐日平均总太阳辐照度（Solar Radiation and Climate Experiment (SORCE) level 3 standard products: daily averaged total solar irradiance , SOR3TSID）数据，包含由总辐照度监测仪（Total Irradiance Monitor,TIM）收集的总太阳辐照度 TSI（太阳常数），覆盖每日平均的全波长光谱 缩写：SOR3TSID 全称：SORCE Level 3 Total Solar Irradiance Daily Means V018 版本：018 数据格式：ASCII 覆盖时间：2003 年 2 月 25 日～2019 年 8 月 22 日 数据大小：720 千字节 时间分辨率：1 天	柯普・G.	戈达德地球科学数据和信息服务中心	Kopp, G. (2019), SORCE Level 3 Total Solar Irradiance Daily Means V018, Greenbelt, MD, USA, Goddard Earth Sciences Data and Information Services Center (GES DISC), Accessed: [Data Access Date], 10.5067/D959YZ53XQ4C	公开

续表

数据集名称	性质/内容	版权归属及贡献者	维护机构	数据集来源/网址	可获取性
总和分光谱太阳辐射（Total and Spectral Solar Irradiance Sensor，TSIS）[2]	总和分光谱太阳辐射（Total and Spectral Solar Irradiance Sensor, TSIS）数据 TSIS_TSI_L3_06HR 数据产品记录了太阳总辐射（TSI） 全称：TSIS TIM Level 3 Total Solar Irradiance 6-Hour Means V02 版本：02 数据格式：ASCII 覆盖时间：2018 年 1 月 11 日到 2019 年 8 月 4 日 数据大小：343 千字节 时间分辨率：6 小时	柯普・G.	戈达德地球科学数据和信息服务中心	https://disc.gsfc.nasa.gov/datasets/TSIS_TSI_L3_06HR_V02/summary?keywords=Atmospheric%20top%20solar%20radiation	公开
太阳黑子数和太阳黑子周期长度数据[3]	此处提供的太阳黑子数据来源于比利时皇家天文台。2015 年 7 月 1 日，太阳黑子数量系列已被新的改进版本（版本 2.0）取代，其中包括对时间序列中过去不均匀性的几处修正。太阳黑子数值中最显著的变化是选择新的参考观察者 A. 沃尔费（1876～1928 年的飞行观察员）而不是 R. 沃尔夫。这意味着放弃传统的 0.6 苏黎世比例因子，从而将整个太阳黑子数量时间序列的比例提高到现代太阳黑子数量的水平 太阳黑子总数：逐日——1818 年至今；逐月——1749 年至今；逐年——1700 年至今 数据类型/格式：观测/txt 太阳黑子周期长度：1610 年至今 周期内最小太阳黑子数月值：1755 年至今 周期内最大太阳黑子数月值：1750 年至今 数据类型/格式：txt	世界数据中心比利时皇家天文台太阳影响数据分析中心	比利时皇家天文台、世界数据中心	http://sidc.oma.be/silso/home	公开

续表

数据集名称	性质/内容	版权归属及贡献者	维护机构	数据集来源/网址	可获取性
光度太阳黑子指数（Photometric Sunspot Index, PSI）[④]	此处提供的光度太阳黑子指数数据是基于圣费尔南多天文台太阳黑子的光电测光获得的天气全盘图像。太空传感器的总太阳辐照度的快速变化很大程度上是由于大的太阳黑子穿过磁盘。太阳黑子的影响经常通过使用 PSI 的地面观测来建模。通常假设所有太阳黑子具有相同的热性质。圣费尔南多天文台的数据测量了平均温度、辐射热对比度、校正的半球形区域，并将这些区域纳入 PSI 计算。计算每个太阳黑子组的 PSI，然后对太阳圆盘上存在的所有组求和 观测波长：672.3 纳米 覆盖时间：1986～2013 年 时间分辨率：日	加里・查普曼等	美国国家海洋局和大气管理局	https://www.ngdc.noaa.gov/stp/solar/photometry.html http://www.csun.edu/sfo/dataarchive.html	公开
近地太阳风、等离子体、能量质子通量及地磁和太阳活动指数[⑤]	太阳风数据来自于美国国家航空和航天局（National Aeronautics and Space Administration, NASA）戈达德（Goddard）飞行控制中心空间物理的 OMNI 数据库（King and Papitashvili，2005） 覆盖时间：1963～2015 年 时间分辨率：逐小时、日、27 日和年 仪器：洛斯阿拉莫斯国家实验室（Los Alamos National Laboratory, LANL）卫星，大于 3 个通道高能电子数据	纳塔利・帕皮塔什维利	美国国家航空和航天局（NASA）戈达德飞行控制中心	https://omniweb.gsfc.nasa.gov/ow.html	公开

续表

数据集名称	性质/内容	版权归属及贡献者	维护机构	数据集来源/网址	可获取性
第六次耦合模式比较计划（The sixth phase The Coupled Model Intercomparison Project, CMIP6）太阳强迫数据[⑥]	世界气候研究计划（World Climate Research Program, WCRP）的平流层—对流层过程和对气候的作用（Stratosphere-troposphere Processes And their Role in Climate, SPARC）的太阳—气候国际工作组针对第六阶段耦合模式比较计划提出的太阳辐射强迫数据，包括：太阳总辐射（TSI）、F10.7厘米太阳射电通量和太阳分光谱辐照度（Solar Spectral Irradiance, SSI） 能量粒子强迫：Ap、Kp、太阳质子引起的离子对生成率、银河宇宙射线引起的离子对生成率、中能电子引起的离子对生成率 时间跨度：1850～2299 年 数据格式：zipped netcdf (HDF5) files	卡佳・马蒂斯	世界气候研究计划的核心计划之一 SPARC 的太阳—气候国际工作组	http://solarisheppa.geomar.de/cmip6	公开
太阳白斑数据（Solar White Light Faculae）[⑦]	太阳白斑是太阳能盘上的明亮区域。这些通常在1874～1976 年在英国皇家格林威治天文台进行测量，创造了 100 多年来对这种太阳现象持续监测的记录。作为 1999 年数据救援工作的一部分，美国国家海洋和大气局（National Oceanic and Atmospheric Administation, NOAA）将这些模拟记录键入数字形式。记录包括拍摄时间、观察站（格林威治、好望角、科代卡纳尔和毛里求斯）、群组编号、斑点组和/或光斑的位置、斑点面积和每组的光斑面积 时长：1874～1955 年 时间分辨率：日	英国皇家格林威治天文台	美国国家海洋和大气管理局	https://www.ngdc.noaa.gov/stp/solar/wfaculae.html	公开

续表

数据集名称	性质/内容	版权归属及贡献者	维护机构	数据集来源/网址	可获取性
地球自转速度/日长（Length of Day）[8]	地球自转参数数据库来自于国际地球自转和参考系统服务中心（International Earth Rotation and Reference Systems Service, IERS）。IERS 成立于 1988 年，旨在建立和维护天体参考系框架（International Celestial Reference Frame , ICRF）和地面参考系框架（International Terrestrial Reference Frame, ITRF）。地球方向参数（地球自转速度、有效角动量等）将这两个系统结合在一起。这些框架提供了一个共同参考，用于比较不同位置的观测结果 时长： 1994～2014 年 获取方式：网页获取 数据格式：网页格式	国际地球自转服务组织	国际地球自转和参考系统服务中心	https://www.iers.org/IERS/EN/DataProducts/ITRF/itrf.html	公开
极移和日长数据[9]	极移、极移振幅和日长数据 时间跨度：1847～2010 年 数据时间分辨率：年 尺度数据时间分辨率：1846～1889 年，0.1 年；1890～2010 年，0.05 年	国际地球自转服务组织	国际地球自转服务组织（IERS）	http://hpiers.obspm.fr/eop-pc/index.php	公开

续表

数据集名称	性质/内容	版权归属及贡献者	维护机构	数据集来源/网址	可获取性
有效大气角动量函数（Effective Atmospheric Angular Momentum Functions, AAM）[10]	有效角动量函数来自大气质量和运动项，是无量纲量。有效大气角动量函数是由大气、海洋、陆面三者共同计算出来的。其中大气数据采用了欧洲中期天气预报中心（European Centre for Medium-Range Weather Forecasts, ECMWF）6 小时大气强迫数据 时长：1976 年 1 月 1 日至今 时空分辨率：日 数据格式：ASCII	国际地球自转服务组织	国际地球自转和参考系统服务中心	https://www.iers.org/IERS/EN/DataProducts/GeophysicalFluidsData/geoFluids.html	公开
地球磁场数据库（磁场强度、磁倾角、磁偏角）[11]	国际地磁学与高空物理学协会（International Association of Geomagnetism and Aeronomy, IAGA）与国际实时磁天文台网（International Real-time Magnetic Observatory Network, INTER-MAGNET）计划旨在建立一个全球合作的数字地磁观测台网络，采用现代标准规范测量和记录设备，以便实时地进行数据交换和地磁产品的生产。在国际实时磁天文台网，可以通过世界各地的地磁观测站找到数据和信息 时间：最初于 2001 年 8 月发布，随后于 2001 年 12 月，2003 年 7 月和 2011 年 8 月进行了修改 下载方式：可在多国的地磁观测台下载，须注册 数据格式：ASCII	国际地磁学与高空物理学协会	国际地磁学与高空物理学协会（IAGA）	http://www.iaga-aiga.org/products-services	公开

续表

数据集名称	性质/内容	版权归属及贡献者	维护机构	数据集来源/网址	可获取性
古地磁信息档案计划数据库（Palaeomagnetic Information Archive, PALEOMAGIA）[12]	PALEOMAGIA 是全球前寒武纪古地磁方向数据库。除了方向和极点，它还包括同位素年龄参考和可用的原始物质的链接，并允许以各种格式方便地输出数据。PALEOMAGIA 由芬兰赫尔辛基大学主办 数据获取：网站获取 数据格式：多种数据格式	芬兰赫尔辛基大学	芬兰赫尔辛基大学	https://h175.it.helsinki.fi/database	公开
地球磁场模型数据库[13]	国际地磁参考场（International Geomagnetic Reference Field, IGRF）是全球模型，为地球上的任何位置提供磁场值，通常用于航行目的（赤纬）或作为航磁测量核心场减法的标准。国际地磁指数服务局（International Service of Geomagnetic Indices, ISGI）每五年更新一次。模型、软件和在线计算器由地磁场建模工作组（Geomagnetic Field Modelling, V-MOD）提供。磁指数描述了外部磁场的活动水平。IAGA 认可的指数遵循第五分部 DAT 工作组（Working Group DAT of Division V, V-DAT）定义的严格质量标准。它们由国际地磁指数服务局（International Service of Geomagnetic Indices, ISGI）传播，并由 ISGI 合作研究所推广。IAGA 认可的新指数的采用是根据 IAGA 指数认可的指数标准进行的 时长：1990～2015 年 时间分辨率：5 年 数据获取：网页获取 数据格式：txt、xlsx	国际地磁学与高空物理学协会	国际地磁学与高空物理学协会	http://www.iaga-aiga.org/products-services	

续表

数据集名称	性质/内容	版权归属及贡献者	维护机构	数据集来源/网址	可获取性
月球等离子体参数（主要为月球上的太阳风）数据库[18]	月球等离子体（主要为月球上的太阳风）（NSSDCA ID: PSPA-00417）数据集于 2006 年 12 月由美国宇航局空间科学数据协调档案处（NASA Space Science Data Coordinated Archive, NSSDCA）从原始二进制数据集 PSFP-00117 重新格式化，作为月球数据恢复项目的一部分。该数据集包含在阿波罗 12 号 ALSEP 站点的月球上观察到的每小时平均等离子体参数。使用外部输入数据计算四组小时平均参数：（1）所有精细时标参数（Fine-time Scale Parameters, FTSP）；（2）用曲线拟合上具有较小误差且热速小于 1 的光谱计算所有的 FTSP；（3）所有 FTSP 均由满足标准（2）要求的光谱计算，并且只有一个流动角可以直接测量；（4）所有 FTSP 均由满足（2）要求的光谱计算得出以及两个流动角度可直接测量。在四组平均值中的每一组中包含质子密度、α 与质子比、体积速度、流动角度、光谱数量和每个平均值的均方根偏差 该数据集有多个数据版本 获取方式：网页下载，需注册 文件格式：ASCII	NASA 空间科学数据协调档案处	NASA 空间科学数据协调档案处	https://nssdc.gsfc.nasa.gov/nmc/dataset/display.action?id=PSPA-00417 数据联系人邮箱：marcia.neugebauer@jpl.nasa.gov	公开

① 戈达德地球科学数据和信息服务中心发布，2019（实时更新）. 太阳总辐射（TSI）数据集（SOR3TSID）. https://disc.gsfc.nasa.gov/datasets/SOR3TSID_V018/summary?keywords=Atmospheric%20top%20solar%20radiation[2019-11-26]。

② 戈达德地球科学数据和信息服务中心发布，2019（实时更新）.太阳总辐射 L3 级 6 小时数据（TSIS_TSI_L3_06HR）. https://disc.gsfc.nasa.gov/datasets/TSIS_TSI_L3_06HR_V02/summary?keywords=Atmospheric%20top%20solar%20radiation [2019-11-26]。

③ 比利时皇家天文台、世界数据中心发布，2019（实时更新）. The Sunspot Number data v2.0. http://sidc.oma.be/silso/home[2019-11-26]。

④ 美国国家海洋局和大气管理局发布，2013. 光度太阳黑子指数. https://www.ngdc.noaa.gov/stp/solar/photometry.html[2019-11-26]。

⑤ 美国国家航空和航天局（NASA）戈达德飞行控制中心发布，2005（实时更新）. 近地太阳风、等离子体、能量质子通量及地磁和太阳活动指数. https://omniweb.gsfc.nasa.gov/ow.html [2019-11-26]。

⑥ 世界气候研究计划的 SPARC 的太阳—气候国际工作组发布，2017. WCRP 耦合模式比较计划第六阶段（CMIP6）太阳强迫数据. https://solarisheppa.geomar.de/cmip6 [2019-11-26]。

⑦ 英国皇家格林威治天文台发布，2012. 太阳白斑数据. https://www.ngdc.noaa.gov/stp/solar/wfaculae.html[2019-11-26]。

⑧ 国际地球自转和参考系统服务中心发布，2014. 地球自转参数数据库. https://www.iers.org/IERS/EN/DataProducts/ITRF/itrf.html [2019-11-26]。

⑨ 国际地球自转服务组织（IERS）发布，2017. 地球定向参数（EOP）C01 组合序列. http://hpiers.obspm.fr/eop-pc/index.php[2019-11-26]。

⑩ 国际地球自转和参考系统服务中心发布，2019（实时更新）.有效大气角动量函数. https://www.iers.org/IERS/EN/DataProducts/GeophysicalFluidsData/geoFluids.html[2019-11-26]。

⑪ 国际地磁学与高空物理学协会（IAGA）发布，2011. 地球磁场数据库. http://www.iaga-aiga.org/ products-services/[2019-11-26]。

⑫ 芬兰赫尔辛基大学发布，2014. PALEOMAGIA 数据库. https://h175.it.helsinki.fi/database/[2019-11-26]。

⑬ 国际地磁学与高空物理学协会发布，2019. 第 13th 代国际地磁参考场（IGRF）. http://www.iaga-aiga.org/products-services/[2019-11-26]。

⑭ NASA 空间科学数据协调档案处发布，2006. 月球等离子体（主要为月球上的太阳风）（NSSDCA ID: PSPA-00417）数据集. https://nssdc.gsfc.nasa.gov/nmc/dataset/display.action?id=PSPA-00417[2019-11-26]。

二、数据的质量情况

中国天文数据来自先进的观探测设备。数据相关指标在国际上处于较先进水平，但是，天文数据建设管理、存储结构、共享方式等方面需要优化。自主卫星探测及其数据分析需要加强。

1. 太阳射电频谱数据：中国科学院国家天文台明安图观测基地射电频谱仪（Fu *et al.*, 2004; Fu *et al.*, 1995）对太阳的逐日观测数据，时间分辨率为 5 毫秒、0.2 秒。其中 1.0～2.1 吉赫频率范围的数据观测时段为 1994～2010 年（缺少 2007～2008 年）；2.6～3.8 吉赫频率范围（姬慧荣等，2000；Ji *et al.*, 2000）的数据观测时段为 1996～2014 年；5.2～7.6 吉赫频率范围（Ji *et al.*, 2003）的数据观测时段为 1999～2014 年。数据格式为天文 FITS 图元数据。观测对象为太阳的射电波段。数据已在国家天文台网站公开共享，网址 http://sun.bao.ac.cn/SHDA_data/hsos_sbrs。自 1994 年建立第 1 台太阳射电频谱仪以来，中国的太阳射电频谱仪设备具有高时间分辨率（1～8 毫秒）、高频谱分辨率（1.37～20 兆赫）、高灵敏度（2%～5%宁静太阳射电辐射流量）和宽频带（0.7～7.6 吉赫）的特点。相关技术指标在国际同类设备中处于领先地位（颜毅华等，2001；Fu *et al.,* 2004；刘玉英等，2006；谭程明等，2011）。我国明安图射电频谱日像仪（Mingantu Spectral Radioheliograph, MUSER）是同时以高时间、高空间和高频率分辨率对太阳进行射电频谱成像的设备（卫守林等，2017）。

2. 太阳射电频谱天文数据库：紫金山天文台太阳射电望远镜（即太阳射电频谱仪）是我国上世纪九十年代末开始采用的专业设备，记录了太阳活动产生的射电辐射。该仪器从低频到高频每隔 10 兆赫进行采样观测，采样的频率范围为 4.5～7.49 吉赫，共 300 个通道，完成一次采样的时间为 5 毫秒。该数据集包含 2002～2007 年、2010～2013 年的太阳射电频谱数据。2008～

2009 年的数据由于设备故障未存档（杨哲睿等，2016）。存档数据在被具体用于科学研究之前，通常要被定标成太阳标准流量（Lu *et al.*, 2015）。频谱图上记录的微波辐射时间精细结构与太阳耀斑有着十分密切的关系，对于研究耀斑爆发过程中的粒子加速和辐射机制等物理过程有重要的意义（Tan *et al.*, 2015; 谭程明等，2011; Ning *et al.*, 2000）。

3. 太阳总辐射（TSI）重构数据：TSI 重构数据是利用太阳黑子、太阳黑子面积、10.7 厘米射电流量对 TSI 进行的重建（Zhao *et al.*, 2012）。其中 1874～1978 年为重构数据，1979～2009 年为观测数据。数据可以向作者申请获取（zj@bnu.edu.cn）。戈达德地球科学数据和信息服务中心的 TSI 数据集 SOR3TSID 包含由总辐照度监测仪（TIM）收集的总太阳辐照度（太阳常数），覆盖每日平均的全波长光谱，覆盖时间是 2003 年 2 月 25 日至 2019 年 8 月 22 日（Kopp, 2019）。另一类由达德地球科学数据和信息服务中心提供的太阳总辐射数据是 TSIS_TSI_L3_06HR 数据产品。覆盖时间是 2003 年 2 月 25 日至 2019 年 8 月 22 日（Kopp, 2019）。

4. 耦合模式比较计划太阳强迫数据集：①这是太阳—气候国际工作组（SOLARIS-HEPPA）提供给耦合模式比较计划第六阶段（Coupled Model Intercomparison Project Phase 6, CMIP6）的太阳强迫数据集（Matthes *et al.*, 2017）。该国际工作组目的是阐明太阳对气候的影响。SOLARIS-HEPPA 旨在为协调和讨论与太阳有关的研究提供一个平台，并提供相关数据驱动 CMIP6 模拟试验和平流层—对流层过程及其在气候中作用的项目中的化学—气候模型验证实验/化学—气候模型倡议（Chemistry-Climate Model Validation Activity/Chemistry-Climate Modle Initiative for Stratosphere-troposphere Processes And their Role in Climate, SPARC-CCMVal/CCMI）的初始化，同时促进和发起关于“自上而下”的太阳紫外线和“自下而上”的 TSI 机制以及高能粒子影响的详细研究。②变量包括太阳辐射强迫：太阳总辐射（TSI）、F10.7 厘米太阳射电通量和太阳分光谱辐照度（SSI）。③能量粒子强迫：Ap、

Kp、太阳质子引起的离子对发生率、银河宇宙射线引起的离子对发生率、中能电子引起的离子对发生率。④时间跨度：1850 年 1 月 1 日至 2299 年 12 年 31 日。⑤数据格式：zipped netcdf （HDF5）files。⑥这套数据与 CMIP5 有较大不同：第一，新的、较低的 TSI 值：1 361.005 瓦/平方米（Mamajek *et al.*,2015）。第二，时变太阳强迫提供在一个文件里，从 1850～2300 年每日以及每月分辨率分开。第三，粒子强迫（由于质子、中能电子和银河宇宙射线）包括在逐日分辨率文件中。

5. 太阳黑子数和太阳周期长度数据：①太阳黑子数和太阳黑子周期长度数据是世界数据中心比利时皇家天文台太阳影响数据分析中心（SIDC of the Royal Observatory of Belgium, World Data Center, WDC-SILSO, http://ssnworkshop.wikia.com/wiki/Home）提供的太阳黑子数相关数据。它是被国际普遍应用的太阳黑子数据，被广泛应用于天文、空间物理和地球物理等许多领域（Clette *et al.*, 2014; Clette *et al.*, 2016; Clette *et al.*, 2016; Chapman *et al.,* 1992; Chapman *et al.,* 1994）。②数据描述：用一个简单的算术平均值计算每年所有天的每日太阳黑子总数，得到年平均太阳黑子总数。（注意：在早期，特别是 1749 年以前，平均值只计算每年的一小部分日子，因为在许多日期，没有可用的观测值）。值为–1 表示没有可用的数字（缺失值）。③误差值：个别数据的每年标准差值是根据与月平均值相同的公式计算出来的。

6. 极移和日长数据：①国际地球自转服务组织（International Earth Rotation and Reference Systems Service, IERS）提供的极移、极移振幅和日长数据，综合了国际上多数台站的观测数据给出的，是相对精度最优、最完备、应用范围最广的地球自转参数资料（Vondrak *et al.,* 1995; Vondrak *et al.,* 2005; Vondrak *et al.,* 2010）。②时间跨度：1847～2010 年。③时间分辨率：年。④尺度数据时间分辨率：1846～1889 年，0.1 年；1890～2010 年，0.05 年。⑤该数据可在 IERS 网站（http://hpiers.obspm.fr/eop-pc/index.php）获取。⑥周年项受到章动和地方季节因素的影响，1962 年以后的数据精度：0.000 1 弧秒，

也就是 5×10^{-10} rad。

7. 地球磁场模型数据与古代地磁数据库：国际地磁参考场（International Geomagnetic Reference Field, IGRF）是全球模型，为地球上的任何位置提供磁场值，通常用于航行目的（赤纬）或作为航磁测量核心场减法的标准。IAGA每 5 年更新一次。模型、软件和在线计算器由地磁场建模工作组（Geomagnetic Field Modelling, V-MOD）提供。磁指数描述了外部磁场的活动水平。IAGA认可的指数遵循第五分部 DAT 工作组（Working Group DAT of Division V, V-DAT）定义的严格质量标准。它们由国际地磁指数服务局（International Service of Geomagnetic Indices, ISGI）传播，并由 ISGI 合作研究所推广。IAGA认可的新指数的采用是根据 IAGA 指数认可的指数标准进行的（Thébault *et al.*, 2015）。古代地磁数据库 PALEOMAGIA 是全球前寒武纪古地磁方向数据的数据库。除了方向和极点，它还包括同位素年龄参考和可用的原始物质的链接，并允许以各种格式方便地输出数据。PALEOMAGIA 由芬兰赫尔辛基大学主办（Pisarevsky, 2005）。

8. 月球等离子体数据库：月球等离子体（主要为月球上的太阳风）（NSSDCA ID: PSPA-00417）数据集于 2006 年 12 月由 NASA 空间科学数据协调档案处（Space Science Data Coordinated Archive, NSSDCA）从原始二进制数据集 PSFP-00117 重新格式化，作为月球数据恢复项目的一部分。该数据集包含阿波罗12 号的月球表面试验包（Apollo Lunar Surface Experiments Package, ALSEP）中每小时平均等离子体的参数（Neugebauer *et al.*, 1972）。

三、数据服务状况

天文因子作为气候变化的重要外强迫，其科学数据在气候变化研究开展以来就服务于该领域。目前，我国的天文科学数据被应用在国际气候变化相关组织、世界气象组织、国内各级气象部门和气候变化评估机构、国内外数据共享信息中心、航天部门、天文台、空间天气科研和业务部门、相关科研院所和大学、古气候研究机构等，也被广泛应用在相关评估报告和公报、咨询报告、科学论文、科普书籍和网站中，在科学研究、空间探测、政策决策、防灾减灾、科学知识传播中发挥了重要作用。

1. 太阳射电频谱数据：太阳射电频谱数据在太阳物理研究和国际合作交流中发挥了重要作用。目前国外有俄罗斯，国内有南京大学、紫金山天文台和云南天文台对观测数据的需求量比较大。截至 2011 年，国内外直接利用观测数据研究的 SCI 论文达 100 余篇。

2. 太阳黑子数和太阳黑子周期长度数据：世界数据中心比利时皇家天文台太阳影响数据中心提供的太阳黑子数及其相关数据，已被广泛应用于天文、空间物理和地球物理等许多领域。

3. CMIP6 太阳强迫数据集：国际工作组 SOLARIS-HEPPA 的太阳强迫和粒子强迫数据已经被 CMIP6 计划和平流层—对流层过程及其在气候中作用的项目中的化学—气候模型验证实验/化学—气候模型倡议（Chemistry-Climate Model Validation Activity/ Chemistry-Climate Modle Initiative for Stratosphere-troposphere Processes And their Role in Climate, SPARC-CCMVal/CCMI）等作为数值模拟试验输入的必要参数数据。该国际工作组目的是阐明太阳对气候的影响，为协调和讨论与太阳有关的研究提供一个平台，促进和发起关于“自上而下”的太阳紫外线和“自下而上”的 TSI 机制以及高能粒子影响的详细研究。数据获取方式是公开的网站获取。

4. 极移和日长数据：国际地球自转服务组织（International Earth Rotation and Reference System Service, IERS）提供的极移、极移振幅和日长数据，广泛应用于天文等相关物理学领域研究，是公认的地转参数数据。

以上数据都是公开数据，涵盖了大部分天文方面的气候变化驱动因素。其中，NASA 与国家地磁观测台提供的数据都需注册下载。

四、其他需要说明/评估的内容

太阳黑子（Sunspot Number, SSN）：是发生于太阳光球层的一种太阳活动，也是最容易观测到的缓变的太阳活动，同时观测历史也最早（可以追溯到器测时代之前约 400 年）。黑子区的温度比周围低（称为黑子的原因），其磁场比周围强。19 世纪 40 年代发现太阳黑子活动周期约 11 年。之后的观测研究发现还有约 80 年或更长的周期（Clette *et al.,* 2016; Foukal, 1981; Hudson *et al.,* 1982）。黑子虽属缓变型活动，但是典型的较大黑子群附近经常有其他缓变型及爆发型活动出现，彼此关系密切。因此，太阳黑子作为反映太阳缓变型和爆发型活动的总水平的指标被广泛使用，并被许多学者用于研究太阳活动对地球环境的影响（Willson *et al*., 1981）。

太阳总辐照度（Total Solar Irradiance, TSI）：指距离太阳一个天文单位处，在以太阳中心为球心的球面上，单位时间通过单位面积的、全波段的电磁辐射能量之和（或者说是在地球大气层顶接收到的太阳总辐射照度）是地球气候系统的最主要的能源来源，也是太阳活动对地球气候影响中的一个重要量。

高能粒子沉降（Energetic Particle Precipitation, EPP）：在地球磁力线开放的极区，进入到地球大气的高能粒子沉降（EPP）可以直接与大气作用，改变大气的成分，从而调制大气中的臭氧含量。作为平流层主要热源的臭氧含量的改变，将影响到平流层的热平衡和大气环流。国际上关于极区高能粒子沉降特别是在剧烈空间天气事件期间的太阳质子事件（Solar proton event, SPE）对高纬地区臭氧含量的调制作用方面，开展了大量的研究。

银河宇宙线（Galactic Cosmic Rays, GCR）：银河宇宙线是 55～60 千米以下 3～4 千米以上大气的主要电离源。电离峰值距地面高度平均约 15 千米，且随纬度不同略有变化。银河宇宙线通过电离作用可以影响许多大气微观物理过程，并可能通过这些过程影响云量。太阳磁场对银河宇宙线具有屏蔽作用。太阳磁场变化可调制银河宇宙线通量，因而银河宇宙线通量与太阳黑子11 年活动周期具有明显的负相关性。

参考文献

Chapman, G.A., A.D. Herzog and J.K. Lawrence, *et al.*, 1992. Precise Ground-Based Solar Photometry and Variations of Total Irradiance. *Journal of Geophysical Resarch-Space Physics*, 97(6):8211～8219.

Chapman, G.A., A.M. Cookson and J.J. Dobias, 1994. Observations of Changes in the Bolometric Contrast of Sunspots. *Astrophysical Journal*, 432(1):403～408.

Clette, F., E.W. Cliver and L. Lefèvre, *et al.*, 2016. Preface to Topical Issue: Recalibration of the Sunspot Number. *Solar Physics*, 291, (9～10):2479～2486.

Clette, F., L. Lefèvre, 2016. The New Sunspot Number: Assembling All Corrections. *Solar Physics*, 291(9～10):2629～2651.

Clette, F., L. Lefèvre and M. Cagnotti, *et al.*, 2016. The Revised Brussels-Locarno Sunspot Number (1981～2015). *Solar Physics*, 291(9～10):2733～2761.

Clette, F., L. Svalgaard and J.M. Vaquero, *et al.*, 2014. Revisiting the Sunspot Number: A 400-Year Perspective on the Solar Cycle. *Space Science Reviews*,186(1～4):35～103.

Erwan, T., C.F. Christopher and D.B Ciarán, *et al.*, International Geomagnetic Reference Field: the 12th generation. *Earth, Planets and Space*,2015, 67:79.

Foukal, P., 1981. Magnetic Loops in the Suns Atmosphere. *Sky and Telescope*,62(6):547～550.

Fu, Q. J., H. R. Ji and Z. H. Qin, *et al.*, 2004. *A New Solar Broadband Radio Spectrometer (SBRS) in China. Solar Physics*,222(1):167～173.

Fu, Q.J., Z.H. Qin and H.R. Ji, *et al.*, 1995. A Broad-band Spectrometer for Decimeter and Microwave Radio-bursts. *Solar Physics*,160(1):97～103.

Greg K., 2019. TSIS TIM Level 3 Total Solar Irradiance 6-Hour Means V02, Greenbelt, MD, USA, *Goddard Earth Sciences Data and Information Services Center* (GES DISC), doi: 10.5067/TSIS/TIM/DATA303.

Hudson, H. S., S. Silva and M. Woodward, *et al.*, 1982. The Effects of Sunspots on Solar Irradiance. *Solar Physics*,76(2):211～219.

Ji, H. R., Q.J. Fu and Y.Y. Liu, *et al.*, 2000. A Ratio Spectrometer at 2.6～3.8GHz. *Chinese Astronomy and Astrophysics*, 24(3):387～393.

Ji, H.R., Q.J. Fu and Y.Y. Liu, *et al.*, 2003. A Solar Radio Spectrometer at 5.2～7.6 Ghz. *Solar Physics*, 213(2):359～366.

King, J.H. and N.E. Papitashvili, 2005. Solar wind spatial scales in and comparisons of hourly Wind and ACE plasma and magnetic field data, J. *Geophys. Res*., 110, A02104.

Kopp, G., 2019. SORCE Level 3 Total Solar Irradiance Daily Means V018, Greenbelt, MD, USA, *Goddard Earth Sciences Data and Information Services Center* (GES DISC), doi: 10.5067/D959YZ53XQ4C.

Lu, L., S. Liu and Q. Song, 2015. Calibration of Solar Radio Spectrometer of the Purple Mountain Observatory. *Acta Astronomica Sinica,*56(2):130～144.

Matthes, K., B. Funke and M.E. Anderson, *et al*., 2017. Solar Forcing for CMIP6 (v3.2).*Geoscientific Model Development*,10(6):2247～2302.

Neugebauer, M., C.W. Snyder and D.R. Clay, *et al*., 1972. Solar wind observations on the lunar surface with the Apollo-12 ALSEP, *Planet. Space Sci.,* 20, 1577～1591.

Ning, Z., and Q. Fu. 2000. Solar radio radiation bursts on 1998 April 15. *Publication of the Astronomical Society of Japan*,52(5):919～924.

Pisarevsky, S., 2005. New Edition of the Global Paleomagnetic Database. *EOS Transactions*, AGU 86(17), 170.

Tan, C. M., Y.H. Yan and B.L. Tan *et al*., 2015. Study of calibration of solar radio spectrometers and the quiet-sun radio emission. *Astrophysical Journal*,808(1).

Vondrak J., C. Ron and V. Stefka, 2010. Earth orientation parameters based on EOC-4 astrometric catalog. *Acta Geodynamica et Geomaterialia*,7(3):245～251.

Vondrak J., R. Weber and C. Ron, 2005. Free Core Nutation: Direct Observations and Resonance Effects. *Astronomy and Astrophysics*,444(1):297～303.

Vondrak, J., C. Ron and I. Pesek, *et al*., 1995. New Global Solution of Earth Orientation Parameters from Optical Astrometry in 1900～1990. *Astronomy and Astrophysixa*, 297(3):899～906.

Willson, R. C., S. Gulkis and M. Janssen, *et al*., 1981. Observations of Solar Irradiance Variability. *Science,*211(4438):700-702.

Zhao, J. and Y.B. Han, 2012. Sun's total irradiance reconstruction based on multiple solar indices. Science China-Physics *Mechanics Astronomy*,55(1):179～186.

甘为群、颜毅华、黄宇：“2016～2030 年我国空间太阳物理发展的若干思考”，《中国科学:物理学 力学 天文学》，2019 年第 5 期。

姬慧荣、傅其骏、刘玉英等：“2.6～3.8GHz 太阳射电动态频谱仪”，《天体物理学报》，2000 年第 2 期。

刘玉英、傅其骏、颜毅华等：“太阳射电频谱仪超高时间分辨率观测的新结果”，《天文研究与技术》，2006 年第 2 期。

谭程明、颜毅华、谭宝林等：“太阳射电频谱观测数据分析系统方案设计”，《天文研究与技术》，2011 年第 8 期。

卫守林、刘鹏翔、王锋等：“基于 Spark Streaming 的明安图射电频谱日像仪实时数据处理”，《天文研究与技术》，2017 年第 4 期。
肖子牛、钟琦、尹志强等：“太阳活动年代际变化对现代气候影响的研究进展”，《地球科学进展》，2013 年第 12 期。
颜毅华、谭程明、徐龙等：“太阳射电爆发的非线性相对定标方法与数据处理”，《中国科学（A 辑）》，2001 年第 1 期。
杨鉴初：“近年来国外关于太阳活动对大气环流和天气影响的研究”，《气象学报》，1962 年第 2 期。
杨哲睿、宁宗军、卢磊等：“4.5～7.5 GHz 太阳射电频谱观测数据集（2002～2013 年）”，《中国科学数据（1 卷）》，2016 年第 2 期。
张海龙、冶鑫晨、李慧娟等：“天文数据检索与发布综述”，《天文研究与技术》，2017 年第 2 期。
赵亮、徐影、王劲松等：“太阳活动对近百年气候变化的影响研究进展”，《气象科技进展》，2011 年第 4 期。

第二章　土地利用与土地覆盖

土地利用/土地覆盖（Land Use/Land Cover, LU/LC）是全球环境变化研究的重要内容。“国际地圈生物圈计划”（International Geosphere Biosphere Programme, IGBP）和“全球环境变化的人文因素计划”（International Human Dimensions Programme on Global Environmental Change, IHDP）将土地覆盖（Land Cover, LC）定义为地球陆地表层和近地面层的自然状态，是自然过程和人类活动共同作用的结果。土地利用（Land Use, LU）则主要研究各种土地利用现状，侧重于地球表面的社会利用属性，即从功能方面而言，人类根据土地的自然特点，按照一定的经济、社会目的，采取一系列生物、技术手段，对土地进行长期或周期性的经营管理和治理改造活动。遥感作为一种新的 LU/LC 研究手段，具有广域性、周期性、连续性和经济性的特点，可以快速有效地获取研究区域 LU/LC 信息以及在某时间段内 LU/LC 的变化信息。在土地利用遥感动态监测过程中，LU 和 LC 常表现一致，因此，在相关文献中常将二者统一考虑，常称为“土地利用/土地覆盖”（LU/LC）。

土地利用/覆盖变化（Land Use/Cover Change, LUCC）是影响区域气候变化不可忽略的因素。在气候变化和人类活动的双重作用下，LU/LC 在不同的时间和空间尺度上发生着快速变化，改变了下垫面特征，影响生态系统的水、碳、养分等物质循环和生理生化过程，同时也成为气候变化的重要驱动力之一（Feddema *et al.*, 2005；Foley *et al.*, 2005；Clavero *et al.*, 2011；Vose and Karl,

2004）。不同类型的 LUCC 对生态系统碳循环的作用不同，由高生物量的森林转化为低生物量的草地、农田或城市后，大量的二氧化碳将释放到大气中（Battin *et al*., 2009；Van Oost *et al*., 2007）。全球 LUCC 具有很强的空间变异性，对生态系统碳循环的影响同样具有明显的空间差异：热带地区的 LUCC 造成大量的碳释放，而中高纬度地区 LUCC 则表现为碳汇（Houghton, 2003）。目前，尽管 LUCC 及其相关过程与生态系统碳循环的关系已经比较清楚，但是，由于 LUCC 过程复杂且影响广泛，对于如何量化两者之间的关系还存在很多不确定性。可以确定的是采用合理的管理措施能够大量增加 LUCC 过程中的碳储存量，降低碳释放量（Houghton, 2003）。因此，面向中国碳中和目标，评估中国土地利用与土地覆盖科学数据建设现状，将为提高中国数据建设能力，为中国国土利用规划提供参考。

随着卫星、遥感以及计算机技术的快速发展，土地利用/覆盖数据的获取手段由最初的土地调查、定位勘测、文献资料整理等升级到更精细和高效的遥感探测技术（华文剑等，2014），并逐渐实现了自动化、实时化。目前，不同情景下气候变化与 LUCC 之间的影响评估、气候变化减缓与适应方案的制定等需要高质量的数据输入来提供支撑。因此，本部分内容将面向中国碳中和目标，通过对比常见的土地利用与土地覆盖分类体系，梳理中国已建成的土地利用与土地覆盖变化数据库，回顾中国气候变化领域土地利用与土地覆盖科学数据保障能力的发展历程与现状，从时空分辨率、偏差、不确定性、来源、开放政策、服务效果等方面评估了中国气候变化领域土地利用与土地覆盖科学数据的质量与服务情况，以期在碳中和目标下为提高中国土地利用与土地覆盖科学数据建设能力提供参考。

评估结果显示：①中国的土地利用与土地覆盖变化数据的获取方式已经完成了从历史调查和统计资料向遥感观测转变。数据的时效性、准确度、空间分辨率等得到了突飞猛进的发展。②具有高时空分辨率和高光谱分辨率的中国对地观测系统已构建完成，可基本满足中国的研究与国家决策需求。但中国的对地观测技术体系在数据处理精度等许多环节尚有待提高。③中国土地利用和土地覆盖产品在生产过程中进行了严格的质量控制，在区域尺度上比全球产品质量和精度高，但产品仍主要依赖国外卫星数据。④随着时间的推移，可开放获取的土地利用和土地覆盖数据越来越多，其中，科学界在全球 LUCC 数据共享方面做出了杰出的贡献，并且为满足不同用户的需求，商业化数据库正在提高其满足个性化数据定制需求的能力。⑤为满足不同领域研究和行业发展的需求，中国城市、农田、森林、水体等亚类数据库也得到了长足的发展。⑥不断改进的土地利用和土地覆盖产品已经得到国内外用户的广泛应用，为生态系统结构与功能评价、粮食安全与耕地保护、气候变化模拟与评价等研究提供了重要的数据支撑。

一、常见的土地利用与土地覆盖分类体系

在 LUCC 研究中，建立土地利用/土地覆被分类系统是对地表进行分类的基础和关键步骤。到目前为止，各国学者针对特定的研究目的、研究尺度，从不同角度构建了众多的土地分类系统，但迄今为止，仍没有统一的分类标准，也没有一个为国际社会广泛认可且具有普适性的分类系统。这里重点介绍常用的土地利用与土地覆盖分类系统。

在土地利用调查（一调、二调、三调）、地理国情普查及与制图过程中，中国根据不同的研究目的制订了不同的土地利用分类系统，其中具有代表性的有：《中国 1∶100 万土地利用图》采用的三级分类系统、《土地利用现状调查技术规程》、《全国土地分类》试行标准和国家标准《土地利用现状分类》（GB/T21010-2007 与 GB/T21010-2017）、第三次全国国土调查土地利用现状分类及工作分类、中国科学院土地利用分类系统等。在此重点介绍国家标准《土地利用现状分类》GB/T21010-2017、第三次全国国土调查工作分类，以及中国科学院土地利用遥感监测数据集采用的土地利用分类系统（表 2–1）（刘

纪远等，2016）。2017 年 11 月，由国土资源部组织修订的国家标准《土地利用现状分类》GB/T21010-2017 代替 GB/T 21010-2007。分类系统采用一级、二级两个层次的分类体系，共分 12 个一级类，73 个二级类（表 2–1）；本标准中可归入“湿地类”的土地利用现状分类类型参照表 2–2。第三次全国土地调查（简称“三调”）采用的分类为《第三次全国土地调查技术流程》中的工作分类，与国家标准《土地利用现状分类》（GB/T 21010-2017）存在一些差异。其中一级类 12 个，二级类 53 个，此外还对一些二级地类细化了三级地类（表 2–3）。中国科学院土地利用分类系统采用二级分类系统，其中，一级类 6 个；二级类 25 个（表 2–4）。

表 2–1 GB/T 21010-2017 土地利用现状分类

一级类		二级类		含义
编码	名称	编码	名称	
01	耕地			指种植农作物的土地，包括熟地，新开发、复垦、整理地，休闲地（含轮歇地、休耕地）；以种植农作物（含蔬菜）为主，间有零星果树、桑树或其他树木的土地；平均每年能保证收获一季的已垦滩地和海涂。耕地中包括南方宽度小于 1.0 米，北方宽度小于 2.0 米固定的沟、渠、路和地坎（埂）；临时种植药材、草皮、花卉、苗木等的耕地，临时种植果树、茶树和林木且耕作层未破坏的耕地，以及其他临时改变用途的耕地
		0101	水田	指用于种植水稻、莲藕等水生农作物的耕地。包括实行水生、旱生农作物轮种的耕地
		0102	水浇地	指有水源保证和灌溉设施，在一般年景能正常灌溉，种植旱生农作物（含蔬菜）的耕地。包括种植蔬菜的非工厂化的大棚用地
		0103	旱地	指无灌溉设施，主要靠天然降水种植旱生农作物的耕地，包括没有灌溉设施，仅靠引洪淤灌的耕地
02	园地			指种植以采集果、叶、根、茎、汁等为主的集约经营的多年生木本和草本植物，覆盖度大于 50%或每亩株树大于合理株数 70%的土地。包括育苗的土地
		0201	果园	指种植果树的园地
		0202	茶园	指种植茶树的园地
		0203	橡胶园	指种植橡胶树的园地
		0204	其他园地	指种植桑树、可可、咖啡、油棕、胡椒、药材等其他多年生作物的园地

续表

一级类		二级类		含义
编码	名称	编码	名称	
03	林地			指生长乔木、竹类、灌木的土地，及沿海生长红树林的土地。包括迹地，不包括城镇、村庄范围内的绿化林木用地，铁路、公路征地范围内的林木，以及河流、沟渠的护堤林
		0301	乔木林地	指乔木郁闭度大于等于 0.2 的林地，不包括森林沼泽
		0302	竹林地	指生长竹类植物，郁闭度大于等于 0.2 的林地
		0303	红树林地	指沿海生长红树植物的林地
		0304	森林沼泽	以乔木森林植物为优势群落的淡水沼泽
		0305	灌木林地	指灌木覆盖度大于等于 40%的林地，不包括灌丛沼泽
		0306	灌丛沼泽	以灌丛植物为优势群落的淡水沼泽
		0307	其他林地	包括疏林地（树木郁闭度大于等于 0.1、小于 0.2 的林地）、未成林地、迹地、苗圃等林地
04	草地			指生长草本植物为主的土地
		0401	天然牧草地	指以天然草本植物为主，用于放牧或割草的草地，包括实施禁牧措施的草地，不包括沼泽草地
		0402	沼泽草地	指以天然草本植物为主的沼泽化的低地草甸、高寒草甸
		0403	人工牧草地	指人工种植牧草的草地
		0404	其他草地	指树木郁闭度小于 0.1，表层为土质，不用于放牧的草地
05	商服用地			指主要用于商业、服务业的土地
		0501	零售商业用地	以零售功能为主的商铺、商场、超市、市场和加油、加气、充换电站等的用地
		0502	批发市场用地	以批发功能为主的市场用地
		0503	餐饮用地	饭店、餐厅、酒吧等用地
		0504	旅馆用地	宾馆、旅馆、招待所、服务型公寓、度假村等用地
		0505	商务金融用地	指商务金融用地，以及经营性的办公场所用地。包括写字楼、商业性办公场所、金融活动场所和企业厂区外独立的办公场所，以及信息网络服务、信息技术服务、电子商务服务、广告传媒等用地
		0506	娱乐用地	指剧院、音乐厅、电影院、歌舞厅、网吧、影视城、仿古城以及绿地率小于 65%的大型游乐等设施用地
		0507	其他商服用地	指零售商业、批发市场、餐饮、旅馆、商务金融、娱乐用地以外的其他商业、服务业用地。包括洗车场、洗染店、照相馆、理发美容店、洗浴场所、赛马场、高尔夫球场、废旧物资回收站、机动车、电子产品和日用产品修理网点、物流营业网点，及居住小区及小区级以下的配套的服务设施等用地

续表

一级类		二级类		含义
编码	名称	编码	名称	
06	工矿仓储用地			指主要用于工业生产、物资存放场所的土地
		0601	工业用地	指工业生产、产品加工制造、机械和设备修理及直接为工业生产等服务的附属设施用地
		0602	采矿用地	指采矿、采石、采砂（沙）场，砖窑等地面生产用地，排土（石）及尾矿堆放地
		0603	盐田	指用于生产盐的土地，包括晒盐场所、盐池及附属设施用地
		0604	仓储用地	指用于物资储备、中转的场所用地，包括物流仓储设施、配送中心、转运中心等
07	住宅用地			指主要用于人们生活居住的房基地及其附属设施的土地
		0701	城镇住宅用地	指城镇用于生活居住的各类房屋用地及其附属设施用地，不含配套的商业服务设施等用地
		0702	农村宅基地	指农村用于生活居住的宅基地
08	公共管理与公共服务用地			指用于机关团体、新闻出版、科教文卫、公用设施等的土地
		0801	机关团体用地	指用于党政机关、社会团体、群众自治组织等的用地
		0802	新闻出版用地	指用于广播电台、电视台、电影厂、报社、杂志社、通讯社、出版社等的用地
		0803	教育用地	指用于各类教育用地，包括高等院校、中等专业学校、中学、小学、幼儿园及其附属设施用地，聋、哑、盲人学校及工读学校用地，以及为学校配建的独立地段的学生生活用地
		0804	科研用地	指独立的科研、勘察、研发、设计、检验检测、技术推广、环境评估与监测、科普等科研事业单位及其附属设施用地
		0805	医疗卫生用地	指医疗、保健、卫生、防疫、康复和急救设施等用地。包括综合医院、专科医院、社区卫生服务中心等用地，卫生防疫站、专科防治所、检验中心和动物检疫站等用地，对环境有特殊要求的传染病、精神病等专科医院用地，急救中心、血库等用地
		0806	社会福利用地	指为社会提供福利和慈善服务的设施及其附属设施用地。包括福利院、养老院、孤儿院等用地
		0807	文化设施用地	指图书、展览等公共文化活动设施用地。包括公共图书馆、博物馆、档案馆、科技馆、纪念馆、美术馆和展览馆等设施用地，综合文化活动中心、文化馆、青少年宫、儿童活动中心、老年活动中心等设施用地

续表

一级类		二级类		含义
编码	名称	编码	名称	
08	公共管理与公共服务用地	0808	体育用地	指体育场馆和体育训练基地等用地，包括室内外体育运动用地，如体育场馆、游泳场馆、各类球场及其附属的业余体校等用地，溜冰场、跳伞场、摩托车场、射击场、水上运动的陆域部分等用地，以及为体育运动专设的训练基地用地，不包括学校等机构专用的体育设施用地
		0809	公用设施用地	指用于城乡基础设施的用地。包括供水、排水、污水处理、供电、供热、供气、邮政、电信、消防、环卫、公用设施维修等用地
		0810	公园与绿地	指城镇、村庄范围内的公园、动物园、植物园、街心花园、广场和用于休憩、美化环境及防护的绿化用地
09	特殊用地			指用于军事设施、涉外、宗教、监教、殡葬、风景名胜等的土地
		0901	军事设施用地	指直接用于军事目的的设施用地
		0902	使领馆用地	指用于外国政府及国际组织驻华使领馆、办事处等的土地
		0903	监教场所用地	指用于监狱、看守所、劳改场、戒毒所等的建筑用地
		0904	宗教用地	指专门用于宗教活动的庙宇、寺院、道馆、教堂等宗教自用地
		0905	殡葬用地	指陵园、墓地、殡葬场所用地
		0906	风景名胜设施用地	指风景名胜景点（包括名胜古迹、旅游景点、革命遗址、自然保护区、森林公园、地质公园、湿地公园等）的管理机构，以及旅游服务设施的建筑用地。景区内的其他用地按现状归入相应地类
10	交通运输用地			指用于运输通行的地面线路、场站等的土地。包括民用机场、汽车客货运场站、港口、码头、地面运输管道和各种道路以及轨道交通用地
		1001	铁路用地	指用于铁道线路及场站的用地。包括征地范围内的路堤、路堑、道沟、桥梁、林木等用地
		1002	轨道交通用地	指用于轻轨、现代有轨电车、单轨等轨道交通用地，以及场站的用地
		1003	公路用地	指用于国道、省道、县道和乡道的用地。包括征地范围内的路堤、路堑、道沟、桥梁、汽车停靠站、林木及直接为其服务的附属用地
		1004	城镇村道路用地	指城镇、村庄范围内公用道路及行道树用地，包括快速路、主干路、次干路、支路、专用人行道和非机动车道，及其交叉口等

续表

一级类		二级类		含义
编码	名称	编码	名称	
10	交通运输用地	1005	交通服务场站用地	指城镇、村庄范围内交通服务设施用地，包括公交枢纽及其附属设施用地、公路长途客运站、公共交通场站、公共停车场（含设有充电桩的停车场）、停车楼、教练场等用地。不包括交通指挥中心、交通队用地
		1006	农村道路	在农村范围内，南方宽度大于等于1.0米，小于等于8米，北方宽度大于等于2.0米、小于等于8米，用于村间、田间交通运输，并在国家公路网络体系之外，以服务于农村农业生产为主要用途的道路（含机耕道）
		1007	机场用地	指用于民用机场，军民合用机场的用地
		1008	港口码头用地	指用于人工修建的客运、货运、捕捞及工程、工作船舶停靠的场所及其附属建筑物的用地，不包括常水位以下部分
		1009	管道运输用地	指用于运输煤炭、矿石、石油、天然气等管道及其相应附属设施的地上部分用地
11	水域及水利设施用地			指陆地水域，滩涂、沟渠、沼泽、水工建筑物等用地。不包括滞洪区和已垦滩涂中的耕地、园地、林地、城镇、村庄、道路等用地
		1101	河流水面	指天然形成或人工开挖河流常水位岸线之间的水面，不包括被堤坝拦截后形成的水库区段水面
		1102	湖泊水面	指天然形成的积水区常水位岸线所围成的水面
		1103	水库水面	指人工拦截汇聚而成的总设计库容大于等于10万立方米的水库正常蓄水位岸线所围成的水面
		1104	坑塘水面	指人工开挖或天然形成的蓄水量小于10万立方米的坑塘常水位岸线所围成的水面
		1105	沿海滩涂	指沿海大潮位与低潮位之间的潮浸地带。包括海岛的沿海滩涂。不包括已利用的滩涂
		1106	内陆滩涂	指河流、湖泊常水位至洪水位间的滩地；时令湖、河洪水位以下的滩地；水库、坑塘的正常蓄水位与洪水位间的滩地。包括海岛的内陆滩地。不包括已利用的滩地
		1107	沟渠	指人工修建，南方宽度大于等于1.0米、北方宽度大于等于2.0米用于引、排、灌的渠道，包括渠槽、渠堤、护堤林及小型泵站
		1108	沼泽地	指经常积水或渍水，一般生长湿生植物的土地。包括草本沼泽、苔藓沼泽、内陆盐沼等。不包括森林沼泽、灌丛沼泽和沼泽草地
		1109	水工建筑用地	指人工修建的闸、坝、堤路林、水电厂房、扬水站等常水位岸线以上的建（构）筑物用地
		1110	冰川及永久积雪	指表层被冰雪长年覆盖的土地

续表

一级类		二级类		含义
编码	名称	编码	名称	
12	其他土地			指上述地类以外的其他类型的土地
		1201	空闲地	指城镇、村庄、工矿范围内尚未使用的土地。包括尚未确定用途的土地
		1202	设施农用地	指直接用于经营性畜禽生产设施及附属设施用地；直接用于作物栽培或水产养殖等农产品生产的设施及附属设施用地；直接用于设施农业项目辅助生产的设施用地；晾晒场、粮食果品烘干设施、粮食和农资临时存放场所、大型农机具临时存放场所等规模化粮食生产所必需的配套设施用地
		1203	田坎	指梯田及梯状坡耕地中，主要用于拦蓄水和护坡，南方宽度大于等于 1.0 米、北方宽度大于等于 2.0 米的地坎
		1204	盐碱地	指表层盐碱聚集，生长天然耐盐植物的土地
		1205	沙地	指表层为沙覆盖，基本无植被的土地。不包括滩涂中的沙地
		1206	裸土地	指表层为土地，基本无植被覆盖的土地
		1207	裸岩石砾地	指表层为岩石或石砾，其覆盖面积大于等于 70%的土地

表 2–2　GB/T 21010-2017 附录 B 湿地归类表

湿地类	土地利用现状分类	
	类型编码	类型名称
湿地	0101	水田
	0303	红树林地
	0304	森林沼泽
	0306	灌丛沼泽
	0402	沼泽草地
	0603	盐田
	1101	河流水面
	1102	湖泊水面
	1103	水库水面
	1104	坑塘水面
	1105	沿海滩涂
	1106	内陆滩涂
	1107	沟渠
	1108	沼泽地

表 2–3　第三次全国国土调查工作分类

<table>
<tr><th colspan="2">一级类</th><th colspan="2">二级类</th><th colspan="3" rowspan="2">含义</th></tr>
<tr><th>编码</th><th>名称</th><th>编码</th><th>名称</th></tr>
<tr><td rowspan="9">00</td><td rowspan="9">湿地</td><td></td><td></td><td colspan="3">指红树林地，天然的或人工的，永久的或间歇性的沼泽地、泥炭地，盐田，滩涂等</td></tr>
<tr><td>0303</td><td>红树林地</td><td colspan="3">沿海生长红树植物的土地</td></tr>
<tr><td>0304</td><td>森林沼泽</td><td colspan="3">指以乔木森林植物为优势群落的淡水沼泽</td></tr>
<tr><td>0306</td><td>灌丛沼泽</td><td colspan="3">指以灌丛植物为优势群落的淡水沼泽</td></tr>
<tr><td>0402</td><td>沼泽草地</td><td colspan="3">指以天然草本植物为主的沼泽化的低地草甸、高寒草甸</td></tr>
<tr><td>0603</td><td>盐田</td><td colspan="3">指用于生产盐的土地，包括晒盐场所、盐池及附属设施用地</td></tr>
<tr><td>1105</td><td>沿海滩涂</td><td colspan="3">指沿海大潮高潮位与低潮位之间的潮浸地带。包括海岛的沿海滩涂。不包括已利用的滩涂</td></tr>
<tr><td>1106</td><td>内陆滩涂</td><td colspan="3">指河流、湖泊常水位至洪水位间的滩地；时令湖、河洪水位以下的滩地；水库、坑塘的正常蓄水位与洪水位间的滩地。包括海岛的内陆滩地。不包括已利用的滩地</td></tr>
<tr><td>1108</td><td>沼泽地</td><td colspan="3">指经常积水或渍水，一般生长湿生植物的土地。包括草本沼泽、苔藓沼泽、内陆盐沼等。不包括森林沼泽、灌丛沼泽和沼泽草地</td></tr>
<tr><td rowspan="4">01</td><td rowspan="4">耕地</td><td></td><td></td><td colspan="3">指种植农作物的土地，包括熟地，新开发、复垦、整理地，休闲地（含轮歇地、休耕地）；以种植农作物（含蔬菜）为主，间有零星果树、桑树或其他树木的土地；平均每年能保证收获一季的已垦滩地和海涂。耕地中包括南方宽度小于 1.0 米，北方宽度小于 2.0 米固定的沟、渠、路和地坎（埂）；临时种植药材、草皮、花卉、苗木等的耕地，临时种植果树、茶树和林木且耕作层未破坏的耕地，以及其他临时改变用途的耕地</td></tr>
<tr><td>0101</td><td>水田</td><td colspan="3">指用于种植水稻、莲藕等水生农作物的耕地。包括实行水生、旱生农作物轮种的耕地</td></tr>
<tr><td>0102</td><td>水浇地</td><td colspan="3">指有水源保证和灌溉设施，在一般年景能正常灌溉，种植旱生农作物（含蔬菜）的耕地。包括种植蔬菜的非工厂化的大棚用地</td></tr>
<tr><td>0103</td><td>旱地</td><td colspan="3">指无灌溉设施，主要靠天然降水种植旱生农作物的耕地，包括没有灌溉设施，仅靠引洪淤灌的耕地</td></tr>
<tr><td rowspan="3">02</td><td rowspan="3">种植园用地</td><td></td><td></td><td colspan="3">指种植以采集果、叶、根、茎、汁等为主的集约经营的多年生木本和草本作物，覆盖度大于 50%或每亩株数大于合理株数 70%的土地。包括用于育苗的土地</td></tr>
<tr><td rowspan="2">0201</td><td rowspan="2">果园</td><td colspan="3">指种植果树的园地</td></tr>
<tr><td>0201K</td><td>可调整果园</td><td>指由耕地改为果园，但耕作层未被破坏的土地</td></tr>
</table>

续表

<table>
<tr><th colspan="2">一级类</th><th colspan="2">二级类</th><th colspan="3" rowspan="2">含义</th></tr>
<tr><th>编码</th><th>名称</th><th>编码</th><th>名称</th></tr>
<tr><td rowspan="6">02</td><td rowspan="6">种植园用地</td><td>0202</td><td>茶园</td><td colspan="3">指种植茶树的园地</td></tr>
<tr><td></td><td></td><td>0202K</td><td>可调整茶园</td><td>指由耕地改为茶园，但耕作层未被破坏的土地</td></tr>
<tr><td rowspan="2">0203</td><td rowspan="2">橡胶园</td><td colspan="3">指种植橡胶树的园地</td></tr>
<tr><td>0203K</td><td>可调整橡胶园</td><td>指由耕地改为橡胶园，但耕作层未被破坏的土地</td></tr>
<tr><td rowspan="2">0204</td><td rowspan="2">其他园地</td><td colspan="3">指种植桑树、可可、咖啡、油棕、胡椒、药材等其他多年生作物的园地</td></tr>
<tr><td>0204K</td><td>可调整其他园地</td><td>指由耕地改为其他园地，但耕作层未被破坏的土地</td></tr>
<tr><td rowspan="8">03</td><td rowspan="8">林地</td><td></td><td></td><td colspan="3">指生长乔木、竹类、灌木的土地。包括迹地，不包括沿海生长红树林的土地、森林沼泽、灌丛沼泽，城镇、村庄范围内的绿化林木用地，铁路、公路征地范围内的林木，以及河流、沟渠的护堤林</td></tr>
<tr><td rowspan="2">0301</td><td rowspan="2">乔木林地</td><td colspan="3">指乔木郁闭度大于等于 0.2 的林地，不包括森林沼泽</td></tr>
<tr><td>0301K</td><td>可调整乔木林地</td><td>指由耕地改为乔木林地，但耕作层未被破坏的土地</td></tr>
<tr><td rowspan="2">0302</td><td rowspan="2">竹林地</td><td colspan="3">指生长竹类植物，郁闭度大于等于 0.2 的林地</td></tr>
<tr><td>0302K</td><td>可调整竹林地</td><td>指由耕地改为竹林地，但耕作层未被破坏的土地</td></tr>
<tr><td>0305</td><td>灌木林地</td><td colspan="3">指灌木覆盖度大于等于 40%的林地，不包括灌丛沼泽</td></tr>
<tr><td rowspan="2">0307</td><td rowspan="2">其他林地</td><td colspan="3">包括疏林地（树木郁闭度大于等于 0.1、小于 0.2 的林地）、未成林地、迹地、苗圃等林地</td></tr>
<tr><td>0307K</td><td>可调整其他林地</td><td>指由耕地改为未成林造林地和苗圃，但耕作层未被破坏的土地</td></tr>
<tr><td rowspan="5">04</td><td rowspan="5">草地</td><td></td><td></td><td colspan="3">指生长草本植物为主的土地。不包括沼泽草地</td></tr>
<tr><td>0401</td><td>天然牧草地</td><td colspan="3">指以天然草本植物为主，用于放牧或割草的草地，包括实施禁牧措施的草地，不包括沼泽草地</td></tr>
<tr><td rowspan="2">0403</td><td rowspan="2">人工牧草地</td><td colspan="3">指人工种植牧草的草地</td></tr>
<tr><td>0403K</td><td>可调整人工牧草地</td><td>指由耕地改为人工牧草地，但耕作层未被破坏的土地</td></tr>
<tr><td>0404</td><td>其他草地</td><td colspan="3">指树木郁闭度小于 0.1，表层为土质，不用于放牧的草地</td></tr>
<tr><td rowspan="3">05</td><td rowspan="3">商业服务业用地</td><td></td><td></td><td colspan="3">指主要用于商业、服务业的土地</td></tr>
<tr><td>05H1</td><td>商业服务业设施用地</td><td colspan="3">指主要用于零售、批发、餐饮、旅馆、商务金融、娱乐及其他商服的土地</td></tr>
<tr><td>0508</td><td>物流仓储用地</td><td colspan="3">指用于物资储备、中转、配送等场所的用地，包括物流仓储设施、配送中心、转运中心等</td></tr>
</table>

续表

一级类		二级类		含义
编码	名称	编码	名称	
06	工矿用地			指主要用于工业、采矿等生产的土地。不包括盐田
		0601	工业用地	指工业生产、产品加工制造、机械和设备修理，及直接为工业生产等服务的附属设施用地
		0602	采矿用地	指采矿、采石、采砂（沙）场，砖瓦窑等地面生产用地，排土（石）及尾矿堆放地，不包括盐田
07	住宅用地			指主要用于人们生活居住的房基地及其附属设施的土地
		0701	城镇住宅用地	指城镇用于生活居住的各类房屋用地及其附属设施用地，不含配套的商业服务设施等用地
		0702	农村宅基地	指农村用于生活居住的宅基地
08	公共管理与公共服务用地			指用于机关团体、新闻出版、科教文卫、公用设施等的土地
		08H1	机关团体新闻出版用地	指用于党政机关、社会团体、群众自治组织，广播电台、电视台、电影厂、报社、杂志社、通讯社、出版社等的用地
		08H2	科教文卫用地	指用于各类教育，独立的科研、勘察、研发、设计、检验检测、技术推广、环境评估与监测、科普等科研事业单位，医疗、保健、卫生、防疫、康复和急救设施，为社会提供福利和慈善服务的设施，图书、展览等公共文化活动设施，体育场馆和体育训练基地等用地及其附属设施用地
				08H2A　高教用地　指高等院校及其附属设施用地
		0809	公用设施用地	指用于城乡基础设施的用地。包括供水、排水、污水处理、供电、供热、供气、邮政、电信、消防、环卫、公用设施维修等用地
		0810	公园与绿地	指城镇、村庄范围内的公园、动物园、植物园、街心花园、广场和用于休憩、美化环境及防护的绿化用地
				0810A　广场用地　指城镇、村庄范围内的广场用地
09	特殊用地			指用于军事设施、涉外、宗教、监教、殡葬、风景名胜等的土地
10	交通运输用地			指用于运输通行的地面线路、场站等的土地。包括民用机场、汽车客货运场站、港口、码头、地面运输管道和各种道路以及轨道交通用地
		1001	铁路用地	指用于铁道线路及场站的用地。包括征地范围内的路堤、路堑、道沟、桥梁、林木等用地
		1002	轨道交通用地	指用于轻轨、现代有轨电车、单轨等轨道交通用地，以及场站的用地

续表

一级类		二级类		含义					
编码	名称	编码	名称						
10	交通运输用地	1003	公路用地	指用于国道、省道、县道和乡道的用地。包括征地范围内的路堤、路堑、道沟、桥梁、汽车停靠站、林木及直接为其服务的附属用地					
		1004	城镇村道路用地	指城镇、村庄范围内公用道路及行道树用地，包括快速路、主干路、次干路、支路、专用人行道和非机动车道，及其交叉口等					
		1005	交通服务场站用地	指城镇、村庄范围内交通服务设施用地，包括公交枢纽及其附属设施用地、公路长途客运站、公共交通场站、公共停车场（含设有充电桩的停车场）、停车楼、教练场等用地，不包括交通指挥中心、交通队用地					
		1006	农村道路	在农村范围内，南方宽度大于等于 1.0 米、小于等于 8.0 米，北方宽度大于等于 2.0 米、小于等于 8.0 米，用于村间、田间交通运输，并在国家公路网络体系之外，以服务于农村农业生产为主要用途的道路（含机耕道）					
		1007	机场用地	指用于民用机场、军民合用机场的用地					
		1008	港口码头用地	指用于人工修建的客运、货运、捕捞及工程、工作船舶停靠的场所及其附属建筑物的用地，不包括常水位以下部分					
		1009	管道运输用地	指用于运输煤炭、矿石、石油、天然气等管道及其相应附属设施的地上部分用地					
11	水域及水利设施用地			指陆地水域、沟渠、水工建筑物等用地。不包括滞洪区					
		1101	河流水面	指天然形成或人工开挖河流常水位岸线之间的水面，不包括被堤坝拦截后形成的水库区段水面					
		1102	湖泊水面	指天然形成的积水区常水位岸线所围成的水面					
		1103	水库水面	指人工拦截汇集而成的总设计库容大于等于 10 万立方米的水库正常蓄水位岸线所围成的水面					
		1104	坑塘水面	指人工开挖或天然形成的蓄水量小于 10 万立方米的坑塘常水位岸线所围成的水面					
				1104A	养殖坑塘	指人工开挖或天然形成的用于水产养殖的水面及相应附属设施用地			
						1104K	可调整养殖坑塘	指由耕地改为养殖坑塘，但可复耕的土地	
		1107	沟渠	指人工修建，南方宽度大于等于 1.0 米、北方宽度大于等于 2.0 米用于引、排、灌的渠道，包括渠槽、渠堤、护路林及小型泵站					
				1107A	干渠	指除农田水利用地以外的人工修建的沟渠			

续表

一级类		二级类		含义
编码	名称	编码	名称	
11	水域及水利设施用地	1109	水工建筑用地	指人工修建的闸、坝、堤路林、水电厂房、扬水站等常水位岸线以上的建（构）筑物用地
		1110	冰川及永久积雪	指表层被冰雪常年覆盖的土地
12	其他土地			指上述地类以外的其他类型的土地
		1201	空闲地	指城镇、村庄、工矿范围内尚未使用的土地。包括尚未确定用途的土地
		1202	设施农用地	指直接用于经营性畜禽养殖生产设施及附属设施用地；直接用于作物栽培或水产养殖等农产品生产的设施及附属设施用地；直接用于设施农业项目辅助生产的设施用地；晾晒场、粮食果品烘干设施、粮食和农资临时存放场所、大型农机具临时存放场所等规模化粮食生产所必需的配套设施用地
		1203	田坎	指梯田及梯状坡地耕地中，主要用于拦蓄水和护坡，南方宽度大于等于 1.0 米、北方宽度大于等于 2.0 米的地坎
		1204	盐碱地	指表层盐碱聚集，生长天然耐盐植物的土地
		1205	沙地	指表层为沙覆盖、基本无植被的土地。不包括滩涂中的沙地
		1206	裸土地	指表层为土质，基本无植被覆盖的土地
		1207	裸岩石砾地	指表层为岩石或石砾，其覆盖面积大于等于 70%的土地

表 2-4　中国科学院土地利用分类系统

一级类型		二级类型		含义
编号	名称	编号	名称	
1	耕地			指种植农作物的土地，包括熟耕地、新开荒地、休闲地、轮歇地、草田轮作地；以种植农作物为主的农果、农桑、农林用地；耕种三年以上的滩地和滩涂
		11	水田	指有水源保证和灌溉设施，在一般年景能正常灌溉，用以种植水稻、莲藕等水生农作物的耕地，包括实行水稻和旱地作物轮种的耕地
		12	旱地	指无灌溉水源及设施，靠天然降水生长作物的耕地；有水源和浇灌设施，在一般年景下能正常灌溉的旱作物耕地；以种菜为主的耕地，正常轮作的休闲地和轮歇地
2	林地			指生长乔木、灌木、竹类，以及沿海红树林地等林业用地
		21	有林地	指郁闭度大于 30%的天然木和人工林。包括用材林、经济林、防护林等成片林地

续表

一级类型		二级类型		含义
编号	名称	编号	名称	
2	林地	22	灌木林	指郁闭度大于40%、高度在2米以下的矮林地和灌丛林地
		23	疏林地	指疏林地（郁闭度为10%～30%）
		24	其他林地	未成林造林地、迹地、苗圃及各类园地（果园、桑园、茶园、热作林园地等）
3	草地			指以生长草本植物为主，覆盖度在5%以上的各类草地，包括以牧为主的灌丛草地和郁闭度在10%以下的疏林草地
		31	高覆盖度草地	指覆盖度在大于50%的天然草地、改良草地和割草地。此类草地一般水分条件较好，草被生长茂密
		32	中覆盖度草地	指覆盖度在20%～50%的天然草地和改良草地。此类草地一般水分不足，草被较稀疏
		33	低覆盖度草地	指覆盖度在5%～20%的天然草地。此类草地水分缺乏，草被稀疏，牧业利用条件差
4	水域			指天然陆地水域和水利设施用地
		41	河渠	指天然形成或人工开挖的河流及主干渠常年水位以下的土地，人工渠包括堤岸
		42	湖泊	指天然形成的积水区常年水位以下的土地
		43	水库坑塘	指人工修建的蓄水区常年水位以下的土地
		44	永久性冰川雪地	指常年被冰川和积雪所覆盖的土地
		45	滩涂	指沿海大潮高潮位与低潮位之间的潮侵地带
		46	滩地	指河、湖水域平水期水位与洪水期水位之间的土地
5	城乡、工矿、居民用地			指城乡居民点及县镇以外的工矿、交通等用地
		51	城镇用地	指大、中、小城市及县镇以上建成区用地
		52	农村居民点	指农村居民点
		53	其他建设用地	指独立于城镇以外的厂矿、大型工业区、油田、盐场、采石场、交通道路、机场及特殊用地等
6	未利用土地			目前还未利用的土地，包括难利用的土地
		61	沙地	指地表为沙覆盖，植被覆盖度在5%以下的土地，包括沙漠，不包括水系中的沙滩
		62	戈壁	指地表以碎砾石为主，植被覆盖度在5%以下的土地
		63	盐碱地	指地表盐碱聚集，植被稀少，只能生长耐盐碱植物的土地
		64	沼泽地	指地势平坦低洼，排水不畅，长期潮湿，季节性积水或常积水，表层生长湿生植物的土地
		65	裸土地	指地表土质覆盖，植被覆盖度在5%以下的土地
		66	裸岩石砾地	指地表为岩石或石砾，其覆盖面积大于50%的土地
		67	其他	指其他未利用土地，包括高寒荒漠，苔原等

在不同国家和地区国土资源、土地覆盖、生态环境的调查工作中，形成了多套土地覆盖分类系统，其中具有代表性的有：欧共体（欧盟）启动的环境信息协作计划（Coordination of Information on the Environment, CORINE）制定的 CORINE 土地覆盖分类系统，美国多分辨率土地特征联盟（Multi-Resolution Land Characteristics Consortium, MRLC）制定的美国土地覆被分类系统（National Land Cover Database, NLCD）、IGBP 制定的 IGBP 土地覆盖分类系统，以及全国生态环境十年变化项目支持下中国科学院制定的基于政府间气候变化专门委员会（Intergovernmental Panel on Climate Change, IPCC）和碳收支提出的土地覆盖分类系统（Land Cover Classification System, LCCS）。在此重点介绍常用的 IGBP 分类系统和中国科学院全国生态环境十年变化项目中采用的土地覆盖分类系统。

IGBP 土地覆盖分类系统共有 17 类土地覆盖类型（表 2–5）（张景华等，2011），分别为常绿针叶林、常绿阔叶林、落叶针叶林、落叶阔叶林、混交林、郁闭灌木林、稀疏灌木林、有林草地、稀疏草原、草地、永久湿地、农田、城镇与建成区、农田与自然植被镶嵌体、冰雪、裸地和水体。

表 2–5　IGBP 土地覆盖分类系统

代码	类型	含义
1	常绿针叶林	覆盖度大于 60%和高度超过 2 米，且常年绿色，针状叶片的乔木林地
2	常绿阔叶林	覆盖度大于 60%和高度超过 2 米，且常年绿色，具有较宽叶片的乔木林地
3	落叶针叶林	覆盖度大于 60%和高度超过 2 米，且有一定的落叶周期，针状叶片的乔木林地
4	落叶阔叶林	覆盖度大于 60%和高度超过 2 米，且有一定的落叶周期，具有较宽叶片的乔木林地
5	混交林	前四种森林类型的镶嵌体，且每种类型的覆盖度不超过 60%
6	郁闭灌木林	覆盖度大于 60%，高度低于 2 米，常绿或落叶的木本植被用地
7	稀疏灌木林	覆盖度在 10%～60%之间，高度低于 2 米，常绿或落叶的木本植被用地

续表

代码	类型	含义
8	有林草地	森林覆盖度在30%～60%之间，高度超过2米，并与草本植被或其他林下植被系统组成的混合用地类型
9	稀疏草原	森林覆盖度在10%～30%之间，高度超过2米，并与草本植被或其他林下植被系统组成的混合用地类型
10	草地	由草本植被类型覆盖，森林和灌木覆盖度小于10%
11	永久湿地	常年或经常有水覆盖（淡水、半咸水或咸水），且伴有草本或木本植被的广阔区域，是介于陆地和水体之间的过渡带
12	农田	指由农作物覆盖，包括作物收割后的裸露土地；永久的木本农作物可归类于合适的林地或者灌木覆盖类型
13	城镇与建成区	被建筑物覆盖的土地类型
14	农田与自然植被镶嵌体	指由农田、乔木、灌木和草地组成的混合用地类型，且任何一种类型的覆盖度不超过60%
15	冰雪	指常年由积雪或者冰覆盖的土地类型
16	裸地	指裸地、沙地、岩石，植被覆盖度不超过10%
17	水体	海洋、湖泊、水库和河流，可以是淡水或咸水

中国科学院全国生态环境十年变化项目中采用的土地覆盖分类系统分为两级：一级为IPCC土地覆被类型；二级为基于碳收支的LCCS土地覆被类型（表2–6）（张磊等，2014）。其中，一级类型为6类，对应IPCC的6类；二级类型由联合国粮食及农业组织（Food and Agriculture Organization of the United Nations, FAO）LCCS的方法进行定义，共38类，具有统一的数据代码，便于政府间、国际组织的数据交换与对比分析，反映通用的土地覆被特征。

表2–6　中国科学院全国生态环境十年变化土地覆盖分类系统

序号	Ⅰ级分类	代码	Ⅱ级分类	含义
1	林地	101	常绿阔叶林	自然或半自然植被，H=3～30米，C>20%，不落叶，阔叶
		102	落叶阔叶林	自然或半自然植被，H=3～30米，C>20%，落叶，阔叶

续表

序号	Ⅰ级分类	代码	Ⅱ级分类	含义
1	林地	103	常绿针叶林	自然或半自然植被，H=3～30 米，C>20%，不落叶，针叶
		104	落叶针叶林	自然或半自然植被，H=3～30 米，C>20%，落叶，针叶
		105	针阔混交林	自然或半自然植被，H=3～30 米，C>20%， 25%< F <75%
		106	常绿阔叶灌木林	自然或半自然植被，H=0.3～5 米，C>20%，不落叶，阔叶
		107	落叶阔叶灌木林	自然或半自然植被，H=0.3～5 米，C>20%，落叶，阔叶
		108	常绿针叶灌木林	自然或半自然植被，H=0.3～5 米，C>20%，不落叶，针叶
		109	乔木园地	人工植被，H=3～30 米，C>20%
		110	灌木园地	人工植被，H=0.3～5 米，C>20%
		111	乔木绿地	人工植被，人工表面周围，H=3～30 米，C>20%
		112	灌木绿地	人工植被，人工表面周围，H=0.3～5 米，C>20%
2	草地	21	草甸	自然或半自然植被，K>1.5，土壤水饱和，H=0.03～3 米，C>20%
		22	草原	自然或半自然植被， K=0.9～1.5，H=0.03～3 米，C>20%
		23	草丛	自然或半自然植被，K>1.5，H=0.03～3 米，C>20%
		24	草本绿地	人工植被，人工表面周围，H=0.03～3 米，C>20%
3	湿地	31	森林湿地	自然或半自然植被，T>2 或湿土，H=3～30 米，C>20%
		32	灌丛湿地	自然或半自然植被，T>2 或湿土，H=0.3～5 米，C>20%
		33	草本湿地	自然或半自然植被，T>2 或湿土，H=0.03～3 米，C>20%
		34	湖泊	自然水面，静止
		35	水库/坑塘	人工水面，静止
		36	河流	自然水面，流动
		37	运河/水渠	人工水面，流动
4	耕地	41	水田	人工植被，土地扰动，水生作物，收割过程
		42	旱地	人工植被，土地扰动，旱生作物，收割过程
5	人工表面	51	居住地	人工硬表面，居住建筑
		52	工业用地	人工硬表面，生产建筑

续表

序号	Ⅰ级分类	代码	Ⅱ级分类	含义
5	人工表面	53	交通用地	人工硬表面，线状特征
		54	采矿场	人工挖掘表面
6	其他	61	稀疏林	自然或半自然植被，H=3～30 米，C=4%～20%
		62	稀疏灌木林	自然或半自然植被，H=0.3～5 米，C=4%～20%
		63	稀疏草地	自然或半自然植被，H=0.03～3 米，C=4%～20%
		64	苔藓/地衣	自然，微生物覆盖
		65	裸岩	自然，坚硬表面
		66	裸土	自然，松散表面，壤质
		67	沙漠/沙地	自然，松散表面，沙质
		68	盐碱地	自然，松散表面，高盐分
		69	冰川/永久积雪	自然，水的固态

二、科学数据情况

（一）中国全类型土地利用/覆盖数据

中国学者在土地利用/覆盖制图上做了大量努力，包括国家农业科学数据共享中心——区划科学数据中心发布的基于“高分 1 号”卫星数据的土地利用数据集（邹金秋和陈佑启，2018）、中国科学院地理科学与资源所联合多家单位完成的 20 世纪 80 年代末、1995 年、2000 年、2005 年、2010 年和 2015 年中国多期土地利用数据集（中国科学院地理科学与资源研究所和中国科学院资源环境科学数据中心，2019）、中国国家基础地理信息中心的全球 30 米土地覆盖数据产品（Globeland30，国家基础地理信息中心，2019）、清华大学的更高分辨率的观测和监测—全球土地覆盖数据集（Finer Resolution Observation and Monitoring–Global Land Cover, FROM–GLC，清华大学，2019a，2019b）等。为了评估中国气候变化领域 LUCC 相关科学数据的建设能力，本报告从数据集的主要内容、版权归属、维护机构、数据的可获取性等切入，梳理中国已建成的土地利用与土地覆盖变化数据集，见表 2–7。

表 2–7 中国全类型土地利用/覆盖数据列表

数据集名称	性质/内容	版权归属及贡献者	维护机构	来源/网址	可获取性
更精细的观测和监测—全球土地覆盖数据集（Finer Resolution Observation and Monitoring of Global Land Cover, FROM–GLC）[①]	全球土地覆盖产品 投影方式：WGS84 空间分辨率：30 米 数据类型/格式：tif 数据时间：2010 年、2015 年、2017 年	宫鹏 等	清华大学	http://data.ess.tsinghua.edu.cn/	开放获取
在全球未来气候变化情景典型浓度路径（Representative Concentration Pathways, RCPs）之一 RCP4.5 下，模拟得到的全球未来土地覆盖数据集（FROM–GLC–Simulation4.5）[②]	2080 年全球未来土地利用预测数据集 数据空间投影方式：WGS84 空间分辨率：30 米 数据类型/格式：tif 数据时间：2080	宫鹏 等	清华大学	http://www.geodata.cn/data/datadetails.html?dataguid=5362879&docId=5084	注册获取
第一次全国地理国情普查数据[③]	第一次全国地理国情普查公报数据类型/格式：文本 数据时间：2015 年	国务院第一次全国地理国情普查领导小组办公室	国家测绘地理信息局、国土资源局、国家统计局/	http://www.360doc.com/content/17/1019/10/3046928_696301573.shtml	开放获取
第二次全国土地调查主要数据[④]	数据类型/格式：文本 数据时间：2009 年 12 月	国务院第二次全国土地调查领导小组办公室	国土资源部、国家统计局	http://www.gov.cn/jrzg/2013-12/31/content_2557453.htm	开放获取
中国国土资源统计数据[⑤]	数据时间：2008～2011 年 数据类型/格式：文本	国土资源部史志办公室	中华人民共和国国土资源部	http://navi.cnki.net/KNavi/YearbookDetail?pcode=CYFD&pykm=YZGDK&bh=	付费下载

续表

数据集名称	性质/内容	版权归属及贡献者	维护机构	来源/网址	可获取性
中国土地利用数据集（National Land Cover Database, NLCD）[⑥]	数据格式：30米类型、100米类型、1000米面积百分比栅格数据以及1∶10万矢量数据 投影方式：阿尔伯斯 数据时间：1980年代末、1995年、2000年、2005年、2010年、2015年、2018年	刘纪远 等	中国科学院地理科学与资源研究所和中国科学院资源环境科学数据中心	http://www.resdc.cn/ http://www.geodata.cn/data/datadetails.html?dataguid=8822284&docId=12120	1千米百分比栅格数据开放获取 100米和30米栅格及矢量数据三种类型注册付费获取
中国土地覆盖产品（China Cover）[⑦]	投影方式：阿尔伯斯 空间分辨率：30米 数据类型/格式：tif 数据时间：2000年、2005年、2010年	吴炳方 等	中国科学院遥感所、中国科学院生态环境研究中心等	http://www.ecosystem.csdb.cn/ecogj/index.jsp	注册获取
基于“高分1号”卫星数据的土地利用数据集[⑧]	16个省的土地利用分类图和各类土地面积行政区统计数据。 数据时间：2016～2017年 空间分辨率：土地利用栅格影像数据空间 数据格式：img，jpg	邹金秋、陈佑启	国家农业科学数据共享中心——区划科学数据中心	http://www.sciencedb.cn/dataSet/handle/538；http://www.csdata.org/p/143	注册获取
中国1980年代100万土地利用数据[⑨]	资源环境数据云平台解译的中国20世纪80年代1∶100万的土地利用图 处理方式：人工矢量化 格式：栅格、矢量 精度：1千米、100米、30米	吴传钧 等	中国科学院地理科学与资源研究所和中国科学院资源环境科学数据中心	http://www.resdc.cn/data.aspx?DATAID=212	注册获取

续表

数据集名称	性质/内容	版权归属及贡献者	维护机构	来源/网址	可获取性
全球30米土地覆盖数据产品（Globe Land 30）[10]	投影方式：UTM 空间分辨率：30 米 数据类型/格式：tif 数据时间：2000 年、2010 年	陈军 等	国家基础地理信息中心	http://www.globallandcover.com/GLC30Download/index.aspx	注册获取
中国 1:100 万植被数据集[11]	中国植被图和中国植被区划图 投影信息：GCS_Krasovsky_1940 数据格式：矢量	侯学煜 等	寒区旱区科学数据中心	http://westdc.westgis.ac.cn/data/3f20ef3a-1be8-414d-a214-54e1a3639c80	开放获取
基于多源数据融合方法的中国 1 公里土地覆盖图[12]	2000 年中国土地覆盖数据 分类系统：国际地圈生物圈计划分类系统 数据产生或加工方法：基于证据理论整合 2000 年中国 1∶10 万土地利用数据、中国植被图集（1∶100 万）及多个专题图集生成	冉有华、李新	寒区旱区科学数据中心	http://westdc.westgis.ac.cn/data/a4262c8a-1543-49c3-9d12-47722f3395f4	开放获取
中国地区土地覆盖综合数据集[13]	数据格式：ArcView GIS ASCII 网格参数：ncols 4857、nrows 4045 等	冉有华、李新、卢玲	寒区旱区科学数据中心	http://westdc.westgis.ac.cn/data/f1aaacad-9f42-474e-8aa4-d37f37d6482f	开放获取
土地资源数据库[14]	资源学科创新平台土地资源数据库，包括全国范围内相关研究成果的统计信息 数据调查年份：1984～1995 年 格式：xlsx 分辨率：0.01 公顷	参考原数据生产单位和个人	中国科学院计算机网络信息中心大数据部	http://www.data.ac.cn/list/tab_land	注册获取

续表

数据集名称	性质/内容	版权归属及贡献者	维护机构	来源/网址	可获取性
1990～2010 年中国西北地区土地覆被数据集[15]	时间范围：1990 年、2000 年、2005 年、2010 年 地理区域：中国西北地区 空间分辨率：200 米 数据类型：栅格	谢家丽、颜长珍、常存	中国科学数据	http://www.csdata.org/p/216/	开放获取

① 清华大学，2019a.Finer Resolution Observation and Monitoring–Global Land Cover. http://data.ess.tsinghua.edu.cn/[2019-10-24]。

②清华大学，2019b. 中国未来土地利用预测数据集 FROM–GLC–Simulation4.5（2080 年）. http://www.geodata.cn/data/datadetails.html? dataguid=5362879&docId=5084[2019-10-24]。

③ 国家测绘地理信息局、国土资源局/国家统计局、国务院第一次全国地理国情普查领导小组办公室，2019.第一次全国地理国情普查公报. http://www.360doc.com/content/17/1019/10/3046928_696301573.shtml[2019-10-27]。

④ 国土资源部、国家统计局、国务院第二次全国土地调查领导小组办公室，2019. 关于第二次全国土地调查主要数据成果的公报. http://www.gov.cn/jrzg/2013-12/31/content_2557453.htm[2019-10-27]。

⑤ 中华人民共和国国土资源部，2019. 中国国土资源年鉴.http://navi.cnki.net/KNavi/YearbookDetail?pcode=CYFD&pykm=YZGDK&bh=[2019-10-27]。

⑥ 中国科学院地理科学与资源研究所和中国科学院资源环境科学数据中心，2019a.1990 年、1995 年、2000 年、2005 年、2010 年、2015 年中国土地利用现状遥感监测数据. http://www.resdc.cn/data.aspx?DATAID=96[2019-10-24]。

⑦ 中国科学院遥感所、中国科学院生态环境研究中心，2019.China Cover. http://www.ecosystem.csdb.cn/ecogj/index.jsp[2019-10-24]。

⑧ 邹金秋、陈佑启，2018. 基于“高分 1 号”卫星数据的土地利用数据集[J/OL].中国科学数据，[2018-01-09] DOI: 10.11922/csdata.2017.0007.zh.。

⑨ 中国科学院地理科学与资源研究所，2019a.中国 1980 年代一百万分之一土地利用数据.http://www.resdc.cn/data.aspx?DATAID=212[2019-10-24]。

⑩ National Basic Geographic Information Center，2019. Globe Land 30. http://www.globallandcover.com/Chinese/GLC30Download/index.aspx [2019-10-24]。

⑫ 寒区旱区科学数据中心，2019c. 基于多源数据融合方法的中国 1 公里土地覆盖图. http://westdc.westgis.ac.cn/data/a4262c8a-1543-49c3-9d12-47722f3395f4 [2019-10-24]。

⑬ 寒区旱区科学数据中心，2019d. 中国地区土地覆盖综合数据集. http://westdc.westgis.ac.cn/data/f1aaacad-9f42-474e-8aa4-d37f37d6482f [2019-10-24]。

⑭ 中国科学院地理科学与资源研究所，2019d. 土壤资源数据库. http://www.data.ac.cn/list/tab_land[2019-10-24]。

⑮ 谢家丽、颜长珍、常存，2019. 1990～2010 年中国西北地区土地覆被数据集[J/OL]. 中国科学数据，4(3). (2019-7-17). DOI: 10.11922/csdata.2018.0047.zh.。

（二）中国专题土地利用/覆盖数据

为满足不同领域研究和行业发展的需求，中国城市、农田、森林、水体等专题土地利用/覆盖数据库也得到了长足的发展。本报告以农田、城市、森林、水体为例，从数据集的主要内容、版权归属、维护机构、数据的可获取性等切入，梳理了气候变化领域 LUCC 相关专题数据集的发展现状，见表 2–8 至表 2–11 所示。通过梳理，可以看出：第一，专题数据所采用的数据源多样，常见的有“陆地卫星”（Landsat）、相控阵型 L 波段合成孔径雷达（Phased Array L-band Synthetic Aperture Radar, PALSAR）、夜间灯光等；第二，专题数据的制图空间分辨率已由低空间分辨率（500 米）发展到中高分辨率（10～30 米），空间分辨率越来越高，目前城市、农田、森林、水体均有 30 米的专题产品，城市数据已有 10 米的产品；第三，专题数据的时间分辨率也在不断提高，从单一时间点到多个时间点，部分专题产品（城市和水体）已实现连续年份的监测。

1. 农田分布专题数据

除了表 2–7 中的数据集外，美国地质勘探局（United States Geological Survey, USGS）发布了全球农田分布专题数据集（Global Food Security-support Analysis Data at 30m-Cropland Extent, GFSAD30CE），数据空间分辨率为 30 米（表 2–8）。全球农田分布专题数据集采用分块存储，还有研究者介绍了利用 Landsat 数据和谷歌地球引擎（Google Earth Engine, GEE）云计算平台提取中国和澳大利亚 2015 年的耕地数据，并进行精度验证（Teluguntla *et al.*,2018）。

2. 建设用地分布专题数据

在过去 20 年中，全球共发布了大约 2 000 个地区的城市数据。除了表 2–7 中的数据集外，还有基于统计数据生成的城市数据集（表 2–9），同时，还有基于灯光指数生成的城市数据集（1 千米）。但是这些城市用地产品的分辨

表 2–8 国际上农田分布数据集

数据集名称	性质/内容	版权归属及贡献者	维护机构	来源/网址	可获取性
全球 30 米粮食安全分析数据—农田分布数据（Global Food Security-support Analysis Data at 30 m–Cropland Extent, GFSAD30CE）①	2015 年全球农田分布数据 投影方式：WGS84 空间分辨率：30 米 数据类型/格式：tif	普拉萨德 • 特恩卡拜勒	美国地质调查局（USGS）	https://lpdaac.usgs.gov/news/release-of-gfsad-30-meter-cropland-extent-products	公开

①United States Geological Survey (USGS), 2017. GFSAD30 Cropland Extent. https://lpdaac.usgs.gov/news/release-of-gfsad-30-meter-cropland-extent-products[2019-10-24]。

率大多在 500～1 000 米左右，且只包含 1～2 个时间点，难以满足长时间序列的全球城市用地动态分析需求。而随着 Landsat 及更高分辨率遥感数据的逐渐全面公开，全球高分辨率城市用地制图成为可能。中国科学院地理科学与资源研究所匡文慧等（2016）以全球 30 米土地覆盖数据产品为基准底图，构建了人造地表覆盖二级类型分类系统并提出了提取的技术方法，从而形成了高精度城市建成区及其内部不透水地表和植被覆盖组分比例数据产品。高分辨率全球城市用地产品的时间序列缺陷正在逐渐被弥补，为全球城市研究提供了更加强有力的支持。

3. 森林分布专题数据

除了表 2–7 中数据集外，在森林专题信息提取方面，汉森等（Hansen *et al.*, 2013）采用所有可用的 Landsat 7 数据实现了全球森林动态监测，在此基础上世界资源研究所拓展了全球森林监测项目（Global Forest Watch, GFW）；马里兰大学全球土地利用数据中心制作了森林覆盖百分比数据集。除 Landsat 数据外，日本宇宙航空研究开发机构（Japan Aerospace Exploration Agency, JAXA）数据集近年来也得到了广泛应用，JAXA 生产了 2007～2010 年、2015 年全球范围的森林分布图；美国俄克拉荷马大学科学家绘制了中国范围的森林分布图（表 2–10）。

表 2–9　全球城市分布专题数据集

数据集名称	性质/内容	版权归属及贡献者	维护机构	来源/网址	可获取性
全球环境历史数据集（History Database of the Global Environment, HYDE）[①]	1700～2000 年全球城市分布数据投影方式：WGS84 空间分辨率：5 米 数据类型/格式：tif	克莱恩・戈尔德韦克	荷兰环境评估局（Netherlands Environmental Assessment Agency, PBL）	https://themasites.pbl.nl/tridion/en/themasites/hyde/download/index-2.html	完全开放
全球城乡人口数据集（Global Rural-Urban Mapping Project, GRUMP）[②]	1990 年全球城市分布数据投影方式：WGS84 空间分辨率：1 000 米 数据类型/格式：tif	社会经济数据和应用中心（Socioeconomic Data and Applications Center, SEDAC）	SEDAC	https://sedac.ciesin.columbia.edu/data/collection/grump-v1	完全开放
陆地卫星数据集（LandScan）[③]	2000～2017 年全球城市分布数据投影方式：WGS84 空间分辨率：1 000 米 数据类型/格式：tif	橡树岭国家实验室（Oak Ridge National Laboratory,ORNL）	ORNL	https://landscan.ornl.gov/landscan-datasets	注册获取
全球城市分布和密度[④]	2000 年全球城市分布数据 投影方式：WGS84 空间分辨率：1 000 米 数据类型/格式：tif	克里斯托弗・埃尔维奇	美国国家海洋和大气管理局	http://www.ngdc.noaa.gov/dmsp/download.html.	完全开放
全球城市变化数据集[⑤]	1990～2013年逐年全球城市分布数据 投影方式：WGS84 空间分辨率：1 000 米 数据类型/格式：tif	周宇宇	艾奥瓦州立大学	https://yuyuzhou.public.iastate.edu/data.html	联系作者获取

续表

数据集名称	性质/内容	版权归属及贡献者	维护机构	来源/网址	可获取性
全球城市分布数据集（Global Urban Land）[⑥]	1990 年、1995 年、2000 年、2005 年、2010 年、2015 年全球城市分布数据 投影方式：WGS84 空间分辨率：30 米 数据类型/格式：tif	刘小平	中山大学	http://www.geosimulation.cn/GlobalUrbanLand.html	完全开放
全球人类聚居和定居程度数据集（Global Human Built-up And Settlement Extent, HBASE）[⑦]	2010 年全球城市分布数据 投影方式：WGS84 空间分辨率：30 米 数据类型/格式：tif	王磐石	SEDAC	https://sedac.ciesin.columbia.edu/data/set/ulandsat-hbase-v1	完全开放
全球城市数据集（Global Man-made Impervious Surface, GMI）[⑧]	2010 年全球城市分布数据 投影方式：WGS84 空间分辨率：30 米 数据类型/格式：tif	埃里克・布朗・德科尔斯顿	SEDAC	https://sedac.ciesin.columbia.edu/data/set/ulandsat-gmis-v1	完全开放
全球城市足迹数据集（Global Urban Footprint, GUF）[⑨]	2010 年全球城市分布数据 投影方式：WGS84 空间分辨率：10 米 数据类型/格式：tif	托马斯・埃施	德国航空航天中心（Deutsches Zentrum für Luft-und Raumfahrt, DLR）	https://www.dlr.de/eoc/desktopdefault.aspx/tabid-9628/16557_read-40454	注册获取
亚洲人造地表覆盖[⑩]	2010 年亚洲高精度城市建成区及其内部城市不透水地表和植被覆盖组分比例数据产品 投影方式：WGS84 空间分辨率：30 米 数据类型/格式：tif	匡文慧	中国科学院地理科学与资源研究所		联系作者获取

① PBL Netherlands Environmental Assessment Agency, 2010. Long term dynamic modeling of global population and built-up area in a spatially explicit way, HYDE 3.1.https://themasites.pbl.nl/tridion/en/themasites/hyde/download/index-2.html[2019-09-13]。

② Socioeconomic Data and Applications Center (SEDAC), 2010, 2011. Global Rural-Urban Mapping Project (GRUMP). https://sedac.ciesin.columbia.edu/data/collection/grump-v1[2019-10-23]。

③ Oak Rigde National Laboratory (ORNL), 2017. High Resolution global Population Data Set. https://landscan.ornl.gov/landscan-datasets[2019-10-24]。

④ National Oceanic and Atmospheric Administration (NOAA), 2007. Global Distribution and Density of Constructed Impervious Surfaces. http://www.ngdc.noaa.gov/dmsp/download.html[2019-10-28]。

⑤ Iowa State University, 2018. Annual urban dynamics (1992–2013) from nighttime lights. https://yuyuzhou.public.iastate.edu/data.html[2019-11-21]。

⑥ 中山大学, 2018. High-resolution multi-temporal mapping of global urban land. https://yuyuzhou.public.iastate.edu/data.html[2019-12-13]。

⑦ Socioeconomic Data and Applications Center (SEDAC), 2017. Global Human Built-up And Settlement Extent (HBASE) Dataset From Landsat, v1 (2010). https://sedac.ciesin.columbia.edu/data/set/ulandsat-hbase-v1[2019-12-04]。

⑧ Socioeconomic Data and Applications Center (SEDAC), 2017. Global Man-made Impervious Surface (GMIS) Dataset From Landsat, v1 (2010). https://sedac.ciesin.columbia.edu/data/set/ulandsat-gmis-v1[2019-11-03]。

⑨ German Aerospace Center (DLR), 2017. Global Urban Footprint. https://www.dlr.de/eoc/desktopdefault.aspx/tabid-9628/16557_read-40454/[2019-11-14]。

⑩ 中科院地理科学与资源研究所，2016. 2010 年亚洲高精度城市建成区及其内部城市不透水地表和植被覆盖组分比例数据产品[2019-12-07]。

表 2–10　森林分布专题数据集

数据集名称	性质/内容	版权归属及贡献者	维护机构	来源/网址	可获取性
全球森林变化数据集[①]	2010 年全球森林分布数据 投影方式：WGS84 空间分辨率：30 米 数据类型/格式：tif	马修・汉森	马里兰大学	https://glad.umd.edu/gladmaps/globalmap.php	公开
陆地卫星森林覆盖数据[②]	2010 年全球森林分布数据 投影方式：WGS84 空间分辨率：30 米 数据类型/格式：tif	约瑟夫•奥•塞克斯顿	全球土地覆盖设施	http://ftp.glcf.umd.edu/data/landsatTreecover	公开
全球森林分布图[③]	2010 年全球森林分布数据 投影方式：WGS84 空间分辨率：25 米/50 米 数据类型/格式：tif	秀忠岛田	日本宇宙航空研究开发机构	https://www.eorc.jaxa.jp/ALOS/en/palsar_fnf/fnf_index.htm	公开
森林数据集（Forest Data Layer）[④]	2010 年中国森林分布数据 投影方式：WGS84 空间分辨率：25 米 数据类型/格式：tif	萧向明	俄克拉荷马大学	http://www.eomf.ou.edu	联系数据提供者获取

① University of Maryland (UMD), 2013. Tree Canopy Cover 2010. https://glad.umd.edu/gladmaps/globalmap.php[2019-1-07]。

② Global Land Cover Facility (GLCF), 2013. Landsat Vegetation Continuous Fields (VCF) tree cover layers. http://ftp.glcf.umd.edu/data/landsatTreecover[2019-08-06]。

③ Japan Aerospace Exploration Agency (JAXA), 2014. Global forest/non-forest maps from ALOS PALSAR data. https://www.eorc.jaxa.jp/ALOS/en/palsar_fnf/fnf_index.htm[2019-10-21]。

④ University of Oklahoma. Forest Data Layer (FDL) through the integration of PALSAR and MODIS/Landsat data. http://www.eomf.ou.edu/[2019-11-14]。

4. 水体分布专题数据

随着遥感数据源的增多、水体提取算法的改进、高性能云计算平台的发展，全球或区域尺度的地表水体覆盖数据集也越来越多。表 2–11 列举了现有全球尺度地表水体覆盖数据产品，可以看出，水体数据集经历了由单期时间

表 2–11 水体分布专题数据集

数据集名称	性质/内容	版权归属及贡献者	维护机构	来源/网址	可获取性
全球多卫星水体数据集（Global Inundation Extent from Multi-satellites）①	1993～2007 年全球水体分布数据 投影方式：WGS84 空间分辨率：0.25 度 数据类型/格式：tif	凯瑟琳・普里金特	科学研究国家中心	https://lerma.obspm.fr/spip.php?article91⟨=en	公开
全球 250 米水体数据库（Global Raster Water Mask at 250 meter Spatial Resolution）②	2000～2002 年全球水体分布数据 投影方式：WGS84 空间分辨率：250 米 数据类型/格式：tif	马克・卡罗尔	马里兰大学	https://developers.google.com/earth-engine/datasets/catalog/MODIS_MOD44W_MOD44W_005_2000_02_24	公开
全球水体数据集（Global Water Bodies Database, GLOWABO）③	2000 年全球水体分布数据投影方式：WGS84 空间分辨率：30 米 数据类型/格式：tif	查尔斯・沃波顿	法国滨海大学	https://www.gislounge.com/glowabo-remotely-sensed-inventory-worlds-lakes	联系作者获取
全球 3 弧秒水体图（Global 3 Arc-second Water Body Map G3WBM）④	1990～2010 年全球水体分布数据 投影方式：WGS84 空间分辨率：90 米 数据类型/格式：tif	山崎戴	日本海洋地球科学技术厅	http://hydro.iis.u-tokyo.ac.jp/～yamadai/G3WBM	公开
全球土地覆盖设施–内陆地表水数据集（Global Land Cover Facility–Inland surface Water data, GLCF GIW）⑤	2000 全球水体分布数据 投影方式：WGS84 空间分辨率：30 米 数据类型/格式：tif	冯敏	马里兰大学	https://developers.google.com/earth-engine/datasets/catalog/GLCF_GLS_WATER	公开
全球地表水数据集（Global Surface Water Data）⑥	1984～2015 年全球水体分布数据 投影方式：WGS84 空间分辨率：30 米 数据类型/格式：tif	让–弗朗索瓦・佩凯尔	联合研究中心	https://global-surface-water.appspot.com/download	公开

续表

数据集名称	性质/内容	版权归属及贡献者	维护机构	来源/网址	可获取性
全球500米每日地表水变化数据集（500m Resolution Daily Global Surface Water Change Database）⑦	2001～2016年全球水体分布数据 投影方式：WGS84 空间分辨率：500米 数据类型/格式：tif	宫鹏	清华大学	http://data.ess.tsinghua.edu.cn/modis_500_2001_2016_waterbody.html	公开
全球500米8天水质分类图（500m 8-day Water Classification Maps）⑧	2000～2015年全球水体分布数据 投影方式：WGS84 空间分辨率：500米 数据类型/格式：tif	安库什·坎德瓦尔	明尼苏达大学	http://z.umn.edu/monitoringwaterRSE	公开

① Centre National de la Recherche Scientifique, 2016. Global Inundation Extent from Multi-Satellites. https://lerma.obspm.fr/spip.php?article91&lang=en[2019-02-07]。

② University of Maryland, 2009. Global Raster Water Mask at 250 meter Spatial Resolution. https://developers.google.com/earth-engine/datasets/catalog/MODIS_MOD44W_MOD44W_005_2000_02_24[2019-08-13]。

③ Université du Littoral Cote d'Opale (ULCO), 2014. GLOWABO – Remotely Sensed Inventory of the World's Lakes. https://www.gislounge.com/glowabo-remotely-sensed-inventory-worlds-lakes/[2019-10-22]。

④ Japan Agency for Marine-Earth Science and Technology, 2015. Global 3 arc-second Water Body Map (G3WBM). http://hydro.iis.u-tokyo.ac.jp/～yamadai/G3WBM/[2019-06-09]。

⑤ University of Maryland, 2015. GLCF inland surface water dataset (GIW). https://developers.google.com/earth-engine/datasets/catalog/GLCF_GLS_WATER[2019-11-12]。

⑥ The Joint Research Centre (JRC), 2016. Global Surface Water Change Database. .https://global-surface-water.appspot.com/download[2019-12-01]。

⑦ Tsinghua University, 2018. 500-m Resolution Daily Global Surface Water Change Database. http://data.ess.tsinghua.edu.cn/modis_500_2001_2016_waterbody.html[2019-08-01]。

⑧ University of Minnesota, 2017. An approach for global monitoring of surface water extent variations in reservoirs using MODIS data. http://z.umn.edu/monitoringwaterRSE[2019-12-19]。

节点（每十年一期）到长时间序列（每年一期），由低空间分辨率（500 米）到中高空间分辨率（30 米）的发展过程。比如，马里兰大学研究团队利用 2000 年左右全球所有的 Landsat 数据，生成了 2000 年全球 30 米空间分辨率水体数据集。此外，该机构其他研究团队利用“中分辨率成像光谱代”（Moderate-resdution Imaging Spectroradiometer, MODIS）影像，生成了 2000～2002 年全球 250 米空间分辨率水体数据集。欧盟联合研究中心（The Joint Research Centre, JRC）研究小组利用 1984～2015 年全球 300 万余景 Landsat 遥感影像和专家系统水体提取方法，基于谷歌地球引擎（Google Earth Engine, GEE）云计算平台，生成了过去 32 年间年度和月度的全球 30 米空间分辨率水体覆盖数据集。清华大学研究团队利用 2001～2016 年全球每天的 MODIS 数据，生成了这期间全球每天的地表水体覆盖数据集（Ji *et al.*, 2018）。基于该数据，干旱区短期存在的地表水体、海平面上升的影响，以及不同类型的稻田都可以被探测到。同样，明尼苏达大学研究团队利用 2000～2015 年全球 MODIS 影像，生成了这期间全球每 8 天一期的地表水体覆盖数据集。该数据也已成为全球或区域尺度地表水变化研究的重要数据。

三、数据的质量情况

如表 2–7 所示，受研究条件的限制，1990 年以前的土地利用与土地覆盖变化数据基本上都是从历史调查和统计资料中获取的。近年来，国内外相关组织机构和部门对土地利用/土地覆盖数据库的建设非常重视，纷纷启动了数据库建设项目，组织了专门机构和人员开展数据库建设工作。中国的《国家中长期科学和技术发展规划纲要（2006～2020）》也将中国高分辨率对地观测系统（简称“高分专项”）纳入到了重大专项之中（中华人民共和国科学技术部，2019）。

近几十年来，随着技术的飞速发展，遥感已经成为区域和全球尺度土地利用/土地覆盖制图的重要手段。2010 年以前，由于遥感技术的限制和中高分辨率遥感图像数据获取的难度，研究成果主要以较低空间分辨率的全球和区域土地覆盖图为主（表2–12）。遥感平台的不断更新和遥感数据的免费开放已促使我们进入一个前所未有的遥感大数据时代。特别是 2008 年美国国家地质调查局免费开放了所有历史存档和实时获取的陆地卫星数据。此外，中国资源卫星、欧空局的哨兵–2（Sentinel-2）卫星的发射和数据共享进一步补充了中等空间分辨率数据的来源。与此同时，计算和存储能力的迅速提升使得海量遥感数据快速处理成为可能。这些遥感大数据和超性能计算的应用，直接促使了全球土地覆盖产品由千米级到 30 米级甚至更高分辨率的提升。

如表 2–7 至表 2–12 所示，土地覆盖和土地利用产品在生产过程中进行了严格的质量控制，但分类体系、投影方式等数据处理过程并不一致，使不同数据集缺乏可比性。“高分 1 号”卫星数据涵盖 3 个分辨率的数据。其中，2 米全色和 8 米多光谱的相机实现了大于 60 千米的成像幅宽，侧摆时重访周期仅为 4 天，不侧摆时重访周期为 41 天；16 米多光谱相机实现了大于 800 千米的成像幅宽，重访周期为 4 天。其中，全色分辨率为 2 米，多光谱分辨率为 8 米，同时也有 16 米分辨率的多光谱数据，解决了高空间分辨率、高时间分辨率、多光谱与宽覆盖相结合的光学遥感等关键技术，是国内较好的数据源。基于“高分 1 号”卫星数据提取的土地利用数据集没有与中国科学院地理所发布的全国土地利用数据进行分类精度对比，也没有与国家或者地方测绘和发布的土地利用数据进行精度对比。原因在于所使用的数据源及方法不一致，无法进行相关对比评价，但是基于“高分 1 号”卫星数据的 2 米和 16 米空间分辨率及分时要求达到了验证精度，可以初步认定采用“高分 1 号”卫星数据提取的土地利用图有较好的分辨率和现时性（邹金秋和陈佑启，2018）。中国宜出台基于遥感技术的中国土地覆盖和土地利用数据产品标准，对不同分辨率的大气和辐射纠正、图像融合、几何纠正、坐标系统转换、投影转换、遥感数据解译、土地分类等数据处理过程做出明确的规范，以确保

表 2–12 来源于国际机构的中国全类型土地利用/覆盖数据列表

数据集名称	性质/内容	版权归属及贡献者	维护机构	数据集来源/网址	可获取性
美国马里兰大学的全球土地覆盖数据集①	1990 年、1993 年全球土地覆盖产品 投影方式：WGS84 空间分辨率：1000 米 数据类型/格式：tif	M.C. Hansen	马里兰大学	http://www.geog.umd.edu/landcover/global-cover.html	公开
国际地圈—生物圈计划的全球 1 千米土地覆盖数据集（IGBP-DIS Global 1Km Land Cover Datase, IGBP DISCove）②	1990 年、1993 年全球土地覆盖产品 投影方式：WGS84 空间分辨率：1 000 米 数据类型/格式：tif	T. R. Loveland	美国地质调查局	http://edcwww.cr.usgs.gov/landdaac/glcc/glcc-na.html	公开
2000 年全球土地覆盖数据产品（Global Land Cover 2000, GLC2000）③	2000 年全球土地覆盖产品 投影方式：WGS84 空间分辨率：1 000 米 数据类型/格式：tif	E. Bartholomé	欧盟联合研究中心	http://www-gvm.jrc.it/glc2000/defaultGLC2000.ht	公开
中分辨率成像光谱仪 2000 年的土地覆盖数据产品④	2000～2018 年逐年的全球土地覆盖产品 投影方式：WGS84 空间分辨率：500 米 数据类型/格式：tif	M.A. Friedl	波士顿大学	https://lpdaac.usgs.gov/products/mcd12q1v006	公开
欧洲航天局全球陆地覆盖数据（ESA GlobCover）⑤	2000 年、2006 年、2009 年全球土地覆盖产品 投影方式：WGS84 空间分辨率：300 米 数据类型/格式：tif	O. Arino	欧洲航天局	http://due.esrin.esa.int/page_globcover.php	公开

续表

数据集名称	性质/内容	版权归属及贡献者	维护机构	数据集来源/网址	可获取性
气候变化倡议土地覆盖产（Climate Change Initiative Land Cover,CCI-LC）[⑥]	199～2015 年逐年的全球土地覆盖产品 投影方式：WGS84 空间分辨率：300 米 数据类型/格式：tif	欧洲航天局（European Space Agency, ESA）	欧洲航天局	http://maps.elie.ucl.ac.be/CCI/viewer	公开

① University of Maryland (UMD), 2000. 1992 年、1993 年全球土地覆盖产品. http://www. geog.umd. edu/landcover/global-cover.html[2019-07-19]。

② United States Geological Survey (USGS), 2000. 1992 年、1993 年全球土地覆盖产品. http://edcwww. cr. usgs.gov/landdaac/glcc/glcc-na.html [2019-12-23]。

③ European Commission's Joint Research Centre (JRC), 2005. 2000 年全球土地覆盖产品. http://www-gvm.jrc.it/glc2000/defaultGLC2000.html [2019-02-23]。

④Boston University (BU), 2002. MCD12. https://lpdaac.usgs.gov/products/mcd12q1v006/ [2019-08-28]。

⑤ European Space Agency (ESA), 2007. 2005 年、2006 年、2009 年全球土地覆盖产品. http://due. esrin.esa.int/page_globcover.php[2019-12-09]。

⑥ European Space Agency (ESA), 2017. 1992～2015 年逐年的全球土地覆盖产品. http://maps. elie.ucl.ac.be/CCI/viewer/[2019-11-17]。

国内外基于遥感影像的土地覆盖和土地利用数据集之间的数据具有可比性。通过大量的地面样本进行验证，部分学者对各种产品进行了对比验证。中国科学院的土地利用数据各类型精度高于90%，应用非常广泛。冉有华等（2009）基于中科院的土地利用数据对2000年1千米分辨率的美国马里兰大学的全球土地覆盖数据集、国际地圈—生物圈计划的全球1千米土地覆盖数据集、欧盟联合研究中心空间应用研究所的2000年全球土地覆盖数据产品、中分辨率成像光谱仪2000年的土地覆盖数据产品在中国范围内进行了对比验证，结果表明欧盟联合研究中心空间应用研究所的2000年全球土地覆盖数据产品和中分辨率成像光谱仪2000年的土地覆盖数据产品整体分类精度更高，国际地圈—生物圈计划的全球1千米土地覆盖数据集数据的整体分类精度次之，但是三种数据在局部都存在明显的分类错误。美国马里兰大学的全球土地覆盖数据集数据的分类精度整体最低。

四、数据服务状况

这些不断改进的土地覆盖和土地利用产品已经得到了国内外用户的广泛应用，为生态系统结构与功能评价、粮食安全与耕地保护、气候变化模拟与评价等研究提供了重要的数据支撑。农田（耕地）分布产品为耕地变化动态监测、国家退耕还林还草工程成效评估、农田多功能评价、粮食安全等提供了重要的数据支撑。森林数据产品为森林监测以及动态变化分析提供了数据来源。水体分布数据为监测年际及年内水体的动态变化分析提供了重要的数据来源，为政府决策提供了理论依据和科学支撑。中国正处于城镇建设的高速发展阶段，如何合理利用土地资源进行城镇规划布局是城镇建设的重要基础工作，而掌握真实可靠的城市数据集是合理利用土地资源的前提，也是进行城市精细化管理的重要依据。建设用地数据也在国内城镇建设领域得到了广泛应用，特别是在利用高分辨率卫星遥感数据提取城市信息以及城市用地现状分类等方面，进行了大量的研究工作，取得了实质性成果。

参考文献

Arino, O., D. Gross and F. Ranera *et al*., 2007. Glob Cover ESA service for Global land cover from MERIS. *IEEE international geoscience and remote sensing symposium*, 2412.

Bhaduri, B., E. Bright and P. Coleman, *et al*., 2002. Land Scan: Locating people is what matters. *Geoinfomatics*,5, No.2:34～37.

Bartholomé, E., A.S. Belward, 2005. GLC2000: a new approach to global land cover mapping from Earth observation data. *International Journal of Remote Sensing*,26, 1959～1977.

Brown de Colstoun, E.C., C. Huang and P. Wang, *et al*., 2017. Global Man-made Impervious Surface (GMIS). NASA Socioeconomic Data and Applications Center (SEDAC).

Battin, T. J., S. Luyssaert, Kaplan L. A. *et al*., 2009. Boundless Carbon Cycle[J]. Nature Geoscience, 2 (9):598～600.

Chen, J., A. Liao and X. Cao, *et al*., 2015. Global land cover mapping at 30m resolution: A POK-based operational approach. *ISPRS Journal of Photogrammetry and Remote Sensing*,103, 7～27.

CIESIN, I., CIAT, 2011. Global Rural-Urban Mapping Project, Version 1 (GRUMPv1): Urban Extents Grid. NASA Socioeconomic Data and Applications Center (SEDAC).

Clavero, M., D. Villero and l. Brotons, 2011. Climate change or land use dynamics: Do we know what climate change indicators indicate? *Plos One*, 6(4):12～19.

Elvidge, C.D., B.T. Tuttle and P. C. Sutton, *et al*., 2007. Global distribution and density of constructed impervious surfaces. *Sensors*, 7, 1962～1979.

ESA, 2017. Land Cover CCI Product User Guide Version 2.

Feddema, J.J., K.W. Oleson and G.B. Bonan, *et al*., 2005. The importance of landcoverchange in simulating future climates. *Science*, 310 (5754):1674～1678.

Friedl, M.A., D.K. McIver and J.C.F. Hodges, *et al*., 2002. Global land cover mapping from MODIS: algorithms and early results. *Remote Sensing of Environment*, 83, 287～302.

Foley, J. A., R. Defries and G.P. Asner, *et al*., 2005. Global consequences of land use. *Science*, 309 (5734): 570～574.

Gong, P., J. Wang and L. Yu, *et al*., 2012. Finer resolution observation and monitoring of global land cover: first mapping results with Landsat TM and ETM+ data. *International Journal of Remote Sensing*, 34, 2607～2654.

Hansen, M.C., R. S. Defries, J. R. G. Townshend and R. A. Sohlberg, 2000. Global land cover classi cation at 1km spatial resolution using a classification tree approach. *International*

Journal of Remote Sensing, 21, 1331～1364.

Houghton, R. A., 2003. Revised estimates of the annual net flux of carbon to the atmosphere from changes in land use and land man-agement 1850- 2000. Tellus, 55,378～390.

Ji, L.Y., P. Gong and J. Wang, *et al.*, 2018. Construction of the 500m Resolution Daily Global Surface Water Change Database (2001～2016). *Water Resources Research*, 54,

Liu, X.P., G.H. Hu and Y.M. Chen, *et al.*, 2018. High-resolution multi-temporal mapping of global urban land using Landsat images based on the Google Earth Engine Platform. *Remote Sensing of Environment*, 209, 227～239.

Loveland, T.R., B.C. Reed and J.F. Brown, *et al.*, 2000. Development of a global land cover characteristics database and IGBP DISCover from 1 km AVHRR data. *International Journal of Remote Sensing*, 21, 1303～1330.

National Basic Geographic Information Center 2019. Globe Land 30. http://www.globallandcover.com/Chinese/GLC30Download/index.aspx[2019-10-24]

Teluguntla, P., P.S. Thenkabail and A. Oliphant, *et al.*, 2018. A 30-m landsat-derived cropland extent product of Australia and China using random forest machine learning algorithm on Google Earth Engine cloud computing platform. *ISPRS Journal of Photogrammetry and Remote Sensing*, 144, 325～340.

Tsinghua University, 2019a. Finer Resolution Observation and Monitoring–Global Land Cover. http://data.ess.tsinghua.edu.cn/[2019-10-24]

Tsinghua University, 2019b. FROM–GLC–Simulation4.5（2080）. http://www.geodata.cn/data/datadetails.html?dataguid=5362879&docId=5084[2019-10-24]

Van Oost, K., T. A. Quine, Govers G., *et al.*, 2007. The Impact of Agricultural Soil Erosion on the Global Carbon Cycle. Science, 318 (5850):626～629.

Vose, R.S., T.R. Karl and D.R. Easterling, *et al.*, 2004. Climate-impact of land-use change on climate. *Nature*, 427(6971):213～214.

Wang, P., C. Huang and E. C. Brown de Colstoun, *et al.*, 2017. Global Human Built-up And Settlement Extent (HBASE). NASA Socioeconomic Data and Applications Center (SEDAC).

Zhou, Y., X. Li and G.R. Asrar, 2018. Global record of annual urban dynamics (1992～2013) from nighttime lights. *Remote Sensing of Environment*, 219, 206-220.

北京数字空间科技有限公司，2019.全国土地利用数据产品. http://www. dsac.cn/DataProduct/Detail/200804[2019-10-24]。

华文剑、陈海山、李兴：“中国土地利用/覆盖变化及其气候效应的研究综述”，《地球科学进展》，2014年第9期。

匡文慧、陈利军、刘纪远等：“亚洲人造地表覆盖遥感精细化分类与分布特征分析”，《中国科学 • 地球科学》，2016年09期。

刘纪远、匡文慧、张增祥等：“20 世纪 80 年代末以来中国土地利用变化的基本特征与空间格局”，《地理学报》，2014 年 01 期。

刘纪远、邵全琴、于秀波等：《中国陆地生态系统综合监测与评估》，科学出版社，2016 年。

冉有华、李新、卢玲：“四种常用的全球 1 千米土地覆盖数据中国区域的精度评价”，《冰川冻土》，2009 年 03 期。

张景华、封志明、姜鲁光：“土地利用/土地覆被分类系统研究进展”，《资源科学》，2011 年 06 期。

张磊、吴炳方、李晓松等：“基于碳收支的中国土地覆被分类系统”，《生态学报》，2014 年 24 期。

中国科学院地理科学与资源研究所，2019. 1970 年代、1980 年代、1995 年、2000 年、2005 年、2010 年中国土地利用数据.http://www.resdc.cn/data.aspx?DATAID=97[2019-10-24]。

中华人民共和国科学技术部，2019. 国家中长期科学和技术发展规划纲要（2006～2020）. http://www.most.gov.cn/mostinfo/xinxifenlei/gjkjgh/200811/t20081129_65774.htm [2019-08-20]。

邹金秋、陈佑启：基于“高分 1 号”卫星数据的土地利用数据，2018 年，http://www.csdata.org/p/143/[2018-01-09]。

第三章　大气温室气体

温室气体是指具有温室效应的微量或痕量气体成分。主要包括水汽（H_2O）、二氧化碳（CO_2）、甲烷（CH_4）、氧化亚氮（N_2O）、六氟化硫（SF_6）、氢氟碳化物（HFCs）、全氟化碳（PFCs）和臭氧（O_3）等（周凌晞等，2011）。自 1750 年工业革命以来，人类活动造成温室气体排放总量不断增加，温室气体浓度也迅速上升并达到了历史最高水平，其结果是破坏了自然平衡，增强了温室效应，造成全球气候变暖，严重威胁着自然生态系统和社会经济系统。因此，二氧化碳、甲烷、氧化亚氮、六氟化硫、氢氟碳化物、全氟化碳被列为《京都议定书》限排物种。五项氟氯碳化物及三项哈龙类温室气体被列为《蒙特利尔议定书》限排物种。中国是温室气体排放大国，全面掌握中国大气温室气体的浓度状况、时空分布和变化趋势，可为中国科学应对气候变化的内政、外交决策提供支撑。

本章详细介绍和评估了国内外大气温室气体地面浓度、通量及卫星遥感等的观测、分析、数据、质控、应用等情况，以期为提高中国大气温室气体科学数据建设能力提供参考。评估结果显示，中国已初步构建网络化本底大气温室气体浓度和通量观测体系。其数据管理体系、观测技术及质控方法已达到国际先进水平，为中国应对气候变化和空气质量治理等多领域科学研究提供了重要的科技支撑。但是，在调查研究过程中也发现，与当前国际发展状况相比，中国大气温室气体观测布局规划、数据应用和服务等方面仍处于初级发展阶段。大量温室气体观测分析工作尚未实现系统化、规范化和标准化管理。科学数据共享工作仍任重道远。

一、科学数据情况

如表 3–1 和表 3–2 所示，20 世纪 80 年代初开始，中国气象局陆续在北京上甸子、浙江临安和黑龙江龙凤山建立了三个区域大气本底站，1994 年建立了青海瓦里关全球大气本底站。这四个本底站已纳入全球大气观测网，并于 2001～2005 年先后通过科技部组织的专家评审和遴选程序，入选为大气成分本底国家野外站。随后，云南香格里拉、新疆阿克达拉、湖北金沙三个站也通过论证，加入了中国气象局区域大气本底站系列（周凌晞等，2006）。青海瓦里关本底站是中国唯一的全球大气观测网大气本底站，也是欧亚大陆腹地唯一的全球大气本底站，位于青藏高原东北部，地处青海省海南州共和县境内的瓦里关山顶。观测结果基本代表了中国大气本底状况。北京上甸子、浙江临安、黑龙江龙凤山、云南香格里拉、湖北金沙和新疆阿克达拉等六个区域大气本底站分别代表中国京津冀、长三角、东北平原、云贵高原、江汉平原和北疆地区的大气本底特征（周凌晞等，2006; Liu *et al.,* 2009）。青海瓦里关站的观测资料已进入温室气体世界数据中心（World Data Centre for Greenhouse Gases, WDCGG）及美国地球系统研究实验室本底观测网（Earth System Research Laboratory, ESRL）。北京上甸子站卤代温室气体观测已加入改进的全球大气实验计划（Zhang *et al.,* 2010）。

中国科学院区域大气本底观测研究网络（Global Atmosphere Watch, CAS-GAW）立足于中国科学院中国生态系统研究网络（Chinese Ecosystem Research Network, CERN）的创建与发展，完成了五个区域大气本底观测站、一个联网观测质量控制与管理（Quality Assurance/Quality Control, QA/QC）、CERN 大气气溶胶光学特性地基观测网和中国陆地生态系统碳通量观测网络

表 3–1　来源于中国机构的温室气体数据集

数据集名称	性质/内容	版权归属及贡献者	维护机构	来源/网址	可获取性
青海瓦里关全球大气本底站温室气体观测数据集[①]	CO_2 在线观测日/月数据（1994～2014 年） CH_4 在线观测日数据（1994～2014 年） CH_4/CO 离线观测月数据（2001～2011 年） $C^{13}O_2$/$C^{18}OO$ 离线观测月数据（1990～2012 年） $C^{13}H_4$ 离线观测月数据（1994～2000 年） H_2 离线观测月数据（1990～2005 年） 数据格式：txt 更新频率：年 共享级别：普通用户注册访问	中国气象局/青海瓦里关本底站	科学技术部 国家冰川冻土沙漠科学数据中心	http://www.crensed.ac.cn/portal	审核后获取
中国背景地区阜康温室气体数据集（2017 年）[②]	主要内容：CO_2,CH_4（二氧化碳和甲烷周平均浓度记录表） 时间范围：2017 年 1～12 月 数据收集时间：2017 年 采集地点：中国科学院阜康生态研究站大气环境观测站 观测方法：钢瓶采样/气相色谱 采集频率：每周采样一次 数据量：190.62 千字节 数据类型：属性数据	“科学数据共享平台—中国背景地区大气细颗粒物及其前体物浓度时空分布”课题	国家科技基础条件平台—国家地球系统科学数据中心	http://www.geodata.cn/data/datadetails.html?dataguid=87309698459751&docId=923	审核后获取
中国背景地区阜康温室气体浓度数据集（2006～2014 年）[③]	主要内容：CO_2, CH_4（二氧化碳和甲烷周平均浓度记录表） 时间范围：2006 年 1 月～2014 年 12 月 数据收集时间：2006～2014 年 数据采集地点：中国科学院阜康生态研究站大气环境观测站 数据量：727.98 千字节 数据类型：属性数据	“科学数据共享平台—中国背景地区大气细颗粒物及其前体物浓度时空分布”课题	国家科技基础条件平台—国家地球系统科学数据中心	http://www.geodata.cn/data/datadetails.html?dataguid=247758485263786&docid=6344	审核后获取

续表

数据集名称	性质/内容	版权归属及贡献者	维护机构	来源/网址	可获取性
中国背景地区贡嘎山温室气体数据集（2017年）[④]	主要内容：CO_2, CH_4（二氧化碳和甲烷周平均浓度记录表） 时间范围：2017年1～12月 数据收集时间：2017年 数据采集地点：中国科学院贡嘎山生态研究站大气环境观测站 观测方法：钢瓶采样/气相色谱 采集频率：每周采样一次 数据量：188.62千字节 数据类型：属性数据	“科学数据共享平台—中国背景地区大气细颗粒物及其前体物浓度时空分布”课题	国家科技基础条件平台—国家地球系统科学数据中心	http://www.geodata.cn/data/datadetails.html?dataguid=89508721596302&docid=924	审核后获取
中国背景地区贡嘎山温室气体浓度数据集（2006～2014）[⑤]	主要内容：CO_2, CH_4（二氧化碳和甲烷周平均浓度记录表） 时间范围：2006年1月～2014年12月 数据收集时间：2006～2014年 数据采集地点：中国科学院贡嘎山生态研究站大气环境观测站 观测方法：钢瓶采样/气相色谱 采集频率：每周采样一次 数据量：1.45 兆字节 数据类型：属性数据	“科学数据共享平台—中国背景地区大气细颗粒物及其前体物浓度时空分布”课题	国家科技基础条件平台—国家地球系统科学数据中心	http://www.geodata.cn/data/datadetails.html?dataguid=126812206667580&docid=6343	审核后获取
中国背景地区长白山温室气体数据集（2017年）[⑥]	主要内容：CO_2, CH_4（二氧化碳和甲烷周平均浓度记录表） 时间范围：2017年1月～2017年12月 数据收集时间：2017年. 数据采集地点：中国科学院长白山生态研究站大气环境观测站 观测方法：钢瓶采样/气相色谱 采集频率：每周采样一次 数据量：194.89千字节 数据类型：属性数据	“科学数据共享平台—中国背景地区大气细颗粒物及其前体物浓度时空分布”课题	国家科技基础条件平台—国家地球系统科学数据中心	http://www.geodata.cn/data/datadetails.html?dataguid=91707744578601&docid=925	审核后获取

续表

数据集名称	性质/内容	版权归属及贡献者	维护机构	来源/网址	可获取性
中国背景地区长白山温室气体浓度数据集（2006～2014年）[7]	主要内容：CO_2, CH_4（二氧化碳和甲烷周平均浓度记录表） 时间范围：2006年1月～2014年12月 数据收集时间：2006～2014年 数据采集地点：中国科学院长白山生态研究站大气环境观测站 观测方法：钢瓶采样/气相色谱 采集频率：每周采样一次 数据量：1.70 兆字节 数据类型：属性数据	“科学数据共享平台—中国背景地区大气细颗粒物及其前体物浓度时空分布”课题	国家科技基础条件平台—国家地球系统科学数据中心	http://www.geodata.cn/data/datadetails.html?dataguid=252156533082654&docid=6342	审核后获取
中国背景地区鼎湖山温室气体浓度数据集（2017年）[8]	主要内容：CO_2, CH_4（二氧化碳和甲烷周平均浓度记录表） 时间范围：2017年1月～2017年12月 数据收集时间：2017年. 数据采集地点：中国科学院鼎湖山生态研究站大气环境观测站 观测方法：钢瓶采样/气相色谱 采集频率：每周采样一次 数据量：210.85 千字节 数据类型：属性数据	“科学数据共享平台—中国背景地区大气细颗粒物及其前体物浓度时空分布”课题	国家科技基础条件平台—国家地球系统科学数据中心	http://www.geodata.cn/data/datadetails.html?dataguid=219251093195850&docid=926	审核后获取

续表

数据集名称	性质/内容	版权归属及贡献者	维护机构	来源/网址	可获取性
中国背景地区鼎湖山温室气体浓度数据集（2006～2014年）[9]	主要内容：CO_2, CH_4（二氧化碳和甲烷周平均浓度记录表） 时间范围：2006年1月～ 2014年12月 数据收集时间：2006～2014年 数据采集地点：中国科学院鼎湖山生态研究站大气环境观测站 观测方法：钢瓶采样/气相色谱 采集频率：每周采样一次 数据量：1.46 兆字节 数据类型：属性数据	“科学数据共享平台—中国背景地区大气细颗粒物及其前体物浓度时空分布”课题	国家科技基础条件平台—国家地球系统科学数据中心	http://www.geodata.cn/data/datadetails.html?dataguid=36652253759864&docid=6341	审核后获取
中国背景地区兴隆温室气体数据集（2009～2014年）[10]	主要内容：CO_2, CH_4（二氧化碳和甲烷周平均浓度记录表） 时间范围：2009年1月～2014年12月 数据收集时间：2006～2014年 数据采集地点：中国科学院兴隆生态研究站大气环境观测站 观测方法：钢瓶采样/气相色谱 采集频率：每周采样一次 数据量：1.19 兆字节 数据类型：属性数据	“科学数据共享平台—中国背景地区大气细颗粒物及其前体物浓度时空分布”课题	国家科技基础条件平台—国家地球系统科学数据中心	http://www.geodata.cn/data/datadetails.html?dataguid=118062768752344&docid=6429	审核后获取

① 国家科技基础条件平台—国家冰川冻土沙漠科学数据中心，2019. 青海瓦里关全球大气本底站温室气体观测数据集（1994～2014）. http://www.crensed.ac.cn/portal/metadata?current_page=1&ef=%E7%93%A6%E9%87%8C%E5%85%B3&gf=ad6c28ef-f4da-450b-9c5b-7ec484fa1954 [2019-11-11]。

② 国家科技基础条件平台—国家地球系统科学数据中心，2018. 中国背景地区阜康温室气体数据集（2017）. http://www. geodata.cn/data/datadetails.html?dataguid=87309698459751&docId=923 [2019-01-18]。

③ 国家科技基础条件平台—国家地球系统科学数据中心，2018. 中国背景地区阜康温室气体浓度数据集（2006～2014年）. http://www.geodata.cn/data/datadetails.html?dataguid=247758485263786&docid=6344 [2018-01-17]。

④ 国家科技基础条件平台—国家地球系统科学数据中心，2018. 中国背景地区贡嘎山温室气体数据集（2017）. http://www.geodata.cn/data/datadetails.html?dataguid=8950872159630 2&docid=924 [2019-01-18]。

⑤ 国家科技基础条件平台—国家地球系统科学数据中心，2018. 中国背景地区贡嘎山温室气体浓度数据集（2006～2014 年）. http://www.geodata.cn/data/datadetails.html?dataguid=126812206667580&docid=6343 [2018-01-17]。

⑥ 国家科技基础条件平台—国家地球系统科学数据中心，2018. 中国背景地区长白山温室气体数据集（2017）. http://www.geodata.cn/data/datadetails.html?dataguid=91707744578601&docid=925 [2019-01-18]。

⑦ 国家科技基础条件平台—国家地球系统科学数据中心，2018. 中国背景地区长白山温室气体浓度数据集（2006～2014 年）. http://www.geodata.cn/data/datadetails.html?dataguid=252156533082654&docid=6342 [2018-01-17]。

⑧ 国家科技基础条件平台—国家地球系统科学数据中心，2018. 中国背景地区鼎湖山温室气体浓度数据集（2017）. http://www.geodata.cn/data/datadetails.html?dataguid=219251093195850&docid=926 [2019-01-18]。

⑨ 国家科技基础条件平台—国家地球系统科学数据中心，2018. 中国背景地区鼎湖山温室气体浓度数据集（2006～2014 年）. http://www.geodata.cn/data/datadetails.html?dataguid=36652253759864&docid=6341 [2018-01-17]。

⑩ 国家科技基础条件平台—国家地球系统科学数据中心，2018. 中国背景地区兴隆温室气体数据集（2009～2014 年）. http://www.geodata.cn/data/datadetails.html?dataguid=118062768752344&docid=6429 [2018-01-17]。

的建设。五个区域大气本底观测站包括长白山站、兴隆站、鼎湖山站、贡嘎山站和阜康站，分别代表中国东北、华北、华东、西南和西北地区大气本底特征。CAS-GAW 建成了可观测主要温室气体（CO_2、CH_4、N_2O、CFCs）、臭氧（O_3）和气溶胶等大气背景浓度的监测网，长期、持续、系统和有效地监测它们在大气中的浓度及变化趋势，并对全球碳、氮、硫、磷、氧循环有重要影响的其他微量气体和干湿沉降中的重要化学成分进行监测分析，为有关科学问题研究提供基础资料，为中国制定温室气体减排政策、区域环境与生态规划以及在国际气候与环境变化事务谈判中争取主动权提供科学依据（任小波和王跃思，2009；中国科学院，2012）。

此外，随着温室气体遥感观测技术进步，卫星遥感观测已经成为获取全球和区域大气二氧化碳浓度变化数据的重要手段之一。卫星遥感能够大尺度、全天时、长周期、连续地对地球大气、海洋和陆地生态环境进行监测，能够更好地获得全球时空分布与变化特征（宋晶晶，2019）。针对大气成分探测需求，美国已实现大气探测高光谱仪器的业务化运行，如大气红外探测器（Atmospheric Infrared Sounder, AIRS）等。AIRS 是搭载在美国国家航空航天局（National Aeronautics and Space Administration, NASA）“水”（Aqua）卫星上的综合性遥感载荷。Aqua 卫星于 2002 年 5 月 4 日发射，截至目前已成功在轨工作了十多年，仍持续每天向气象预报中心传回 70 亿个实时观测数据。通过 AIRS 能够反演对流层（8 ～10 千米）的二氧化碳浓度，水平分辨率达到 100 千米，精度优于百万分之二。专用温室气体探测载荷“轨道碳观测者 2 号”卫星（Orbiting Carbon Observatory-2, OCO-2），发射于 2014 年 7 月 2 日，每天可在全球范围内测量 10 万次大气二氧化碳，其高分辨率卫星数据能够揭示碳与地球上海洋、陆地、大气生态系统和人类活动等之间的微妙关系。此外，欧空局在 2002 年发射的“欧洲环境卫星”（Envisat）卫星上也装载了高光谱遥感仪器，并在轨运行约 10 年，实现了对陆地、大气、海洋及冰盖的连续业务监测。日本于 2009 年 1 月 23 日发射了世界上第一颗专门用于测量二氧化碳和甲烷两种主要温室气体浓度的观测卫星（Greenhouse gases Observing Satellite, GOSAT）。通过分析 GOSAT 卫星观测数据，可以确定二氧化碳和甲烷的全球分布情况，源汇及其季节变化特征。

目前中国对温室气体等大气成分的总量及其空间分布也开始使用卫星遥感进行观测（韩美玲等，2017；熊伟，2019；孙允珠等，2018）。全球二氧化碳监测科学实验卫星（简称碳卫星），是由中国自主研制的首颗全球大气二氧化碳观测科学实验卫星，于 2016 年 12 月 22 日发射升空，目前已向全球开放共享二氧化碳光谱数据（即 1 级数据）。风云 3D 卫星于 2017 年 11 月 15 日顺利入轨，搭载了中国首台干涉型温室气体观测载荷——“高光谱温室气体监测仪”，可为全球温室气体排放监测、温室气体与气候变化关系等问题的研究提供强有力的数据支持。“高分五号”卫星于 2018 年 5 月 9 日成功发射，是中国第一颗高光谱观测卫星。大气主要温室气体监测仪是其中一台有效载荷，也是国际上首台采用空间外差光谱技术进行高光谱分光的星载温室气体遥感设备。

1989 年 6 月，经世界气象组织（World Meteorological Organization, WMO）执行委员会批准建立全球大气观测系统，目的是加强并协调 WMO 开始于 20 世纪 50 年代的由全球臭氧观测系统、本底大气污染监测网络及其他较小的测量网络分别进行的观测及数据收集活动，通过可靠而系统的观测，获取大气化学组分变化及相关物理特性的信息，以便进一步了解这些变化对环境和气候的影响，使那些不良的环境趋势（如全球变暖、臭氧耗减、酸雨等）得到减缓（WMO，2017）。经过十几年的发展，全球大气观测网（Global Atmosphere Watch, GAW）已成为当前全球最大、功能最全的国际性大气成分观测网络。

温室气体世界数据中心（World Data Centre for Greenhouse Gases, WDCGG）成立于 1990 年 10 月，在世界气象组织授权下，由日本气象厅主持运行。其目的是收集、整理和保存大气中温室气体及相关微量成分（二氧化碳、甲烷、氧化亚氮、六氟化硫、氢氟碳化物、全氟化碳、地面臭氧、一氧化碳、分子氢等）的浓度资料并定期出版数据报告。该机构所收集的数据来自全球大气观测网（GAW）、研究机构以及其他合作项目等。目前全球已有约65个国家的325个本底站报送111个温室气体及相关微量成分观测数据（WDCGG，2018）。

美国地球系统研究实验室本底观测网（Earth System Research Laboratory baseline observatories）于2005年10月由美国国家海洋与大气管理局气候监测与诊断实验室更名而来，目的在于通过长期、准确观测大气中的微量气体、气溶胶、太阳辐射等，研究与地球大气有关的气候反馈、臭氧损耗、本底大气质量等问题，开发、提供更为丰富的全球或区域尺度大气环境数据、信息和产品。

改进的全球大气实验计划（Advanced Global Atmospheric Gases Experiment, AGAGE）是1978年建立的全球性观测长寿命大气成分观测网络。其前身是大气寿命实验计划（Atmospheric Life Experiment, ALE）和全球大气实验计划（Global Atmospheric Gases Experiment, GAGE）。其目的在于以较高的时间分辨率在线观测《蒙特利尔议定书》和《京都议定书》涉及的除二氧化碳外的几乎全部重要温室气体，还开展温室气体和相关微量成分源汇的模式研究（表3–2）。

二、数据的质量情况

世界气象组织（World Meteorological Organization, WMO）提出了全球大气成分的观测项目，制定了全球大气成分观测方法、标准及数据质量的技术框架，并逐步建立了相应的科技支撑体系，同时设立了温室气体、气溶胶、反应性气体等七个观测项目科学指导委员会，并先后在日本（温室气体、反应性气体）、意大利（气溶胶）、加拿大（臭氧和紫外线）、美国（降水化学）、俄罗斯（辐射）建立了五个世界资料中心，在美国、加拿大、日本、德国、

表 3–2　来源于国际机构的温室气体数据集情况

数据集名称	性质/内容	版权归属及贡献者	维护机构	来源/网址	可获取性
青海瓦里关全球大气本底站温室气体观测数据集①	$CO_2/CH_4/CO$ 离线观测季度/月度数据（1990 年 8 月～2017 年 12 月）； CO_2/CH_4 在线观测季度/月度数据（1994 年 11 月～2018 年 12 月）； H_2 离线观测季度/月度数据（1990 年 8 月～2005 年 6 月）； N_2O/SF_6 离线观测季度/月度数据（1995 年 10 月～2020 年 12 月）； $^{13}CO_2/C^{18}OO$ 离线观测季度/月度数据（1990 年 8 月～2014 年 12 月） 数据格式：txt 更新频率：3 个月 共享级别：普通用户注册访问	美国国家海洋与大气管理局/中国气象局	世界气象组织/日本气象厅	https://gaw.kishou.go.jp/search	审核后获取
北京上甸子区域大气本底站温室气体观测数据集②	$CO_2/CH_4/N_2O/SF_6/CO/C^{13}O_2$ 离线观测季度/月度数据（2009 年 9 月～2015 年 9 月） 数据格式：txt 更新频率：3 个月 共享级别：普通用户注册访问	美国国家海洋与大气管理局/中国气象局	世界气象组织/日本气象厅	https://gaw.kishou.go.jp/search	审核后获取

续表

数据集名称	性质/内容	版权归属及贡献者	维护机构	来源/网址	可获取性
青海瓦里关全球大气本底站温室气体观测数据集[3]	$CO_2/CH_4/CO/H_2/^{13}CO_2/C^{18}OO$离线观测季度数据（1990年8月～2018年12月）； N_2O/SF_6离线观测季度数据（1995年10月～2018年12月）； $C^{13}H_4$离线观测季度数据（2001年7月～2018年12月）； $C^{14}O_2$离线观测季度数据（2004年6月～2005年6月） 数据格式：txt 更新频率：3个月 共享级别：普通用户注册访问	美国国家海洋与大气管理局/中国气象局	美国国家海洋与大气管理局	https://www.esrl.noaa.gov/gmd/ccgg/flask.php#	审核后获取
北京上甸子全球区域大气本底站[4]	CFCs，HCFCs，HFCs，PFCs，卤代烃在线观测日数据（2010～2019年） 数据格式：txt 更新频率：3个月 共享级别：普通用户注册访问	中国气象局	美国麻省理工学院	http://agage.mit.edu/data/use-agage-data	审核后获取

① 世界气象组织全球大气观测温室气体数据中心，2019. 青海瓦里关全球大气本底站温室气体观测数据集（1990～2017年）. https://gaw.kishou.go.jp/search [2019-11-11]。

② 世界气象组织全球大气观测温室气体数据中心，2019. 北京上甸子区域大气本底站温室气体观测数据集（2009～2015年）. https://gaw.kishou.go.jp/search [2019-11-11]。

③ 美国国家海洋与大气管理局温室气体观测数据网，2019. 青海瓦里关全球大气本底站温室气体观测数据集（1990～2018年）. https://www.esrl.noaa.gov/gmd/ccgg/flask.php [2019-11-11]。

④ 改进的全球大气实验计划观测数据网，2019. 北京上甸子全球区域大气本底站（2010～2019年）. http://agage.mit.edu/data/use-agage-data [2019-11-11]。

瑞士等国联合成立了四个全球观测质量保证——科学活动中心、若干世界标定中心（World Calibration Centres, WCC）、标准物制备—维护—传递中心等，推动观测质量保证和资料、技术共享，提高观测及数据的国际可比性（WMO，2017）。同时，随着相应国际标准、方法和流程等的改进，观测站的增多，时间序列的延续，全球大气成分数据得到了不断的修订和更新。

改进的大气气体实验数据均经台站级和专家级二级质量控制，针对不同物种采用不同定量方式，剔除异常值。同时，改进的大气气体实验成员为共享观测技术的发展和创新，每年举办两次工作会议研讨观测技术和方法等，并共同解决难题（Yao *et al.,* 2012）。

中国气象局大气温室气体数据均根据气象组织/全球气象组织推荐，采用规范统一的方法及流程进行科学处理和质量控制，并积极参加 WMO 全球温室气体巡回比对（Round-Robin）、WMO 甲烷亚洲区巡回比对等国际活动，均获得优异成绩。

中国科学院区域大气本底观测网络温室气体数据集的时间范围覆盖了 2006～2014 年和 2017 年。长白山、兴隆、鼎湖山、贡嘎山和阜康观测站分别作为代表我国东北、华北、华东、西南和西北区域的五个大气本底观测数据站，根据全球大气观测（Global Atmosphere Watch, GAW）标准建立，采用国际通用的高精度大气本底观测仪器进行观测。与此同时，还建立了 1 个仪器标定、数据质量控制、管理与服务中心。温室气体数据采用钢瓶—气相色谱法测定，按照仪器操作规范进行观测和数据采集，并已在相关学术期刊发表（Wang *et al.,* 2003）。

卫星遥感温室气体数据产品有不同等级，也有多种数据处理方法（Li *et al.,* 2016）。总体上，卫星遥感数据产品精度低于地面站点高精度标校温室气体浓度观测结果（Cheng *et al.,* 2018）。但随着高光谱遥感技术的发展，卫星遥感精度不断提高，越来越多的数据产品可服务于大气环境和气候变化等热点问题。针对特定卫星的特定产品，可以参考其详细技术文档，查阅其数据处理流程、方法以及数据质量。

三、数据服务情况

青海瓦里关全球本底站自 1990 年起向全球持续提供稳定、准确、第一手的具有全球代表性的大气 CO_2、CH_4、N_2O、SF_6、CO、稳定同位素等大气成分本底观测数据。这些数据已进入全球同化数据库。WMO 发布的全球温室气体公报用于 WMO、联合国环境规划署（UN Environment Programme, UNEP）、政府间气候变化专门委员会（Intergovernmental Panel on Climate Change, IPCC）等的多项科学评估。中国自 1995 年起参加全球温室气体测量巡回比对，温室气体世界资料中心，质量保证—科学活动中心、世界标定中心等一系列活动，定期提交中国温室气体本底观测国家报告（Zhou *et al.,* 2003，2006a，2006b; Zhang *et al.,* 2010）。

中国气象局亦根据青海瓦里关、北京上甸子、浙江临安、黑龙江龙凤山、湖北金沙、云南香格里拉和新疆阿克达拉七个本底站温室气体观测数据。自 2012 年起，中国每年定期发布《中国温室气体公报》，并根据国家和各级部门需求，及时撰写分析评估报告和决策服务材料，服务于气候变化内政外交（Liu *et al.,* 2009，2014，2018; Xia *et al.,* 2015; 夏玲君等，2017; CMA，2018）。

中国科学院区域大气本底观测网络温室气体数据集可通过国家科技基础条件平台—国家地球系统科学数据共享服务平台审核后获取。国家地球系统科学数据共享服务平台是首批经科技部、财政部认定的 23 家国家科技基础条件平台之一。其中，大气浓度时空分布数据资源点的依托单位为中国科学院大气物理研究所。平台的服务内容为整合集成分布在国内外地球系统科学研究领域的科学数据，引进国际数据资源，并在此基础上生产加工满足地球系统科学研究需要的专题性和综合性数据产品，通过分布式的数据共享体系，为国家重大战略和基础与前沿领域科学研究提供科学数据支撑。平台通过分布式的数据共享网络，提供完全开放的数据共享服务，促进数据的流通、共享和使用（国家地球系统科学数据中心，2019）。

温室气体卫星数据产品分成若干个等级，不少学者对中国乃至全球大气温室气体进行了分析，比如南京大学团队给出了不同卫星数据产品中中国大气温室气体数据（http://www.geodata.cn）（雷莉萍等，2017；符传博等，2018；常越等，2017）。中国自主研发的温室气体监测卫星数据产品也在分阶段共享开放，比如碳卫星的一级产品。这些数据产品正逐步服务于国家环境和气候变化决策。

参考文献

CMA, China Greenhouse Gases Bulletin, 2018, Beijing.

Cheng, S. Y., L.X. Zhou and P.P. Tans, *et al.*, 2018. Comparison of atmospheric CO_2 mole fractions and source–sink characteristics at four WMO/GAW stations in China. *Atmospheric Environment*,180:216～225.

Li, Y. F., C.M. Zhang and D.D. Liu, *et al.*, 2016. CO_2 Retrieval Model and Analysis in Short-wave Infrared Spectrum. *Optik*,127:4422～4425.

Liu, L. X., L. X. Zhou and B.H. Vaughn, *et al.*, 2014. Background variations of atmospheric CO_2 and carbon-stable isotopes at Waliguan and Shangdianzi stations in China, *Journal of Geophysical Resarch-Atmospheres*,119, No 9:5602～5612.

Liu, L. X., L.X. Zhou and X.C. Zhang, *et al.*, 2009. The characteristics of atmospheric CO_2 concentration variation of four national background stations in China, *Science in China Earth Sciences*. Vol, 52, No 11:1857～1863.

Liu, L. X., P.P. Tans and L.J. Xia, *et al.*, 2018. Analysis of patterns in the concentrations of atmospheric greenhouse gases measured in two typical urban clusters in China. *Atmospheric Environment*.173:343～354.

Liu, L. X., L. X. Zhou and X.C. Zhang, *et al.*, 2009. The characteristics of atmospheric CO_2 concentration variation of four national background stations in China, *Science in China Earth Sciences*,52, No 11:1857～1863.

World Meteorological Organization, 2017. WMO Global Atmosphere Watch (GAW), Implementation Plan: 2016～2023.

World Data Centre for Greenhouse Gases (WDCGG), 2018. WMO WDCGG DATA

SUMMARY.

WMO, 2017. 19th WMO/IAEA Meeting of Experts on Carbon Dioxide Concentration and Related Tracers Measurement Techniques 242, Dübendorf, Switzerland.

Wang, Y.S., and Y.H. Wang, 2003. Quick measurement of CH_4, CO_2 and N_2O emissions from a short-plant ecosystem. *Adv. Atmos. Sci.*,20(5): 842～844.

Xia, L.J., L.X. Liu and L.X. Zhou, *et al.*, 2015. Atmospheric CO_2 and its δ13C measurements from flask sampling at Linan regional background station in China. *Atomsphric Environment*.117:220～226.

Yao, B., M.K. Vollmer and L.X. Zhou, *et al.*, 2012. In-situ measurements of atmospheric hydrofluorocarbons and perfluorocarbons at the Shangdianzi regional background station, China. *Atmos. Chem. Phys.*,12:10181～10193.

Zhang, F., L. X. Zhou and B.Yao, *et al.*, 2010. Analysis of 3-year observations of CFC-11, CFC-12 and CFC-113 from a semi-rural site in China. *Atmos. Envion.*,44:4454～4462.

Zhou, L. X., J. W. C. White and T.J. Conway, *et al.*, 2006. Long-term record of atmospheric CO_2 and stable isotopic ratios at Waliguan Observatory: Seasonally averaged 1991～2002 source/sink signals, and a comparison of 1998～2002 record to the 11 selected sites in the Northern Hemisphere. *Global Biogeochemical Cycles,*20, No 2.

Zhou, L. X., Y. Zhang and Y. Wen, *et al.*, 2006. National Report Greenhouse Gases and Related Tracers Measurement at Waliguan Observatory, China. *13th WMO/IAEA Meeting of Experts on Carbon dioxide Concentration and Related Tracer Measurement Techniques.* No.168:151～154.

Zhou, L. X., J. Tang and Y. P. Wen, *et al.*, 2003. The impact of local winds and long-range transport on the continuous carbon dioxide record at Mount Waliguan, China. *Tellus*,55B, No 2:145～158.

常越、邓小波、刘海磊等：“中国区域近地面及高空 CH_4 时空分布特征研究”，《环境科学与技术》，2017 年第 1 期。

符传博、丹利、冯锦明等：“我国对流层二氧化碳非均匀动态分布特征及其成因”，《地球物理学报》，2018 年第 11 期。

国家地球系统科学数据中心．2019．地球系统科学数据共享平台章程．http://www.geodata.cn/aboutus.html . [2019-09-26]。

韩美玲、李碧岑：“我国走向‘碳索’新征程 实现全球温室气体排放监测——解读我国首台干涉型高光谱温室气体遥感器”，《国际太空》，2017 年第 12 期。

雷莉萍、钟惠、贺忠华等：“人为排放所引起大气 CO_2 浓度变化的卫星遥感观测评估”，《科学通报》，2017 年第 25 期。

任小波、王跃思：“中国科学院区域大气本底观测研究网络现状及未来发展思考”，《中国科学院院刊》，2009 年第 24 期。

宋晶晶："国外天基温室气体遥感载荷发展研究"，《国际太空》，2019 年第 483 期。

孙允珠、蒋光伟、李云端等："'高分五号'卫星概况及应用前景展望"，《航天返回与遥感》，2018 年第 3 期。

夏玲君、刘立新："北京上甸子站大气 CH_4 观测数据筛分研究"，《中国环境科学》，2017 年第 11 期。

熊伟："高分五号卫星大气主要温室气体监测仪（特邀）"，《红外与激光工程》，2019 年第 3 期。

张芳、周凌晞、刘立新等："瓦里关大气二氧化碳和甲烷在线观测数据处理与分析"，《环境科学》，2010 年第 10 期。

中国科学院. 2012. 中国科学院区域大气本底观测网. http://www.cas.cn/zt/kjzt/ywtz/ywtzwltx/201212/t20121219_3724259.html. [2012-12-19]。

周凌晞、姚波、刘立新等：《温室气体本底观测术语》（气象行业标准），气象出版社，2011.

周凌晞、张晓春、郝庆菊等："温室气体本底观测研究"，《气候变化研究进展》，2006 年第 2 期。

第四章　气溶胶（含火山活动）

大气气溶胶是指地球大气中由固体或液体微粒共同组成的多相体系。作为全球气候变化的重要驱动因子，它不仅能够通过散射、吸收太阳短波辐射和地球长波辐射对气候系统产生直接影响，还可以作为凝结核影响云的辐射特性，甚至作为反应表面参与大气化学过程，进而对气候产生间接影响（石广玉等，2008）。但是，由于其物理化学特性具有高度的时空可变性，气溶胶仍然是当前气候变化研究中最大的不确定因素之一。因此，准确、系统地获取气溶胶物理、化学与辐射特性及其时空分布（包括垂直分布）信息，不仅有利于降低气溶胶气候效应定量评估的不确定性，也有助于增加人们对气候变化的正确认知，提高气候变化的预测水平。

本章通过对国内外现有的气溶胶科学数据集进行梳理和总结，从数据的分布情况、数据质量和数据服务情况三方面对中国气溶胶科学数据集的发展水平进行评估，以期为提高中国气溶胶科学数据建设能力、推进中国气候变化研究发展提供参考。需要说明的是，由于火山活动排放的细颗粒灰尘（火山灰）和 SO_2 气体能够进入平流层进一步生成气溶胶参与到地球大气系统辐射过程，进而影响气候变化，因此本章也将火山活动数据集纳入讨论范畴。

过去几十年以来，运用地基观测、卫星遥感等手段，中国已经累积了大量的大气气溶胶科学数据，包括气溶胶的物理属性（如气溶胶的粒径、粒子形状和粒子谱分布等）、化学属性（如气溶胶粒子化学组成和成分浓度等）和光学属性（如气溶胶消光系数、光学厚度、散射系数、吸收系数）等。这些数据已经广泛应用于大气科学、大气化学及其他相关领域的研究中，研究成果显著加深了人们对中国地区气溶胶的时空分布、化学成分及其气候效应和变化规律的认识。尽管中国大气气溶胶观测技术已经越来越成熟，但仍然存在一定的不足。如地基观测站点（如气溶胶化学组分、光学特性观测站点）分布较为稀疏，观测时段较短，一定程度上限制了区域气溶胶长期演变的趋势、来源解析及其气候效应等方面的研究。由于国产卫星观测起步较晚，因此对应的气溶胶光学产品（如气溶胶光学厚度）反演算法的准确性有待提高，缺乏一套中国区域长时间尺度的气溶胶再分析数据集等。所以，为更准确地量化评估大气气溶胶在过去和未来气候变化中起到的作用，有必要开展更加精细化的大气气溶胶多属性观测，发展高分辨率的气溶胶—气候系统模型和中国气溶胶再分析产品。

一、科学数据情况

近几十年来，中国科学家利用直接采样分析、光学观测、遥感反演和模式模拟等研究手段对气溶胶开展了一系列的工作，取得了大量有价值的数据。目前中国的气溶胶数据集主要由两个部分组成。第一部分是气溶胶光学、微物理和辐射特性数据，来自中国气溶胶遥感观测网（China Aerosol Remote Sensing Network, CARSNET）和中国典型区域太阳—天空辐射计观测网（Sun-sky Radiometer Observation NetworkNET work, SONET）。第二部分是地基气溶胶化学组分数据。

本章将分别对国内外现有的气溶胶科学数据集进行梳理和描述。数据集主要分成三个部分，第一部分是气溶胶化学组分数据，第二部分是气溶胶光学、微物理和辐射特性数据，第三部分是火山喷发历史数据库。

气溶胶化学组分数据除了中国科学院地球环境研究所发布的中国典型城

市的细颗粒物主要组分浓度和SONET遥感反演得到的气溶胶化学参数以外，还包括相关的全球气溶胶再分析数据集（如日本气象厅发布的全球气溶胶再分析（Japanese Reanalysis for Aerosol, JRAero）数据集）以及加拿大达尔豪斯大学的细颗粒物综合数据集，主要参数包括颗粒物（Particulate matter,$PM_{2.5}$或PM_{10}）的柱浓度、近地表浓度以及硫酸盐、黑碳、有机碳、沙尘及海盐等气溶胶主要组分浓度。

气溶胶光学、微物理和辐射特性数据包括地基观测、卫星观测及气溶胶再分析产品，主要参数涉及气溶胶光学厚度、吸收性气溶胶光学厚度、气溶胶波长指数、气溶胶细模态比、单次散射反照率、复折射指数等。地基观测数据主要来自CARSNET、SONET、全球气溶胶自动观测网（Aerosol Robotic Network, AERONET）；卫星观测数据主要来自中国风云卫星系列（FY-3A/3C）、NASA A-Train卫星编队系列/中分辨率成像光谱仪（Moderate Resolution Imaging Spectroradiometer, MODIS）、云—气溶胶激光雷达与红外探路者卫星观测（The Cloud-Aerosol Lidar and Infrared Pathfinder Satellite Observation, CALIPSO）、多角度成像仪（Multi-angle Imaging Spectro-Radiometer, MISR）、日本气象厅向日葵8号静止卫星（the 8th of the Himawari geostationary weather satellites, HIMAWARI-8）；气溶胶再分析产品主要来自美国国家航空航天局（National Aeronautics and Space Administration, NASA）的现代回顾性研究和应用版本1和2（The Modern-Era Retrospective analysis for Research and Applications, Version 1/2, MERRA/MERRA-2）、欧洲中期天气预报中心（The European Centre for Medium-Range Weather Forecasts, ECMWF）的欧盟哥白尼大气监测局气溶胶再分析（The Copernicus Atmosphere Monitoring Service, CAMS）和日本气象厅（Japan Meteorological Agency, JMA）的JRAero数据集。中国及国际机构发布的气溶胶化学组分、光学、微物理及辐射特性数据集的基本信息、来源及网址见表4–1和表4–2。

表 4–1　来源于中国机构的气溶胶数据集

数据集名称	性质/内容	版权归属及贡献者	维护机构	数据集来源/网址	可获取性
中国气溶胶遥感观测网（CARSNET）气溶胶光学、微物理和辐射特性数据集（2003 年至今）①	全国约 80 多个站点的气溶胶光学、微物理和辐射特性数据。该数据为地面太阳光度计反演数据 时间分辨率：逐时 空间分辨率：单站点 数据类型/格式：txt	中国气象局	中国气象局探测中心，中国气象科学研究院	http://www.asdf-bj.net	注册访问
中国典型区域太阳—天空辐射计观测网（SONET）气溶胶数据集（因站而异，最早始于 2010 年 3 月）②	全国典型区域 20 个站点的气溶胶光学、微物理及化学参数。该数据主要通过地基太阳光度计数据反演获取 时间分辨率：逐时 空间分辨率：单站点 数据类型/格式：txt	中国科学院空天信息创新研究院	环境遥感应用技术研究室，中国科学院遥感与数字地球研究室	http://www.sonet.ac.cn/index.php	申请访问
中国典型城市细颗粒物化学组分数据集（2003 年和 2013 年）③	全国 14 个城市的 $PM_{2.5}$ 质量浓度及其全组分数据（元素，离子，碳组分、有机物、同位素等非常规化学组分）。该数据基于滤膜采样、称重及实验室化学全组分分析获取，数据分布时段为夏、冬两季； 时间分辨率：逐日 空间分辨率：单站点 数据类型/格式：xlsx	中国科学院地球环境研究所	中国科学院气溶胶化学与物理重点实验室，中国科学院地球环境研究所	http://www.klacp.ac.cn/zlxz/qrjsjk（筹建中）	注册访问

续表

数据集名称	性质/内容	版权归属及贡献者	维护机构	数据集来源/网址	可获取性
FY-3A 中分辨率光谱成像仪（The MEdium- Resolution Spectral Imager, MERSI）陆上气溶胶日、旬、月产品（2009 年至今）[④]	全球陆地逐日、旬、月陆上气溶胶产品，数据参数包括 470 纳米、550 纳米、650 纳米共 3 个波段的气溶胶光学厚度、气溶胶波长指数（Ångström Exponent）、气溶胶小粒子比率、气溶胶类型标识。传感器为 MERSI 投影方式：等经纬度投影 空间分辨率：1 千米（日）、5 千米 （旬、月） 数据类型/格式：hdf	中国气象局国家卫星气象中心	中国气象局国家卫星气象中心	http://satellite.nsmc.org.cn/PortalSite/Default.aspx	注册访问
FY-3A MERSI 海上气溶胶日、旬、月产品 （2009 年至今）[⑤]	全球海上逐日、旬、月海上气溶胶产品，数据参数包括 MERSI 12 个波段的气溶胶光学厚度、气溶胶波长指数。传感器为 MERSI 投影方式：等经纬度投影 空间分辨率：1 千米（日）、5 千米 （旬、月） 数据类型/格式：hdf	中国气象局国家卫星气象中心	中国气象局国家卫星气象中心	http://satellite.nsmc.org.cn/PortalSite/Default.aspx	注册访问
FY-3C 可见光红外扫描辐射计（Visible and Infrared Scanning Radiometer, VIRR） VIRR 海洋气溶胶日产品 （2014 年至今）[⑥]	全球海上逐日、旬、月陆上气溶胶产品，数据参数包括 550 纳米海上气溶胶光学厚度、气溶胶波长指数。传感器为 VIRR 投影方式：等经纬度投影 空间分辨率：5 千米 （日、旬、月） 数据类型/格式：hdf	中国气象局国家卫星气象中心	中国气象局国家卫星气象中心	http://satellite.nsmc.org.cn/PortalSite/Default.aspx	注册访问

① 中国气象局, 2019. CARSNET 气溶胶光学、微物理和辐射特性数据集. http://www.asdf-bj.net/ [2019-11-01]。

② 中国科学院遥感与数字地球研究所. 2019. SONET. 气溶胶数据集. http://www.sonet.ac.cn/index.php [2019-11-01]。

③ 中国科学院地球环境研究所. 2019. 中国典型城市细颗粒物化学组分数据集. http://www.klacp.ac.cn/zlxz/qrjsjk/ [2019-11-01]。

④ 中国气象局国家卫星气象中心. 2019. FY-3A MERSI 陆上气溶胶日，旬，月产品. http://satellite.nsmc.org.cn/PortalSite/Default.aspx [2019-11-01]。

⑤ 中国气象局国家卫星气象中心. 2019. FY-3A MERSI 海上气溶胶日，旬，月产品. http://satellite.nsmc.org.cn/PortalSite/Default.aspx [2019-11-01]。

⑥ 中国气象局国家卫星气象中心. 2019. FY-3C VIRR 海洋气溶胶日产品. http://satellite.nsmc.org.cn/PortalSite/Default.aspx [2019-11-01]。

表 4–2　来源于国际机构的气溶胶数据集

数据集名称	性质/内容	版权归属及贡献者	维护机构	来源/网址	可获取性
全球气溶胶地基遥感观测光学辐射特性数据集（1993 年至今）[①]	全球地区约 1 200 多个站点的气溶胶光学、微物理和辐射特性数据。该数据为地面太阳光度计反演数据 时间分辨率：逐时 空间分辨率：单站点 数据类型/格式：txt	美国国家航空航天局（NASA）	NASA 戈达德太空飞行中心	https://aeronet.gsfc.nasa.gov	公开
MODIS 全球陆地和海洋气溶胶二级产品（2000 年至今）[②]	全球 2000 年以来逐日 Terra 卫星气溶胶 C6.1 版本二级产品（MODIS Level-2 Atmospheric Aerosol Product, MOD04_L2）、2002 年以来逐日 Aqua 卫星二级气溶胶产品（MYD04_L2），数据参数为 550 纳米气溶胶光学厚度，陆地上使用两种不同的气溶胶反演算法（暗像元法和深蓝算法），海洋上使用暗像元法，传感器来自中分辨率成像光谱仪（Moderate Resolution Imaging Spectroradiometer, MODIS） 投影方式：等经纬度投影 空间分辨率：10 千米（所有产品）、3 千米（陆地暗像元算法产品、海洋气溶胶产品） 数据类型/格式：hdf	美国国家航空航天局（NASA）	1 级和大气存档和分配系统（Level-1 and Atmosphere Archive and Distribution System, LAADS）分布式活动档案中心（Distributed Active Archive Center, DAAC）	https://ladsweb.modaps.eosdis.nasa.gov/archive/allData/61	注册访问

续表

数据集名称	性质/内容	版权归属及贡献者	维护机构	来源/网址	可获取性
MODIS 全球陆地和海洋逐日、8日、月气溶胶三级产品（2000年至今）[3]	全球C6.1版本逐日、8天、逐月Terra卫星三级气溶胶产品（The MODIS level-3 atmospheric aerosol product, MOD08_D3、MOD08_E3、MOD08M3）、2002年以来逐日、8天、逐月Aqua卫星气溶胶三级产品（MYD08_D3、MYD08_E3、MYD08M3），数据参数为550纳米气溶胶光学厚度 投影方式：等经纬度投影 空间分辨率：1度×1度 数据类型/格式：hdf	美国国家航空航天局（NASA）	1级和大气存档和分配系统（LAADS）分布式活动档案中心（DAAC）	https://ladsweb.modaps.eosdis.nasa.gov/archive/allData/61	注册访问
MISR 全球陆地和海洋日、月、季、年气溶胶三级产品（2000年至今）[4]	全球F13_0023版本逐日、月、季、年Terra卫星三级气溶胶产品（MISR level-3 atmospheric aerosol product, MIL3DAE、MIL3MAE、MIL3QAE、MIL3YAE），主要参数包括550纳米气溶胶光学厚度、吸收性气溶胶光学厚度、大中小三种粒子气溶胶光学厚度、非球形气溶胶光学厚度等 投影方式：等经纬度投影 时间分辨率：逐日、逐月 空间分辨率：0.5度×0.5度 数据类型/格式：hdf	美国国家航空航天局（NASA）	NASA大气科学数据中心（The Atmospheric Science Data Center, ASDC）	https://eosweb.larc.nasa.gov	注册访问

续表

数据集名称	性质/内容	版权归属及贡献者	维护机构	来源/网址	可获取性
CALIPSO 全球气溶胶层、垂直廓线二级产品（2006 年至今）[⑤]	全球 V4.2 版本逐日气溶胶层、气溶胶廓线二级产品（The CALIPSO level-2 atmospheric aerosol product, CAL_LID_L2_05kmALay、CAL_LID_L2_05kmAPro），主要参数包括 532 纳米、1064 纳米气溶胶消光系数、后向散射系数、退偏比、气溶胶类型等 空间分辨率：水平（5 千米）、垂直（60 米） 数据类型/格式：hdf	美国国家航空航天局（NASA）	NASA 戈达德太空飞行中心	https://eosweb.larc.nasa.gov	注册访问
CALIPSO 全球气溶胶垂直廓线三级产品（2006～2016 年）[⑥]	全球 V3.1 版本逐月不同天气状况下（所有天气状况、晴空无云、多云透明、多云不透明）气溶胶廓线三级产品（The CALIPSO level-3 atmospheric aerosol product, CAL_LID_L3_APro_AllSky 、 CAL_LID_L3_APro_CloudFree、CAL_LID_L3_APro_CloudySkyTransparent 、 CAL_LID_L3_APro_CloudySkyOpaque），主要参数包括 532 纳米气溶胶垂直消光系数、不同气溶胶类型气溶胶光学厚度（沙尘、污染性沙尘、烟）等参数 投影方式：等经纬度投影 空间分辨率：水平（5 度×2.5 度）、垂直（60 米） 数据类型/格式：hdf	美国国家航空航天局（NASA）	NASA 大气科学数据中心（ASDC）	https://eosweb.larc.nasa.gov	注册访问

续表

数据集名称	性质/内容	版权归属及贡献者	维护机构	来源/网址	可获取性
HIMAWARI-8 东亚气溶胶三级产品（2015 年至今）[⑦]	东亚地区逐时、日、月三级气溶胶产品，主要参数包括 550 纳米气溶胶光学厚度、气溶胶波长指数等 投影方式：等经纬度投影 时间分辨率：小时、日、月 空间分辨率：5 千米 数据类型/格式：NetCDF	日本气象厅（Japan Meteordogical Agency，JMA）	日本宇宙航空研究开发机构（Japan Aerospace Exploration Agency, JAXA）	https://www.eorc.jaxa.jp/ptree	注册访问
MERRA 全球气溶胶再分析产品（1979～2016 年）[⑧]	全球陆地和海洋三维气溶胶产品，主要参数包括 550 纳米总气溶胶光学厚度、不同组分（包括硫酸盐、沙尘、黑碳、有机碳、海盐）气溶胶光学厚度、浓度、不同组分气溶胶三维垂直混合比、不同组分气溶胶干湿沉降等 投影方式：等经纬度投影 时间分辨率：小时、月 空间分辨率：水平（0.5 度×0.667 度）、垂直（72 层） 数据类型/格式：NetCDF	美国国家航空航天局（NASA）	NASA 全球模拟和同化办公室	https://disc.gsfc.nasa.gov	注册访问
MERRA-2 全球气溶胶再分析产品（1980 年至今）[⑨]	全球陆地和海洋 1980 年以来三维气溶胶产品，主要参数包括 550 纳米总气溶胶光学厚度、不同组分 （包括硫酸盐、沙尘、黑碳、有机碳、海盐）气溶胶光学厚度、浓度、不同组分气溶胶三维垂直混合比、不同组分气溶胶干湿沉降等 投影方式：等经纬度投影 时间分辨率：小时、月 空间分辨率：水平（0.5 度×0.625 度）、垂直（72 层） 数据类型/格式：NetCDF	美国国家航空航天局（NASA）	NASA 全球模拟和同化办公室	https://disc.gsfc.nasa.gov	注册访问

续表

数据集名称	性质/内容	版权归属及贡献者	维护机构	来源/网址	可获取性
CAMS 全球气溶胶再分析产品（2003～2017年）[10]	全球陆地和海洋三维气溶胶产品，主要参数包括550纳米总气溶胶光学厚度、不同组分（包括硫酸盐、沙尘、黑碳、有机碳、海盐）气溶胶光学厚度等 投影方式：等经纬度投影 时间分辨率：3小时、月 空间分辨率：水平（0.7度×0.7度）、垂直（60层） 数据类型/格式：GRIB、NetCDF	欧洲中期天气预报中心（ECMWF）	欧洲中期天气预报中心（ECMWF）	https://apps.ecmwf.int/datasets/	注册访问
JRAero 全球气溶胶再分析产品（2011～2015年）[11]	全球陆地和海洋三维气溶胶产品，主要参数包括550纳米总气溶胶光学厚度、不同组分（包括硫酸盐、沙尘、黑碳、有机碳、海盐）气溶胶光学厚度和浓度 投影方式：等经纬度投影 时间分辨率：6小时、月 空间分辨率：水平（1.1度×1.1度）、垂直（48层） 数据类型/格式：NetCDF	日本气象厅（JMA）气象研究所（Meteorological Research Institute, MRI）	日本气象厅气象研究所	http://www.mri-jma.go.jp/Dep/ap/ap_1_en.html	申请访问

续表

数据集名称	性质/内容	版权归属及贡献者	维护机构	来源/网址	可获取性
加拿大达尔豪斯大学（Dalhousie University）全球 $PM_{2.5}$ 综合数据集（2000～2017 年）⑫	加拿大达尔豪斯大学大气化学分析实验室发布北美、中国、欧洲及其他地区的地表 $PM_{2.5}$ 产品，参数包括地表 $PM_{2.5}$、硫酸盐、硝酸盐、铵盐、有机物、黑碳、沙尘和海盐的质量浓度 投影方式：WGS84 投影 时间分辨率：月 空间分辨率：0.01 数据类型/格式：NetCDF / ASCII	加拿大达尔豪斯大学	加拿大达尔豪斯大学大气化学分析实验室	http://fizz.phys.dal.ca/～atmos/martin/	公开

① 美国国家航空航天局(NASA), 2019. AERONET 全球气溶胶地基遥感观测光学辐射特性数据集. https://aeronet.gsfc.nasa.gov/ [2019-11-01]。

② 美国国家航空航天局(NASA), 2019. MODIS 全球陆地、海洋气溶胶二级产品. https://ladsweb.modaps.eosdis.nasa.gov/archive/allData//61/ [2019-11-01]。

③ 美国国家航空航天局(NASA), 2019. MODIS 全球陆地、海洋逐日、8 天、月气溶胶三级产品. https://ladsweb.modaps.eosdis.nasa.gov/archive/allData//61/ [2019-11-01]。

④ 美国国家航空航天局(NASA), 2019. MISR 全球陆地、海洋日、月、季、年气溶胶三级产品. https://eosweb.larc.nasa.gov/ [2019-11-01]。

⑤ 美国国家航空航天局(NASA), 2019. CALIPSO 全球气溶胶层、垂直阈线二级产品. https://eosweb.larc.nasa.gov/ [2019-11-01]。

⑥ 美国国家航空航天局(NASA), 2019. CALIPSO 全球气溶胶垂直阈线三级产品. https://eosweb.larc.nasa.gov/ [2019-11-01]。

⑦ 日本气象厅(JMA) , 2019. HIMAWARI-8 东亚气溶胶三级产品. https://www.eorc.jaxa.jp/ptree/ [2019-11-01]。

⑧ 美国国家航空航天局(NASA), 2019. MERRA 全球气溶胶再分析产品. https://disc.gsfc.nasa.gov/ [2019-11-01]。

⑨ 美国国家航空航天局(NASA), 2019. MERRA-2 全球气溶胶再分析产品. https://disc.gsfc.nasa.gov/ [2019-11-01]。

⑩ 欧洲中期天气预报中心(ECMWF), 2019. CAMS 全球气溶胶再分析产品. https://apps.ecmwf.int/datasets/ [2019-11-01]。

⑪ 日本气象厅(JMA)气象研究所(MRI), 2019. JRAero 全球气溶胶再分析产品. https://apps.ecmwf.int/datasets/ [2019-11-01]。

⑫ 加拿大达尔豪斯大学, 2019. 加拿大达尔豪斯大学(Dalhousie University)全球 $PM_{2.5}$ 综合数据集. http://fizz.phys.dal.ca/～atmos/martin/ [2019-11-01]。

中国火山监测数据主要来自于国家火山监测台网中心，而全球火山喷发历史数据库则包括美国国家海洋和大气管理局（National Oceanic and Atmospheric Administration, NOAA）的火山位置数据库与重大火山爆发数据库以及美国史密森学会全球火山活动计划（Global Volcanism Program, GVP）数据库。中国及全球火山喷发历史数据库的基本信息、数据源、网址见表 4–2 和表 4–3。

表 4–3　来源于中国及国际机构的火山喷发历史数据库分布情况

数据集名称	性质/内容	版权归属及贡献者	维护机构	来源/网址	可获取性
全国火山流动观测数据集（2006 年至今）①	全国 37 个子台组成的 6 个火山监测台网火山流动监测数据	中国地震局地球物理研究所	国家测震台网数据备份中心	https://www.seisdmc.ac.cn	注册访问
全球火山位置数据库②	全球超过 1500 座火山的列表，包括纬度、经度、海拔、火山类型和最近一次喷发信息等 数据类型/格式：txt	NOAA	NOAA 国家环境信息中心（National Centers for Environmental Information, NCEI）	https://www.ngdc.noaa.gov/hazard/volcano.shtml	公开
全球重大火山爆发数据库③	全球500多个重大火山爆发列表，数据包括纬度、经度、海拔、火山类型和最近一次喷发等信息 数据类型/格式：txt	NOAA	NOAA 国家环境信息中心（NCEI）	https://www.ngdc.noaa.gov/hazard/volcano.shtml	公开
全球火山活动计划（GVP）数据库④	全球过去 10 000 年以来的火山喷发数据库，数据包括火山名称、类型、特征、最近活动的证据、位置、国家、岩石类型、不同距离范围内的人口或可用图像等 数据类型/格式：txt、图像	美国史密森学会国家自然历史博物馆全球火山计划（GVP）	美国史密森学会	http://volcano.si.edu	公开

① 中国地震局地球物理研究所，2019. 全国火山流动观测数据集. https://www.seisdmc.ac.cn [2019-11-01]。

② 美国国家海洋和大气管理局（NOAA），2019. 全球火山位置数据库. https://www.ngdc.noaa.gov/hazard/volcano.shtml[2019-11-01]。

③ 美国国家海洋和大气管理局(NOAA), 2019. 全球重大火山爆发数据库. https://www.ngdc.noaa.gov/hazard/volcano.shtml [2019-11-01]。

④ 美国史密森学会国家自然历史博物馆全球火山计划（GVP）, 2019. 全球火山活动计划（GVP）数据库. http://volcano.si.edu/ [2019-11-01]。

二、数据的质量情况

我国典型城市的细颗粒物质量浓度及化学组分数据主要由中国科学院地球环境研究所采样和分析完成。所有样品均采用石英滤膜（Whatman, England）和特氟隆（Whatman, England）滤膜收集（Cao *et al.,* 2007; Cao *et al.,* 2012）。石英滤膜在使用前需在450摄氏度下灼烧，以去除碳质污染物。采样前后滤膜均保存在–4摄氏度冰箱中，运输过程中用含干燥剂的封口袋密封，防止样品中物质的挥发和污染。颗粒物质量浓度采用重量分析法，使用电子微量天平（Mettle M3, Switzerland, 灵敏度1微克），对采样前后的滤纸进行称重。两次称量误差分别小于15微克 （空白滤膜）和20微克（采样滤膜）。所有样品的质量均需减去环境空白的质量。有机碳（Organic Carbon, OC）和元素碳（Elemental Carbon, EC）组分分析采用热光碳分析仪（Thermal Optical Carbon Analyzer, DRI Model 2001A），采用对受保护的视觉环境（改善）网络的机构间监测（Interagency Monitoring of Protected Visual Environments-A, IMPROVEA）热光反射的实验方法分析，每10个样品中任选1个样品进行重复检测，要求检测出的总碳气溶胶偏差小于5%，OC和EC的偏差小于10%（Cao *et al.,* 2007）。水溶性无机离子采用离子色谱仪分析，包括六种阴离子（F^-、Cl^-、Br^-、NO^{2-}、NO_3^-、SO_4^{2-}）和五种阳离子（Na^1、NH_4^+、K^+、Mg^{2+}、Ca^{2+}），各种阴阳离子的检出限低于0.05 微克/升。每测试10个样品后进行一次复检，复检方法为任意挑选1个样品进行重复检测。复检样品浓度为0.03～0.1微克/毫升时，两次监测相对标准偏差应小于±30%；样品浓度在0.1～0.15微克/毫升之间时相对标准偏差应小于±20%；样品溶液浓度大于 0.15 微克/毫升时相对标准偏差应在±10%以内。无机元素组分应用能量色散型X射线荧光光谱仪（EDXRF, PANalytical B. V., 荷兰）测量包括S、Cl、K、Ca、Ti、Cr、Mn、Fe、Ni、Zn、As、Br、Cd和Pb等元素。各种元素的特征X射线由锗探测器检测。每个样品分析 30 分钟，以得到对应光子能的 X 射线光谱。分光光度仪采用 MicroMatter 公司（美国）的薄膜标样校准。而 SONET 气溶胶化学参数的遥感反演主要是基于太阳—天空辐射计获取的气溶胶微物理特性（复折射指数和单次散射反照率），构建气溶胶五成分（黑碳、沙尘、吸收性有机碳、硫酸铵类和水分）反演模型，通过对气溶胶特性参数的拟合获取不同气溶胶组分体积比例的最佳估计，进而得到不同组分的柱浓度（Li *et al,* 2018）。

气溶胶化学组分的再分析数据主要来源于 NASA 提供的 MERRA、MERRA-2 全球再分析产品，日本气象台气象研究所提供的 JRAero 全球气溶胶再分析产品和加拿大达尔豪斯大学大气化学分析实验室发布的近地表 $PM_{2.5}$ 综合数据集。MERRA 能够提供 1979～2016 年的全球三维气溶胶产品（Buchard *et al.,* 2017; Randles *et al.*, 2017），其中与气溶胶化学组分相关的参数主要包括硫酸盐、沙尘、黑碳、有机碳和海盐等气溶胶主要组分的柱浓度和地表浓度，时间分辨率为小时、月，空间分辨率为 0.5 度×0.667 度、垂直（72 层），访问条件为注册访问。MERRA-2 能够提供 1980 年至今的全球三维气溶胶产品（Che *et al.,* 2019a），其中的气溶胶组分参数与 MERRA 一致，空间分辨率为水平 0.5 度×0.625 度、垂直（72 层），保存条件为注册访问。CAMS 能够提供 2003～2017 年的全球三维气溶胶产品，主要参数与 MERRA、MERRA-2 类似，时间分辨率为 3 小时、月，空间分辨率为水平（0.7 度×0.7 度）、垂直（60 层），访问条件为注册访问（Inness *et al.,* 2019）。JRAero 能够提供 2011～2015 年全球三维气溶胶产品，主要参数与 MERRA、MERRA-2 类似，时间分辨率为逐 6 小时、逐月，空间分辨率为水平（1.1 度×1.1 度）、垂直（48 层），访问条件为注册访问。此外，加拿大达尔豪斯大学大气化学分析研究组也对外发布了 2000～2017 年北美、中国、欧洲及其他地区近地表 $PM_{2.5}$ 及其主要组分的月均浓度数据。除了上述组分以外，这个数据集还包括了硝酸盐和铵盐组分的信息。空间分辨率在 0.01 度× 0.01 度左右，提供网络通用数据格式（network Common Data Form, NetCDF）和美国信息交换标准代码（American Standard Code for Information Interchange, ASCII）两种数据格式，且可以不需注册直接访问下载（van Donkelaar *et al.,* 2015）。

气溶胶光学、微物理和辐射特性的地基观测数据主要来源于 AERONET、CARSNET 和 SONET。AERONET 在全球共分布约 1 200 个站点，时间尺度为 1993 年至今，时间分辨率为 15 分钟，获取手段为地基遥感观测（Holben *et al.*, 1998）。中国气溶胶遥感观测网（CARSNET）在全国共分布约 80 个站点，其中 50 个已业务化运行，时间尺度为 2003 年至今，时间分辨率为 15 分钟，获取手段为地基遥感观测 （Che *et al.,* 2009; Che *et al.,* 2015; Che *et al.,* 2019b）。气溶胶光学厚度产品的数据质量等级分为 Level 1.0——原始计算结果，Level 1.5——滤云计算结果，不确定性为 0.01～0.02，保存条件为网站注册访问。CARSNET 和 AERONET 所使用的观测仪器采用类似的定标方法和反演算法，因此皆具有较高的精度，气溶胶光学厚度产品的误差小于 0.02。

气溶胶光学、微物理和辐射特性的空基观测数据主要来源于中国风云卫星系列（例如：FY–3A/3C）、NASA A–Train 卫星编队系列 （MODIS、CALIPSO）及 MISR、日本气象厅 HIMAWARI–8 静止卫星。FY–3A 采用中分辨率光谱成像仪（The MEdium-Resolution Spectral Imager, MERSI）进行气溶胶观测，能够提供 2009 年至今的全球陆地和海洋气溶胶光学厚度产品，时间分辨率为日、旬、月尺度，空间分辨率为 1 千米（日）和 5 千米（旬，月），保存条件为注册访问（Sun *et al.,* 2013）。FY–3C 采用可见光红外扫描辐射计（Visible and Infrared Scanning Radiometer, VIRR）进行海上气溶胶观测，能够提供 2014 年至今的全球海洋气溶胶光学厚度产品，时间尺度包括日、旬、月，空间分辨率为 5 千米，保存条件为注册访问（Chen *et al.,* 2014）。来自 NASA A–Train 卫星编队的 Aqua 卫星搭载的中分辨率成像光谱仪 MODIS 能够提供 2000 年至今的全球陆地和海洋气溶胶光学厚度、气溶胶波长指数等产品，时间分辨率为日、8 日、月尺度，空间分辨率为 3 千米和 5 千米（2 级产品）、1 度×1 度（三级产品），保存条件为注册访问（Remer *et al.,* 2005）。同样来自 NASA A–Train 卫星编队的 CALIPSO 卫星搭载的 CALIOP 传感器，能够提供 2006 年至今的全球陆地和海洋气溶胶垂直廓线产品，产品参数包括气溶胶消光系数、后向散射系数、退偏比等，时间分辨率为日，空间分辨率为水平 5 千米、垂直 60 米，保存条件为注册访问（Winker *et al.,* 2009）。来自 NASA Terra 卫星搭载的 MISR 传感器能够提供 2000 年至今的全球陆地和海洋气溶胶光学厚度、吸收性气溶胶光学厚度、非球形气溶胶光学厚度等产品，时间分辨率为日、月，空间分辨率为 0.5 度×0.5 度，保存条件为注册访问（Kahn *et al.,* 2009）。来自日本气象厅发布的 HIMAWARI–8 静止卫星能够提供 2015 年至今的东亚气溶胶光学厚度、气溶胶波长指数产品，时间分辨率为小时、日、月，空间分辨率为 5 千米，保存条件为注册访问（Kikuchi *et al.,* 2018; Yoshida *et al.,* 2018）。

气溶胶光学、微物理和辐射特性的再分析数据主要来源于 NASA 提供的 MERRA、MERRA-2 全球再分析产品、ECMWF 提供的 CAMS 全球再分析产品，日本气象台气象研究所提供的 JRAero 全球气溶胶再分析产品。MERRA 能够提供 1979～2016 年的全球三维气溶胶产品，主要参数包括总气溶胶光学厚度、不同组分（包括硫酸盐、沙尘、黑碳、有机碳、海盐）气溶胶光学厚度及其柱浓度和地表浓度等，时间分辨率为小时、月，空间分辨率为 0.5 度×0.667 度、垂直（72 层），保存条件为注册访问（Yumimoto *et al.,* 2017）。MERRA-2 能够提供 1980 年至今的全球三维气溶胶产品，主要参数与 MERRA 一致，空间分辨率为水平 0.5 度×0.625 度、垂直（72 层），保存条件为注册访问。CAMS 能够提供 2003～2017 年的全球三维气溶胶产品，主要参数与 MERRA、MERRA-2 类似，时间分辨率为 3 小时、月，空间分辨率为水平（0.7 度×0.7 度）、垂直（60 层），保存条件为注册访问。JRAero 能够提供 2011～2015 年全球三维气溶胶产品，主要参数与 MERRA、MERRA-2、CAMS 类似，时间分辨率为 6 小时、月，空间分辨率为水平（1.1 度×1.1 度）、垂直（48 层），保存条件为注册访问。

中国火山流动观测数据来自于国家火山监测台网中心提供的 2006 年至今的全国 37 个子台组成的 6 个火山监测台网火山流动监测数据（许建东等，2011）。全球火山喷发历史数据库主要来源于 NOAA 的火山位置数据库和最大火山爆发数据库，以及 GVP 数据库。NOAA 提供的全球火山位置数据库能够提供全球超过 1 500 座火山的信息，参数包括海拔、经纬度、火山类型和最近一次火山喷发等信息。这些数据可公开访问。另一个 NOAA 提供的全球重大火山爆发数据库能够提供全球 500 多个重大火山爆发历史数据，可公开访问。而 GVP 数据库能够提供过去 1 万年以来的火山喷发数据库，数据参数包括火山名称、类型、特征、最近活动证据、位置、国家、岩石类型、离火山不同距离范围内人口数量等参数，数据开放政策为公开访问。

三、数据服务状况

AERONET 是最具影响力、最广为人知、应用较多、研究者使用最多的气溶胶光学、微物理和辐射特性的地基观测数据集。数据开放政策为网站公开，开放程度为完全开放。MODIS 气溶胶光学厚度产品因其较长的历史观测时段、较高的准确性、较宽广的空间覆盖面已经成为运用最为广泛、研究者使用最多的气溶胶光学、微物理和辐射特性空基观测数据集。其数据公开政策为网站公开，开放程度为简单的注册访问。因此以上两个数据集的科研服务效果都比较好。

参考文献

Buchard, V.,C.A. Randles and A.M. Dalilva, *et al.*, 2017. The MERRA-2 aerosol reanalysis, 1980 onward. Part II: Evaluation and case studies. *Journal of Climate*, 2017, 30(17): 6851～6872.

Cao, J.J., S.C. Lee and J.G. Chow, *et al.*, 2007. Spatial and seasonal distributions of carbonaceous aerosols over China. *Journal of Geophysical Research: Atmospheres*, 112(D22).

Cao, J.J., Z.X. Shen and J.C Chow, *et al.*, 2012. Winter and summer PM2. 5 chemical compositions in fourteen Chinese cities. *Journal of the Air & Waste Management Association*, 62(10): 1214～1226.

Che, H.Z., K. Gui and X.G. Xia, *et al.*, 2019a. Large contribution of meteorological factors to inter-decadal changes in regional aerosol optical depth. *Atmospheric Chemistry & Physics*, 19(16): 10497～10523.

Che, H.Z., X.G. Xia and H.J. Zhao, *et al.*, 2019b. Spatial distribution of aerosol microphysical and optical properties and direct radiative effect from the China Aerosol Remote Sensing Network. *Atmospheric Chemistry & Physics*, 19(18): 11843～11864.

Che, H.Z., X.Y. Zhang and H.B. Chen, *et al.*, 2009. Instrument calibration and aerosol optical depth validation of the China Aerosol Remote Sensing Network. *Journal of Geophysical Research: Atmospheres*, 114(D3).

Che, H.Z., X.Y. Zhang and X.G. Xia, *et al.*, 2015. Ground-Based Aerosol Climatology of China: Aerosol Optical Depths from the China Aerosol Remote Sensing Network (CARSNET) 2002～2013. *Atmospheric Chemistry & Physics*, 15(8):7619～7652.

Chen, L., N. X and Y. L, *et al.*, 2014. FY-3C/MERSI pre-launch calibration for reflective solar bands. Earth Observing Missions and Sensors: Development, Implementation, and Characterization III. *International Society for Optics and Photonics*, 9264: 92640Z.

Holben, B.N., T. Nakajima and I. Lavenu, *et al.*, 1998. AERONET—A federated instrument network and data archive for aerosol characterization. *Remote sensing of environment*, 66(1): 1～16.

Inness, A., M. Ades and A.A. Panareda, *et al.*, 2019. The CAMS reanalysis of atmospheric composition. *Atmospheric Chemistry and Physics*, 19(6): 3515～3556.

Kahn, R. A., D.L. Nelson and M.J. Garay, *et al.*, 2009. MISR aerosol product attributes and statistical comparisons with MODIS. *IEEE Transactions on Geoscience and Remote Sensing*, 47(12): 4095～4114.

Kikuchi, M., H. Murakami and K. Suzuki, *et al.*, 2018. Improved hourly estimates of aerosol optical thickness using spatiotemporal variability derived from Himawari-8 geostationary satellite. *IEEE Transactions on Geoscience and Remote Sensing*, 56(6): 3442～3455.

Li，Z.Q., H. Xu and K.T. Li, *et al.*, 2018. Comprehensive study of optical physical, chemical and radiative properties of total columnar atmospheric aerosols over China: An overview of Sun-sky radiometer Observation NETwork (SONET) measurements. *Bulletin of the American Meteorological Society,* doi:10.1175/BAMS-D-17-0133.1.

Randles, C. A., A.M. Da Silva and V. Buchard, *et al.*, 2017. The MERRA-2 aerosol reanalysis, 1980 onward. Part I: System description and data assimilation evaluation. *Journal of climate*, 30(17): 6823～6850.

Remer, L. A., Y.J. Kaufman and D. Tanre, *et al.*, 2005. The MODIS aerosol algorithm, products, and validatio. *Journal of the atmospheric sciences*, 62(4): 947～973.

Sun, L., M.H. Guo and J.H. Zhu, *et al.*, 2013. FY-3A/MERSI, ocean color algorithm, products and demonstrative applications. *Acta Oceanologica Sinica*, 32(5): 75～81.

Winker, D.M., M.A. Vaughan and A.H. Omar, *et al.*, 2009. Overview of the CALIPSO mission and CALIOP data processing algorithms. *Journal of Atmospheric and Oceanic Technology*, 26(11): 2310～2323.

Yoshida, M., M. Kikuchi and T.M. Nagao, *et al.*, 2018. Common retrieval of aerosol properties for imaging satellite sensors. *Journal of the Meteorological Society of Japan*. Ser. II.

Yumimoto, K.,T.Y. Tanaka and N. Oshima, *et al.*, 2017. JRAero: the Japanese reanalysis for aerosol v1. 0. *Geoscientific Model Development,* 10(9): 3225～3253.

Donkelaar, A.V., R.V. Martin and M. Brauer, *et al.*, 2015. Global fine particulate matter concentrations from satellite for long-term exposure assessment. *Environmental Health Perspectives*, 123:135～143.

许建东："中国活动火山监测进展回顾"，《矿物岩石地球化学通报》，2011 年第 30 期。

石广玉、王标、张华等："大气气溶胶的辐射与气候效应"，《大气科学》，2008 年第 32 期。

第二篇

气候变化事实科学数据

气候变化是指气候状态的变化，而这种变化能够通过其特性的平均值或变率的变化予以判别（如：运用统计检验）。气候变化将在延伸期内持续，通常为几十年或更长时间。据统计，科学家比较系统而全面地观测、记录气候变化事实可追溯到 19 世纪中叶，至今有 150 年的历史，但由于更长时间的序列才能更好地反映气候变化的历史。为了研究更早期的气候变化，科学家们采用树木年轮、冰蕊、花粉、湖泥、风尘、珊瑚等对气候资料进行反演，从而反推出大尺度古气候序列和信息。本篇从气候观测数据、古气候数据、海洋科学数据、冰冻圈科学数据和生态系统科学数据五类气候变化事实数据切入，从科学数据情况、数据质量情况、数据服务情况和建议几方面，更加全面、系统地评估了中国气候变化数据的现状及其总体保障情况。评估结果显示：1. 气候观测数据。中国气候观测数据集的构建虽然起步相对较晚，但目前气候序列均一化数据集、陆面融合与同化再分析数据集、中国全球大气再分析数据集（CRA–40）能较好地反映中国气候变化的历史演变过程。较之国外产品，中国陆面融合与同化再分析数据集在中国区的质量更高，已被广泛用于开展区域及中国的气候变化监测与评估中，并且其他数据集产品的质量也已跻身国际前列。以气候序列均一化数据集、全球大气再分析数据集和 CRA–40 为主的部分中国气候观测数据均可在中国气象数据网上公开下载。中国气候观测数据集已被广泛应用于业务科研，包括开展气候变化监测、国家及区域气候变化评估报告编写以及气候趋势分析及气候变化研究工作中。中国大量的气候观测数据集已经建立，但是在数据体系化共享、开放合作研发等方面，还需要不断加强。2. 古气候数据。对比国内外古气候数据现状，中国古气候数据共享平台起步较晚，但近年来呈现良好的发展趋势，逐渐从单一、分散的模式转为数据共享服务模式。数据质量方面，由于数据共享平台设置了相关的配套标准，使得共享数据的质量得到了保证。在数据服务环节，与国外数据库相比，仍存在一定不足，建议继续简化下载流程，使得数据共享更为快捷便利。古气候数据共享的主要目的之一即加深对气候变化机制的理解，因此，围绕古气候、古环境数据并结合数值模拟结果，建设更大规模的中国古气候数据共享平台将为预估未来气候变化中提供重要的支撑和保障。3. 海洋科学数据。中国海洋科学数据体系不断完善，正处在向高质量发展的过程中。近年来中国海洋科学数据质量有所提高，但是数据管理和质量还需进一步提高。中国海洋科学数据服务范围不断扩大，但是服务的效率和便捷性方面还有待进一步提高。中国各涉海单位正在协同合力推进，形成统一的海洋科学数据质量跟踪、质量检验、质量控制、数据提交和数据服务平台，并接受用户的反馈，但海洋科学数据建设能力的提高亟需切实可行的制度保障。4. 冰冻圈科学数据。冰冻圈研究正在由过去单要素自身机理和过程研究向冰冻圈科学体系化方向迈进，同时，冰冻圈科学数据也由过去的单要素观测积累，逐渐发展为多要素的系统观测以及遥感模拟。中国冰冻圈科学数据质量整体较好，冰冻圈各要素多已形成相应的观测研究标准或规范，观测数据的生产都遵循各自的标准规范，遥感模式等计算类数据也多有相应观测点进行验证，模拟精度范围较过去均有提高。中国冰冻圈科学数据服务主要依靠寒区旱区科学数据中心以及国家冰川冻土沙漠数据中心展开。为提高中国气候变化方面冰冻圈科学数据建设能力，建议建立一套长期有效的冰冻圈科学数据共享机制以及相应的数据平台来完善冰冻圈全要素及长时间序列的观测，以期满足中国冰冻圈科学研究的数据需求。5. 生态系统科学数据。中国现有与气候变化相关的生态系统科学数据主要通过地面观测、调查、实验、遥感、文献整合等方式获取。得益于观测技术的发展，中国生态系统数据量大幅增长，涵盖内容越来越全面，为中国相关研究奠定了基础。最具影响力的数据库包括中国生态系统研究网络和中国物候观测网的物候数据，但中国生态系统观测数据起步较晚，部分数据库存在后续更新不及时的问题，一些指标缺乏近期数据。另外，由于生态系统数据涉及对象和领域较多，还需加强对数据的整合，强化集成与共享工作。在构建更高层次的综合性数据平台中，还有许多工作要做，主要包括：组建协调组织；出台数据搜集、处理和存储规范；本体构建和语义分析；专题分析和领域建模；服务标准和服务内容规范化等。

第五章　气候观测数据（温度、降水等）

气候观测数据是分析判断气候变化的重要数据支撑。本章通过收集分析国内外长时间序列的气候序列均一化数据集、陆面融合与同化再分析数据集以及大气再分析数据集的数据，介绍相关研制方法、数据质量和获取方式。通过分析评估中国气候观测数据的质量和服务情况，希望为提高中国气候观测数据建设能力提供参考。

分析结果认为，①中国气象局自主研制的气候序列均一化数据集、陆面融合与同化再分析数据集以及大气再分析数据集能够较好地反映气候变化的历史演变过程；②本章内容分别介绍了站点和格点两类数据集，较为完整全面地体现了中国气候观测数据的建设能力和研究成果；③目前大量数据集已经建立，但是在体系化共享、开放合作研发等方面，目前还需要不断加强。

一、科学数据情况

（一）气候序列均一化数据集

20 世纪 80 年代中期，美、英等国际知名气象学家开始探索性地开展气象资料均一化检验与订正的工作，基于统计方法发展了许多均一化检验与订正技术来校正气候资料中非自然因素对气候序列的干扰，从而得到尽可能接近真实的长期气候变化趋势。中国的均一化工作起步相对较晚，拥有得天独厚观测元数据优势的国家气象信息中心是中国开展资料均一化工作最早的单位之一。国家气象信息中心对中国约 731 个基准、基本站气温资料进行了均一性检验与订正，于 2006 年发布了第一套中国均一化历史气温数据集（1951～2004 年）。随后，通过与中国科学院大气物理研究所联合开展资料均一化技术攻关，研发了系列关键气候变量均一化产品，同时开展了多种均一化方法的对比和评估工作，其中气温要素均一化技术及产品质量已跻身国际前列。

在长时期观测中形成的气候资料序列中，由于台站迁移、仪器变更、观测时次变化、台站环境渐变等人为因素，导致了气候序列产生非均一。在气候变化研究中，均一性的长序列资料是研究的基础。中国气象局国家气象信息中心通过引进国际先进均一化技术，综合应用来自台站观测的详细元数据信息，对长序列历史资料中存在的非均一的断点进行了检验与订正，研制完成中国地面气温、降水、相对湿度、风速及气压等关键气候变量均一化数据集产品，为开展中国区域气候变化研究提供了基础数据支撑（表 5–1）。

表 5–1　中国地面均一化气候数据产品

数据集名称	性质/内容	版权归属及贡献者	维护机构	来源/网址	可获取性
中国国家级地面气象站均一化气温月值\日值数据集（V1.0）①	经过均一化检验与订正的中国 2 400 站月\日平均气温、平均最高气温、平均最低气温	国家气象信息中心	国家气象信息中心	国家气象业务内网 http://idata.cma	申请用户
中国国家级地面气象站均一化降水数据集（V1.0）②	经过均一化检验与订正的中国 2 400 站累计降水日值、月值	国家气象信息中心	国家气象信息中心	国家气象业务内网 http://idata.cma	申请用户
中国国家级地面气象站均一化相对湿度月值\日值数据集（V1.0）③	经过均一化检验与订正的中国 2 400 站月平均和日平均相对湿度	国家气象信息中心	国家气象信息中心	国家气象业务内网 http://idata.cma	申请用户

续表

数据集名称	性质/内容	版权归属及贡献者	维护机构	来源/网址	可获取性
中国国家级地面气象站均一化风速月值数据集（V1.0）[④]	经过均一化检验与订正的中国 2 400 站月平均风速	国家气象信息中心	国家气象信息中心	国家气象业务内网 http://idata.cma	申请用户
中国国家级地面气象站均一化气压月值数据集（V1.0）[⑤]	经过均一化检验与订正的中国 2 400 站月平均气压	国家气象信息中心	国家气象信息中心	国家气象业务内网 http://idata.cma	申请用户

① 国家气象信息中心，2013. 中国国家级地面气象站均一化气温月值\日值数据集. http://idata.cma/ [2020-2-17]。

② 国家气象信息中心，2013. 中国国家级地面气象站均一化降水数据集（V1.0）. http://idata.cma/ [2020-2-17]。

③ 国家气象信息中心，2015. 中国国家级地面气象站均一化相对湿度月值\日值数据集（V1.0）. http://idata.cma/ [2020-2-17]。

④ 国家气象信息中心，2015. 中国国家级地面气象站均一化风速月值数据集（V1.0）. http://idata.cma/ [2020-2-17]。

⑤ 国家气象信息中心，2015. 中国国家级地面气象站均一化气压月值数据集 (V1.0). http://idata.cma/ [2020-2-17]。

（二）陆面融合与同化再分析数据集

陆地表面是大气运动的下边界，也是人类赖以生存的主要区域。通过调节陆面与大气之间的水分、能量和动量交换，从而影响局地、区域乃至全球气候的基本特征（曾庆存等，2008）。作为地球系统的一个重要成员，陆地表面各个状态变量（土壤湿度、土壤温度、积雪）的准确模拟不仅对于改善数值天气预报、短期气候预测有重要作用，同时对农业、水文、生态等领域研究至关重要（Albergel *et al.*, 2012）。

随着气象观测系统的迅猛发展，利用地面自动气象站、雷达、卫星等获取的观测数据越来越多，多种数值模式模拟数据质量也在不断提高，同时，各行业对格点化的时、空连续的气象数据产品要求越来越高。利用数据融合与数据同化技术，综合多种来源观测资料及多模式模拟数据，获得高精度、高质量、时空连续的多源数据融合气象格点产品是行之有效的手段。多源气象数据融合研究的重点是地面站点观测数据与卫星、雷达等遥感手段获取的观测数据，不同分辨率观测数据之间的时、空匹配技术，以及不同观测之间系统性偏差订正技术，多源观测资料融合分析技术等。中外多源数据融合气象格点产品研究成果众多，涉及陆面、海洋、大气多个领域，已在天气、气候研究与业务，防灾、减灾等应用中发挥了重要作用。

通过数据融合与同化等处理得到的长序列网格化陆面再分析数据集能够比较准确地反映陆面状态。1979 年以来的再分析数据集，由于加入卫星遥感观测信息，在空间上分布更加合理。从 2008 年以来，中国气象局的面观测站数据从 2 400 多个增加到目前的 7 万多个，由于同化了更多地面观测信息，再分析数据集空间分辨率也得到大幅度提高。

为了获取更高质量的陆面要素信息，许多国际主流的全球大气再分析产品都基于离线的陆面模式模拟研制一套单独的陆面再分析数据集，例如欧洲中期天气预报中心（European Centre for Medium-Range Weather Forecasts, ECMWF）的中期陆地表面再分析数据集（Land surface dataset of ECMWF Interim ReAnalysis, ERA-Interim/Land）（Balsamo *et al*., 2015），欧洲中期天气预报中心的第五代陆地表面再分析数据集（Land surface dataset of the fifth-generation of ECMWF ReAnalysis, ERA5/Land）（Joaquin *et al*, 2017），用于研究和应用的近代陆地表面再分析数据集（Land surface dataset of the Modern-Era Retrospective analysis for Research and Applications, MERRA-Land）（Reichle *et al*.,2011），美国国家环境预报中心的气候预测系统陆地表面再分析数据集（Land components for the National Centers for Environmental Prediction Climate Forecast System ReAnalysis Data, NCEP CFSR-Land）（Jesse *et al*., 2012）等。与国际上的情况类似，我们也建立了与中国气象局 1979～2018 年全球大气再分析产品（China Meteorological

Administration ReAnalysis, CMA-RA）配套的全球陆面再分析系统和 40 年全球陆面再分析数据集（The China Meteorological Administration 40-year Global Land Surface Re-Analysis Dataset, CMA-RA/Land）。通过改进近地面气温、湿度、风、降水等大气驱动数据质量，并优化地表植被/土壤参数，CMA-RA/Land 能够为 CMA-RA 中的陆面要素提供非常有益的补充。

国内外主要的几套全球长序列陆面要素网格化再分析数据集包括美国国家海洋和大气管理局（National Oceanic and Atmospheric Administration, NOAA）的全球陆地数据同化系统数据集（Global Land Data Assimilation System, GLDAS）、全球降水气候计划数据集（Global Precipitation Climatology Project, GPCP），中国气象局的 40 年全球陆面再分析数据集（CMA-RA/Land），东英吉利大学的气候研究中心时间序列数据集（Climatic Research Unit Timeseries 2.1, CRU TS2.1），美国普林斯顿大学的谢菲尔德（Sheffield）大气驱动数据，详见表 5–2：

2013 年 11 月，中国气象局启动了中国全球大气再分析计划，由国家气象信息中心牵头实施，总体目标是建成中国第一代全球大气再分析业务系统，并建成 40 年（1979～2018 年）全球大气再分析数据集（CRA–40）。为了获取更高质量的陆面要素信息，许多国际主流的全球大气再分析产品都基于离线的陆面模式模拟研制一套单独的陆面再分析数据集。同样地，我们也建立了与 CRA–40 全球大气再分析配套的全球陆面再分析系统和 40 年全球陆面再分析数据集（China Meteorological Administration 40-year global land surface analysis dataset, CMA 40 /Land）；1979～2018 年，时间分辨率 3 小时，空间分辨率约 34 千米，垂直层次 4 层。CRA-40/Land 利用同化和融合算法，基于 CRA–40 近地面气温、湿度、风、降水等作为背景场，对全球常规站点观测资料（包含中国 2 400 国家站）进行质量控制后与背景场进行融合，从而有效地改进了近地面大气驱动数据质量，能够为 CRA–40 中的近地面和陆面要素提供非常有益的补充。

表 5–2 全球长序列陆面要素网格化再分析数据集

数据集名称	性质/内容	版权归属及贡献者	维护机构	来源/网址	可获取性
全球土地数据同化系统（Global Land Data Assimilation System, GLDAS）[①]	产品要素：降水、短波辐射、长波辐射、奇恩、比湿、U/V 风、气压 时间范围： 2000 年至今 时间分辨率：6 小时/天 空间分辨率：0.125 度	NOAA	NOAA	https://ldas.gsfc.nasa.gov/gldas	注册获取
中国气象局 40 年全球陆面再分析数据集（China Meteorological Administration 40-year global land surface RAanalysis dataset, CMA-RA/Land）[②]	产品要素：气温、气压、湿度、风速、降水、短波辐射、长波辐射、土壤湿度、土壤温度、地表温度、土壤相对湿度 时间范围：1979 年至今 时间分辨率：3 小时/天 空间分辨率：0.25 度	国家气象信息中心	国家气象信息中心	http://idata.cma	注册获取
网格气候研究单位时间序列 2.1（Climatic Research Unit Timeseries 2.1, CRU TS2.1）[③]	产品要素：降水、温度、云覆盖等 时间范围：1901～2002 年 时间分辨率：1 月 空间分辨率：0.5 度	T. D. Mitchell *et al*	东英吉利大学气候研究中心（University of East Anglia Climatic Research Unit, CRU）	https://crudata.uea.ac.uk/ ～ timm/grid/CRU_TS_2_1.html	公开
全球降水气候学计划（Global Precipitation Climatology Project, GPCP）[④]	产品要素：降水 时间范围：1997 年至今 时间分辨率：1 天 空间分辨率：1.0 度	Huffman *et al.*, 2001	NOAA	https://www.esrl.noaa.gov/psd/data/gridded/data.gpcp.html	公开
谢菲尔德大气驱动数据[⑤]	产品要素：气温、气压、湿度、风速、降水、短波辐射、长波辐射 时间范围：1901 年至今 时间分辨率：3 小时 空间分辨率：1 度/0.5 度/0.25 度	Sheffield, J., *et al.*,	美国普林斯顿大学	http://hydrology.princeton.edu/data.php	注册获取

① NOAA，2000. GLDAS，https://ldas.gsfc.nasa.gov/gldas/ [2020-2-17]。

② 国家气象信息中心，2019. 中国气象局全球陆面再分析数据集. http://idata.cma/ [2020-2-17]。

③ 英国 University of East Anglia Climatic Research Unit (CRU)，2003.CRU，https://crudata.uea.ac.uk/～timm/grid/CRU_TS_2_1.html [2020-2-17]。

④ NOAA，2003.GPCP, https://www.esrl.noaa.gov/psd/data/gridded/data.gpcp.html [2020-2-17]。

⑤ 美国 Princeton University，2006. 普林斯顿大气驱动数据. http://hydrology.princeton.edu/data.php [2020-2-17]。

中国区域长序列陆面要素网格化再分析数据集包括中国气象局陆面数据同化系统（China Meteorological Administration Land Data Assimilation System, CLDAS）数据集，中国气象局长时间序列陆面数据同化系统（The China Meteorological Administration Land Long-term Data Assimilation System, CLDAS-L）数据集，中国西部陆面数据同化产品，中国区域地面气象要素驱动数据集。几套中国区域长序列陆面要素网格化再分析数据集见表 5–3：

表 5–3　中国区域长序列陆面要素网格化再分析数据集

数据集名称	性质/内容	版权归属及贡献者	维护机构	来源/网址	可获取性
中国气象局陆面数据同化系统（The China Meteorological Administration Land Data Assimilation System, CLDAS）[①]	产品要素：气温、气压、湿度、风速、比湿、辐射、降水、土壤湿度、土壤温度、地表温度、土壤相对湿度 时间范围：2008 年至今 空间范围：东亚区域 时间分辨率：1 小时/天 空间分辨率：0.0625 度	国家气象信息中心	国家气象信息中心	http://idata.cma	注册获取
中国气象局陆面长期资料同化系统（The China Meteorological Administration Land Long-term Data Assimilation System, CLDAS-L）[②]	产品要素：气温、气压、湿度、风速、比湿、辐射、降水、土壤湿度、土壤温度、地表温度、土壤相对湿度 时间范围：1998 年至今 空间范围：东亚区域 时间分辨率：1 小时/天 空间分辨率：0.0625 度	国家气象信息中心	国家气象信息中心	http://idata.cma	注册获取
中国西部陆面数据同化产品[③]	产品要素：土壤水分、土壤温度、积雪、冻土 时间范围：2002 年至今 空间范围：中国西部 时间分辨率：3 小时 空间分辨率：0.25 度	中国科学院寒区旱区环境研究所	中国科学院寒区旱区环境研究所	http://westdc.westgis.ac.cn	注册获取

续表

数据集名称	性质/内容	版权归属及贡献者	维护机构	来源/网址	可获取性
中国区域地面气象要素驱动数据集[④]	产品要素：气温、气压、湿度、风速、降水、太阳辐射 时间范围：1981 年至今 空间范围：中国区域 时间分辨率：3 小时 空间分辨率：0.1 度	中国科学院青藏高原研究所	中国科学院青藏高原研究所	http://westdc.westgis.ac.cn	注册获取

① 国家气象信息中心，2013. 中国气象局陆面数据同化数据集. http://idata.cma/ [2020-2-17]。

② 国家气象信息中心，2017. 中国气象局陆面数据同化长序列数据集. http://idata.cma/ [2020-2-17]。

③ 中国科学院寒区旱区环境研究所，2002，中国西部陆面数据同化数据集，http://westdc.westgis.ac.cn/ [2020-2-17]。

④ 中国科学院青藏高原研究所，2015，中国区域地面气象要素驱动数据集，http://westdc.westgis.ac.cn/ [2020-2-17]。

中国气象局陆面数据同化系统（CMA Land Data Assimilation System, CLDAS）是由国家气象信息中心师春香团队开发的，2008 年至今的 CLDAS 数据集，利用数据同化和融合技术，将中国气象局 2 400 多个国家级自动站与近 7 万个区域自动站的地面观测数据、多种卫星反演产品、数值模式产品等进行多源数据融合，获取高质量的气温、气压、湿度、风速、降水和辐射数据数据集，用其驱动陆面过程模式，获得土壤湿度、土壤温度、地表温度等数据集。而 2008 年以前中国气象局只有 2 400 多个国家级自动站的观测数据，因此 1998 年至今的 CLDAS-L 数据集中气温、气压、湿度、风速和降水只融合了 2 400 多个观测数据，用其驱动陆面过程模式，从而获得土壤湿度、土壤温度、地表温度等数据集（Shi, *et al*, 2011；韩帅等，2017；孙帅等，2017）。中国西部陆面同化系统输出数据集是由中国科学院寒区旱区环境与工程研究所黄春林博士和李新研究员研制的，以通用陆面模型（The Common Land Model, CoLM）作为模型算子，耦合针对土壤（包括融化和冻结）、积雪等不同地表状态的微波辐射传输模型，同化被动微波观测多使用专用微波成像仪

（Special Sensor Microwave/Image, SSM/I）和高级微波扫描辐射计—地球观测系统（Advanced Microwave Scanning Radiometer for Earth Observing System, AMSR-EAMSR-E）输出较高精度的土壤水分、土壤温度、积雪、冻土、感热、潜热、蒸散发等同化资料（李新等，2007；黄春林，2007）。中国区域地面气象要素数据集是中国科学院青藏高原研究所开发的一套近地面气象与环境要素再分析数据集。该数据集是以国际上现有的普林斯顿大学（Princeton）的全球地表模式再分析资料、全球陆地数据同化系统（GLDAS）资料、长期地表辐射收支（Global Energy and Water Exchanges-Surface Radiation Budget, GEWEX-SRB）资料，以及热带测雨任务卫星（Tropical Rainfall Measuring Mission satellite, TRMM）降水资料为背景场，融合了中国气象局常规气象观测数据制作而成。其时间分辨率为 3 小时，水平空间分辨率 0.1 度，包含近地面气温、近地面气压、近地面空气比湿、近地面全风速、地面向下短波辐射、地面向下长波辐射、地面降水率，共 7 个要素（Yang , *et al*, 2010 ; Chen ,*et al.*, 2011）。

中国气象局陆面数据同化系统 CLDAS 的系统建设主要包括了四个发展阶段：CLDAS-V1.0 主要目标是设计一个可扩展的陆面数据同化系统框架，制作高时空分辨率的大气强迫数据并驱动单陆面模式—公用陆面模式（Community Land Model version 3.5, CLM3.5）进行土壤湿度、土壤温度等的模拟；CLDAS-V2.0 是在 CLDAS1.0 的基础上建立较长时间序列的大气强迫数据，同时实现多陆面模式模拟以降低单模式模拟的不确定性，所使用的陆面模式是 CLM3.5、CoLM 和四种不同参数化方案下的多方案的 Noah 陆面模式（The Community Noah Land Surface Model with Multi-parameterization Options, Noah-MP）；CLDAS-V3.0 是在 CLDAS-V2.0 的框架基础上同化卫星观测数据，以进一步提高产品的精度；CLDAS-V4.0 主要实现 1 千米陆面数据同化。2013 年 7 月与 2017 年 6 月，CLDAS-V1.0 与 CLDAS-V2.0 实现了业务化运行，并向各个省、市、区气象局，各直属单位提供应用，同时 CLDAS

产品也在其他业务单位、高校、科研院所等机构得到了广泛的应用。目前CLDAS业务产品主要包括了气温、气压、风速、比湿、降水、辐射、土壤温度、土壤湿度、地表温度以及土壤相对湿度等，时间分辨率为1小时，空间分辨率6.25千米，覆盖东亚区域（北纬0～65度，东经60～160度）。

1. CLDAS气温、气压、风速、比湿格点数据集：CLDAS气温、气压、风速、比湿格点数据集时间长度为1979年至今，主要根据站点观测方式可分为两个阶段。其中2008年以来的CLDAS气温、2米比湿、10米风速、地面气压产品以ECMWF数值分析/预报产品为背景场，中国区域内采用地形调整、多重网格变分技术（Space and Time Multiscale Analysis System, STMAS）（Xie *et al.*, 2011）融合了经过质控后的中国气象局2 400多个国家级自动站和4万多个区域自动站观测数据而形成。中国区域外对背景场做地形调整、变量诊断，并插值到分析格点而形成。2008年以前，考虑到我国不同时期站点观测频次不同，如气温观测在1961年前后四次观测时次由01时、07时、13时和19时改为了02时、08时、14时和20时。中国气象局从2008年之后开始布设自动气象站，才逐步实现了气温的逐小时观测，因此需要对历史存档的每日定时观测的2400多个站点观测数据进行处理，目前采用的是基于变分方法的降尺度方法和气温、气压、比湿、风速气候态数据得到逐小时站点数据（Zhizhu *et al.*, 2016），并与ERA-Interim再分析数据进行融合得到。

2. CLDAS降水格点数据集：目前CLDAS降水产品时间序列长度是从1998年至今，主要根据站点观测方式的不同分为两个阶段。其中2008年以前中国气象局只融合了2 400多个国家级观测站，2008年以后中国气象局开始布设区域自动站，CLDAS降水融合了2 400多个国家级自动站和近7万多个区域自动站降水。考虑到中国气象局冬季区域站小时固态降水观测的问题以及卫星产品对固态降水反演能力较低的问题，基于日最低气温和用于研究与应用的近代再分析第二套数据集（The Modern-Era Retrospective Analysis for Research and Applications, Version 2, MERRA2）模式小时降水信息，进行人工观测日降水的时间降尺度方法，同时基于 NOAA 的气候预测中心变形技术（Climate Prediction Center morphing technique, CMORPH）反演降水、MERRA2 模式小时降水以及 CLDAS 格点气温数据，进行格点降水相态识别方法，从而改进冬季固态降水质量。使用多重网格变分分析方法将观测与背景场进行融合，形成了 1998 年至今历史实时一体化的高质量、高时空分辨率、网格化的 CLDAS 降水融合产品。

3. CLDAS 太阳短波辐射格点数据集：CLDAS 太阳短波辐射产品时间序列长度是从 1995 年至今，2006 年至今主要是基于国产 FY–2 静止卫星反演结果，同时还基于离散纵标辐射传输法（Discrete Ordinates Radiative Transfer, DISORT）（Stamnes *et al.*, 1988），以美国国家环境预报中心的全球预报系统（Global Forecasting System, GFS）数值分析产品中的臭氧、大气可降水、地面气压为辐射传输模型动态输入参数，利用 FY–2 系列静止卫星可见光通道全圆盘标称图数据反演而形成入射太阳短波辐射数据。当没有 FY–2 静止卫星数据时，则以逐小时的欧洲中期天气预报中心的第五代再分析数据集（The fifth-generation of ECMWF ReAnalysis, ERA5ERA5）短波辐射数据为背景场，利用 2 400 多个国家站的日照时数、气温、气压和相对湿度等与地面入射太阳辐射密切相关的辅助变量观测信息，使用混合（Hybrid）模型计算的 2 400 多个站的辐射估测值，并基于多重网格变分分析方法，将站点估测值与背景场进行融合，得到了 1998～2005 年的太阳辐射格点数据集。

4. CLDAS 陆面模式模拟数据集：利用 CLM3.5 陆面模式、CoLM 陆面模式、Noah-MP 陆面模式自带的静态参数数据分别制作 0.0625 度×0.0625 度等经纬度网格的地表参数数据作为陆面模式输入数据。使用 CLDAS 大气驱动数据对 CLM3.5 陆面模式、CoLM 陆面模式、Noah-MP 陆面模式（四种参数化方案）的六个集合进行 spin-up 预热处理，分别制作得到每个集合成员稳定的初始场，利用 CLDAS 大气驱动数据和初始场信息，重新驱动六个陆面模式进行运算，得到 2008 年以来的多模式模拟的土壤温湿度、地表温度、土壤相对湿度等数据。目前 CLDAS 系统中多模式集成采用的是去偏差平均法，其中通过物理转换、垂直分层插值等处理过程后，得到 0～5 厘米、5～10 厘米、10～40 厘米、40～100 厘米、100～200 厘米垂直五层的土壤体积含水量和土壤温度。在土壤相对湿度的处理上，依据中华人民共和国国家标准《农业干旱等级》（GB/T 32136–2015），设定土壤相对湿度土层厚度分别为 0～10 厘米、0～20 厘米、0～50 厘米，再利用北京师范大学发布的中国土壤水文数据集中的土壤参数数据（Dai *et al.*, 2013），分别将中国区域 30 弧秒分辨率八个垂直层次的土壤容重、田间持水量数据垂直插值到设定的土壤相对湿度土层厚度上，利用《农业干旱等级》标准中给定的土壤体积含水量（立方米/立方米）与土壤相对湿度（%）的转换公式，最终计算得到土壤相对湿度分析产品（韩帅, 2015）。

（三）大气再分析数据集

大气再分析是利用气象观测资料、数值模式和资料同化技术对过去大气状况的重现，在天气、气候、海洋和水文等领域具有广泛应用。从 20 世纪 90 年代中期开始，美国、欧盟和日本等先后组织并实施了一系列全球大气资料再分析计划。目前，已经完成了三轮全球大气资料再分析。第一代再分析主要包括：美国国家环境预报中心（National Centers for Environmental Prediction, NCEP）和国家大气研究中心（National Center for Atmospheric Research, NCAR）的 50 年（1948 年至今）NCEP/NCAR 全球大气再分析；欧洲中期数值预报中心（ECMWF）的 15 年（1979～1993 年）全球大气再分析（15 Year Data Set of ECMWF Interim ReAnalysis, ERA–15）；美国国家航空航天局（National Aeronautics and Space Administration, NASA）资料同化局（Data Assimilation Office, DAO）的 15 年再分析。第二代再分析主要包括：国家环境预测中心/能源部第二套再分析数据（National Centers for Environmental Prediction/Department of Energy, NCEP/DOE）再分析（1979 年至今）；ECMWF

的 40 年再分析数据集（40 Year Data Set of ECMWF Interim ReAnalysis, ERA–40）（1958～2001 年）；日本气象厅（Japan Meteorological Agency, JMA）和电力中央研究所（Central Research Institute of Electric Power Industry, CRIEPI）联合组织实施的第一套日本再分析数据集（25 Year Data Set of Japanese ReAnalysis, JRA–25）（1979 年至今）。第三代再分析主要包括：ECMWF 的 ERA-Interim（1979 年至今）；NCEP 的气候预测系统再分析数据（Climate Forecast System ReAnalysis, CFSR）（1979 年至今）；NASA 的用于研究和应用的近代再分析数据集（Modern-Era Retrospective Analysis for Research and Applications, MERRA）（1979 年至今），以及 JMA 的第二套日本再分析数据集（55 Year Data Set of Japanese ReAnalysis, JRA–55）（1958～2012 年）。其中，JRA–55 还包括两个额外的版本：JRA–55C（1972～2012 年，只同化常规观测）和 JRA–55AMIP（1958～2012 年，不同化观测，相当于气候模拟）。最近，ECMWF 发布的最新一代再分析（ERA5），与前几代不同的是引入集合信息来表征“流依赖”的背景误差协方差矩阵。

从表 5–4 可以看出，国际上再分析的如下一些趋势：时间上向后追溯到更早期如 19 世纪；分析数据集的空间分辨率逐渐提高，同化的观测资料（尤其卫星资料）越来越多；同化方法越来越先进，最优插值（Optimal Interpolation, OI）优于三维变分（Three Dimensional Variatinal, 3DVAR）优于四维变分（Four Dimensional Variatinal, 4DVAR）优于混合变分与集合同化方法；再分析完成后，系统通常会连续向前业务运行成为“气候资料同化系统”；耦合大气与其他过程（气溶胶、大气化学、海洋、陆面）的再分析。

国外这些大气再分析计划生成的再分析产品使用率和获得的应用效益已远远超过观测资料本身。大气再分析涉及数值模式、资料同化和资料处理技术，被认为是一个国家气象综合实力的体现。目前中国还没有自主研制的大气再分析产品，相关业务和科研工作严重依赖国外，而国外相关产品无论从数据质量上还是在时效上很难完全满足中国气象业务和科研需求。全球大气

表 5–4　国际上全球再分析数据集

	数据集名称	性质/内容	版权所属者及贡献者	维护机构	来源/网址	可获取性
国际第一代	NCEP/NCAR[①]	产品要素：全球大气温度、湿度、纬向风、经向风等大气状态 时间覆盖：1948 年至今 模式分辨率：T62L28 同化方法：3DVAR SSI	NCEP+NCAR	NCEP+NCAR	https://psl.noaa.gov/data/reanalysis/reanalysis.shtml	公开
	ERA–15[②]	产品要素：全球大气温度、湿度、纬向风、经向风等大气状态 时间覆盖：1979～1993 年 模式分辨率：T106L31 同化方法：3D–OI	ECMWF	ECMWF	https://www.ecmwf.int/en/forecasts/dataset/ecmwf-reanalysis-15-years	注册获取
国际第二代	NCEP/DOE[③]	产品要素：全球大气温度、湿度、纬向风、经向风等大气状态 时间覆盖：1979 年至今 模式分辨率：T62L28 同化方法：3DVAR SSI	NCEP+DOE	NCEP+DOE	http://www.esrl.noaa.gov/psd/data/gridded/data.ncep.reanalysis2.html	公开
	ERA–40[④]	产品要素：全球大气温度、湿度、纬向风、经向风等大气状态 时间覆盖：1957 年 9 月～2002 年 8 月 模式分辨率：TL159L60 同化方法：3DVAR	ECMWF	ECMWF	https://www.ecmwf.int/en/forecasts/dataset/ecmwf-reanalysis-40-years	注册获取

续表

	数据集名称	性质/内容	版权所属者及贡献者	维护机构	来源/网址	可获取性
国际第二代	JRA–25[⑤]	产品要素：全球大气温度、湿度、纬向风、经向风等大气状态 时间覆盖：1979 年至今 模式分辨率：T106L40 同化方法：3DVAR	JMA-CRIEPI	JMA-CRIEPI	http://search.diasjp.net/en/dataset/JRA25	注册获取
国际第三代	ERA-Interim[⑥]	产品要素：全球大气温度、湿度、纬向风、经向风等大气状态 时间覆盖：1979 年至今 模式分辨率：TL255L60 同化方法：4DVAR	ECMWF	ECMWF	https://www.ecmwf.int/en/forecasts/dataset/ecmwf-reanalysis-interim	注册获取
	CFSR[⑦]	产品要素：全球大气温度、湿度、纬向风、经向风等大气状态 时间覆盖：1979 年至今 模式分辨率：T382L64 同化方法：3DVAR GSI	NCEP	NCEP	http://nomads.ncdc.noaa.gov/data.php?name=access#cfs-reanal-data	公开
	MERRA[⑧]	产品要素：全球大气温度、湿度、纬向风、经向风等大气状态 时间覆盖：1979～2010 年 模式分辨率：1/2×2/3L72 同化方法：3DVAR GSI	NASA	NASA	https://disc.gsfc.nasa.gov/datasets?page=1&keywords=merra	注册获取
	JRA–55[⑨]	产品要素：全球大气温度、湿度、纬向风、经向风等大气状态 时间覆盖：1957～2012 年 模式分辨率：TL319L60 同化方法：4DVAR	JMA	JMA	http://search.diasjp.net/en/dataset/JRA55	注册获取

续表

	数据集名称	性质/内容	版权所属者及贡献者	维护机构	来源/网址	可获取性
国际第四代	ERA5[10]	产品要素：全球大气温度、湿度、纬向风、经向风等大气状态 时间覆盖：1979 年至今 模式分辨率：TL639L137 同化方法：Ensemble of 4DVAR	ECMWF	ECMWF	https://www.ecmwf.int/en/forecasts/dataset/ecmwf-reanalysis-v5	注册获取
中国第一代	CRA-40[11]	产品要素：全球大气温度、湿度、纬向风、经向风等大气状态 时间覆盖：1979 年至今 模式分辨率：T574L64 同化方法：3DVAR GSI	CMA	CMA	http://data.cma.cn/data/index/98555d0119fa185a.html	注册获取

① NCEP（美国国家环境预报中心），1995，NCEP/NCAR，https://psl.noaa.gov/data/reanalysis/reanalysis.shtml，[2020-5-9]。

② ECMWF（欧洲中期天气预报中心），1995，ERA–15（欧洲中心 15 年再分析），https://www.ecmwf.int/en/forecasts/dataset/ecmwf-reanalysis-15-years，[2020-5-9]。

③ NCEP（美国国家环境预报中心），2001，DOE，http://www.esrl.noaa.gov/psd/data/gridded/data.ncep.reanalysis2.html，[2020-5-9]。

④ ECMWF（欧洲中期天气预报中心），2004，ERA–40（欧洲中心 40 年再分析），https://www.ecmwf.int/en/forecasts/dataset/ecmwf-reanalysis-40-years，[2020-5-9]。

⑤ JMA（日本气象厅），2005，JRA–25（日本 25 年再分析），http://search.diasjp.net/en/dataset/JRA25，[2020-5-9]。

⑥ ECMWF（欧洲中期天气预报中心），2006，ERA-Interim（欧洲中心中间再分析），https://www.ecmwf.int/en/forecasts/dataset/ecmwf-reanalysis-interim，[2020-5-9]。

⑦ NCEP（美国国家环境预报中心），2009，CFSR，http://nomads.ncdc.noaa.gov/data.php?name=access#cfs-reanal-data，[2020-5-9]。

⑧ NASA（美国国家航空航天局），2009，MERRA，https://disc.gsfc.nasa.gov/datasets?page=1&keywords=merra，[2020-5-9]。

⑨ JMA（日本气象厅），2009，JRA–55（日本 55 年再分析），http://search.diasjp.net/en/dataset/JRA55，[2020-5-9]。

⑩ ECMWF（欧洲中期天气预报中心），2018，ERA5（欧洲中心第五代再分析），http://www.ecmwf.int/en/forecasts/dataset/ecmwf-reanalysis-v5，[2020-5-9]。

⑪ 国家气象信息中心，2019，CRA–40（中国 40 年再分析），http://data.cma.cn/data/index/98555d0119fa185a.html，[2020-5-9]。

再分析领域的空白不仅与中国气象大国地位不符，也严重制约了中国气象工作现代化发展水平，阻碍了气象观测资料应用效益的充分发挥。

2013 年 11 月，中国气象局启动了中国全球大气再分析计划，总体目标是建成中国第一代全球大气再分析业务系统，并建成 40 年（1979～2018）全球大气再分析数据集，质量超过国际第二代、在中国区域接近或达到国际第三代大气再分析水平。依托 2015 年启动的国家气象科技创新重大核心攻关任务“气象资料质量控制及多源数据融合与再分析”和 2014 年立项的公益性行业（气象）科研专项“全球大气再分析技术研究与数据集研制”，由国家气象信息中心牵头，多部门、多单位参与协同创新，中国大气再分析工作从零起步，瞄准国际上前沿的同化方案全球预报系统/格点统计差值混合同化（Global Forecasting System/Gridpoint Statistical Interpolation Hybrid data assimilation, GFS/GSI-Hybrid），有层次地开展了多组全球大气再分析试验，解决了中国实时气象业务资料和长序列历史资料中的诸多隐蔽性问题，提升了中国基础气象资料质量及同化效果，探明了中国大气再分析发展技术路径，成功研制出 1979～2018 年全球大气再分析产品（简称 CMA-RA，时间分辨率 6 小时，空间分辨率 34 千米，垂直层次 64 层，模式层顶 0.27 百帕）。

二、数据的质量情况

气候观测数据集，数据质量总体较好，可应用于气候变化研究。

（一）气候序列均一化数据集

以国家气象信息中心经过严格质量控制的覆盖全国范围的 2 400 个国家级气象观测站基础观测资料为数据源，其中各要素完整性超过 99%，正确率接近 100%，利用统计检验方法和台站历史沿革元数据信息相结合的均一化断点综合判断技术开展资料均一化，有效减小了均一性检验和订正的不确定性，经过均一化订正的数据产品从各台站建站（1951 年起）至最新，订正产品有效去除了非自然因素对序列的影响，已被广泛用于开展区域及中国气候变化监测与评估应用。

1. 气温：均一化的气温序列是有效开展气候变化研究的基础，国际上对气温数据的均一化技术最为成熟。均一化数据集的研发制作过程按照统计检验方法和主观分析判断相结合的技术思路，充分利用台站历史沿革信息，考虑气候的区域变化特点，尽可能地减小均一性检验的不确定性，提高订正的准确性。首先利用数理统计方法惩罚最大 T 检验（Penalized Maximal T Test, PMT）和惩罚最大 F 检验（Penalized Maximal F Test, PMFT）（Wang *et al*., 2007; Wang, 2008; Wang and Feng, 2010），结合优选的参考序列对气温资料序列进行均一性检验，对检测出的可疑断点利用台站元数据信息，综合考虑台站迁移、环境变化、观测时制和时间变化、仪器变更等翔实的历史沿革情况进行分析查证，同时结合元数据分析、气候合理性分析并参考其他方法的检测结果对各台站资料序列的均一性状况进行综合判断，大大降低了误判率，提高了断点检验结果的可靠性。在确认断点的基础上，采用分位数匹配（Quantile Matching, QM）（Wang, 2008）对非均一的台站资料序列进行了订正，最终得到了中国地区日值和月值尺度的均一化气温数据集（Cao *et al*., 2016）。

2. 降水：对于降水而言，通过选用数据完整性、相关性较好的邻近站建立参考序列，根据邻近站降水资料情况分别选用一阶差分和相关系数权重平均作为参考序列计算方法，对待检序列与参考序列的比值序列开展标准正态均一检验（Standard Normalhomogeneity Test, SNHT）（Alexandersson, 1986），采用统计检验结果与台站历史沿革信息结合方法最终确认断点，避免误判，最后采用比值法对非均一降水序列进行订正（杨溯和李庆祥, 2014）。

3. 相对湿度：对于相对湿度而言，采用相对均一性检验（R Package of Homogeneity Tests, RHtests）提供的惩罚最大 F 检验（Penalized Maximal F Test, PMFT）和惩罚最大 T 检验（Penalized Maximal T Test, PMT）（Wang and

Feng, 2010）来检验断点，结合元数据信息及气候合理性分析来确定断点。中国的自动观测系统业务化始于 2000 年，但主要集中在 2004～2007 年，这就使得相邻地区的台站可能在同一时间发生仪器换型。观测系统的同期调整，使序列同时受到影响，就可能导致均一化方法无法检测这类断点，为此，发展了一套严格的参考序列构建方案（朱亚妮等, 2015）。

4. 风速：由于风速资料的局地性和非正态性特点，国际上尚无成熟有效的技术方法。结合中国阶梯式地形特点及风速分布特征，参考加拿大（Wan *et al.*, 2010）研制的订正方法，应用海平面气压计算地转风来构建中国东部地区地面风速资料参考序列，采用 RHtests（PMFT、PMT）均一化方法检验风速资料均一性，结合台站历史沿革信息进行断点确认，采用均值订正在月值尺度对不连续点进行均一性订正。对于风速而言，台站迁移、环境变化、观测仪器变化及观测时制变化是引起风速资料序列非均一的主要因素。

5. 气压：迁站造成的观测高度变化是气压序列非均一性偏差的主要原因，采用 PMFT 检验方法对站点气压序列进行均一性检查，并采用静力模式订正和均值订正相结合的方法消除系统误差。在这个过程中元数据起到至关重要的作用，其中利用静力模式订正气压序列时完全依赖于元数据中记录的站点海拔高度变化。

总之，采取一定的数学方法使得序列中不连续点在统计上体现出来是比较客观的进行均一性检验与订正的技术，同时辅以元数据信息的应用，对断点的判断更加可信。资料均一化有效去除了长序列历史资料中存在的不连续点，经过校正的资料序列对于开展气候变化研究具有重要应用价值。具体而言，对气温资料连续性影响最突出的因素是站址迁移，其他因素依次为环境变化、观测时制的改变（平均气温）和人工转自动观测。其中最低气温受观测系统调整的影响最大，其次是平均气温，而最高气温所受的影响最小。台站迁址、仪器换型是引起降水量序列非均一的主要原因，订正后降水量变化趋势空间差异显著问题有一定改善。对相对湿度非均一性检验的结果分析表明，中国地面相对湿度资料存在比较严重的由于人为因素造成的资料不连续问题。非均一的台站数约占总台站数的 60%多；人工转自动、迁站和观测时次变化是造成我国地面相对湿度非均一的主要原因，其中人工转自动使得大部分台站相对湿度出现系统性的偏干。从空间分布看，非均一的台站主要出现在中国南方等高温高湿地区。观测仪器的变化是造成风速资料非均一性的主要原因，其次是台站迁移的影响较大。观测环境和观测时制的变化也对风速数据产生一定的影响。整体而言，订正后全国各地风速下降趋势有增大的特点。台站迁移是造成地面气压资料非均一的主要原因，经过均一化订正之后，气压变化趋势异常偏大的站点均被消除，且均一化后站点气压长期趋势的空间一致性更好。

（二）陆面融合与同化再分析数据集

中国气象局陆面数据同化系统（CLDAS）产品与国际同类产品（GLDAS 全球陆面数据同化产品、ECMWF 数值预报资料、JMA 数值模式资料、GFS 数值模式资料）从不同角度进行了对比分析与评估（朱智，2016；韩帅等，2017；孙帅等，2017；刘军建等，2018）。以下给出了使用中国气象局观测站点的数据对 CLDAS 产品的评估结果。采用中国气象局 2 400 余个国家级自动站定时观测数据评估了中国区域 CLDAS 的 2 米气温、2 米比湿、10 米风速、地面气压、小时降水产品。其中，2 米气温均方根误差（Root Mean Squared Error, RMSE）为 0.88 开尔文，偏差为–0.13 开尔文，相关系数为 0.97；地面气压 RMSE 为 3.74 百帕，偏差为–0.38 百帕，相关系数为 0.96；2 米比湿转换为相对湿度的 RMSE 为 4.76%，偏差为 1.10%，相关系数为 0.93；10 米风速 RMSE 为 0.83 米/秒，偏差为 –0.21%，相关系数为 0.82；小时降水 RMSE 为 0.94 毫米/小时，偏差为 –0.004 毫米/小时，相关系数为 0.72。与国际和国内同类产品相比，该产品在中国区域质量更高，时空分布特征更为合理准确。利用中国气象局 90 余个太阳辐射地面观测站数据评估了中国区域 CLDAS 短波辐射产品，均方根误差（Root Mean Squared Error, RMSE）为 31.9 瓦/平方米，偏差为–3.0 瓦/平方米，相关系数为 0.90。短波辐射产品质量与国际同类产品质量相当，时空分辨率更高。

利用中国气象局质量控制后的土壤水分自动站观测资料对 CLDAS–V2.0 土壤体积含水量数据产品进行了评估，结果表明：CLDAS 土壤体积含水量产品与地面实际观测吻合度较高；全国区域平均相关系数为 0.89，均方根误差为 0.02 立方米/立方米，偏差为 0.01 立方米/立方米。利用中国气象局质量控制后的土壤相对湿度自动站观测资料对 CLDAS–V2.0 土壤相对湿度数据产品进行了评估，结果表明：CLDAS–V2.0 土壤相对湿度产品与地面实际观测吻合度较高。全国区域平均相关系数 0.8 左右，均方根误差小于 10.0%，偏差为 10%。利用中国气象局质量控制后的土壤温度自动站观测资料对 CLDAS-V2.0 土壤温度数据产品进行了评估，结果表明：CLDAS 土壤温度产品与地面实际观测吻合度较高。全国区域平均相关系数为 0.99，均方根误差为 1.22 开尔文，偏差为 0.52 开尔文。利用中国气象局质量控制后的地表温度自动站观测资料对 CLDAS–V2.0 地表温度数据产品进行了评估，结果表明：CLDAS 地表温度产品与地面实际观测吻合度较高；全国区域平均相关系数为 0.98，均方根误差为 1.8 开尔文，偏差为 1.4 开尔文。

利用中国气象局质控后的人工站土壤湿度观测资料、地表温度和土壤温度自动站观测资料、美国 GLDAS、CFSR-Land 等同类产品对 CRA–40/Land 产品从同化系统性能、与国际同类产品比较分析、与观测资料对比评估等角度开展了质量评估。总体看来，CRA–40/Land 近地面要素（2 米气温、2 米比湿、风、降水等）和陆面要素（地表温度、土壤温度、土壤湿度等）气候态的空间分布和时间变化趋势与国际同类产品非常一致。以地面观测为基准，从近地面要素来看：CRA–40/Land 2 米气温产品在中国区域优于包括 ERA5、JRA55、CFSR、MERRA 等在内的多套再分析产品，降水产品明显优于大气再分析直接输出的降水产品。从陆面要素来看：CRA–40/Land 土壤湿度（0～

10 厘米）产品在中国区域质量优于 GLDAS 和 CFSR-Land，地表温度和各层土壤温度精度优于 CFSR-Land。

（三）全球大气再分析数据集

对 CRA–40 从同化系统性能、与国际同类产品对比分析、与观测资料对比分析、气候应用等维度开展了综合评估。从天气学评估看：CRA–40 的三维大气温度场、湿度场、风场，总体上相比 CFSR 更接近 ERA-Interim，如 500 百帕位势高度均方根误差（9.9 加仑/分钟）明显小于 CFSR（10.8 加仑/分钟），200 百帕风场均方根误差（3.2 米/秒）优于 CFSR（3.9 米/秒）。从气候学评估看，CRA–40 在海平面气压、温度、位势高度等变量各关键层次变量的气候指标上优于 JRA–55；在大气涛动指数、遥相关指数和季风指数的表现上，总体上与 JRA–55 接近，优于 CFSR 和 NCEP2。

以 ECMWF 最新发布的国际第四代全球大气再分析产品 ERA5 为参照，对比分析了 CRA–40、CFSR 以及 JRA–55 等同类再分析产品的质量状况。评估的变量主要包括等压面上的三维大气高度场、纬向风场、经向风场、温度场、相对湿度场等。为便于比较，所有大气再分析数据都插值到了全球 360×181 个网格上，即水平分辨率为 1 度×1 度水平。以下将按要素分别对评估对比结果进行介绍。

地面气压。基于观测资料同化反馈数据，分析了无线电探空仪、地面天气报、船舶/浮标等资料同化数据量、全球平均值（Mean）和均方根偏差（RMSE）的演变情况。全球地面气压观测资料在 1979～2019 年间呈现不断增加的趋势，6 小时时间窗内观测数增加了 20 000 个，2016 年以后观测量趋于稳定。从平均偏差上看，CRA–40 预报场平均偏差有明显季节性变化，夏季较大，在 0.37 百帕左右，冬季较小，在–0.1 百帕左右；分析场平均偏差较为平稳，季节性变化较小；从平均偏差变化趋势上看，2007 年后有微弱的增大，可能是观测数量增加的原因。从均方根偏差上看，CRA–40 的预报和分析均方根偏差均有明显季节性变化，有较弱的减小趋势，总体分析增量较为稳定。

位势高度。从位势高度纬向平均廓线偏差经向分布上来看，各套再分析产品的整层大气位势高度以负偏差或接近于 0 为主，气候态纬向平均偏差空间分布基本一致，特别是 CRA–40 和 CFSR 非常接近。从全球 500 百帕位势高度看，CRA–40、CFSR、JRA–55 的均方根误差值分别为 5.95、6.86 和 7.42，从时间序列图上可以看出，总体上 CRA–40 的均方根误差最小，JRA–55 在 1990 年以前存在多个均方根误差异较大的情况，CRA–40 均方根误差时间演变相对较为平稳。在东亚尺度上，CRA–40、CFSR、JRA–55 的均方根误差值分别为 4.72、4.96 和 4.38，JRA–55 表现最优，CRA–40 其次，CFSR 相对最差，从时间序列上也可以看出，总体上 CRA–40 的均方根误差值基本都介于 CFSR 和 JRA–55 之间。

温度。从全球范围看，CRA–40 在北半球高纬度、东亚、北美地区为正偏差，赤道附近区域特别是暖湿地区为负偏差，CFSR 在北半球高纬度地区、太平洋和大西洋中部热带地区为正偏差，其他区域主要为负偏差，JRA–55 在热带大洋区域、南极洲、美洲等区域均是负偏差为主，南极、大西洋热带外区域、非洲等均以正偏差为主，可见各套再分析产品气候态空间分布存在较大差异，但偏差的量级也基本都在 1 开尔文范围内。

相对湿度。由相对湿度垂直廓线经向偏差分布分析，CRA–40、CFSR 较之 ERA5 的偏差基本都在 5%以内范围。从全球平均温度均方根误差气候态对流层垂直廓线分布可以看出，CRA–40 的 RMSE 相对较小。全球尺度上，对流层中层 CRA–40 的 RMSE 相对最小，其他层次 CFSR 总体上的 RMSE 数值相对最小。东亚尺度上，CFSR 的 RMSE 数值最小，CRA–40 次之，JRA–55 最大。

风场。从各套再分析资料与 ERA5 的偏差分布上可知，不同再分析产品差异较大的地区集中在南半球高纬度和热带两个区域。CRA–40 和 CFSR 的偏差位相基本一致，即在南半球高纬度区域为正偏差，热带区域特别是其平流层主要为负偏差。JRA–55 在南半球高纬度地区也表现为正偏差，但在热带对流层和平流层都存在着较大的正偏差。从经向风的表现来看，CRA–40 的偏差位相分布与 CFSR、JRA–55 基本一致，但在北半球对流层中低层 CRA–40 存在正偏差过大。

降水。利用美国国家环境预报中心的第一套再分析数据（NCEP/NCAR Reanalysis 1, NCEP1）、美国国家环境预测中心/能源部的第二套再分析数据（NCEP/DOE Reanalysis 2, NCEP R2）、CFSR、欧洲中期数值预报中心的再分析资料（ERA5）和日本气象厅的再分析资料（JRA–55）的降水数据，并结合观测资料（GPCP），对中国第一代全球大气再分析数据集（CMA–RA）对全球降水的适用性进行了综合评估。对比多套再分析资料和 GPCP 降水分析产品多年平均（1981～2010 年）日降水空间分布，可以看出，CMA–RA 合理再现了全球降水空间分布的基本特征，包括赤道辐合带（Inter Tropical Convergence Zone, ITCZ）ITCZ 的形状和位置、全球平均经向/纬向分布特征。

CRA–40 全球 30S～30N 之间的平均降水与 GPCP 降水分析产品相比明显偏强，而在南纬 30 至 90 度和南纬 30 至北纬 30 度之间的降水趋势与 GPCP 基本保持一致，仅在南美洲智利地区、北冰洋地带存在降水偏强和新西兰南侧海域存在降水偏弱的情况。从陆地和海洋的降水分布来看，CRA–40 在海洋的平均降水要明显强于 GPCP 描述的海洋区域降水，而陆地上主要在俄罗斯区域存在差异。从降水极大值分布区域来看，CRA–40 相较 GPCP 在非洲中部、东南亚地区、太平洋中部、南美洲北部地区以及智利地区均出现了降水极值情况。

三、数据服务状况

本章节目前所有数据都已经在中国气象数据网进行公开下载与共享，服务于国内外科研业务用户。

（一）气候序列均一化数据集

中国国家级地面气象站均一化气温、降水、相对湿度、风速及气压等要素均一化产品均通过国家气象业务内网（http://idata.cma）提供共享服务。用户通过申请获得数据使用权限。

（二）陆面融合与同化再分析数据集

目前，陆面融合与同化再分析数据集产品可以通过中国气象局卫星广播系统、中国气象数据网（http://data.cma.cn）、第三次青藏高原科学考察网站（http://tipex.data.cma.cn/tipex），以及中国气象局全国综合气象信息共享平台和中国气象业务内网（http://idata.cma/idata）等获取。

（三）全球大气再分析数据集

中国第一代全球大气再分析 40 年（1979～2018 年）产品（CRA–40），水平分辨率 34 千米，大气层顶 0.27 百帕，产品包含逐 6 小时分析场和逐小时预报场，变量包括大气、地面、海洋三大类，共计 204 个变量。经检验评估表明，产品数据质量可靠，应用效果良好。对 CRA–40 产品从多角度进行了天气学质量评估和气候评估，初步评估结果表明 CRA–40 与国际同类产品相比具有可比性，总体质量接近国际第三代再分析产品水平。CRA–40 的研制与应用，可以大幅降低气象业务科研对国际同类数据产品的依赖。为满足产品服务需求，已完成 CRA–40 再分析产品的气象大数据云平台入库，并提供气象数据统一服务接口（Meteorological Unified Service Interface Community, MUSIC）和表格数据流（Tabular Data Stream, TDS）等数据服务方式，在气象数据业务内网（http://idata.nmic.cn/idata/web/fact/toTechReport2）提供数据服务。

中国第一代全球陆面再分析 40 年产品（CRA–40/Land；1979～2018 年），

模式水平分辨率为34千米，时间分辨率为逐3小时，垂直方向上分为4层（0～0.1米、0.1～0.4米、0.4～1.0米、1.0～2.0米），包括两类数据集：大气驱动融合产品（2米气温、2米比湿、10米U风、10米V风、降水）和陆面产品（含地表温度、土壤温度、土壤湿度、通量、积雪等在内的约30个陆面要素）。经检验评估表明，产品数据质量可靠，应用效果良好。为满足产品服务需求，目前已完成CRA–40/Land逐3小时、日值、月值产品的研制，并在气象大数据云平台入库，同时提供MUSIC接口和TDS等数据服务方式，在气象数据业务内（http://idata.nmic.cn/idata/web/ fact/toTechReport2）提供数据服务。

四、其他需要说明/评估的内容

目前本章节相关数据集，已被广泛应用于业务科研，包括开展气候变化监测、国家及区域气候变化评估报告编写以及气候趋势分析及气候变化研究工作中。

参考文献

Albergel, C., W. Dorigo and G. Balsamo, *et al*., 2013. Monitoring multi-decadal satellite earth observation of soil moisture products through land surface reanalyses. *Remote Sensing of Environment* , 138: 77～89.

Alexandersson, H., 1986. A homogeneity test applied to precipitation data. *Journal of Climatology*, 6: 661～675.

Cao, L., Y.N. Zhu and G.L. Tang, *et al*., 2016. Climatic warming in China according to a homogenized data set from 2419 stations. *Int. J. Climatol.*,36:4384-4392, DOI:10.1002/joc.4639.

Chen, Y.Y., K. Yang and J. He, *et al*., 2011. Improving land surface temperature modeling for dry land of China. *J. Geophys. Res.*, 116, D20104, doi:10.1029/2011JD015921.

Chunxiang, L.I., Z. Tianbao and S.H. Chunxiang, *et al*., 2020. Evaluation of Daily Precipitation

Product in China from the CMA Global Atmospheric Interim Reanalysis. *Journal of Meteorological Research*, 34(1):1～20.

Dai, Y.W., S.G. Wei and Q. Duan, *et al.*, 2013. Development of a China Dataset of Soil Hydraulic Parameters Using Pedotransfer Functions for Land Surface Modeling. *Journal of Hydrometeorology*, 14: 869～887.

Yang, K., J. He and W.J. Tang, *et al.*, 2010. On downward shortwave and longwave radiations over high altitude regions: Observation and modeling in the Tibetan Plateau. Agric. *Forest. Meteorol*, 150, 38～46.

Liang, X., L. Jiang and P. Yang, *et al.*, 2020. A 10-Yr Global Land Surface Reanalysis Interim Dataset (CRA-Interim/Land): Implementation and Preliminary Evaluation[J]. *Journal of Meteorological Research*, 34(1): 1～17.

Shi, C.X., Z.H. Xie and H. Qian, *et al.*, 2011. China land soil moisture EnKF data assimilation based on satellite remote sensing data. *Sci China Earth Sci*, doi: 10.1007/s11430-010-4160-3.

Stamnes, K., S. Tsay and W.J. Wiscombe, *et al.*, 1988. Numerically stable algorithm for discrete- ordinate-method radiative transfer in multiple scattering and emitting layered media. *Applied Optics* , 27: 2502～2509.

Wang, X. L., 2008. Accounting for autocorrelation in detecting mean shifts in climate data 493 series using the penalized maximal T or F test. J. *Appl. Meteorol. Climatol.* 47: 2423～2444.

Wan, H., X. L. Wang and R.S. Val, 2010. Homogenization and trend analysis of Canadian near -surface wind speeds. *J. Climate*, 23: 1209～1225.

Wang, X.L.,H.Q. Wen, Y. Wu, 2007. Penalized maximal t test for detecting undocumented mean change in climate data series. *J. Appl. Meteorol. Climatol*. 46: 916～931.

Xie, Y.F., S.E. Koch and J.A. Mcginley, *et al.*, 2011. A Space-Time Multiscale Analysis System: A Sequential Variational Analysis Approach. *Monthly Weather Review*, 139: 1224～1240.

Zhao, B., B. Zhang and C.X. Shi, *et al.*, 2019. Comparison of the Global Energy Cycle between Chinese Reanalysis Interim and ECMWF Reanalysis. *J. Meteor. Res.*, 33(3): 563～575.

龚伟伟：“CMA 陆面数据同化系统（CLDAS）产品评估”（硕士论文），南京信息工程大学，2014 年。

韩帅、师春香、姜立鹏等：“CLDAS 土壤湿度模拟结果及评估”，《应用气象学报》，2017 年第 28 卷第 3 期。

韩帅、师春香、林泓锦等：“CLDAS 土壤湿度业务产品的干旱监测应用”，《冰川冻土》，2015 年第 37 卷第 2 期。

韩帅、师春香、姜立鹏等：“CLDAS 土壤湿度模拟结果及评估”，《应用气象学报》，

2017 年第 28 卷第 3 期。
韩帅、师春香、林泓锦等："CLDAS 土壤湿度业务产品的干旱监测应用"，《冰川冻土》，2015 年第 37 卷第 2 期。
韩帅："基于 CLDAS 驱动数据的 CLM3.5 和 SSIB2 陆面模式模拟评估及干旱监测应用"（硕士论文），南京信息工程大学，2015 年。
黄春林："土壤湿度和温度的数据同化及中国陆面数据同化系统的集成"（博士论文），中国科学院寒区旱区环境与工程研究所，2007 年。
李新、黄春林、车涛等：" 中国陆面数据同化系统研究的进展与前瞻"，《自然科学进展》，2007 年第 17 卷第 2 期。
师春香、姜立鹏、朱智等："基于 CLDAS2.0 驱动数据的中国区域土壤湿度模拟与评估"，《江苏农业科学》，2018 年第 46 卷第 4 期。
师春香、谢正辉、钱辉等："基于卫星遥感资料的中国区域土壤湿度 EnKF 数据同化"，《中国科学:地球科学》，2011 年第 41 卷第 3 期。
师春香、张帅、孙帅等："改进的 CLDAS 降水驱动对中国区域积雪模拟的影响评估"，《气象》，2018 年第 44 卷第 8 期。
孙帅、师春香、梁晓等："不同陆面模式对我国地表温度模拟的适用性评估"，《应用气象学报》，2017 年第 28 卷第 6 期。
孙帅："CLDAS 长序列降水驱动数据的融合及 ASCAT 土壤湿度的陆面同化"（博士论文），南京信息工程大学，2018 年。
杨溯、李庆祥："中国降水量序列均一性分析方法及数据集更新完善"，《气候变化研究进展》，2014 年第 10 卷第 4 期。
远芳、曹丽娟、唐国利等："中国 825 个基准、基本站地面气压系统误差的检验与订正"，《气候变化研究进展》，2015 年第 11 卷第 5 期。
曾庆存、周广庆、浦一芬等："地球系统动力学模式及模拟研究"，《大气科学》，2008 年第 32 卷。
朱亚妮、曹丽娟、唐国利等："中国地面相对湿度非均一性检验及订正"，《气候变化研究进展》，2015 年第 11 卷第 6 期。
朱智、师春香、唐果星："一种基于变分分析的气温数据估算方法"，《科学技术与工程》，2016 年第 16 卷。
朱智、师春香："中国气象局陆面同化系统和全球陆面同化系统对中国区域土壤湿度的模拟与评估"，《科学技术与工程》，2014 年第 32 卷。
朱智："中国区域高时空分辨率驱动数据的建立及其在 Noah-MP 陆面模式中的应用"（硕士论文），南京信息工程大学，2016 年。
庄媛："中国区域多源主被动微波遥感土壤湿度产品融合研究"（硕士论文），南京信息工程大学，2014 年。

第六章　古气候数据

现代观测记录的不足一定程度上限制了对气候变化机制的深入理解。基于不同古气候载体，利用代用指标重建过去气候变化，并结合古气候模型可以进一步加深对机制的理解，探索气候变化对人类社会的影响。本章对国内外不同古气候数据库进行总结，评估数据库数据共享情况的差异，并通过对比提出中国古气候数据共享存在的差距，再对未来提出展望。评估结果显示：①对比国内外古气候数据现状，中国古气候数据共享平台起步较晚，但近年来呈现良好发展态势，以东亚古环境科学数据库为代表，逐渐从单一、分散的模式转变为数据共享服务模式。②数据质量方面，由于数据共享平台设置了相关配套标准，使得共享数据的质量得到保证。③数据服务环节，与国外数据库相比，仍存在一定不足，建议继续简化下载流程，使得数据共享更为快捷便利。④古气候数据共享的主要目的之一即加深对气候变化机制的理解，因此，围绕古气候、古环境数据并结合数值模拟结果，建设更大规模的中国古气候数据共享平台将为预估未来气候变化提供重要支撑和保障。

一、科学数据情况

大数据时代已到来，地球系统科学同样需要对海量数据进行挖掘和运用，且离不开数据的共享。对于古气候、古环境数据共享，目前全球最具影响力的是美国国家海洋和大气管理局（National Oceanic and Atmospheric Administration, NOAA）下属的古气候数据库。该数据库提供了较为完整的全球古气候、古环境代用指标的共享服务。近年来，国内古环境研究数据共享服务也逐渐开展，如东亚古环境科学数据库等。中国地形复杂，且受不同大气环流影响，气候模态多样化，是研究地球系统科学的天然实验场。进一步加强古气候数据集成与共享系统不仅是地球系统科学研究的需要，也是国家可持续发展迫切的战略需求（赵宏丽等，2017）。下文以最具代表性且有影响力的国内外三个古气候数据库为例进行介绍，同时总结近年来（2012～2018）中国古气候研究的发展及数据共享情况。

（一）国外古气候古环境数据库

1. NOAA 古气候数据库：目前国际古环境数据共享服务中最具影响力的是 NOAA 古气候资料中心（https://www.ncei.noaa.gov/products/ paleoclimatology）（Webb *et al.,* 1993），由 NOAA 下属的环境信息国家中心（National Centers For Environmental Information，NCEI）负责运行维护。该数据库提供了较为完整的全球古气候、古环境代用指标数据的共享服务。从全球尺度看，该数据库数据量大，涉及古气候研究载体广泛，包括冰芯、珊瑚、海洋沉积物、湖泊沉积物、洞穴沉积物及黄土等。时间尺度上，主要涵盖过去近千年的古气候数据，部分共享数据可以追溯至白垩纪。但是由于中国地理位置和研究区域的特殊性，该数据共享中心收集的中国及东亚区域古环境研究数据相对较少，主要以石笋为主，其他古气候载体数据有限，呈现“分布不均且代用指标单一”的特征。

2. PANGAEA 数据库：PANGAEA 数据库由德国阿尔弗雷德·魏格纳研究所暨亥姆霍兹极地海洋研究中心和不来梅大学海洋环境科学中心负责托管（Diepenbroek *et al.*, 2002）。该数据库于 1987 年开始筹建，1995 年开始正式在网络上运行（余星，2014）。PANGAEA 数据库的绝大多数数据集都可以免费获取。部分数据集由于科研项目仍在执行周期中，因此需要授权后进行访问。上述数据库可通过向项目负责人申请获取相应的下载权限。每个数据集都有数字对象唯一标识符（Digital Object Identifier, DOI），因此在出版环节、数据共享与引用方面十分便利。此外，PANGAEA 允许将数据作为科学论文的补充材料或作为可引用的数据集合与论文等一起出版。目前，许多期刊都将其收录文章的相关科学数据链接至此，如《地球系统科学数据》（*Earth System Science Data*，*ESSD*），《地球科学数据期刊》（*Geoscience Data Journal*，*GDJ*），《科学数据》（*Scientific Data*，*SD*）等。

（二）中国古气候古环境数据库

东亚古环境科学数据库（http://paleodata.ieecas.cn/index.aspx）依托于中国科学院地球环境研究所，是国家地球系统科学数据共享平台的重要组成部分（谭柳琴等, 2013, 赵宏丽等, 2017）。该数据库是在多个国家大型项目的支撑下，以中国大陆为中心，具体以黄土高原、青藏高原和内陆干旱区为重点的东亚区域的多源原始环境数据。数据类型包括代用指标记录，古气候与古环境数值模拟结果等，通过对古气候、古环境资料的收集、整理、数字化、集成、模拟及二次挖掘，是古环境科学数据集成与共享平台。

除了东亚古环境科学数据库，其他一些平台也实现了古气候、古环境数据的共享，例如：国家科技基础条件平台下的国家地球系统科学数据中心、国家青藏高原科学数据中心等（表 6–1）。由于上述平台收录的古气候古环境数据相对有限，本章重点针对 NOAA 古气候数据库、PANGAEA 数据库和东亚古环境科学数据库进行介绍：

（三）近年来中国古气候研究的发展及数据共享情况

1. 近年来中国古气候研究的发展

随着研究的深入以及国际合作的加强，近年来中国古气候研究发展迅速，产生了一系列具有国际影响力的重要成果（表 6–2），部分工作发表在《自然》

表 6–1　国内外主要古气候数据库的基本信息

数据集名称	性质/内容	版权归属及贡献者	维护机构	来源/网址	可获取性
NOAA 古气候数据库[①]	NOAA 古环境数据库由 NOAA 下属的环境信息国家中心负责维护，可按不同古气候载体进行数据下载，用户可通过 Email 的方式将原始数据发送至指定邮箱进行数据格式审核 数据格式：txt、xlsx 共享级别：无需注册即可访问	NOAA	NOAA	https://www.ncei.noaa.gov/products/paleoclimatology	公开
PANGAEA 数据库[②]	PANGAEA 数据库由德国阿尔弗雷德·魏格纳研究所极地海洋研究中心以及不来梅大学共同维护。数据库隶属世界数据系统（International Science Council-World Data System, ISC-WDS） 数据格式：tab 数据下载：用户可自行上传、下载数据（上传数据需要进行注册），每个数据集都有对应的数字对象唯一标识符（Digital Object Identifier, DOI）	欧盟委员会、联邦研究与教育部、德国科学基金会、国际海洋发现计划	阿尔弗雷德·魏格纳研究所极地海洋研究中心、不来梅大学	https://www.pangaea.de	绝大部分公开
东亚古环境科学数据库[③]	东亚古环境科学数据集成与共享系统依托于中国科学院地球环境研究所黄土与第四纪地质国家重点实验室，数据来源包括：1）原文献作者提供；2）NOAA 古气候数据库；3）其他（工作小组后期数据化等） 数据下载：需要网上登记（提供项目名称、编号等信息） 数据格式：xlsx	东亚古环境科学数据库	中国科学院地球环境研究所	http://paleodata.ieecas.cn/index.aspx	注册下载

续表

数据集名称	性质/内容	版权归属及贡献者	维护机构	来源/网址	可获取性
国家地球系统科学数据中心[4]	国家科技基础条件平台是国家创新体系的重要组成部分，是服务于全社会科技进步与技术创新的基础支撑体系，主要由大型科学仪器设备和研究实验基地、自然科技资源保存和利用体系、科学数据共享服务中心和网络、科技图书文献资源共享服务网络、科技成果转化公共服务平台、网络科技环境等六大部分。	国家地球系统科学数据中心	中国科学院地理科学与资源研究所	http://www.geodata.cn/data/index.html	订单审核后获取
寒区旱区科学数据中心[5]	该中心的定位是收集、整理、存储中国乃至世界范围内寒区旱区领域的科学数据，为中国寒区旱区科学研究服务，成为中国寒区旱区领域的国家级科学数据中心，并发展成为在国际上有广泛影响力的科学数据中心。	寒区旱区科学数据中心	中国科学院西北生态环境资源研究院	http://data.casnw.net/portal	订单审核后获取

① National Centers for Environmental Information (NCEI), 2019. Paleoclimatology Data. https://www.ncdc.noaa.gov/data-access/paleoclimatology-data [2019-10-27]。

② Alfred Wegener Institute, Helmholtz Center for Polar and Marine Research (AWI), Center for Marine Environmental Sciences, University of Bremen (MARUM), 2019. PANGAEA® Data. https://pangaea.de [2019-10-27]。

③ 中国科学院地球环境研究所黄土与第四纪地质国家重点实验室，2019. 东亚古环境科学数据库. http://paleo-data.ieecas.cn/index.asp [2019-10-27]。

④ 中国科学院地理科学与资源研究所，2019. 国家地球系统科学数据中心. http://www.geodata.cn/data/index.html [2019-10-27]。

⑤ 中国科学院西北生态环境资源研究院，2019. 寒区旱区科学数据中心. http://westdc.westgis.ac.cn/ [2019-10-27]。

表 6-2 近年来（2012～2018）中国古气候研究主要进展

古气候载体	时间尺度	常见代用指标	代表性文献
砗磲	月、年	稳定同位素（如 $\delta^{18}O$）、微量元素比值（如锶、钙）	Yan *et al*., (2013, 2015)
树轮	年	树轮宽度	Yang *et al*., (2014)
泥炭	年代际	生物标志化合物，孢粉	Xie *et al*., (2013)，Zheng *et al*., (2018)
石笋	年、年代际	稳定同位素（如 $\delta^{18}O$）	Liu *et al*., (2014); Cheng *et al*., (2012, 2016); Liu *et al*., (2013)
湖泊	年、年代际	生物标志化合物，孢粉	Chen *et al*., (2015); Chu *et al*., (2012)

（*Nature*）、《科学》（*Science*）、《美国科学院院刊》（*Proceedings of the National Academy of Sciences, PNAS*）等顶级学术期刊上。其中 2012 年以来影响力较大或比较有特色的工作包括并不限于：“中国季风区高分辨率 8.2 千年事件的记录”（Liu *et al*., 2013）、“中国 4 600 多年树轮年表序列的问世”（Yang *et al*., 2014）、“中国北方高分辨率降水定量记录”（Chen *et al*., 2015）、“世界最长尺度的东亚季风（64 万年）高精度高分辨率石笋同位素记录”（Cheng *et al*., 2016）、“末次冰盛期以来厄尔尼诺变化机理”（Liu *et al*., 2014a）等。

在年代学方面，中国学者通过与国际同行合作取得了新进展，其中包括“湖泊碳库效应对青藏高原气候变化解释的影响探讨”（Hou *et al*., 2012）、“基于光释光测年对深海氧同位素第三阶段（Marine Isotope Stage 3, MIS 3）大湖期假说的质疑”（Long *et al*., 2015）等。在气候代用指标方面，也出现了一系列重要成果，例如：“青藏高原降水同位素控制因素及指示意义”（Yao *et al*., 2013）、“生物标志化合物指标的现代过程研究”（Wang *et al*., 2012）等。

随着古气候研究的逐渐深入，对于空间尺度上气候变化差异及全球不同气候系统之间的相互关系的研究逐渐深入，使其更加依赖于大尺度的古气候数据集成工作。针对全球尺度上的数据集成工作的逐渐开展，由此产生的一系列成果极大加深了对时空差异及气候变化机制的认识（Marcott *et al*., 2013,

Ahmed *et al.*, 2013）。中国科学家在古气候数据集成工作方面也做出了突出的贡献，基于不同研究载体及代用指标进行了统计及数据再分析，包括：砗磲及珊瑚（Yan *et al.*, 2015）、树轮（Zhang *et al.*, 2003, Shao *et al.*, 2010, Yang *et al.*, 2014）、石笋（Liu *et al.*, 2014b）、风尘堆积（Li *et al.*, 2014）等。上述工作不但加深了对区域尺度大气环流及气候变化的理解，同时也有助于开展不同区域差异性及其相互作用的研究。

2. 近年来中国古气候研究数据共享情况

在数据共享的大背景下，目前中国古气候研究的原始数据共享程度逐渐升高，数据主要以发表文献补充材料（Supplemental Materials, SM; Supporting Information, SI; Data Repository, DR）的形式发布，正在努力并意在呈现一个更完善的数据共享生态系统。同时中国科学家也积极参与到了全球古气候数据的共享工作中。以中国古气候研究的特色之一石笋为例，石笋同位素综合分析工作组（Speleothem Isotopes Synthesis & Analysis, SISAL）整理了全球范围内已发表的石笋稳定同位素数据，并建立了数据库（Atsawawaranunt *et al.*, 2018）。SISAL 工作组已于 2019 年 10 月在中国西安成功举办工作会议，中国科学家积极参与其中并做出了重要贡献（程海等，2019）。

二、数据的质量情况

通过对国内外古气候古环境数据共享平台进行对比发现：1）中国古气候古环境数据平台共享的数据量偏少，仍存在较大的提升空间；2）获取数据的方式不够人性化。中国近年来古气候研究取得了一系列重要的进展，为古气候古环境数据的共享奠定了基础。

（一）我国古气候古环境数据库

东亚古环境科学数据库：截至 2019 年 8 月 28 日，东亚古环境科学数据库共有 1 133 个数据集，其中陆地环境记录 184 条。使用者可以对“作者”“关键词”“主题”进行数据检索；注册为网站会员后，作者可以通过网页直接提交数据；相比国外古气候古环境数据库，东亚古环境科学数据库的数据来源更为多样化，包括：1）NOAA 古气候数据库；2）文献作者提供；3）针对文献发表在五年以上，并且与作者联系未果的情况下对原始文献的图件进行数字化（赵宏丽等, 2017）。

（二）国外古气候古环境数据库

1. NOAA 古气候数据库：目前该数据库涵盖了数据集超过 10 000 条，为了以最快方式获取目标数据集，NOAA 古气候数据库为数据使用者提供了不同的方式进行检索，包括：（1）古数据搜索（Paleo Data Search），该方式可以按古气候载体、研究人员、研究区、代用指标等进行搜索；（2）FTP 站点模式下载数据，该网站提供了两种可视化分析工具，可以快速聚焦到研究区，分别为互动地图模式（Interactive Map）和谷歌地球（Google Earth）文件下载。由于研究区及样品类型不同，不同古气候记录的时间尺度及分辨率存在显著差异；以湖泊沉积物这一载体为例，数据的时间分辨率一般为 10～200 年，可以开展百年—千年尺度的古环境研究。古气候学家可以利用不同的古气候载体开展多个时间尺度的相关研究，如树轮偏重于高分辨率、短时间尺度，而黄土和海洋沉积物的样品分辨率相对前者较低、但在冰期—间冰期时间尺度的古气候研究中记录下其形成时的古气候信息。对 NOAA 古气候数据库而言，作者可自行将原始数据发送至 paleo@noaa.gov，通过审核后将保存至世界古气候数据服务（World Data Service for Paleoclimatology, WDS Paleo）永久存档。对于元数据（metadata），NOAA 网站要求其应至少包括年代学结果，如有可能，建议将原始数据和重建结果都列入其中。数据库网站提供了不同类别的数据模版，意在统一数据格式。对于树轮、古火灾、年代学及集成数据集更有具体的格式要求，具体见 https://www.ncei.noaa.gov/products/

paleoclimatology/contributing-data。对于 NOAA 古环境数据，用户无需注册，可以直接访问目标数据集，网站界面友好。上传数据的不确定性见原始文献。原始数据都保存在 NOAA 下属的环境信息国家中心的服务器（https://www.ncei.noaa.gov/archive）。

2. PANGAEA 数据库：目前 PANGAEA 的数据共涉及 356 个科研项目，总计 386 357 个数据集（https://www.pangaea.de/about，数据统计截止至 2019 年 8 月 28 日）。遗憾的是分类中并没有古气候这一类别，因此从数据分类层面来讲该数据库有进一步提升的空间。PANGAEA 数据库在古气候数据共享方面偏重于古海洋研究，同时也有部分古湖沼学记录。数据的时间尺度跨度及样品分辨率差异较大。数据提供者通过网站注册后便可以在线提交元数据，随后数据上传者可以随时追踪数据提交的最新状态。对于上传者而言，密码保护机制也有助于同行评议过程中审稿人快速审阅数据。如果使用开放的研究员和贡献者标识符（Open Researcher and Contributor Identifier, ORCID）账户进行登陆，上传的数据也会自动归档于作者的 ORCID。所有数据都是机器可读格式（Machine-readable Formats）且镜像到数据仓库（Data Warehouse），便于进一步的二次分析及数据编译。在完成数据质量检查后，会分配给数据集对应的 DOI，同时要求作者对提交的数据及数据集介绍进行校对，一定程度上保证了数据质量。

三、数据服务状况

对于国外古气候数据库，NOAA 古气候数据中心是全球影响力最大的古气候、古环境数据库。该数据库是面向全球尺度的古气候研究，在中国区的古气候研究原始数据还相对有限。该数据集面向全球用户免费下载，且不需要注册。PANGAEA 数据库下载数据前需要用户在线注册，下载的数据为制表符分隔的文本格式（tab）。该数据库以古海洋数据为主，每个数据集都有

DOI，方便科研人员进行引用。

对于国内古气候数据库，东亚古环境科学数据库在下载数据前，除了需要在线注册外，还需要提供其他信息，包括项目名称及编号、项目概要及数据应用目标等。其他平台的数据下载也存在一定限制，例如国家地球系统科学数据中心，普通用户级别每日下载在线和离线资源数量有限制，需要通过实名认证、课题认证等方式提升等级获得更大的下载权限。

四、其他需要说明/评估的内容

科睿唯安（Clarivate Analytics）公司 Web of Science 搜索结果显示（以“paleoclimate”和“palaeoclimate”为关键词），2012～2018 年共有 991 篇中国学者牵头的学术论文被 Web of Science 核心合集收录，占同时段所有收录文章的 20.06%，全球排名仅次于美国。对比其他相同年限的时段（2005～2011 年），共有 451 篇中国学者牵头的学术论文被该合集收录，全球排名第三，落后于美国和英国，收录文章数目约占 14.44%。上述数据表明中国古气候研究自 2012 年以来保持科研规模快速扩张的发展特征。该公司发布的基本科学指标（Essential Science Indicators, ESI）最新数据中，地球科学领域（Geosciences）中，中国大陆高被引论文（Highly Cited Papers, HCPs）呈直线上升趋势（图 6–1）。热点论文（Hot Papers, HPs）也呈快速上升趋势，2013～2017 年和 2014～2018 年分别为 6 和 33（注：热点论文，按 ESI 学科统计最近两年发表且在最近两个月里被引用次数进入世界前 0.1%的论文）。

近年来，中国学者在古气候代用指标的探索方面取得了丰硕的成果，例如三氧同位素在石笋中的应用（Sha *et al.*, 2020）。但在新的古气候代用指标开发和分析测试方面还存在很大提升空间，例如海相有机质单体氮同位素（Shen *et al.*, 2018）。虽然中国古气候研究已经取得了丰硕的成果，但目前古气候研究的原始数据集，尤其是来源于中国机构的数据集还十分有限，可能

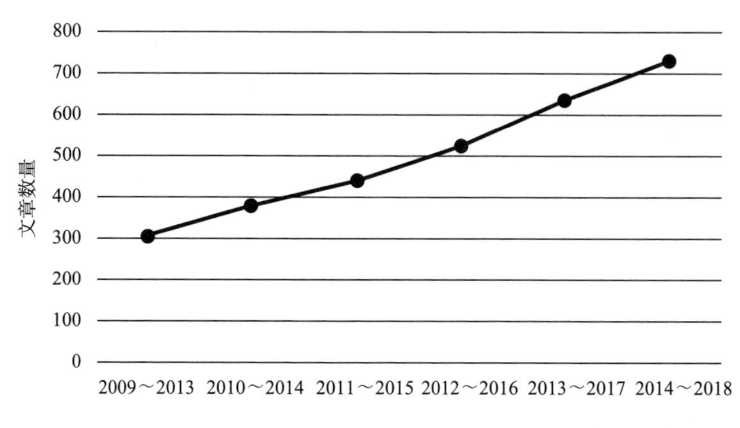

图 6–1　ESI 数据显示高被引论文随时间变化

注：高被引论文，据同一年同一 ESI 学科统计最近 10 年发表论文中被引用次数进入世界前 1%的论文。

的原因包括：1）早期文献的原始数据很难获取，一般只能通过数字化获得；2）近期发表文献的原始数据如果公开，一般也是以文章补充材料的形式呈现。但目前这种局面已有明显改观，例如出版商爱思唯尔（Elsevier）旗下很多期刊已经要求作者发表论文时将原始数据上传至数据平台，如 Mendeley Data 数据仓库，且后者已经与许多数据系统（如 PANGAEA 数据库）进行对接。其他商业数据库也已经参与到关联服务的研究中，如威立（Wiley），施普林格（Springer）等出版商提供的文献可以链接到 PANGAEA 等数据库（卫军朝，2017）。在数据共享方面，建议国内专业的学术委员会（如中国第四纪科学研究会、中国古生物学会孢粉学分会等）、主流的学术会议（如全国第四纪学术大会、生物—有机地球化学会议等）提议并组织相应的数据共享研讨会。随着中国古气候研究的快速发展，建立中国科学家主导的古气候数据共享平台势在必行。

参考文献

Ahmed, M., K.J. Anchukaitis and A. Asrat, *et al.*, 2013. Continental-scale temperature variability during the past two millennia. *Nature Geoscience*,6:339～346 .

Atsawawaranunt, K., L. Comas-Bru and M.S. Amirnezhad, *et al.*, 2018. The SISAL database: a global resource to document oxygen and carbon isotope records from speleothems. *Earth System Science Data*,10(3):1687～1713.

Chen, F., Q. Xu and J. Chen, *et al.*, 2015. East Asian summer monsoon precipitation variability since the last deglaciation. *Scientific Reports*,5, 11186.

Cheng, H., R.L. Edwards and A. Sinha, *et al.*, 2016. The Asian monsoon over the past 640,000 years and ice age terminations. *Nature*,534(7609):640～646 .

Diepenbroek, M., H. Grobe and M. Reinke, *et al.*, 2002. PANGAEA—an information system for environmental sciences. *Computers & Geosciences*,28:1201～1210.

Hou, J., W.J. D'Andrea and Z. Liu, 2012. The influence of ^{14}C reservoir age on interpretation of paleolimnological records from the Tibetan Plateau. *Quaternary Science Reviews*,48:67～79.

Li, Q., H. Wu and Y. Yu, *et al.*, 2014. Reconstructed moisture evolution of the deserts in northern China since the Last Glacial Maximum and its implications for the East Asian Summer Monsoon. *Global and Planetary Change*,121:101～112.

Liu, Y., G. Henderson and C. Hu, *et al.*, 2013. Links between the East Asian monsoon and North Atlantic climate during the 8,200 year event. *Nature Geoscience*,6:117～120.

Liu, Z., Z. Lu and X. Wen, *et al.*, 2014a. Evolution and forcing mechanisms of El Niño over the past 21,000 years. *Nature*,515: 550～553.

Liu, Z., X. Wen and E.C. Brady, *et al.*, 2014b. Chinese cave records and the East Asia Summer Monsoon. *Quaternary Science Reviews*,83:115～128.

Long, H., J. Shen and Y. Wang, *et al.*, 2015. High-resolution OSL dating of a late Quaternary sequence from Xingkai Lake (NE Asia): Chronological challenge of the “MIS 3a Mega-paleolake” hypothesis in China. *Earth and Planetary Science Letters*,428:281～292.

Marcott, S.A., J.D. Shakun and P.U. Clark, *et al.*, 2013. A reconstruction of regional and global temperature for the past 11,300 years. Science,339:1198～1201.

Sha, L., S. Mahata and P. Duan, *et al.*, 2020. A novel application of triple oxygen isotope ratios of speleothems. *Geochimica et Cosmochimica Acta*, 270: 360～378.

Shao, X., Y. Xu and Z.Y. Yin, *et al.*, 2010. Climatic implications of a 3585-year tree-ring width chronology from the northeastern Qinghai-Tibetan Plateau. *Quaternary Science Reviews*,29:2111～2122.

Shen, J., A. Pearson and G.A.Henkes, *et al.*, 2018. Improved efficiency of the biological pump as a trigger for the Late Ordovician glaciation. *Nature Geoscience*, 11(7): 510～514.

Wang, H., W. Liu and C.L. Zhang, *et al.*, 2012. Distribution of glycerol dialkyl glycerol tetraethers in surface sediments of Lake Qinghai and surrounding soil. *Organic Geochemistry*,47: 78～87.

Webb, R.S., J.T. Overpeck and D.M. Anderson, *et al.*, 1993. World Data Center-A for Paleoclimatology at the NOAA Paleoclimatology Program, Boulder, CO. *Journal of Paleolimnology*, 9: 69～75.

Yan, H., W. Soon and Y. Wang, 2015. A composite sea surface temperature record of the northern South China Sea for the past 2500 years: A unique look into seasonality and seasonal climate changes during warm and cold periods. *Earth-Science Reviews*, 141: 122～135.

Yang, B., C. Qin and J. Wang, *et al.*, 2014. A 3 500-year tree-ring record of annual precipitation on the northeastern Tibetan Plateau. *Proceedings of the National Academy of Sciences*,111, 2903～2908.

Yao, T., V. Masson-Delmotte and J. Gao, *et al.*, 2013. A review of climatic controls on $\delta^{18}O$ in precipitation over the Tibetan Plateau: Observations and simulations. *Reviews of Geophysics*,51, 525～548.

Zhang, Q.B., G. Cheng and T. Yao, *et al.*, 2003. A 2 326-year tree-ring record of climate variability on the northeastern Qinghai-Tibetan Plateau. *Geophysical Research Letters*,30(14).

程海、张海伟、赵景耀等：“中国石笋古气候研究的回顾与展望”，《中国科学：地球科学》，2019 年 10 期。

谭柳琴、李新周、李红兵等：“东亚古环境科学数据库简介”，《地球环境学报》，2013 年第 4 期。

卫军朝：“科学文献与科学数据关联实践研究——以 Elsevier 为例”，《国家图书馆学刊》，2017 年第 26 期。

余星：“海底岩石地球化学研究中的‘大数据’——PetDB 及其应用”，《地球科学进展》，2014 年第 29 期。

赵宏丽、李新周、谭婷丹等：“东亚古环境科学数据库”，《地球环境学报》，2017 年第 8 期。

第七章　海洋科学数据

海洋是地球上最大的活跃碳库，有着巨大的碳汇潜力和负排放研发前景。海洋碳库是陆地碳库的 20 倍、大气碳库的 50 倍（Friedlingstein *et al.*, 2020）。每年人类活动排放到大气中 CO_2 的 30%被海洋吸收，并且海洋储碳周期可达数千年，从而在气候变化中发挥着不可替代的作用（Boyd *et al.*, 2019）。因此，在面向中国碳中和目标，通过实施海洋负排放生态工程中，中国海洋将发挥重要作用。

海洋环境变化是地球气候系统变化的重要组成部分。作为大气系统的下垫面，海气相互作用强烈；海洋的生物碳泵对地球碳循环具有重要作用，其研究是气候变化研究的重要分支；海温、盐度、海平面、海浪、热盐环流、潮汐、海冰、海洋热含量等的变化深刻地影响着气候变化。所以，海洋科学数据（包括海温数据、盐度数据、海平面数据、海浪数据、海流数据、潮位数据、海冰数据、生物生态数据、生源要素数据等）对于开展气候变化研究，支撑碳中和目标的实现至关重要。本章内容通过资料查询、网络搜索的方法结合作者日常工作经验，整理了国内外主要的海洋科学数据来源并做简要分析，从数据要素、数据长度等方面切入，评估了中国海洋科学数据的质量和服务情况，以期在碳中和目标下为提高中国气候变化领域的海洋科学数据建设能力提供参考。评估结果显示：①中国海洋科学数据体系不断完善，正在向高质量发展的过程中。②近年来中国海洋科学数据质量有所提高，但是数据管理和质量还需进一步提高。③中国海洋科学数据服务范围不断扩大，但是服务的效率和便捷性有待进一步提高。④中国各涉海单位正在协同合力推进，形成统一的海洋科学数据质量跟踪、质量检验、质量控制、数据提交和数据服务平台，并接受用户的反馈，但海洋科学数据建设能力的提高亟需切实可行的制度保障。

一、科学数据情况

（一）国外海洋科学数据情况

联合国教科文组织“政府间海洋学委员会”的“国际海洋学数据和信息交换”计划（International Oceanographic Data and Information Exchange, IODE）成立于 1961 年，其目的是通过促进海洋学数据与信息的交换来加强海洋研究，通过参与成员国之间的信息交流以及满足用户对数据和信息产品的需求，促进海洋的科学开发和可持续发展。IODE 系统形成了一个面向服务的全球网络。该网络由指定国家机构、美国国家海洋数据中心、负责的国家海洋数据中心和世界数据中心—海洋学组成（樊妙等，2013；刘闯等，2002）。在过去的 50 年中，海委会成员国在许多国家建立了 80 多个海洋数据中心。该网络已能够收集数百万次海洋观测数据并存档，还可将其提供给会员国。IODE 计划现在关注所有与海洋有关的数据，包括物理海洋学、海洋化学、海洋生物等（宋转玲等，2013）。随着海洋学的发展，从一门主要研究本地过程的科学发展为研究全球过程的科学。研究人员越来越依赖国际交流系统提供的数据和信息。此外，研究局地海洋过程的科学家也从访问其他成员国感兴趣的领域收集的数据中受益匪浅。IODE 承诺数据长期可访问，保护当前和未来的数据财产免遭损失或退化。

1993年国际海委会、世界气象组织、联合国环境计划署和国际科联理事会等组织联合建立全球海洋观测系统（Global Ocean Observing System, GOOS）。GOOS是用于观测、模拟和分析海洋的永久性全球系统，以支持全球范围的海洋研究。GOOS提供了有关海洋当前状况的准确描述（包括生物资源），尽可能对海洋的未来状况进行连续预测，并作为气候变化预测的基础，旨在监视、了解和预测天气和气候，改善人类对海洋和沿海生态系统的管理，减轻自然灾害和人类污染造成的损害，促进海洋科学研究。

美国、英国、法国、德国、日本、韩国、澳大利亚等沿海发达国家先后通过政策引导和资金投入，加强对海洋科学数据的收集、管理和服务工作。20世纪80年代美国对公益性科学数据实施国有科学数据完全开放共享政策。2002年欧盟提出了公共科学数据、公共当局持有的信息开放共享的公益性共享原则和指导思想。美国海洋大气局、美国航空航天局、美国地球物理数据中心、欧洲中期天气预报中心等无偿共享实时性、完备性、可靠性的数据集（刘闯等，2002）。比较有名的海洋中心有美国海洋数据中心、英国海洋数据中心、法国海洋卫星数据中心、德国海洋数据中心、日本海洋数据中心、韩国海洋数据中心、澳大利亚海洋数据网络等（宋转玲等，2013）。

（二）国内海洋科学数据情况

中国的海洋科学数据在数据内容、数据质量、数据管理、数据共享标准规范等方面不断扩展、改进、完善，取得了显著成绩（李顺等，2014；杨峰等，2011；张新，2018）。1982年中国科学院启动科学数据库及其信息系统建设项目；1996年国家海洋信息中心建成了海洋信息共享网络服务系统；1999年中国极地研究中心启动中国极地科学数据库建设项目；2003年国家海洋局第一海洋研究所筹建了国家基金委青岛海洋科学数据共享服务中心；2003年国家科技部和财政部启动了海洋科学数据共享中心建设项目，建立了北海区、东海区、南海区、青岛及极地等海洋科学数据共享分中心；2006年国家海洋信息中心完成了海岸带海岛基础数据库系统，对20世纪实施的全国海岸带与海涂资源、全国海岛资源开展了综合调查，并对形成的档案进行了数字化和集成统一管理。中国海洋科学数据逐步形成多维空间化、多样产品化、动态可视化、便捷网络化服务模式，见表7–1。

二、数据的质量情况

以上海洋产品数据生产过程中均进行了严格的质量控制。数据的获取方式包括现场实测、卫星遥感和数值模拟再分析三类。数据信息涉及海洋物理、海洋气象、海洋化学、海洋生物、海洋地质等学科领域。海洋实测数据主要是借助于调查船、浮标和潜标等工具实现，空间上主要集中在西北太平洋和中国近海区域（崔爱菊等，2015）；卫星遥感数据和再分析数据分布包括区域尺度和全球尺度两类，空间分辨率的跨度从0.05度到1度；数据的时间跨度是1913年至今。大规模的数据主要集中在科学技术部国家遥感中心、国家海洋信息中心、国家卫星海洋应用中心、国家海洋环境预报中心、国家气象信息中心和国家地球系统科学数据共享服务平台等国家层面的数据平台。此外，一些涉海科研院所，如中科院海洋研究所、中科院南海海洋研究所、中科院烟台海岸带研究所、中国海洋大学和自然资源部第二海洋研究所等也建设了自己的数据中心，并收录了相应的海洋数据。其中，国家层面数据平台具有产品要素多、覆盖范围广、分辨率较高、时间区间长等优点，初步构建了海洋领域信息资源最丰富、服务范围最广、实用性最强的海洋知识服务体系，可以满足海洋专家、科研人员和社会公众多层次需求（方长芳等，2013）。

表 7–1 我国共享海洋科学数据基本信息表

数据集名称	性质/内容	版权归属及贡献者	维护机构	来源/网址	可获取性
国家海洋科学数据中心共享服务平台[①]	实测海洋水文、海洋气象、海洋生物、海洋化学、海洋地质、海洋地球物理、海底地形等 61 个数据集；19 个分析预测数据集、3 个遥感数据集、海洋公报等 19 个专题信息产品 数据时间跨度：1913 年至今	国家海洋信息中心	国家海洋信息中心	http://mds.nmdis.org.cn	注册获取
中国海洋信息网[②]	中国海洋质量公报、沿海省市海洋环境质量公报、海区海洋环境质量公报、海洋灾害公报、海平面公报、海域使用管理公报等 数据时间跨度：1997 年至今	国家海洋信息中心	国家海洋信息中心	http://www.nmdis.org.cn/hygb/zghyhjzlgb	公开
国家海洋卫星应用中心[③]	海洋 1 号 A/B/C 星的海洋光学特性、叶绿素浓度、悬浮泥沙含量、可溶有机物和海面温度等；海洋 2 号 A/B 星的海面高度、风场、有效波高、海表温度等；中法海洋卫星的海表风场、海浪谱、海冰等 数据时间跨度：2002 年至今	国家卫星海洋应用中心	国家卫星海洋应用中心	http://www.nsoas.org. cn	注册获取
中国海洋预报网[④]	厄尔尼诺监测月报、全球海洋气候监测月报、中国海洋气候监测月报、海洋与中国气候展望等 数据时间跨度：2016 年至今	国家海洋环境预报中心	国家海洋环境预报中心	http://www.oceanguide.org.cn/hyyj	公开

续表

数据集名称	性质/内容	版权归属及贡献者	维护机构	来源/网址	可获取性
中国 Argo 实时资料中心数据库[5]	全球海洋热含量数据集（1992～2009 年，时间分辨率 0.25 年，空间分辨率经度约三分之一度，纬度平均 0.18 度）、全球 Argo 网格化产品（2005～2009 年，标准层为 0～2 000 米共 26 层，时间分辨率为逐年逐月，空间分辨率为 1 度×1 度）、全球 Argo 浮标剖面观测资料质量再控制数据集（1996～2010 年）、Argo 网格化温盐产品（2000～2008 年，标准层为 0～2 000 米共 36 层，时间分辨率为逐周，空间分辨率为 3 度×3 度）、亚印太交汇区海洋再分析数据集（1993～2006 年，标准层为 0～5 500 米共 33 层，时间分辨率为逐月以及年平均，空间分辨率为 0.25 度×0.25 度）、全球海洋表层流资料集（1999～2007 年，时间分辨率为年、月平均，空间分辨率为年平均 1 度×1 度，月平均 2 度×2 度）、全球海洋 Argo 网格数据集（1997 年 1 月～2018 年 12 月，标准层为 0～2 000 米共 58 层，时间分辨率为年、月以及年、月平均，空间分辨率为 1 度×1 度）、全球 Argo 数据索引及查询系统 V1.0（1996～2012 年，标准层为 0～2 000 米共 37 层）、Argo 三维网格资料（2004 年 1 月～2015 年 12 月，标准层为 0～2 000 米共 26 层）、热带太平洋海域 Argo 衍生数据（2001～2015 年间的逐月，水平分辨率为 1 度×1 度经纬度网格，垂向共 25 层）、西太平洋海域 Argo 资料同化再分析数据集（时间范围为 2005～2015 年，时间分辨率为逐年逐月）、西太平洋海域 Argo 衍生数据（时间范围为 2004～2016 年，58 层标准层、空间分辨率为 1 度×1 度的逐年逐月网格化资料）	卫星海洋环境动力学国家重点实验室、自然资源部第二海洋研究所	卫星海洋环境动力学国家重点实验室	http://www.argo.org.cn/index.php?m=content&c=index&f=lists&catid=32	公开

续表

数据集名称	性质/内容	版权归属及贡献者	维护机构	来源/网址	可获取性
中国气象局热带气旋资料中心[⑥]	1949 以来年西北太平洋热带气旋数据	中国气象局上海台风研究所	中国气象局上海台风研究所	http://tcdata.typhoon.org.cn/index.html	公开
海洋科学大数据中心[⑦]	海洋专项数据库、中国近海观测研究网络数据库、开放航次数据库、国际共享资料数据库、国内历史资料数据库、西太平洋区域数据、中国近海遥感数据库等数据集，涉及海洋化学、海洋地质、海洋生物、物理海洋等学科数据	中国科学院海洋研究所数据中心	中国科学院海洋研究所	http://msdc.qdio.ac.cn	申请获取
国家地球系统科学数据共享服务平台（南海及其邻近海区科学数据中心）[⑧]	1992～2009 年全球海洋 0～750 米热含量（异常）场；南海北部开放航次走航气象观测数据集（2004～2015 年）；南海海洋再分析产品逐月数据集（1992～2011 年）：包含月平均海表高度、三维温度、盐度及海流等常规物理海洋变量；印—太海洋热通量产品（1998～2009 年）：包括海气界面的能量、动量和质量交换的同化海洋资料	国家地球系统科学数据共享服务平台	国家地球系统科学数据共享服务平台	http://ocean.geodata.cn/data/dataresource.html	申请获取
海岸带资源环境科学数据库[⑨]	中国海岸带叶绿素浓度、初级生产力、地物光谱、河口湖泊变化、黄河三角洲鸟类、海岸带保护树种分布、海岸带地理矢量数据、雷达风浪场观测、渤海多参数环境监测、莱州湾地理数据集、莱州湾水深数据等 数据时间跨度：1997～2017 年 更新频次：不定期	中国科学院烟台海岸带研究所数据中心	中国科学院烟台海岸带研究所	http://www.coastal.csdb.cn	公开

续表

数据集名称	性质/内容	版权归属及贡献者	维护机构	来源/网址	可获取性
物理海洋教育部重点实验室海洋数据中心[10]	2014 年至今北极冰基锚系浮标观测数据；全球耦合模式比较计划第五阶段（Coupled Model Intercomparison Project 5, CMIP5）海洋变量月平均数据：历史 CMIP5 海洋模式数据变量；CMIP5 大气变量月平均数据；历史 CMIP5 大气模式数据变量；CMIP5 海冰月平均数据；历史 CMIP5 海冰模式数据变量；CMIP5 海气通量数据（大气）；1960～2007 年我国近海及临近洋区的海面风场再分析数据，空间分辨率为 0.1 度×0.1 度，时间分辨率为 3 小时；1958～2005 年 ROMS 模式月平均数据，空间分辨率为 0.1 度×0.1 度	中国海洋大学	中国海洋大学	http://coadc.ouc.edu.cn	公开
国家综合地球观测数据共享平台[11]	中国规模最大的地球观测数据免费共享资源库，包括陆地卫星、海洋、气象全系列卫星数据的一站式共享服务。截止目前，平台数据资源包括 3 000 多万条全局元数据、300 太字节精选遥感数据汇交和服务、200 太字节以上国际优质遥感数据资源的本地化镜像服务以及科学信息产品的 DOI 出版和共享	中华人民共和国科学技术部国家遥感中心	中国科学院遥感与数字地球研究所	http://www.chinageoss.org/dsp/home/index.jsp	公开
国家气象信息中心[12]	探测、气候、天气等产品 2 300 种，包括高时空分辨率多时效嵌套降水、海洋（海表温度、海冰、洋面风）多圈层多要素的融合分析产品，在线资源超过 30 太字节数据时间跨度：1973 年至今	国家气象信息中心（中国气象局气象数据中心）	国家气象信息中心(中国气象局气象数据中心）	http://data.cma.cn	公开
中国气象数据网[13]	全球船舶站观测报资料定时值数据集(1980～2005 年)、东亚船舶站天气报资料定时值数据集(1980～2007 年)、全球海平面气温和海冰资料数据集（1871～1999 年）、全球海平面气压资料数据集（1871～1994 年）、中国热带气旋灾害数据集	国家气象信息中心（中国气象局气象数据中心）	国家气象信息中心(中国气象局气象数据中心）	http://data.cma.cn/data/cdcindex/cid/6b2344874db4bbaf.html	注册获取

① 国家海洋信息中心，2019，国家海洋科学数据中心共享服务平台数据库. http://mds.nmdis.org.cn/ [2019-12-1]。

② 国家海洋信息中心，2019，中国海洋信息数据库. http://www.nmdis.org.cn/[2019-12-1]。

③ 国家卫星海洋应用中心，2019，国家海洋卫星应用中心数据库. http://www.nsoas.org.cn/[2019-12-1]。

④ 国家海洋环境预报中心，2019，中国海洋预报数据库. http://www.oceanguide.org.cn/ [2019-12-1]。

⑤ 卫星海洋环境动力学国家重点实验室，2019，中国 Argo 实时资料中心数据库. http://www.argo.org.cn/ [2019-12-1]。

⑥ 中国气象局上海台风研究所，2019，中国气象局热带气旋资料中心数据库. http://tcdata.typhoon.org.cn/ [2019-12-1]。

⑦ 中国科学院海洋研究所，2019，海洋科学大数据中心数据库. http://msdc.qdio.ac.cn/ [2019-12-1]。

⑧ 国家地球系统科学数据共享服务平台，2019，国家地球系统科学数据共享服务平台（南海及其邻近海区科学数据中心）. http://ocean.geodata.cn/ [2019-12-1]。

⑨ 中国科学院烟台海岸带研究所，2019，海岸带资源环境科学数据库. http://www.coastal.csdb.cn/ [2019-12-1]。

⑩ 中国海洋大学，2019，物理海洋教育部重点实验室海洋数据中心. http://coadc.ouc.edu.cn/ [2019-12-1]。

⑪ 中国科学院遥感与数字地球研究所，2019，国家综合地球观测数据共享平台. http://www.chinageoss.org/ [2019-12-1]。

⑫ 国家气象信息中心（中国气象局气象数据中心），2019，国家气象信息中心. http://data.cma.cn/ [2019-12-1]。

⑬ 国家气象信息中心（中国气象局气象数据中心），2019，中国气象数据网. http://data.cma.cn/ [2019-12-1]。

三、数据服务状况

国家海洋科学数据中心共享服务平台由国家海洋信息中心维护发布。数据库提供了海洋科学数据的在线共享服务，包括海洋基础信息、海洋信息产品、海洋元数据信息、预报服务、项目动态信息等。信息资源丰富、服务范围广、实用性强是国内海洋数据库中最具影响力以及研究者使用最多的数据库。中国气象数据库由国家气象信息中心（中国气象局气象数据中心）维护发布，数据收录了中国范围的海洋、地面、高空气象统计资料，不管是数据的准确性还是实时性都较为可靠。海洋科学大数据中心由中国科学院海洋研究所维护发布。该数据库搜集和整理了 20 世纪以来历次海洋调查（包括国内和国外）获得的数据资料，建成了中国近海和西北太平洋海洋水文子库、海洋地质子库、海洋生物子库、遥感子库等。部分数据具有实时性，综合性强，集成覆盖我国海岸带—近海—大洋不同时空尺度的数据库。长期海洋气候模式数据、极地温盐剖面数据、气象再分析数据产品等由中国海洋大学维护发布。印度洋区域数据库由印度洋业务化海洋学研究中心维护发布，且通过多种方式对印度洋区域进行观测。数据具有空间代表性，同化数据质量高。中国 Argo 实时资料中心数据库能够提供全球海洋 2 000 米深度的温度、盐度资料。南海及邻近海区科学数据中心提供了南海海区元数据、海洋基础信息、海洋信息产品服务等功能，具有区域代表性，数据参数较为全面，分辨率较高。中国气象局热带气旋资料中心收录了全球每年热带气旋后统计的气象资料，包括最佳路径、卫星分析、登陆热带气旋和热带气旋风雨，是较为全面的热带气旋资料库，与国际上同类资料库相比具有其独特性。

对于气候变化研究，在海洋科学数据方面，中国比较缺少集成化的、更长时间序列的、有详细说明和严格数据质量控制的全球化综合化海洋数据产品。各单位都立足于自身优势开发相关数据产品。由于海洋数据的多维性、参数多样性、获取难度大等特点，单纯的现场观测、卫星遥感和数值模拟再分析数据无法满足气候变化研究的要求，需要将三者结合起来，并提高分辨率，且需增加如海浪、海冰、海平面等空间场的再分析数据参数（苏国辉等，2012）。在数据获取和公开方面在必要和规范统一的审核制度下，规范申请使用方式，整体上形成统一的数据共享制度和共享平台（侯雪燕等，2017；刘帅等，2020；王辉等，2015）。

参考文献

Boyd W P, Claustre H, Levy M, *et al.*, 2019. Multi-faceted Particle Pumps Drive Carbon Sequestration in the Ocean. Nature, 568: 327～335.

Friedlingstein P, Michael O S, Matthew W J, *et al.*, 2020. Global carbon budget 2020. Earth System Science Data, 12(4),3269～3340.

崔爱菊、王建村、苏天赟：“海洋地球物理数据库设计与实现”，《海洋科学》，2015年第39卷第3期。

樊妙、章任群、金继业：“美国海洋测绘数据的共享和管理及对我国的启示”，《海洋通报》，2013年第32卷第3期。

方长芳、张翔、尹建平：“21世纪初海洋预报系统发展现状和趋势”，《海洋预报》，2013年第30卷第4期。

侯雪燕、洪阳、张建民等：“海洋大数据：内涵、应用及平台建设”，《海洋通报》，2017年第4期。

李顺、徐富春：“国家环境数据共享与服务体系研究与实践”，《中国环境管理》，2014年第6期。

刘闯、王正兴：“美国全球变化数据共享的经历对我国数据共享决策的启示”，《地球科学进展》，2002年第17卷第1期。

刘帅、陈戈、刘颖洁等：“海洋大数据应用技术分析与趋势研究”，《中国海洋大学学报（自然科学版）》，2020年第50卷第1期。

宋转玲、刘海行、李新放等：“国内外海洋科学数据共享平台建设现状”，《科技咨询》，2013年第36期。

王辉、刘娜、逄仁波等：“全球海洋预报与科学大数据”，《科学通报》，2015年第60卷第5～6期。

王秋璐、杨翼、李潇等：“我国海洋生态环境监测数据共享研究”，《环境与可持续发展》，2016年第3期。

杨峰、杜云燕、崔马军等："海洋多源环境数据共享系统研究"，《测绘通报》，2011年第10期。
张新、姜晓轶、仵倩玉等："分布式网络环境下海洋大数据服务技术研究"，《海洋技术学报》，2018年第37卷第4期。

第八章　冰冻圈科学数据

冰冻圈是全球气候系统五大圈层之一，在受气候变化影响的诸环境系统中，冰冻圈变化首当其冲，是全球变化最快速、最显著、最具指示性，也是对气候系统影响最直接和最敏感的圈层。在气候变化影响下，近十年冰冻圈呈现加速萎缩状态（Zhong *et al.*, 2021），并且有变绿的趋势（Myers-Smith *et al.*, 2020），这导致冰冻圈地表反照率降低，进而对土壤升温和植被生长产生了正反馈（Loranty *et al.*, 2014），这在一定程度上增加了冰冻圈的碳汇量，但整体来看，冰冻圈的多年冻土消融导致了冰冻圈中储存的大量碳释放到了大气中，这导致冰冻圈作为一个净碳源，将进一步加剧全球变暖（Cai *et al.*, 2021）。近年来，中国已经在气候变化与冰冻圈方面开展了大量研究，取得了丰硕成果（秦大河等，2009）。这些冰冻圈及气候变化影响的研究都离不开冰冻圈科学数据的支撑，尤其是冰冻圈观测数据的积累。本章在《第三次气候变化国家评估报告数据与方法集》相应章节初步评估结果的基础上，按冰冻圈科学数据的分类，系统梳理和汇总了科研人员经常申请和使用的较新的冰冻圈科学数据集（以 2012～2018 年为主），并通过对比涉及冰冻圈科学数据较多的几个大型数据中心或平台，评估了中国冰冻圈科学数据的质量和服务情况，以期在碳中和目标下为提高中国冰冻圈科学数据建设能力提供参考。评估结果显示：①冰冻圈研究正在由过去单要素自身机理和过程研究向冰冻圈科学体系化方向迈进（秦大河等，2014），同时，冰冻圈科学数据也由过去的单要素观测积累，逐渐发展为多要素的系统观测以及遥感模拟。②中国冰冻圈科学数据质量整体较好，冰冻圈各要素多已形成相应观测研究标准或规范。观测数据的生产都遵循各自的标准规范，遥感模式等计算类数据也多有相应观测点进行验证，模拟精度范围较过去均有提高。③中国冰冻圈科学数据服务主要依靠寒区旱区科学数据中心以及国家冰川冻土沙漠科学数据中心展开。④为提高中国气候变化方面冰冻圈科学数据建设能力，建议建立一套长期有效的冰冻圈科学数据共享机制以及相应的数据平台来完善冰冻圈全要素及长时间序列的观测，以期满足中国冰冻圈科学研究的数据需求。

本章主要介绍并评估了中国冰冻圈科学数据的现状及不足，主要内容包括：1. 科学数据情况，介绍了冰冻圈科学数据按其要素进行分类的常见方法及各要素典型数据集的分布情况，并对比了中国冰冻圈科学数据主要分布的数据平台或数据中心涵盖的冰冻圈科学数据类型及数据更新情况。2. 数据的质量情况，阐述了冰冻圈科学数据的时空分布、数据的获取手段及不确定性、数据的保存条件以及不同数据库中冻土数据的质量情况。3. 数据服务状况，介绍目前应用较多的冰冻圈科学数据中心。4. 其他需要说明/评估的内容，列出了中国冰冻圈科学数据存在的问题和不足，并提出了改进的方向或建议。

一、科学数据情况

常见的冰冻圈科学数据，一般按冰冻圈要素分为几个大类：冰川、冻土、积雪、海/河/湖冰等。而各大类数据下又细分为若干数据子类，如冰川类数据主要分为冰川编目数据、冰川物质平衡、冰川运动、冰川气象、冰川水文、冰川温度等子类；冻土类数据主要分为冻土分布/类型等制图数据、钻孔地温、多年冻土活动层、冻土气象等子类；积雪类数据主要分为遥感产品、积雪观测等子类。

深入研究冰冻圈和气候相互作用的物理过程与反馈机制，提升对气候系统变化的科学认识水平，减小气候系统模拟和未来气候变化预估的不确定性（丁永建等，2013）。在气候变化领域，中国冰冻圈科学数据的生产应用由原来冰冻圈各要素自给自足，到后来通过遥感手段生成多个冰冻圈数据集，进而建成冰冻圈相关网络数据库（马明国等，2000），并以数据库的方式进行共享，再到当前通过多学科交叉、多手段集成、新技术应用开展冰冻圈多要素综合研究（秦大河，2018），可知目前依托相关数据中心的冰冻圈科学数据共享方式可满足一部分研究的需要。中国冰冻圈科学数据中的典型数据集如表8–1所列，包含了冰冻圈科学数据的各大类及子类，及其版权归属及贡献者、数据类型（图形、影像、遥感、观测等）及版本等内容。

中国的冰冻圈科学数据主要集中在以下几个数据平台或数据中心：①中国科学院西北生态环境资源研究院（简称：中科院西北研究院，即原中国科学院寒区旱区环境与工程研究所，简称：中科院寒旱所）冰冻圈科学国家重点实验室维护的“冰冻圈科学数据平台”（在建）。②中国科学院西北生态环境资源研究院国家数据中心维护的“国家冰川冻土沙漠科学数据中心”，即“国家特殊环境、特殊功能观测研究台站共享服务平台”（简称：特殊环境平台）。③中国科学院西北生态环境资源研究院遥感与地理信息科学研究室（简称：中科院西北研究院遥感室）维护的“寒区旱区科学数据中心”。④中国极地研究中心维护的“国家极地科学数据中心”（原极地科学数据共享平台、中国南北极数据中心）。⑤中国科学院青藏高原研究所维护的“国家青藏高原科学数据中心”（原“泛第三极大数据系统”）及“青藏高原科学数据中心”（旧版）（表8–2）。

表 8–1　冰冻圈科学数据典型数据分布情况

数据集名称	性质/内容	版权归属及贡献者	维护机构	来源/网址	可获取性
中国第二次冰川编目数据集（V1.0）①~③	第二次中国冰川编目采用当前国际通用的遥感和地理信息系统（Geographic Information System 或 Geo－Information system, GIS）方法，用陆地卫星（Landsat）主题成像传感器/增强型主题成像传感器（Thematic Mapper/Enhanced Thematic Mapper, TM/ETM）的遥感卫星数据描绘冰川边界，并以第四次航天飞机雷达地形测绘任务（Shuttle Radar Topography Mission V4, SRTM V4）数据为冰川高程属性提取数据源。裸冰区冰川边界的提取方法采用国际认可的高效波段比值阈值分割方法来进行，并以自主研发的冰川区山脊线提取方法来提取冰川区分冰岭，结合结果的人工修订，进而形成最终的冰川边界数据。同时，基于通用的 GIS 算法来计算冰川的面积、周长等几何属性及最大、最小平均等高程属性。野外全球定位系统（Global Positioning System, GPS）测量和高分辨率遥感影像的验证结果显示，基于第二次中国编目中所用方法获取的冰川边界具有较高的定位精度和冰川面积精度，能够满足各行各业对冰川编目数据的精度要求。截止 2013 年底，基于 Landsat 影像的中国第二次冰川编目完成了 86%西部地区的冰川编目，共解译出冰川 42 370 条，总面积 43 102.58 平方千米。未完成部分主要位于青藏高原东南部横断山地区和念青唐古拉山中东段等地区。这些地区由于受印度季风影响，具有很高降水量并且常年被积雪和云覆盖，无云无雪的优质遥感影像很难获取。可获取的优质遥感影像大多是在2000～2005年间拍摄。为保证成果数据时间上的统一性，这些地区的冰川编目未依据这些影像进行编制。目前这些地区的冰川编目还在基于最新的 Landsat-8/OLI 传感器的数据处于编制过程中，并将于编制完成后向社会发布。在目前发布的第二次冰川编目数据集中，青藏高原东南部等第二次编目未完成区域的数据采用最新数字化和更新的第一次冰川编目数据集代替，总计使用第一次编目数据集中的冰川 6 201 条，面积 8 753.5 平方千米	“中国西部冰川资源及其变化调查”专项	中国科学院西北生态环境资源研究院国家数据中心、中国科学院西北生态环境资源研究院遥感室、中国科学院西北生态环境资源研究院冰冻圈科学国家重点实验室	http://www.crensed.ac.cn/portal/metadata/6d44fd19-64d7-4af1-8e81-5fa717585b5b; http://westdc.westgis.ac.cn/data/f92a4346-a33f-497d-9470-2b357ccb4246; http://data.sklcs.ac.cn	注册访问

续表

数据集名称	性质/内容	版权归属及贡献者	维护机构	来源/网址	可获取性
乌鲁木齐河源1号冰川2018年物质平衡数据[④]	本数据为乌鲁木齐河源1号冰川2018年物质平衡数据，单位为毫米。2017年消融季末、2018年消融季初与末各观测一次。综合三次观测数据解算2018年冬平衡与年平衡	李慧林	中国科学院西北生态环境资源研究院国家数据中心	http://www.crensed.ac.cn/portal/metadata/b87be142-17f5-4654-9c99-b150cc07e477	注册访问
2015～2016年乌鲁木齐河源1号冰川表面运动速度和末端变化数据[⑤]	本数据集是2015年8月及2016年8月对冰川表面的运动点进行了冰川表面运动的观测，观测是使用实时差分动态定位技术（Real Time Kinematic, RTK）和GPS技术进行测量的。1号冰川年运动速度；1号冰川东、西支冰舌的年进退变化量；年度的各流速点的空间坐标	王璞玉	中国科学院西北生态环境资源研究院国家数据中心	http://www.crensed.ac.cn/portal/metadata/789fb4e6-ef08-4793-a276-185001482110	注册访问
祁连山老虎沟12号冰川4 200米2013年气象数据[⑥]	本数据集为为祁连山老虎沟12号冰川4 200米气象站数据，包含了海拔4 200米处温湿风压（1米，2米，4米，10米）和一层4分量辐射的日平均数据，和降水日总量。气象数据剔除了异常值，降水数据利用风速、温度进行了修正	杨永如	中国科学院西北生态环境资源研究院国家数据中心	http://www.crensed.ac.cn/portal/metadata/ea35d490-48a3-4779-b263-292b2548eb09	注册访问

续表

数据集名称	性质/内容	版权归属及贡献者	维护机构	来源/网址	可获取性
乌鲁木齐河源1号冰川 2007～2012 年、2014 年水文点逐日降水量[⑦]	天山一号冰川属双支冰斗山谷冰川，长 2.2 千米、平均宽度 500 米，面积 1.828 平方千米，最大厚度 140 米，最高点海拔 4 476 米、年均运动速度约 5 米、冰舌末端海拔 3 734 米、雪线平均高度为 4 055 米、朝向东北、主流呈“S”型。天山冰川观测试验站的常规水文、气象观测在乌鲁木齐河源区的 1 号冰川水文点、空冰斗水文点、总控制水文点进行。三个水文断面均装有自计水位计。测流主要用流速仪法，即时流量由水位—流量关系线求得。气象观测项目主要为气温、降水、湿度、蒸发、地温、日照等。所有观测资料均按规范进行整理。1 号冰川水文点设在离 1 号冰川末端 300 米的河道上，实施 1 号冰川冰雪径流的监测，断面海拔 3 659 米，流域面积 3.34 平方千米，其中冰川面积 1.74 平方千米。为混凝土矩形断面（高 1.0 米，宽 1.6 米），气象场设在断面左岸。空冰斗水文点设在乌鲁木齐河源区左侧，斗口朝南，进行高山区积雪、多年冻土融水径流的观测，断面海拔 3 805 米，流域面积 1.68 平方千米，为混凝土矩形断面（高 1.0 米，宽 1.0 米），气象场设在断面右岸。总控水文断面位于乌鲁木齐河源区大西沟和罗布道沟汇合处，设有总控制水文点，控制监测乌鲁木齐河源区降水和 7 条冰川以及冰川周围高山积雪、多年冻土的总融水径流。该控制端面海拔 3 408 米，流域面积 28.9 平方千米。其中冰川面积 5.6 平方千米。为混凝土断面，设有工作桥，气象场设在断面左岸冰碛丘上。本数据为各水文点自动气象站获取的 2007～2012 年和 2014 年的逐日降水量数据。本数据集可提取冰川的气象信息、研究冰川的物质平衡等	王飞腾、杨永如	中国科学院西北生态环境资源研究院国家数据中心	http://www.crensed.ac.cn/portal/metadata/a4dd0e59-147a-4dc5-bf91-f6d0c1695384	注册访问

续表

数据集名称	性质/内容	版权归属及贡献者	维护机构	来源/网址	可获取性
2014 年中国北极黄河站考察奥斯翠·劳温布林冰川温度观测数据[8]	2014 年中国北极黄河站考察期间，利用自主研制的手提钻分别在奥斯翠·劳温布林冰川 B2、E2 和 F 点钻取了 3 个 20 米冰温孔。B2 和 F 点 20 米冰温探头分布相同，共有 5 个，分别分布在 2 米、5 米、10 米、15 米深度。E2 点 20 米冰温探头共有 12 个，分别分布在 1 米、2 米、4 米、7 米、9 米、10 米、11 米、12 米、13 米、14 米、16 米、20 米。测温探头是由高精度的热敏电阻材料（国家二等标准铂电阻）制作而成，配用高精度的数字测量仪器福禄克 187 万用表（美国产）测量探头电阻值。利用标定热敏电阻的计算公式，可把万用表测量的电阻值转换成温度值。引用温度时，每个温度值应减 0.01 摄氏度才是真实温度。测量仪器经实验室标定，电阻值是准确可靠的。测温方法：①在测温点首先打开防护好的引线端子，裸露在空气中。②打开数字万用表的保护盒，取出两只测量表笔，将有黑夹子的表笔接到公共端，用夹子夹好，打开万用表停在欧姆档，准备测温。③用手握住另一只表笔的后端（防止手对表笔加热引起测量回路增加附加温差电势，影响测温精度），用表尖分别接触每个温度探头的引出端子，经 5 秒左右时间万用表显示的读数最后一位（表示 0.001 摄氏度）不再跳动，一次测量即告结束。④准确将结果记录在原始记录表中，注意探头顺序不要搞错，直至测完最后一个探头。2013 年开始温度监测端没有找到 E2 点和 F 点，温度计被动物（可能是北极狐）咬断，所以从这年开始只有 B2 点的数据	闫明、孙维君、金爽	中国极地研究中心、国家极地科学数据中心（原极地科学数据共享平台、中国南北极数据中心）	http://www.chinare.org.cn/difDetailPublic/?id=9059	注册访问

续表

数据集名称	性质/内容	版权归属及贡献者	维护机构	来源/网址	可获取性
青藏高原及周边地区典型冰川变化数据集（2005～2016年）[⑨]	青藏高原及周边地区典型冰川末的端变化及冰川物质平衡数据，包括纳木错的扎当冰川、羊卓雍错的枪勇冰川、帕隆藏布的帕隆冰川、慕士塔格地区的阿尔且特克冰川、15号冰川、乔都马克冰川及青藏高原中部唐古拉山小冬克玛底冰川、青藏高原东北部祁连山七一冰川和阿里地区日土县的昂龙2号冰川。用于对高原典型地区典型冰川，长期定点监测冰川对气候变化的响应。其中乔都马克冰川和帕隆94号冰川两条冰川有末端变化数据	姚檀栋	中国科学院青藏高原研究所青藏高原科学数据中心	http://www.tpedatabase.cn/portal/MetaDataInfo.jsp?MetaDataId=96	注册访问
青藏高原新绘制冻土分布图（2017）[⑩⑪]	本数据集基于改进的中分辨率成像光谱仪（Moderate-Resolution Imaging Spectroradiometer, MODIS）地表温度（Land Surface Temperatures, LSTs）的冻融指数及多年冻土顶板温度（Top Temperature Of Permafrost, TTOP）模型模拟了多年冻土的分布，生成了新的冻土图，并利用各种地面数据集对该图进行了验证。 冻土属性主要包括：季节性冻土（Seasonally frozen ground）、多年冻土（Permafrost）、非冻土区域（Unfrozen ground） 数据集为青藏高原冻土研究提供了更详细的冻土分布资料和基础资料	赵林	中国科学院青藏高原研究所国家青藏高原科学数据中心、中国科学院西北生态环境资源研究院冰冻圈科学国家重点实验室	http://data.tpdc.ac.cn/zh-hans/data/0231c972-8460-4691-a187-70e4cc356f60; http://www.crs.ac.cn/数据申请/冻土制图数据	注册访问 离线申请
青藏高原冻土制图数据集[⑫]	数据集包括：青藏高原多年冻土区5种土壤类型（土纲）空间分布图，温泉地区土壤类型（亚纲）空间分布图，青藏高原多年冻土植被类型图等	李旺平、王志伟	中国科学院西北生态环境资源研究院	http://www.crs.ac.cn/数据申请/冻土制图数据	离线申请

续表

数据集名称	性质/内容	版权归属及贡献者	维护机构	来源/网址	可获取性
2016 年青藏高原西大滩泵站多年冻土地温数据[13][14]	本数据为中国科学院寒区旱区环境与工程研究所、冰冻圈科学国家重点实验室、青藏高原冰冻圈观测试验研究站长期定位观测数据。本数据集为 2016 年青藏高原西大滩泵站多年冻土地温数据。0.5 米 GT 表示 0.5 米处地温数据，单位为摄氏度。数据采集、处理过程可参照《多年冻土调查手册》（2015 年出版）	史健宗	中国科学院西北生态环境资源研究院国家数据中心、中国科学院西北生态环境资源研究院冰冻圈科学国家重点实验室	http://www.crensed.ac.cn/portal/metadata/25fe7ef7-d742-4776-8d1d-62a24176a6bd；http://data.sklcs.ac.cn	注册访问
2016 年青藏高原两道河（China05）多年冻土活动层数据[15][16]	本数据源自 2016 年青藏高原两道河地区冻土活动层进行观测，由布设专业观测探头测得。数据详细解析：Soil T 为土壤温度、单位为摄氏度、WR 为土壤水分、单位为立方厘米、经人工转换为温度值后计算而来	史健宗	中国科学院西北生态环境资源研究院冰冻圈科学国家重点实验室、中国科学院青藏高原冰冻圈观测研究站	http://data.sklcs.ac.cn http://www.crs.ac.cn/数据申请	注册访问 离线申请
2016 年青藏高原唐古拉多年冻土气象数据[17][18][19]	本数据为中国科学院寒区旱区环境与工程研究所、冰冻圈科学国家重点实验室、青藏高原冰冻圈观测试验研究站长期定位观测数据。本数据集为 2016 年青藏高原多年冻土唐古拉气象数据。数据采集、处理过程可参照《多年冻土调查手册》（2015 年出版）	史健宗	中国科学院西北生态环境资源研究院国家数据中心、中国科学院西北生态环境资源研究院冰冻圈科学国家重点实验室	http://www.crensed.ac.cn/portal/metadata/c4b2cee9-d6e5-4320-89ad-c57a6c67ab89；http://data.sklcs.ac.cn；http:// www.crs.ac.cn/数据申请	

续表

数据集名称	性质/内容	版权归属及贡献者	维护机构	来源/网址	可获取性
中国雪深长时间序列数据集（1979～2016年）[20]	该数据集是“中国雪深长时间序列数据集（1978～2012 年）”的升级版本。制作该数据集的源数据与上一版本存在差异，由于高级微波扫描辐射计（Advanced Microwave Scanning Radiometer - Earth Observing System sensor, AMSR-E）在 2011 年停止运行，从 2008 年到 2016 年的雪深采用专用传感器微波成像仪/探测仪（Special Sensor Microwave Imager/Sounder, SSMI/S）传感器的亮度温度进行提取。本数据集提供 1979 年 1 月 1 日～2016 年 12 月 31 日逐日的中国范围的积雪厚度分布数据，其空间分辨率为 0.25 度。用于反演该雪深数据集的原始数据来自美国国家雪冰数据中心（National Snow and Ice Data Center, NSIDC）处理的扫描多通道微波辐射计（Scanning Multichannel Microwave Radiometer, SMMR）（1979～1987 年），专用传感器微波成像仪（Special Sensor Microwave/Imager, SSM/I）（1987～2007 年）和专用传感器微波成像仪/探测仪(Special Sensor Microwave Imager/Sounder, SSMI/S)(2008～2016 年）逐日被动微波亮温数据（Equal Area SSMI Earth Grid, EASE-Grid）。由于三个传感器搭载在不同的平台上，所以得到的数据存在一定的系统不一致性。通过对不同传感器的亮温进行交叉定标提高亮温数据在时间上的一致性。然后利用车涛博士在 Chang 算法基础上针对中国地区进行修正的算法进行雪深反演。该数据集是经纬度投影，每天一个文件，文件命名方式为: 年+天，如 1990001 表示 1990 年第一天，1990207 表示 1990 年第 207 天。详细数据说明请参考数据文档	戴礼云	中国科学院西北生态环境资源研究院国家数据中心	http://www.crensed.ac.cn/portal/metadata/d9a9e8ae-3e8f-4c1a-b1a6-a739a405c971	注册访问

续表

数据集名称	性质/内容	版权归属及贡献者	维护机构	来源/网址	可获取性
阿尔泰山库威积雪站喀依尔综合观测场气象—积雪—冻土—风吹雪数据集（2017～2019 年）[21]	数据集主要指标包括气象（风速和风向、气温、水气压和相对湿度、降水和四分量辐射）、积雪（雪深、风吹雪）、冻土（表层土壤温度、分层土壤温度、分层土壤水分和土壤热通量）等指标	张伟	中国科学院西北生态环境资源研究院国家数据中心	http://www.crensed.ac.cn/portal/metadata/33c50815-d700-4c63-9a4d-63837e5c5fa6	注册访问
青藏高原逐日无云 MODIS 积雪面积比例数据集（2000～2015 年）[22]	青藏高原逐日无云 MODIS 积雪面积比例数据集（2000～2015）属性由该数据集的时空分辨率、投影信息、数据格式组成 时空分辨率：时间分辨率为逐日，空间分辨率为 500 米，经度范围为东经 72.8～106.3 度，纬度为北纬 25.0～40.9 度 投影信息：横轴等角割圆柱即通用横墨尔卡（Universal Transverse Mercator, UTM）投影	唐志光	中国科学院西北生态环境资源研究院遥感室	http://westdc.westgis.ac.cn/data/94a8858b-3ace-488d-9233-75c021a964f0	注册访问
北极阿拉斯加巴罗站冰冻圈监测数据—2017 年海冰厚度(4 月～6 月）[23]	本数据集主要为北极阿拉斯加巴罗站冰冻圈监测数据—2017 年海冰厚度（4～6 月）监测数据，单位为米	李传金	中国科学院西北生态环境资源研究院冰冻圈科学国家重点实验室	http://data.sklcs.ac.cn	注册访问

续表

数据集名称	性质/内容	版权归属及贡献者	维护机构	来源/网址	可获取性
2016 年中国北极考察加拿大海盆地区海冰物质平衡数据（300234010962190）[㉔]	北极海冰物质平衡浮标由太原理工大学自行研制，包括一个温度湿度多功能检测计精度为±0.3 摄氏度，一个冰上声呐精度为±1 厘米，观测积雪积累和融化，监测海冰上界面，一个水下声呐精度为 1 厘米，观测海冰底部生消变化，一条温度链（温度传感器集成 DS28EA00）精度为±0.5 摄氏度，监测剖面的温度梯度，一个叶绿素传感器精度为 0～50 微克/升，一个数据采集仪和一个铱星发送模块。并利用美国铱星网络设计了远程监测网接收数据。标定符合国家二级标准。每天每小时接收一次数据，每天共计 24 个数据。数据集仍在采集当中，本次发布的数据集截止到 2016 年 9 月 17 日。	窦银科	中国极地研究中心、国家极地科学数据中心（原极地科学数据共享平台、中国南北极数据中心）	http://www.chinare.org.cn/difDetailPublic/?id=8961	注册访问
2000～2018 年青海湖湖冰物候特征数据集[㉕]	湖冰物候是气候变化的灵敏指示器。青海湖是中国境内最大的咸水湖，其湖冰物候特征及变化备受关注。本文基于较高时空分辨率的 Terra 卫星的 MODIS 数据和 Landsat 专题成像传感器/增强型专题成像传感器+/陆地成像仪传感器（Thematic Mapper/ Enhanced Thematic Mapper Plus/ Operational Land Imager, TM/ETM+/OLI）遥感影像，综合应用遥感（Remote Sensing, RS）和 GIS 技术构建 2000～2018 年青海湖湖冰物候特征数据集。本数据集基于 MODIS 数据选用阈值法区分湖冰和湖水，通过设定红光波段、红光和近红外两波段反射率之差的阈值提取湖冰面积，并将基于 Landsat TM/ETM+/OLI 遥感影像人工目视解译的湖冰面积作为真值来验证基于 MODIS 数据提取的湖冰面积，两者误差仅为 0.8%，表明基于 MODIS 数据提取的湖冰面积具有较好的精度。本数据集包含 2000～2018 年青海湖湖冰范围矢量数据、湖冰面积比例和湖冰物候特征信息（如开始冻结、完全冻结、开始消融、完全消融、封冻期等）及近 19 年的青海湖水域矢量信息，可为理解青海湖湖冰时空变化规律及对气候变化的响应提供数据支撑	姚晓军	《中国科学数据》期刊	http://www.csdata.org/p/214	注册访问

① 国家冰川冻土沙漠数据中心，2019a.中国第二次冰川编目数据集（V1.0）. http://www.crensed.ac.cn/portal/metadata/6d44fd19-64d7-4af1-8e81-5fa717585b5b[2019-10-25]。

② 寒区旱区科学数据中心，2019.中国第二次冰川编目数据集（V1.0）. http://westdc.westgis.ac.cn/data/f92a4346-a33f-497d-9470-2b357ccb4246[2019-10-25]。

③ 冰冻圈科学数据平台，2019.中国第二次冰川编目数据集（V1.0）.http://data.sklcs.ac.cn/[2019-10-25]。

④ 国家冰川冻土沙漠数据中心，2019.乌鲁木齐河源 1 号冰川 2018 年物质平衡数据. http://www.crensed.ac.cn/portal/metadata/b87be142-17f5-4654-9c99-b150cc07e477[2019-10-25]。

⑤ 国家冰川冻土沙漠数据中心，2019. 2015～2016 年乌鲁木齐河源 1 号冰川表面运动速度和末端变化数据. http://www.crensed. ac.cn/portal/ metadata/789fb4e6-ef08-4793-a276-185001482110[2019-10-25]。

⑥ 国家冰川冻土沙漠数据中心，2019.祁连山老虎沟 12 号冰川 4200m2013 年气象数据. http://www.crensed.ac.cn/portal/metadata/ ea35d490-48a3-4779-b263-292b2548eb09[2019-10-25]。

⑦ 国家冰川冻土沙漠数据中心，2019.乌鲁木齐河源 1 号冰川 2007～2012、2014 年水文点逐日降水量.http://www.crensed.ac.cn/portal/metadata/a4dd0e59-147a-4dc5-bf91-f6d0c1695384[2019-10-25]。

⑧ 中国南北极数据中心，2019.2014 年中国北极黄河站考察 Austre Lovénbreen 冰川温度观测数据.http://www.chinare.org.cn/ difDetailPublic/?id=9059[2019-10-25]。

⑨ 青藏高原科学数据中心，2019.青藏高原及周边地区典型冰川变化数据集（2005～2016）. http://www.tpedatabase.cn/portal/MetaDataInfo.jsp?MetaDataId=96[2019-10-25]。

⑩ 国家青藏高原科学数据中心，2019.青藏高原新绘制冻土分布图（2017）. http://data.tpdc.ac.cn/zh-hans/data/0231c972-8460- 4691-a187-70e4cc356f60/[2019-10-25]。

⑪ 中国科学院青藏高原冰冻圈观测研究站，2019.青藏高原新绘制冻土分布图(2017).http://www.crs.ac.cn/数据申请/冻土制图数据/[2019-10-25]。

⑫ 中国科学院青藏高原冰冻圈观测研究站，2019.青藏高原冻土制图数据集.http://www.crs.ac.cn/数据申请/冻土制图数据/[2019-10-25]。

⑬ 国家冰川冻土沙漠数据中心，2019.2016 年青藏高原西大滩泵站（QTB01）多年冻土地温数据.http://www.crensed.ac.cn/portal/metadata/25fe7ef7-d742-4776-8d1d-62a24176a6bd[2019-10-25]。

⑭ 冰冻圈科学数据平台，2019.2016 年青藏高原西大滩泵站（QTB01）多年冻土地温数据.http://data.sklcs.ac.cn[2019-10-25]。

⑮ 冰冻圈科学数据平台，2019.2016 年青藏高原两道河（China05）多年冻土活动层数据.http://data.sklcs.ac.cn[2019-10-25]。

⑯ 中国科学院青藏高原冰冻圈观测研究站，2019.2016 年青藏高原两道河（China05）多年冻土活动层数据. http://www.crs.ac.cn/数据申请/[2019-10-25]。

⑰ 国家冰川冻土沙漠数据中心，2019.2016 年青藏高原唐古拉（TGLMS）多年冻土气象数据. http://www.crensed.ac.cn/portal/metadata/c4b2cee9-d6e5-4320-89ad-c57a6c67ab89[2019-10-25]。

⑲ 中国科学院青藏高原冰冻圈观测研究站，2019.2016 年青藏高原唐古拉（TGLMS）多年冻土气象数据. http://www.crs.ac.cn/数据申请/[2019-10-25]。

⑳ 国家冰川冻土沙漠数据中心，2019. 中国雪深长时间序列数据集（1979～2016）. http://www.crensed.ac.cn/portal/metadata/d9a9e8ae-3e8f-4c1a-b1a6-a739a405c971[2019-10-25]。

㉑ 国家冰川冻土沙漠数据中心，2019.阿尔泰山库威积雪站喀依尔综合观测场气象—积雪—冻土—风吹雪数据集（2017～2019）. http://www.crensed.ac.cn/portal/metadata/33c50815-d700-4c63-9a4d-63837e5c5fa6[2019-10-25]。

㉒ 寒区旱区科学数据中心，2019. 青藏高原逐日无云 MODIS 积雪面积比例数据集（2000～2015）. http://westdc.westgis.ac.cn/data/94a8858b-3ace-488d-9233-75c021a964f0[2019-10-25]。

㉓ 冰冻圈科学数据平台，2019.北极阿拉斯加巴罗站冰冻圈监测数据—2017 年海冰厚度（4 月—6 月）.http://data.sklcs.ac.cn[2019-10-25]。

㉔ 中国南北极数据中心，2019.2016 年中国北极考察加拿大海盆地区海冰物质平衡数据（300234010962190）. http://www.chinare.org.cn/difDetailPublic/?id=8961[2019-10-25]。

㉕ 《中国科学数据》期刊，2019.2000～2018 年青海湖湖冰物候特征数据集. http://www.csdata.org/p/214/[2019-10-25]。

表 8–2　冰冻圈科学数据所在数据中心及相应的维护机构或部门单位表

数据平台或中心名称	维护机构或部门	主要数据类型、涵盖的冰冻圈科学数据类型及数据更新情况
冰冻圈科学数据平台	中科院西北研究院冰冻圈科学国家重点实验室	该平台依托冰冻圈科学国家重点实验室的八个野外台站，汇集了涵盖冰冻圈全要素的冰川、冻土、积雪、海冰等数据类型（以观测数据为主），数据更新频率为年度更新。
国家冰川冻土沙漠科学数据中心，国家特殊环境、特殊功能观测研究台站共享服务平台	中科院西北研究院大数据中心	该平台主要依托特殊环境类的十个野外台站（包括冰冻圈科学国家重点实验室的两个国家站）以及寒区旱区科学数据中心的历史数据而建，主要数据类型为冰川、冻土、泥石流、滑坡、极地、大气等特殊环境类科学数据，涵盖了冰冻圈的冰川、冻土等观测数据和部分遥感数据，数据更新频率为年度更新及不定期更新。
寒区旱区科学数据中心	中科院西北研究院遥感室	该中心前身为中国西部环境与生态科学数据中心（简称：西部数据中心），主要数据类型为遥感类数据，涵盖的冰冻圈科学数据主要有冰川、冻土、积雪等数据类型（以遥感数据为主），该中心数据最后更新到 2017 年。
国家极地科学数据中心（原极地科学数据共享平台、中国南北极数据中心）	中国极地研究中心	该中心主要数据类型为极地学科类科学数据，包括极地海洋学、极地日地物理学、极地冰川学、极地大气科学等，涵盖的冰冻圈数据主要有冰川、海冰等类型，数据更新频率不定期。
国家青藏高原科学数据中心（原泛第三极大数据系统）；青藏高原科学数据中心（旧版）	中科院青藏高原研究所	该中心主要针对青藏高原地区产出的科学数据，主要数据资源包括：青藏高原基础地理、大气物理、大气环境、冰川冻土、水文、湖泊、生态、地球物理、遥感和社会经济统计等数据类型，涵盖的冰冻圈科学数据类型以冰川、积雪、冰湖等数据为主，数据更新频率为不定期更新。 泛第三极大数据系统则整合了青藏高原科学数据中心、三江源国家公园星空地一体化生态监测数据平台等国内外各类泛三极数据资源，并将持续集成“第二次青藏高原综合科学考察研究”所产出的科学数据，主要数据为泛第三极地区的资源、环境、生态和大气等科学数据，所涵盖的冰冻圈数据相比青藏高原科学数据中心增加了一部分冻土数据，数据更新频率为不定期更新。

二、数据的质量情况

（一）数据的时间和空间尺度以及分辨率

冰冻圈科学数据平台以涵盖冰冻圈全要素的冰川、冻土、积雪、海冰等数据类型的长期定位/半定位监测数据为主，时间序列较长。空间尺度上依托冰冻圈科学国家重点实验室的八个野外台站：新疆天山站、青海格尔木站、云南玉龙雪山站、祁连山站、托木尔峰站、唐古拉山站、阿尔泰山站以及北极巴罗站，基本涵盖了冰冻圈要素所需包含的主要区域。

国家冰川冻土沙漠科学数据中心在整合寒区旱区科学数据中心的基础上主要涵盖了冰冻圈的冰川、冻土、积雪等遥感数据和2010年以前的部分观测数据，时间序列略长。空间尺度上，遥感数据以黑河流域为主，观测数据以新疆天山站和青海格尔木站为主。

国家极地科学数据中心主要的冰冻圈数据以极地冰川及海冰数据为主，时间序列较长，数据更新频率不定。

青藏高原科学数据中心（系国家青藏高原科学数据中心前身，与国家青藏高原科学数据中心独立运行）的数据在空间尺度上主要以青藏高原及中科院青藏所的野外台站为主，包含的冰冻圈科学数据类型以冰川、积雪、冰湖等遥感数据为主，观测数据以冰川为主，时间序列略短。

国家青藏高原科学数据中心（原泛第三极大数据系统）整合青藏高原科学数据中心后将空间尺度从第三极向西、向北扩展，涵盖青藏高原、帕米尔、兴都库什、伊朗高原、高加索、喀尔巴阡等山脉的欧亚高地及其环境影响区。包含的冰冻圈科学数据主要增加了一部分冻土数据（以遥感为主），观测数据时间序列略短。

（二）数据的获取手段及不确定性

冰冻圈科学数据平台依托冰冻圈科学国家重点实验室的八个野外台站，其中包括两个国家站（均在2019年6月被科技部评为优秀国家站），他们长期观测依据各自的观测规范和手册（李忠勤等，2018；赵林等，2018），数据质量高，数据获取稳定。国家冰川冻土沙漠科学数据中心所含冰冻圈数据也主要依托以上两个国家站，获取手段以野外台站汇交元数据等方式进行。寒区旱区科学数据中心的冰冻圈类数据以遥感类数据为主，数据获取具有不确定性。极地科学数据中心所含冰冻圈数据以各年度的极地考察为主，获取也相应以考察为准。国家青藏高原科学数据中心整合青藏高原科学数据中心后，观测数据仍依托中科院青藏所的野外台站进行，遥感数据则为不定期获取。

（三）数据的保存条件

各大数据平台一般都采用服务器+磁盘阵列的方式提供数据共享服务。数据保存的安全性在本地大部分情况下都有很好的保证。目前在建的冰冻圈科学数据平台摒弃了传统的本地双机（或多机）热备方案，在设计之初便采用了公有云+私有云互备的设计。公有云提供了异地灾备的最佳可靠性；私有云提供可靠的安全保障，保障数据共享始终处于安全可靠的最佳状态。

（四）不同数据库中冻土数据的质量情况

冻土作为冰冻圈不可或缺的组成要素之一，其数据是冰冻圈科学数据的主要组成部分之一，前述各大数据平台或中心除极地科学数据中心外均有涉及。青藏高原科学数据中心有一个活动层厚度观测数据集。国家青藏高原科学数据中心在整合时增加了2000年左右的部分冻土制图数据集以及2015年之前的部分冻土遥感数据集。寒区旱区科学数据中心主要包括的是上世纪八九十年代的冻土制图数据及2010年左右的部分冻土遥感数据（以黑河流域为主）。国家冰川冻土沙漠科学数据中心除了包括寒区旱区科学数据中心的历史数据外，还包括了2010年之前的一些冻土定位观测数据。冰冻圈科学数据平台主要以冻土定位观测数据为主，时间序列最为完整，较其他数据平台或中心都要长。

三、数据服务状况

中国西部环境与生态科学数据中心（简称：西部数据中心）亦即寒区旱区科学数据中心的前身，因其数据开放政策较好，中心数据为专家评审制，数据质量和共享开放程度较高，参与数据投稿和数据下载的使用者数量众多（吴立宗等，2013）。西部数据中心包括众多冰冻圈科学数据常用的遥感制图数据和少量观测数据，满足了不少科研人员对冰冻圈数据的共享需求，但其观测数据数量较少的问题也较突出。后因整合入国家冰川冻土沙漠科学数据中心（原中国科学院特殊环境与灾害监测网络）（赵涛等，2008），目前使用最广泛的冰冻圈科学数据多以国家冰川冻土沙漠科学数据中心为主。

四、其他需要说明/评估的内容

冰冻圈科学数据作为气候变化事实科学数据的组成部分，在目前已建成的各数据中心或平台中多为冰冻圈遥感数据，而反映气候变化事实的观测数据较少。这些数据中心或平台涉及的冰冻圈观测数据所包含的冰冻圈要素大多不全，或者时间序列缺失较多。对冰冻圈科学基础研究以及数据共享而言，缺乏一个涵盖冰冻圈全要素及长时间序列观测数据的数据中心。另外，中国冰冻圈科学研究中除青藏高原外，一些区域包含部分的冰冻圈要素，例如东北大小兴安岭的多年冻土研究。其科学数据大都掌握在对这些“冷门”区域研究较多的高校中，而这些高校因种种原因未将该区域的冰冻圈科学数据有效共享，望今后能将此类数据进行体系化共享。因此，建立一套长期有效的冰冻圈科学数据共享机制，以及相应的数据平台将有效解决以上所列出的存在问题和不足之处。

参考文献

Cai Ziyi，YOU Qinglong，Chen Deliang，*et al*., 2021. Review of changes and impacts of the cryosphere under the background of rapid Arctic warming. Journal of Glaciology and Geocryology,43(3):902～916.

Jeong J-H，Kug J-S，Linderholm H W，*et al*., 2014. Intensified Arctic warming under greenhouse warming by vegetation-atmospheresea ice interaction. Environmental Research Letters,9:094007.

Loranty M M，Berner L T，Goetz S J，*et al*., 2014.Vegetation con-trols on northern high latitude snow-albedo feedback：observations and CMIP5 model simulations. Global Change Biology,20(2):594～606.

Myers-Smith I H，Kerby J T，Phoenix G K，*et al*., 2020.Complexity revealed in the greening of the Arctic. Nature Climate Change,10(2):106～117.

Qin, D.H., Y.J. Ding and C.D. Xiao, *et al*., Cryospheric Science: research framework and disciplinary system. *National Science Review*,2018,5(02):255～268.

Zhong Xinyue, Kang Shichang, Guo Wanqin, et al., 2021.The rapidly shrinking cryopshere in the past decade：an interpretation of cryospheric changes from IPCC WGI Sixth Assessment Report. Journal of Glaciology and Geocryology, 43(6):1～8.

丁永建、效存德：“冰冻圈变化及其影响研究的主要科学问题概论”，《地球科学进展》，2013 年第 28 卷第 10 期。

李忠勤、王飞腾、李慧林等：“长期冰川学观测引领大陆性和干旱区冰川变化与影响研究”，《中国科学院院刊》，2018 年第 33 卷第 12 期。

马明国、陈贤章、李新：“中国冰冻圈网络数据库设计”，《冰川冻土》，2000 年第 3 期。

秦大河、周波涛、效存德：“冰冻圈变化及其对中国气候的影响”，《气象学报》，2014 年第 5 期。

秦大河、丁永建：“冰冻圈变化及其影响研究——现状、趋势及关键问题”，《气候变化研究进展》，2009 年第 5 卷第 4 期。

吴立宗、王亮绪、南卓铜等：“科学数据出版现状及其体系框架”，《遥感技术与应用》，2013 年第 28 卷第 3 期。

赵林、吴通华、谢昌卫等：“多年冻土调查和监测为青藏高原地球科学研究、环境保护和工程建设提供科学支撑”，《中国科学院院刊》，2017年第32卷第10期。
赵涛、翟金良、黄铁青等：“中国科学院特殊环境与灾害监测网络建设现状与未来发展”，《中国科学院院刊》，2008年第23卷第5期。

第九章　生态系统科学数据

陆地生态系统碳库是地球系统碳库的重要组成部分，对全球碳循环具有至关重要的作用（Piao *et al.*, 2009）。从全球尺度看，每年人为二氧化碳（CO_2）排放总量约 110 亿吨，约 46%留存在大气中（方精云, 2021），约 31%的人为 CO_2 排放被陆地生态系统吸收固定，转化成了陆地生态系统碳汇（Keenan and Williams, 2018）。中国陆地生态系统占全球陆地面积的 6.40%，是全球和区域碳循环及其模式研究的重点地区（He *et al.*, 2019）。1961～2019 年中国陆地生态系统碳汇整体呈上升趋势，平均为 0.213±0.030 亿吨碳/年，其中森林、草地、农田和灌木生态系统碳汇分别为 0.101±0.023 亿吨碳/年、0.032±0.007 亿吨碳/年、0.043±0.010 亿吨碳/年和 0.028±0.010 亿吨碳/年。森林生态系统中的植被碳汇远大于土壤碳汇，然而这种格局在草地和农田生态系统却相反，而且 1960～2019 年中国主要植被类型的生态系统碳汇总体上随时间呈增加趋势。因此，面向中国碳中和目标，融合多源数据（地面观测、激光雷达、卫星遥感等）、多尺度数据（样地尺度、站点尺度、区域尺度）以及多手段数据（联网观测、森林清查、模型模拟），有助于全面准确地评估中国陆地生态系统碳源/汇及其对气候变化的减缓与响应（赵宁等，2021）。

气候变化对生态系统的影响与适应也一直是政府间气候变化专门委员会（Intergovernmental Panel on Climate Change, IPCC）历次评估报告的重点，也是中国气候变化影响与适应评估的重要内容之一。近百年的气候变化对陆地生态系统结构和功能等已产生了可以辨识的影响，未来将会带来更大的影响和风险。科学评估气候变化对生态系统的影响与生态系统对气候变化的反馈，需要大量的生态系统观测、调查、实验数据的支撑。本章面向中国碳中和目标，从植被生物量、生态系统碳收支、植被指数、物候、氮沉降、生物多样性等方面介绍了中国目前与气候变化密切相关的生态系统科学数据情况，包括数据质量和数据服务状况。这些数据不仅在历次气候变化评估中发挥了重要作用，同时还可以为今后评估气候变化对陆地生态系统地理格局、结构与组分、过程与功能及服务等方面影响，提出综合气候变化路径及对策提供数据支撑。

一、科学数据情况

生物量（Biomass）是指某一时刻单位面积内现存的有机物质（干重）（包括生物体内所存食物的重量）的总量，通常用千克/平方米或吨/公顷表示。对于不同植被而言，一般按植被类型开展野外的调查与测定，如森林、草地、湿地等。植被生物量与植被生产力密切相关，其大小反映了植被群落（或生态系统）对光合作用产物的转换和利用能力（Fang *et al.*, 2001；Liu *et al.*, 2014）。生物量数据主要来自全国的森林清查数据、中国生态系统研究网络（Chinese Ecosystem Research Network, CERN）的长期监测数据。2011 年，中国科学院启动战略性先导科技专项“应对气候变化的碳收支及相关问题”项目“生态系统固碳现状、速率、机制和潜力”，历时五年，对中国主要自然生态系统——森林、灌丛、草地进行了全国性、大规模的样地调查，获取了全国性生物量数据。生物量数据在全球森林、草地等陆地生态系统碳汇评估中被广泛应用。

生态系统净碳交换（Net Ecosystem Carbon Exchange, NEE）是生态系统光合碳吸收和呼吸碳排放的差值，直接反映了植被—大气之间的相互作用，是关系生态系统与大气界面净碳平衡的重要参数，对于评价生态系统的碳源碳汇强度和理解其对环境变化的响应和适应具有重要价值（Yu *et al*.,2013；Chen *et al*., 2013；Yu *et al*., 2014；Chen *et al*., 2018）。近年来该方面数据集的积累为评估气候变化做出了重要贡献。这部分数据集主要包括利用涡度协方差技术的观测数据和控制实验数据。

采用涡度协方差技术观测的生态系统碳交换数据主要来源于中国通量观测研究网络（Chinese FLUX Observation and Research Network, ChinaFLUX）（Yu *et al*., 2006）。ChinaFLUX 自 2001 年创建以来就秉承数据共享的原则，在网络成员间数据共享的基础上，于 2013 年向社会公开发布了八个台站的通量观测数据。2019 年 9 月，又向全社会发布了 2003～2010 年不同时间尺度的通量观测数据。此外，部分台站的观测数据于 2009 年和 2013 年两次参与国际通量网络（Global Flux Network, FLUXNET）的全球数据共享。2018 年，以数据专刊的形式在《中国科学数据》发布“中国区域陆地生态系统碳氮水通量及其辅助参数观测专题数据集”（表 9–1）。

控制实验是研究生态系统碳交换响应全球变化机理的重要方法之一。生态系统 NEE 在控制实验中主要以同化静态箱测定为主。目前中国乃至全球尺度上关于生态系统 NEE 的数据集主要分散在几篇发表的整合分析文章中。数据集只包括个别全球变化因子，还没有同时考虑多个主要全球变化因子的数据集。例如，较早的研究分析了氮富集对三种主要温室气体（CO_2、CH_4 和 N_2O）增温潜势净平衡的影响，其中包括一部分非森林生态系统的 NEE 数据，数据更新到 2009 年（Liu *et al.,* 2009）。吴卓婷等（Wu *et al.,* 2011）整合了全球范围内增温和降水变化控制实验，同时包含增温与降水交互的处理，评估生态系统碳循环各个过程对增温、降水及其交互作用的响应，其中包括生态系统 NEE、生态系统总光合（Gross Ecosystem Productivity, GEP）和生态系统呼吸（Ecosystem respiration, ER）。卢蒙等（Lu *et al*., 2013）搜集了全球陆地生态系统中的增温控制实验，集成分析生态系统碳循环不同过程对增温的响应格局和机理，也部分包括了生态系统 NEE 数据。王娜等（Wang *et al*., 2019）梳理了全球草地生态系统 NEE 对增温响应的数据集（表 9–2）。

常用的植被指数数据主要为归一化植被指数（Normalized Difference Vegetation Index, NDVI）、增强型植被指数（Enhanced Vegetation Index, EVI）、叶面积指数（Leaf Area Index, LAI），以遥感数据为主。小区域尺度和短时间的植被指数数据产品实用性普遍较小，因此这里仅列出了部分区域尺度的植被指数（表 9–1）。

物候学是研究自然界生物的季节性现象同环境周期性变化之间相互关系的科学。在全球气候变化的大背景下，长时间的物候观测数据可以很好地解释生物对气候变化的响应。传统的物候观测一般是人工观测，在物种或个体尺度，涉及到特定的生命循环事件，如发芽、开花或叶枯萎凋谢等。近年来，数码拍照、遥感数据、通量数据等也逐渐被用于获取物候信息，使得物候数据的空间尺度得到了扩展。中国目前积累的大量物候数据主要来自中国生态系统研究网络的人工物候观测、相机物候观测、中国物候观测网的人工观测和相机观测，以及基于遥感的物候数据等。

大气氮沉降是陆地生态系统可利用氮的重要来源，是全球氮循环的重要环节，并且显著地影响区域碳循环过程。目前的大气氮沉降数据集主要有三种获取方式：长期的联网观测、将地面观测浓度与遥感卫星浓度数据建模的推算法、文献数据集成。本章整理的中国区域最新的大气氮沉降数据集主要来自于中国大气湿沉降观测网络、东亚酸沉降网络，以及已公开发表的数据论文等。

中国与生物多样性有关的综合类的数据主要是《中国生物物种名录》《中国生物多样性红色名录》，以及国家标本资源共享平台等（张文娟，2019）。此外还有一些特定类型的数据库和资源网络，如中国古生物学与地层学专业数据库、中国森林生物多样性监测网络、中国植物主题数据库等。从 2007 年开始，中国科学院生物多样性委员会组织院内外分类学专家编研《中国生物

表 9–1　来源于中国机构的生态系统科学数据分布情况

数据集名称	性质/内容	版权归属及贡献者	维护机构	来源/网址	可获取性
全国 250 米分辨率植被地上生物量[①]	全国植被地上生物量数据包括森林（含灌木）、农田与草地的地上生物量，其他生态类型如人工表面等不包括在内，为无效值。其中森林为当年的地上生物量，草地为 8 月上旬的地上植被鲜重，农田为 8 月的农作物干重。数据年份为 2000、2005、2010 年 投影方式：阿尔伯斯等积圆锥投影（Albers Conical Equal Area WGS-84） 存储格式：tif 数据量：1 270 兆字节 空间分辨率：250 米×250 米 数据起始时间：2000 年 数据终止时间：2010 年 更新频率：不更新	中国科学院遥感应用研究所	元数据由 CERN 综合研究中心维护	http://159.226.110.143/resource/detail_info.shtml?id=999269&enttype=map#Wzg4LFswLDUsMSwwXSxbXSxbXSw5OV0=	协议共享
森林生态系统生物量及其器官分配[②]	通过搜集 500 余篇文献获取的森林生态系统生物量及其器官分配数据，包括森林类型、优势树种、研究区域、纬度、经度、林龄、胸径、树高、密度、蓄积量、分器官生物量、文献来源 存储格式：xlsx 数据量：0.7 兆字节 更新频率：无更新	“生态系统固碳现状、速率、机制和潜力”项目—“我国陆地生态系统固碳潜力与速率的综合模拟与集成分析”课题	元数据由 CERN 综合研究中心维护	http://159.226.110.143/resource/detail_info.shtml?id=999164&enttype=other#Wzg4LFswLDUsMSwwXSxbXSxbXSw5OV0=	协议共享

续表

数据集名称	性质/内容	版权归属及贡献者	维护机构	来源/网址	可获取性
基于资源清查资料的中国森林碳储量[③]	文献中发表的不同调查阶段的中国森林面积及其碳储量 包括调查阶段、碳储量、碳密度、参考文献 存储格式：xlsx 数据量：0.02 兆字节	“生态系统固碳现状、速率、机制和潜力”项目—“我国陆地生态系统固碳潜力与速率的综合模拟与集成分析”课题	元数据由CERN综合研究中心维护	http://159.226.110.143/resource/detail_info.shtml?id=999166&enttype=other#Wzg4LFswLDUsMSwwXSxbXSxbXSw5OV0=	协议共享
生态系统长期监测数据集[④]	包含森林、农田、草地、荒漠、沼泽、湖泊不同类型生态系统定位站站点尺度长期监测的生物量数据 数据库类型：oracle 开始时间：2000 年 结束时间：2016 年 实体最近更新日期：2018 年 9 月 4 日	CERN 综合研究中心	CERN 综合研究中心	http://www.cnern.org.cn/data/initDRsearch	协议共享
森林草本层生物量调查数据[⑤]	记录全国 5 600 多个样地的草本层生物量调查数据，主要包括地上、地下部分的鲜重、干重 空间覆盖范围：覆盖黑龙江、吉林、辽宁、内蒙古、甘肃、宁夏、新疆、山东、河北、北京、天津、山西、陕西、河南、浙江、安徽、湖北、江苏、四川、重庆、福建、江西、湖南、广西、贵州、广东、海南、云南、青海、西藏 开始时间：2010 结束时间：2013	“生态系统固碳现状、速率、机制和潜力”项目—“中国森林生态系统固碳现状、速率、机制和潜力”课题	CERN 综合研究中心	http://159.226.110.143/resource/detail_info.shtml?id=999049&enttype=db#Wzg4LFswLDUsMSwwXSxbXSxbXSw5OV0=	限制共享

续表

数据集名称	性质/内容	版权归属及贡献者	维护机构	来源/网址	可获取性
森林灌木层生物量调查数据[6]	记录全国 5 200 多个样地的灌木层生物量调查数据，主要包括叶、枝干、根等部分的鲜重、干重。 空间覆盖范围：黑龙江、吉林、辽宁、内蒙古、甘肃、宁夏、山东、河北、北京、天津、山西、陕西、河南、浙江、安徽、湖北、江苏、四川、重庆、福建、江西、湖南、广西、贵州、广东、海南、云南、青海、西藏 开始时间：2010 结束时间：2013	“生态系统固碳现状、速率、机制和潜力”项目—“中国森林生态系统固碳现状、速率、机制和潜力”课题	CERN 综合研究中心	http://159.226.110.143/resource/detail_info.shtml?id=999047&enttype=db#Wzg4LFswLDUsMSwwXSxbXSxbXSw5OV0=	限制共享
灌丛生物量汇总数据[7]	记录灌丛生态系统全国 910 多个样地的生物量汇总数据，主要包括地上生物量、凋落物生物量、地下生物量等 空间覆盖范围：贵州、青海、四川、西藏、云南、北京、甘肃、河北、河南、黑龙江、内蒙古、吉林、辽宁、宁夏、陕西、山东、山西、新疆、安徽、福建、广东、广西、海南、重庆、湖北、湖南、江西	“生态系统固碳现状、速率、机制和潜力”项目—“中国灌丛生态系统固碳现状、速率、机制和潜力”课题	CERN 综合研究中心	http://159.226.110.143/resource/detail_info.shtml?id=999011&enttype=db#Wzg4LFswLDUsMSwwXSxbXSxbXSw5OV0=	限制共享
草地各样地生物量数据[8]	记录全国 3 800 多个样地的地上、地下、凋落物生物量数据。包括经纬度、草原类型、植物群落名称、样地类型、地上总生物量、凋落物生物量和地下总生物量 空间覆盖范围：全国	“生态系统固碳现状、速率、机制和潜力”项目—“草地生态系统固碳现状、速率、机制和潜力”课题	CERN 综合研究中心	http://159.226.110.143/resource/detail_info.shtml?id=999182&enttype=db#Wzg4LFswLDUsMSwwXSxbXSxbXSw5OV0=	限制共享

续表

数据集名称	性质/内容	版权归属及贡献者	维护机构	来源/网址	可获取性
2010s 中国陆地生态系统碳密度数据集[⑨]	数据集由一个数据文件构成，分 9 个子数据集，包括文献数据和实验数据，覆盖森林、农田、湿地、灌丛等生态系统。数据集包括植被地上碳密度、植被地下碳密度、0～20 厘米和 0～100 厘米土壤有机碳密度等 数据时间范围：2000～2014 年 数据格式：xlsx 数据量：2.71 兆字节，15610 条	徐丽	国家生态系统观测研究网络科技资源服务系统	http://www.cnern.org.cn/data/meta?id=40579	暂不共享
中国森林生态系统碳储量—生物量方程[⑩]	根据全国 7 800 个典型森林生态系统样地的野外实测数据，对收集到的国内已发表的生物量方程进行赋值，并运用最小二乘支持向量对文献中方程进行迭代优化，拟合出涵盖省（自治区、直辖市）和全国两种尺度优势树种的生物量方程，并运用样地标准木实测数据对各类方程进行检验，估算误差在 10%以内	周国逸、尹光彩、唐旭利	科学出版社		已公开出版
全国森林资源清查数据[⑪]	第 1～8 次全国森林资源清查数据：1973～1976 年、1977～1981 年、1984～1988 年、1989～1993 年、1994～1998 年、1999～2003 年、2004～2008 年和 2009～2013 年由全国林业部门通过系统监测获取，数据包括各省（市、区）的面积、树种、林龄组、胸径、树高、蓄积量等指标项	原国家林业局	原国家林业局	http://www.forestry.gov.cn/gjslzyqc.html	限制共享

续表

数据集名称	性质/内容	版权归属及贡献者	维护机构	来源/网址	可获取性
ChinaFLUX 典型生态系统 2003～2010 年碳水通量及常规气象数据集[12]	长白山、鼎湖山、千烟洲、西双版纳、当雄、内蒙古、海北和禹城的碳水通量和常规气象要素观测数据，半小时、日、月和年尺度数据集 时间范围：2003～2010 年	中国通量观测研究网络 ChinaFLUX	中国通量观测研究网络 ChinaFLUX、中国生态系统研究网络（CERN）、国家生态系统观测研究网络（CNERN）	http://www.cnern.org.cn/data/initDRsearch	公开
中国区域陆地生态系统碳氮水通量及其辅助参数观测专题数据集[13]	2003～2005 年 ChinaFLUX 碳水通量观测数据集、2013 年的典型生态系统氮磷酸沉降数据集、中国典型生态系统初级生产力、呼吸和净生产力数据集、实际蒸散量和水分利用效率数据集、辐射及光能利用效率数据集、生态系统碳密度数据集、中国东部典型森林土壤属性数据集、遥感反演的 1982～2015 年中国北方草地地上生物量空间数据集、以及 1996～2015 年中国大气氮沉降空间格局数据集	中国通量观测研究网络 ChinaFLUX	中国通量观测研究网络 ChinaFLUX；中国生态系统研究网络；国家生态系统观测研究网络	http://www.cnern.org.cn/data/initDRsearch	公开
生态系统净碳交换对氮添加响应的数据集（更新至 2009 年）[14]	数据集来自九篇发表文章，共计 16 个观测值，主要分布在草原、湿地和冻原生态系统中。控制实验中氮添加量为 1.6～32 克氮/平方米·年，肥料类型为 NH_4NO_3。实验为野外实验，都为短期实验。数据集内容包括三种主要温室气体及相关生态系统过程 文件类型：docx	刘玲莉	《生态学通讯》（*Ecology Letters*）	https://onlinelibrary.wiley.com/doi/full/10.1111/j.1461-0248.2009.01351.x	公开

续表

数据集名称	性质/内容	版权归属及贡献者	维护机构	来源/网址	可获取性
生态系统 NEE 对增温和降水响应数据集（更新至2011年）⑮	来自文献数据整合，增温实验 NEE 共计 26 个观测值，生态系统总光合（Gross Ecosystem Productivity, GEP）为 24 个观测值，生态系统总呼吸（Ecosystem Respiration, ER）为 28 个观测值。降水实验中，NEE、GEP 和 ER 分别为 20、21 和 20 个观测值。数据集内容包括生态系统 NEE、GEP、ER 及相关生态系统过程 文件类型：pdf	吴卓婷	《全球变化生物学》（*Global Change Biology*）	https://onlinelibrary.wiley.com/doi/abs/10.1111/j.1365-2486.2010.02302.x	公开
生态系统 NEE 对增温响应数据集（更新至 2013 年）⑯	来自文献数据整合，NEE 共计 11 个观测值，GEP 为 20 个观测值，ER 为 24 个观测值。大部分数据的增温方式为开顶式增温（open-top chambers, OTC），增温幅度低于 3 摄氏度，实验年限小于 5 年。生态系统主要为草原和冻原。数据集内容包括生态系统 NEE、GEP、ER 及相关生态系统过程 文件类型：docx	卢蒙	《生态学》（*Ecology*）	https://esajournals.onlinelibrary.wiley.com/doi/abs/10.1890/12-0279.1	公开
草原生态系统 NEE 对增温响应数据集（更新至2019年）⑰	数据集来自整合前人发表文章，NEE 共计 20 个观测值，GEP 为 25 个观测值，ER 为 26 个观测值。大部分数据的增温方式为红外辐射器。数据集内容包括生态系统 NEE、GEP、ER 及相关生态系统过程 文件类型：docx	王娜	《全球变化生物学》（*Global Change Biology*）	https://onlinelibrary.wiley.com/doi/abs/10.1111/gcb.14603	公开

续表

数据集名称	性质/内容	版权归属及贡献者	维护机构	来源/网址	可获取性
中国地区长时间序列全球清查模拟和制图（Global Inventory Modeling and Mapping Studies，GIMMS）植被指数数据集（1981～2006年）[18]	该数据集包括了 1981～2006 年间的全球植被指数数据变化 文件格式：ENVI 标准格式 投影为阿尔伯斯（Albers） 时间分辨率是 15 天 空间分辨率 8 千米。该数据集记录了 22 年区域植被的变化情况	马明国	中国科学院寒区旱区环境与工程研究所	http://westdc.westgis.ac.cn/data/1cad1a63-ca8d-431a-b2b2-45d9916d860d	用户注册登录后在线提交申请，审核通过后提供数据
中国地区长时间序列 SPOT_Vegetation 植被指数数据集（1998～2007年）[19]	由欧洲联盟委员会（European Commission）赞助的植被传感器接收用于全球植被覆盖观察的数据。本数据集是提取的中国子集，包含每 10 天合成的四个波段的光谱反射率及 10 天最大化 NDVI 时间范围：1998～2007 年 空间分辨率：1 千米 时间分辨率：旬。	吴立宗	中国科学院寒区旱区环境与工程研究所	http://westdc.westgis.ac.cn/data/fecdec71-77d1-43c2-b472-8b1c729874cb	用户注册登录后在线提交申请，审核通过后提供数据
中国地区长时间序列 AVHRR_PathFinder 植被指数数据集（1981～2001年）[20]	数据集由高级甚高分辨率辐射计（Advanced Very High Resolution Radiometer, AVHRR）获取，包括 1981 至 2001 年 6 月至 9 月每旬中国子区 NDVI 数据及 1982、1986、1991、1996 年全年、每旬的数据（共 84 个月 343 幅，其中 1981 年 6 月和 7 月第 1 旬、1994 年 9 月第 3 旬缺少数据）。	吴立宗	中国科学院寒区旱区环境与工程研究所	http://westdc.westgis.ac.cn/data/d2338e75-e1f5-4113-a5f1-df1570cf929d	用户注册登录后在线提交申请，审核通过后提供数据

续表

数据集名称	性质/内容	版权归属及贡献者	维护机构	来源/网址	可获取性
0.05 度中国 MODIS–NDVI16 天合成数据（2001～2009 年）[21]	0.05 度中国 MODIS–NDVI 产品数据集（2001～2009 年）的原始数据来源于中分辨率成像光谱仪（Moderate Resolution Imaging Spectroradiometer, MODIS）数据中的 MOD13 系列。利用最大化合成法（Maximum Value Composite， MVC），提取 16 天的最大值，消除云、大气、太阳高度角的干扰。 空间分辨率 0.05 度。 投影方式为：基准面：D_WGS_1984 椭球体：WGS_1984 数据类型：tif	卢学鹤、金佳鑫	南京大学全球变化模拟科学数据共享平台	http://www.geodata.cn/data/datadetails.html?dataguid=56438375234729&docid=10743	公开
中国月度植被指数空间分布数据集（1998～2018 年）[22]	中国月度植被指数（NDVI）空间分布数据集基于连续时间序列的 SPOT/VEGETATION NDVI 卫星遥感数据，采用最大值合成法生成，包括 1998 年以来的月度（1～12 月）植被指数数据集。 空间分辨率：1 千米 空间参考：Clarke_1866_Albers 基准面：D_Clarke_1866	徐新良	中国科学院地理科学与资源研究所、中国科学院资源环境科学数据中心	http://www.resdc.cn/DOI/doi.aspx?DOIid=50	公开
黑河流域 30 米/月合成植被指数数据集（2011～2014 年）[23]	黑河流域 30 米/月植被指数数据集提供了 2011～2014 年的月度 NDVI/EVI 合成产品。该数据利用中国环境与灾害监测预报小卫星星座电荷耦合图像传感器国产卫星获取数据，兼具较高时间分辨率（组网后 2 天）和空间分辨率（30 米）的特点构造多角度观测数据集，以平均合成法（Mean Value Composite, MC）作为主算法进行合成，备用算法采用植被指数法（VI）	李静、仲波、杨爱霞、柳钦火	中国科学院寒区旱区环境与工程研究所	http://westdc.westgis.ac.cn/data/8b69c613-e561-449b-ba5e-ecefe7f0d942	用户注册登录后在线提交申请，审核通过后提供数据

续表

数据集名称	性质/内容	版权归属及贡献者	维护机构	来源/网址	可获取性
全球陆表特征参量（Global Land Surface Satellite, GLASS）产品—植被覆盖度 FVC_modis（0.05 度）（2000～2015 年）[24]	GLASS 植被覆盖度产品（Fractional Vegetation Cover, FVC）基于机器学习方法训练出从预处理的反射率到 FVC 值的关系模型，用以生产全球陆表植被覆盖度产品。GLASS–FVC 产品空间范围为全球陆表，时间分辨率为 8 天，全年共监测 46 次。数据源包括 AVHRR 和 MODIS 两类传感器。基于 AVHRR 数据生产的植被覆盖度遥感数据集产品的时间范围为 1982～2015 年，采用经纬度投影方式，空间分辨率为 5 千米×5 千米。基于 MODIS 数据生产的植被覆盖度遥感数据集产品时间范围为 2000～2015 年，采用正弦曲线投影（Sinusoidal Projection, SIN），空间分辨率为 0.5 千米×0.5 千米	梁顺林	中国科学院地理科学与资源研究所	http://www.geodata.cn/thematicView/GLASS.html?q=%E6%A4%8D%E8%A2%AB%E8%A6%86%E7%9B%96%E5%BA%A6	公开
GLASS 产品-叶面积指数 LAI_avhrr（0.05 度）（1981～2017 年）[25]	GLASS 叶面积指数产品（Leaf Area Index，LAI）基于人工神经网络方法训练出从预处理数据 MOD09A1 到 LAI 值的关系模型，用以生产全球陆表叶面积指数产品 LAI 产品空间范围为全球陆表，空间分辨率为 1 千米和 0.05 度，时间分辨率为 8 天 LAI 产品输出格式为地球观测系统的分等级数据格式（Hierarchical Data Format-Earth Observing System, HDF-EOS）标准格式，包含叶面积指数和质量标识标两个数据集	梁顺林	中国科学院地理科学与资源研究所	http://www.geodata.cn/thematicView/GLASS.html?q=%E5%8F%B6%E9%9D%A2%E7%A7%AF%E6%8C%87%E6%95%B0	用户注册登录后在线提交申请，审核通过后提供数据

续表

数据集名称	性质/内容	版权归属及贡献者	维护机构	来源/网址	可获取性
中国生态系统研究网络生态系统长期监测数据集—物候相关数据[⑳]	包括 CERN 21 个台站的物候观测数据，从 2003 年开始，每年更新，囊括中国主要生态系统类型 森林：森林植物群落草本植物物候观测（记录了森林生态系统草本层的萌芽期/返青期、开花期、结实期、种子散布期、枯黄期物候动态，通过野外选择各层优势种和物候指示种进行观察，监测频度为 1 年/次）、森林植物群落乔、灌木植物物候观测（记录了森林生态系统乔木和灌木层的出芽期、展叶期、首花期、盛花期、结果期、秋季叶变色期、落叶期物候动态，通过野外选择各层优势种和物候指示种进行观察，监测频度为 1 年/次）。包括哀牢山站、北京森林站、版纳站、长白山站、鼎湖山站、贡嘎山站、鹤山站、会同站、茂县站、神农架站 草地：草地植物物候动态（记录了草地生态系统的萌芽期、开花期、结实期、种子散布期、枯黄期物候观测，通过观测群落优势种和指示种在每年生长季进行动态监测）。包括海北站、内蒙古站 荒漠：荒漠植物群落草本植物物候观测（记录了荒漠生态系统草本植物的萌芽期/返青期、开花期、结实期、种子散布期、枯黄期物候观测值，通过观测群落优势种和指示种，每年监测一次）、荒漠植物群落灌木物候观测（记录了荒漠生态系统灌木植物的出芽期、展叶期、首花期、盛花期、结果期、秋季叶变色期、落叶期物候观测值，通过观测群落优势种和指示种，每年监测一次）。包括策勒站、鄂尔多斯站、阜康站、临泽站、奈曼站、沙坡头站 沼泽：沼泽植物群落物候观测（记录了沼泽生态系统萌芽期/返青期、开花期、结实期、种子散布期、枯黄期的物候观测值，通过观测群落优势种和指示种，每年观测）。包括洞庭湖站、三江站	CERN 各台站	CERN 各台站、CERN 生物分中心和 CERN 数据中心，以及中国科学院地理科学与资源研究所	http://rs.cern.ac.cn/data/initDRsearch?id=SYC_A01	协议共享；用户注册登录后在线提交申请，审核通过后提供数据

续表

数据集名称	性质/内容	版权归属及贡献者	维护机构	来源/网址	可获取性
2003～2015 年 CERN 植物物候观测数据集[27]	CERN 植物物候观测数据集是宋创业等（2017）基于上述 CERN 生态站植物物候观测数据综合集成的产物，包含 21 个生态站 2003～2015 年 660 余物种的物候观测记录。因木本植物和草本植物观测的物候期不同，本数据集被分为木本子集和草本子集。木本子集主要记录了芽开放期、展叶期、开花始期、开花盛期、果实或者种子成熟期、叶秋季变色期和落叶期等物候信息。草本子集则记录了萌动期、开花期、果实或种子成熟期、种子散布期和黄枯期等物候信息。另外，本数据集还包含生态站代码、年份、样地代码、样地名称、样地类别、植物种名、拉丁名等信息	CERN 的 21 个生态站	中国生态系统研究网络和中国科学院植物研究所	http://rs.cern.ac.cn/data/initDRsearch?classcode=DPAPER 中国科学数据 Science DB：http://www.sciencedb.cn/dataSet/handle/318	完全公开，可直接下载
中国物候观测网（Chinese Phenological Observation Network, CPON）物候数据集[28]	CPON 现有观测站 30 个，其中自然物候观测站 26 个，观赏性花木观测基地 4 个，主要观测物种为木本植物。各地观测站的观测对象包含 35 种共同观测植物、127 种地方性观测植物、12 种动物、4 种农作物和 12 种气象水文现象。木本植物观测的主要物候期为：叶芽开始膨大期、叶芽开放期、花芽开始膨大期、花芽开放期、开始展叶期、展叶盛期、花序或花蕾出现期、开花始期、开花盛期、开花末期、第二次开花期、果实成熟期、果实脱落开始期、果实脱落末期、叶开始变色期、叶全部变色期、开始落叶期、落叶末期。草本植物观测的主要物候期为：地下芽出土期、地面芽变绿色期、开始展叶期、展叶盛期、花蕾或花序出现期、开花始期、开花盛期、开花末期、第二次开花期、果实成熟期、果实脱落开始期、果实脱落末期、种子散布期、开始黄枯期、普遍黄枯期、完全黄枯期。 CPON 收录了 1963 年至今的物候观测记录，逾 10 万条	中国科学院地理科学与资源研究所	中国科学院地理科学与资源研究所	http://www.cpon.ac.cn	用户可上传数据，也可下载数据

续表

数据集名称	性质/内容	版权归属及贡献者	维护机构	来源/网址	可获取性
黑河生态水文遥感试验：黑河流域植被物候数据集[29]	黑河流域植被物候数据集提供 2012～2015 年遥感物候产品。其空间分辨率为 1 千米，投影类型为正弦投影。该数据采用 MODIS LAI 产品 MOD15A2 作为物候遥感监测数据源，MODIS 陆地覆盖分类产品 MCD12Q1 作为辅助数据集进行提取。产品算法首先采用时间序列数据重建方法（BISE 法）控制输入时间序列的数据质量；然后利用主算法（Logistic 函数拟合法）与备用算法（分段线性拟合法）相结合的方式提取植被物候参数，实现算法互补，保证精度的同时提高可反演率。算法可提取一年最多三个生长周期，每个生长周期包含六个数据集，包括植被生长起点、生长峰值起点、生长峰值终点、生长终点、生长最快点、衰落最快点，同时记录了生长周期类型、生长季长度、质量标识等，共 25 个数据集。该物候产品降低了反演缺失率，提高了产品稳定性，数据集信息丰富，是相对可靠的	国家青藏高原科学数据中心	中国科学院青藏高原研究所	http://www.tpdc.ac.cn/zh-hans/data/f162c28f-7c30-40c9-9bf5-338a4d53dfea	离线；用户注册登录后在线提交申请，审核通过后提供数据
中国典型陆地生态系统大气氮湿沉降数据集（2013～2018年）[30]	数据集为以中国科学院生态系统研究网络为主体的 54 个典型生态系统站点的氮湿沉降观测数据。数据集包括铵态氮、硝态氮、溶解性总氮、总氮等指标 数据类型：xlsx 更新频率：每年更新	中国生态系统研究网络综合中心	中国生态系统研究网络综合中心	http://www.cnern.org.cn	注册访问，2013年数据可直接从网站下载，2014～2018 年数据联系何念鹏获取

续表

数据集名称	性质/内容	版权归属及贡献者	维护机构	来源/网址	可获取性
中国大气无机氮湿沉降时空格局数据集（1996～2015年）[31]	基于文献检索的氮沉降站点–年数据，通过克里格空间插值法生成1996～2000年、2001～2005年、2006～2010年、2011～2015年连续四期的中国氮湿沉降空间格局数据集，铵态氮（NH_4^+-N）、硝态氮（NO_3-N）、可溶性无机氮（Dissolved Inorganic Nitrogen, DIN）三个指标。数据集包括12个数据文件，分别为不同时期NH_4^+-N、NO_3^--N和DIN湿沉降空间格局数据，命名规则为XXX_YYYY_YYYY.tiff，其中XXX代表氮沉降的种类，YYYY_YYYY代表时间段 空间分辨率：1千米×1千米 数据格式：tif	贾彦龙、王秋凤、朱剑兴、陈智、何念鹏、于贵瑞	中国生态系统研究网络综合中心	http://www.sciencedb.cn/dataSet/handle/607	注册访问
中国森林生态系统的大气酸和营养元素沉降数据集（1991～2015年）[32]	该数据集是通过收集1991～2015年间中国区域已经公开发表的相关文献整合的数据集。数据集包含了56个森林生态系统混合沉降和穿透雨等20个离子浓度指标和对应的沉降通量 数据类型：xlsx	科学数据	中国科学院计算机网络中心	https://www.nature.com/articles/sdata2018223	公开下载
中国农业大学的氮沉降全国监测网络（2010～2015年）[33]	该数据集是中国农业大学组织的氮沉降全国监测网络于2010～2015年的观测数据。该数据集包括了32个站点，监测指标涵盖了主要活性氮组分的湿沉降和干沉降浓度和通量 数据类型：xlsx	科学数据	中国科学院计算机网络中心	http://citation-needed.springer.com/v2/references/10.1038/s41597-019-0061-2?format=refman&flavour=citation	公开下载

续表

数据集名称	性质/内容	版权归属及贡献者	维护机构	来源/网址	可获取性
中国生物物种名录[34]	包括中国动物、植物和微生物等生物类群的分类和分布信息。查明了中国已知脊椎动物、高等植物和真菌的本底状况、受威胁程度及分布差异，确定了各个大类群的濒危状况和保护等级，分析了濒危物种灭绝的原因 制作时间：2007 年 数据起始时间：2008 年 数据终止时间：2019 年 更新频率：每年更新	中科院生物多样性委员会	中科院生物多样性委员会	《中国生物物种名录》	公开
中国生物多样性红色名录[35]	《高等植物卷》2013 年发布，《脊椎动物卷》2015 年发布，《真菌卷》2018 年发布 制作时间：2008 年	原环保部联合中国科学院	中国科学院	《中国生物多样性红色名录》	公开
国家标本资源共享平台（National Specimen Information Infrastructure, NSII）(2000～2011 年）[36]	汇集了植物、动物、岩矿化石和极地标本数字化信息的在线共享平台，自 2003 年开始建设。标本照片、名录、文献等数字化标本总量已超过 1 200 多万份 制作时间：2003 年	中国科学院/教育部/林业局/海洋局	中国科学院植物研究所	http://www.nsii.org.cn	方式一：元数据登记和注册共享；方式二：在线 API 共享；方式三：核心数据缓存（Cache）共享

续表

数据集名称	性质/内容	版权归属及贡献者	维护机构	来源/网址	可获取性
物种2000中国节点[37]	物种2000中国节点是国际物种2000项目的一个地区节点，2006年2月7日由国际物种2000秘书处提议成立，于2006年10月20日正式启动。中国科学院生物多样性委员会（Biodiversity Committee, Chinese Academy of Sciences, BC-CAS），与其合作伙伴一起，支持和管理物种2000中国节点的建设。物种2000中国节点的主要任务是，按照物种2000标准数据格式，对在中国分布的所有生物物种的分类学信息进行整理和核对，建立和维护中国生物物种名录，为全世界使用者提供免费服务	中国科学院植物研究所、中国科学院动物研究所、中国科学院微生物研究所、中国科学院海洋研究所	中国科学院生物多样性委员会	http://www.sp2000.cn	免费公开
中国数字植物标本馆[38]	“中国数字植物标本馆(Chinese Virtual Herbarium，CVH）是在科技部“国家科技基础条件平台”项目资助下建立的，其宗旨是为用户提供一个方便快捷获取中国植物标本及相关植物学信息的电子网络平台。中国科学院及其他部委（局）也为网站建设提供相关支持 CVH 建设的目的包括：1. 提供中国植物标本及相关植物学的全面和最新的信息，供专家及一般用户上网查询；2. 为国内同行间交流与合作提供平台，并实现与国际接轨；3.提供政府及民间对植物多样性保护和可持续利用的参考资料；4.促进参与标本馆的现代化管理建设进程。最终目标是把 CVH 建设成为中国植物标本信息及植物学科的国家型门户网站	中国科学院植物研究所	中国科学院植物研究所	http://www.cvh.ac.cn/cnpc	检索公开，下载需填写申请表

续表

数据集名称	性质/内容	版权归属及贡献者	维护机构	来源/网址	可获取性
	“中国数字植物标本馆”网站自 2006 年初开通以来，访问量（点击率）累计超过二百万次，近期平均点击率达到每天 4.4 万次、6 000 人。CVH 已经成为国内外同行认知度越来越高的专业网站。 目前 CVH 网站包含数据库 20 余个，数据量达 3.3 太字节。参与建设单位（共建单位/成员单位）达 30 余家，包括中国科学院和地方科学院及一些大学标本馆，基本上包含了我国主要和重要的标本馆				
中国自然保护区标本资源共享平台[39]	自然保护区标本 55.56 万号（动物标本 21.1 万、植物标本 34.46 万）	中国林业科学研究院	中国林业科学研究院	http://www.papc.cn	注册访问
中国森林生物多样性监测网络[40]	网络是中国生物多样性监测与研究网络，也是全球森林生物多样性监测网络最活跃的区域网络，包括北方林、针阔混交林、落叶阔叶林、常绿落叶阔叶混交林、常绿阔叶林以及热带雨林。 截止 2015 年底，该网络已经建成 13 个大型森林固定样地和 61 个面积 1～5 公顷的辅助样地，样地面积已达 340 多公顷，占全球 24 个国家和地区组成的森林生物多样性监测网络的 1/5，标记的木本植物胸径（Diameter at Breast Height, DBH，大于等于 1 厘米）1 600 多种、150 多万株，占全球森林生物多样性监测网络的 1/4 制作时间：2004 年	中国森林生物多样性监测网络	中国科学院生物多样性委员会办公室	http://www.cfbiodiv.org/wlgs.asp	公开

续表

数据集名称	性质/内容	版权归属及贡献者	维护机构	来源/网址	可获取性
全球生物多样性信息网络中国科学院节点[41]	全球生物多样性信息网络不仅包括物种名录和地理空间数据，还包括原始标本和观测数据、蛋白质序列数据等。这些数据来自于分布世界各地的标本馆、博物馆、植物园、实验室以及公众科学等的数据。到 2017 年 5 月为止，该数据库已经包括了动物、植物、真菌、细菌和古细菌等在内的 170 多万个物种，包含 3 万多个数据集、7 亿多条记录，其中中国区域的数据总计超过 354 万条 制作时间：2013 年	中国科学院	中国科学院生物多样性委员会	http://www.gbifchina.org	注册访问
中国植物主题数据库[42]	以物种 2000 中国节点和中国植物志名录为基础，整合植物彩色照片、植物志文献记录、化石植物名录与标本以及药用植物数据库，强调数据标准化和规范化。 系统建成后的基本数据量如下： （1）植物名称数据库：155 290 条（包括科、属、种及种下名称，物种 2000 中国节点有 110 449 条，中国植物志有 44 841 条）。 （2）植物图片数据库：18 338 种，1 009 386 张（中国植物图像库 283 317 张，中国自然标本馆 726 069 张） （3）文献数据：共计 3 652 312 条名称—页码记录生物多样性遗产图书馆（Biodiversity Heritage Library, BHL）中国节点数据 129 105 条，BHL 美国节点 3 523 207 条） （4）药用植物数据库：11 987 种，22 562 条记录 （5）化石名录数据库：1 093 条，其中《中国化石蕨类植物》（2010）有 953 条，《中国煤核植物》（2009）有 140 条 （6）化石标本数据库：312 个名称，662 份标本	中科院植物所和中科院昆明植物所	中国科学院植物研究所	http://www.plant.csdb.cn	公开

续表

数据集名称	性质/内容	版权归属及贡献者	维护机构	来源/网址	可获取性
中国动物主题数据库[43]	中国动物主题库是中国科学院“十一五”“十二五”信息化专项及国家科技基础条件平台项目“基础科学数据共享网”共同资助的项目。本项目是依据国内外相关动物学研究成果，以动物物种数据为主体内容建设的动物主题数据库系统和服务体系。主要目的是为中国动物科学研究提供详实的基础数据；为相关政府决策提供全面的数据支持；为科普教育与国际交流提供友好的信息平台 原始数据主要来源于文献、专著和已经结题的研究报告，经过专家组反复论证，确定了数据结构和标准规范。所有数据均由动物学专家审核确认后收录到数据库中，数据质量得到了保障，是目前国内动物学领域规模最大、权威性最强的数据库服务系统。中国动物主题库包括：脊椎动物代码数据库、动物物种编目数据库、动物名称数据库、《中国动物志》出版与编研信息数据库、濒危和保护动物数据库、中国昆虫新种数据库、中国昆虫模式标本数据库、动物研究专家数据库、中国动物志数据库、中国动物图谱数据库、中国蜜蜂数据库、中国隐翅虫名录数据库、云南鸟类数据库、中国灵长类物种及文献数据库、中国两栖爬行动物数据库、中国直翅目昆虫数据库、中国鸟类数据库、中国内陆水体鱼类数据库、西南县级脊椎动物分布名录、西南保护区脊椎动物分布名录、云南蝴蝶分布名录、云南森林昆虫分布名录	中国科学院动物研究所和中国科学院昆明动物研究所	中国科学院动物研究所	http://www.zoology.csdb.cn	公开检索、浏览

续表

数据集名称	性质/内容	版权归属及贡献者	维护机构	来源/网址	可获取性
生物多样性科学数据中心[44]	基于研究所相关科学考察和实验研究，并整合国内外现有开放数据资源建设的集数据汇聚、整合与共享服务为一体的综合服务平台。可以面向研究所内外提供如下服务：①生物多样性基础科学数据的备份存档；②科研数据的在线发布；③生物多样性数据的共享服务 制作时间：2018 年 数据起始时间：2018 年 数据终止时间：2019 年 更新频率：持续更新	中国科学院昆明植物研究所	中国科学院昆明植物研究所	http://data.iflora.cn/Home/Search/3	注册访问
国家重要野生植物种质资源库[45]	依托国家重大科技基础设施—中国西南野生生物种质资源库，整合多家单位参与，围绕国家战略需求，持续开展重要野生植物种质资源的收集、整理、保存工作并开展野生植物种质资源的社会共享，面向各类科技创新活动提供公共服务，截至 2018 年 12 月，已整理整合各类野生植物种质资源 29 万份，其中野生植物种子 1 万种，8 万份 制作时间：2018 年 数据起始时间：2018 年 数据终止时间：2019 年 更新频率：持续更新	中国科学院植物研究所、中国科学院华南植物园、中国科学院武汉植物园、中国科学院西双版纳热带植物园、山东林木种质资源中心、成都中医药大学、西藏高原生物研究所、中国科学院昆明植物研究所、上海辰山植物园、云南省林科院、贵阳中医学院	中国科学院昆明植物研究所	https://seed.iflora.cn	注册预定资源

续表

数据集名称	性质/内容	版权归属及贡献者	维护机构	来源/网址	可获取性
中国西南野生生物种质资源库[46]	建设内容包括种子库、植物离体库、脱氧核糖核酸（Deoxyribonucleic Acid, DNA）库、微生物库（依托云南大学共建）和动物种质资源库（依托中国科学院昆明动物研究所共建），以及植物基因组学和种子生物学实验研究平台。至今已建成有效保存野生植物种子10 048种80 105份、植物离体材料2 003种23 500份、DNA6 154种55 175份、微生物菌株2 240种22 400份、动物种质资源的先进设施；建立了种质资源数据库和信息共享管理系统；建成集功能基因检测、克隆和验证为一体的技术体系和科研平台；具备强大的野生种质资源保藏与研究能力，保藏能力达到国际领先水平 制作时间：2009年 数据起始时间：2009年 数据终止时间：2019年 更新频率：持续更新	中国科学院昆明植物研究所	中国科学院昆明植物研究所	http://www.genobank.org	公开
国家青藏高原科学数据中心[47]	青藏高原科学数据中心2012年加入“国家地球系统科学数据共享平台”，2014年成为“中国科学院科技数据资源整合与共享工程”建设的专业数据库之一。现有各类服务器8台，存储能力300太字节。已集成的主要数据资源包括：青藏高原基础地理、大气物理、大气环境、冰川冻土、水文、湖泊、生态、地球物理、遥感和社会经济统计等各类数据集140余个	中国科学院青藏高原研究所	中国科学院青藏高原研究所	http://www.tpedatabase.cn/portal/Contact.jsp	注册后访问

续表

数据集名称	性质/内容	版权归属及贡献者	维护机构	来源/网址	可获取性
国家林业和草原科学数据中心[48]	该中心已建成12大类别、177个数据库（组），数据总量达到1.2 太字节。数据类型包括森林资源、草地资源、湿地资源、荒漠资源、生态环境、自然保护、森林保护、森林培育、木材科学、科技信息、科技项目、林业行业发展	中国林业科学研究院	中国林业科学研究院资源信息研究所	http://www.cfsdc.org	注册访问
国家园艺种质资源库[49]	国家园艺种质资源库由2个国家中期库、21个国家种质圃和13个地方特色资源库（圃）组成，涵盖198个园艺种类、637个植物学种、7.5万份种质资源，约占国内园艺资源总量的85%，占世界保存总量的16.7%，资源保存数量位居世界第二。建成了国家园艺种质资源数据库，包括280个子数据库，56万条记录，数据量102吉字节，是世界上最大的园艺种质资源数据库之一	中国农业科学院郑州果树研究所	中国农业科学院郑州果树研究所	http://139.129.20.234	免费查询，有偿获取
国家基因组科学数据中心[50]	2019年6月5日，“国家基因组科学数据中心”依托中国科学院北京基因组研究所建设，共建单位包括中国科学院上海生命科学研究院和中国科学院生物物理研究所。该中心将围绕人、动物、植物、微生物等基因组数据，重点开展基因组科学数据管理，建立基因组数据资源体系与开放共享平台	中国科学院北京基因组研究所、中国科学院上海生命科学研究院和中国科学院生物物理研究所	中国科学院北京基因组研究所	http://bigd.big.ac.cn/?lang=zh	公开
国家家养动物种质资源平台[51]	家养动物种质资源平台（以下简称“家养动物平台”）是国家科技基础条件平台的重要组成部分，提供的服务内容包括猪、鸡、牛等畜禽和狐狸、鹿、貂等特种经济动物的活体、遗传物质和信息资源	中国农业科学院北京畜牧兽医研究所	中国农业科学院北京畜牧兽医研究所	http://www.cdad-is.org.cn/home.htm	公开

续表

数据集名称	性质/内容	版权归属及贡献者	维护机构	来源/网址	可获取性
国家水生生物种质资源库[52]	国家淡水生物资源库分为：淡水实验生物资源库、淡水经济动物资源库、淡水植物资源库、淡水珍稀保护动物资源库，其中淡水实验生物资源库中的斑马鱼资源中心、淡水藻种库、四膜虫资源库已有较好的资源基础	联合中国农业科学院特产研究所、全国畜牧总站、中国农业大学、中国农业科学院家禽研究所、吉林大学等 60 余家省级科研院所	中国科学院水生生物研究所	http://www.nfbrc.ihb.ac.cn	公开
国家动物标本资源库[53]	动物标本资源共享平台是开放式共享平台，标本信息库已整理整合了各类群动物标本 318 万余号，完成了部分《中国动物志》的电子化，完成了鸟类鸣声、采集、标本制作、中国重要物种资源、濒危鸟类、濒危兽类、物种元数据的建设等等专题，为实现我国动物标本信息共享做出了重要贡献。2018 年度，新增标本数据 28 万余号，网站访问量达 188 万，总服务人次达 85 万，向科技界和社会公众提供了 1 100 吉字节的数据服务	中国科学院动物研究所	中国科学院动物研究所	http://museum.ioz.ac.cn/index.html	公开

① 生态固碳项目办公室，2019. 全国 250m 分辨率植被地上生物量.http://159.226.110.143 /resource/ detail_info. shtml?id=999269&enttype=map#Wzg4LFswLDUsMSwwXSxbXSxbXSw5OV0=[2019-10-29]。

② 生态固碳项目办公室，2019. 森林生态系统生物量及其器官分配. http://159.226.110.143/resource /detail_info. shtml?id=999164&enttype=other#Wzg4LFswLDUsMSwwXSxbXSxbXSw5OV0=[2019-10-29]。

③ 生态固碳项目办公室，2019. 基于资源清查资料的中国森林碳储量. http://159.226.110.143/resource /detail_info.shtml?id=999166&enttype=other#Wzg4LFswLDUsMSwwXSxbXSxbXSw5OV0=[2019-10-29]。

④ CERN 综合研究中心，2019. 生态系统长期监测数据集. http://www.cnern.org.cn/data/initDRsearch[2019-07-29]。

⑤ 生态固碳项目办公室，2019. 森林草本层生物量调查数据. http://159.226.110.143/ resource/detail_info.shtml?id=999049&enttype=db#Wzg4LFswLDUsMSwwXSxbXSxbXSw5OV0=[2019-10-30]。

⑥ 生态固碳项目办公室, 2019. 森林灌木层生物量调查数据. http://159.226.110.143/ resource/detail_info.shtml?id=999047&enttype= db#Wzg4LFswLDUsMSwwXSxbXSxbXSw5OV0=[2019-10-30]。

⑦ 生态固碳项目办公室，2019.灌丛生物量汇总数据. http://159.226.110.143/ resource/detail_info.shtml?id=999011&enttype= db#Wzg4LFswLDUsMSwwXSxbXSxbXSw5OV0=[2019-10-30]。

⑧ 生态固碳项目办公室，2019. 草地各样地生物量数据. http://159.226.110.143/resource/detail_info.shtml?id=999182&enttype= db#Wzg4LFswLDUsMSwwXSxbXSxbXSw5OV0=[2019-10-30]。

⑨ 国家生态系统观测研究网络科技资源服务系统，2019. 2010s 中国陆地生态系统碳密度数据集. http://www.cnern.org.cn/data/meta?id=40579[2019-10-30]。

⑩ 周国逸、尹光彩、唐旭利, 2019. 中国森林生态系统碳储量-生物量方程. 科学出版社。

⑪ 国家林业和草原局, 2019. 全国森林资源清查数据. http://www.forestry.gov.cn/gjslzyqc.html[2019-10-30]。

⑫ 中国通量观测研究网络 ChinaFLUX, 2019.碳氮水通量观测数据集.http://www.cnern.org.cn/data/initDRsearch[2019-09-29]。

⑬ 中国通量观测研究网络 ChinaFLUX, 2019.碳氮水通量数据专题. http://www.cnern.org.cn/data/initDRsearch[2019-09-29]。

⑭ Liu, L., and T. L. Greaver, 2009. A review of nitrogen enrichment effects on three biogenic GHGs: the CO_2 sink may be largely offset by stimulated N2O and CH4 emission. https://onlinelibrary wiley.com/doi/full/10.1111/j.1461-0248.2009.01351.x [2009-9-10]。

⑮ Wu, Z., P. Dijkstra, G. W. Koch, *et al.*, 2011. Responses of terrestrial ecosystems to temperature and precipitation change: a meta - analysis of experimental manipulation. https://onlinelibrary.wiley.com/doi/abs/10.1111/j.1365-2486.2010.02302.x [2011-1-4]。

⑯ Lu, M., X. Zhou, Q. Yang, *et al.*,2013. Responses of ecosystem carbon cycle to experimental warming: a meta-analysis. https://esajournals.onlinelibrary.wiley.com/doi/abs/10.1890/12-0279.1 [2013-3-1]。

⑰ Wang, N., B. Quesada, , L. Xia *et al.*, 2019. Effects of climate warming on carbon fluxes in grasslands—A global meta-analysis. https://onlinelibrary.wiley.com/doi/abs/10.1111/gcb.14603 [2019-2-25]。

⑱ 寒区旱区科学数据中心，2019.中国地区长时间序列 GIMMS 植被指数数据集.http://westdc.westgis.ac.cn/data/fecdec71-77d1-43c2-b472-8b1c729874cb[2019-10-26]。

⑲ 寒区旱区科学数据中心，2019. 中国地区长时间序列 SPOT_Vegetation 植被指数数据集. http://westdc. westgis.ac.cn/data/fecdec71-77d1-43c2-b472-8b1c729874cb[2019-10-26]。

⑳ 寒区旱区科学数据中心，2019.中国地区长时间序列 AVHRR_PathFinder 植被指数数据集.http://westdc. westgis.ac.cn/data/d2338e75-e1f5-4113-a5f1-df1570cf929d[2019-10-26]。

㉑ 全球变化模拟科学数据共享平台，2019. 0.05°中国 MODIS-NDVI16 天合成数据. http://www. geodata .cn/data/datadetails.html? dataguid=56438375234729&docid=10743[2019-10-26]。

㉒ 中国科学院资源环境科学数据中心，2019. 中国月度植被指数（NDVI）空间分布数据集.http://www. resdc. cn/DOI/doi.aspx?DOIid=50[2019-10-26]。

㉓ 寒区旱区科学数据中心，2019. 黑河生态水文遥感试验：黑河流域 30m/月合成植被指数（NDVI/EVI）数据集. http://westdc.westgis.ac.cn/data/8b69c613-e561-449b-ba5e-ecefe7f0d942[2019-10-26]。

㉔ 全球变化模拟科学数据共享平台，2019. 全球陆表特征参量（GLASS）产品-植被覆盖度.http://www.geodata.cn/thematicView/GLASS.html[2019-10-26]。

㉕ 全球变化模拟科学数据共享平台，2019. 全球陆表特征参量（GLASS）产品-叶面积指数.http://www.geodata. cn/thematicView/GLASS.html[2019-10-26]。

㉖ 中国生态系统研究网络，2019. 中国生态系统研究网络（Chinese Ecosystem Research Network, CERN）生态系统长期监测数据集——物候相关数据. http://rs.cern.ac.cn/data/initDRsearch?id=SYC_A01 [2019-8-25]。

㉗ 中国生态系统研究网络，2019. 2003 ～ 2015 年 CERN 植物物候观测数据集. http://rs.cern.ac.cn/ data/initDRsearch?classcode=DPAPER [2019-8-25]。

㉘ 中国物候观测网，2019. 中国物候观测网（Chinese Phenological Observation Network, CPON）物候数据集. http://www.cpon.ac.cn/jlgx/jsxz/jsxz/index.shtml [2019-8-25]。

㉙ 寒区旱区科学数据中心，2019. 黑河生态水文遥感试验：黑河流域植被物候数据集. http://westdc.westgis. ac.cn/data/f162c28f-7c30-40c9-9bf5-338a4d53dfea [2019-8-25]。

㉚ 朱剑兴，王秋凤，于海丽，等:《2013 年中国典型生态系统大气氮、磷、酸沉降数据集》，《中国科学数据》， 2019 年第 4 卷第 1 期。

㉛ 贾彦龙，王秋凤，朱剑兴，等: 《1996～2015 年中国大气无机氮湿沉降时空格局数据集》，《中国科学数据》， 2019 年第 4 卷第 1 期。

㉜ Du E, “A database of annual atmospheric acid and nutrient deposition to China’s forests,” Scientific Data 5(2018): 180223。

㉝ Xu W, Zhang L, Liu X, “A database of atmospheric nitrogen concentration and deposition from the nationwide monitoring network in China,” Scientific Data 6(2019): 51。

㉞ 中国科学院生物多样性委员会, 2018. 中国生物物种名录.科学出版社[2019-10-30]。

㉟ 中国科学院, 2013/2015/2018.中国生物多样性红色名录.中国科学院[2019-10-30]。

㊱ 中国科学院植物研究所, 2016.国家标本资源共享平台. http://www.nsii.org.cn[2019-10-30]。

㊲ 中国科学院生物多样性委员会, 2019 . 物种 2000 中国节点. http://www.sp2000.cn/[2019-10-30]。
㊳ 中国科学院植物研究所, 2004.中国数字植物标本馆. http://www.cvh.ac.cn/cnpc/[2019-10-30]。
㊴ 中国林业科学研究院, 2019.中国自然保护区标本资源共享平台. http://www.papc.cn/[2019-10-30]。
㊵ 中国科学院生物多样性委员会办公室, 2009. 中国森林生物多样性监测网络. http://www.cfbiodiv.org/wlgs.asp[2019-10-30]。
㊶ 中国科学院生物多样性委员会, 2014. 全球生物多样性信息网络中国科学院节点,[2019-10-30]http://www.gbifchina.org/[2019-10-30]。
㊷ 中国科学院植物研究所, 2019. 中国植物主题数据库. http://www.plant.csdb.cn/[2019-10-30]。
㊸ 中国科学院动物研究所, 2012. 中国动物主题数据库. http://www.zoology.csdb.cn/[2019-10-30]。
㊹ 中国科学院昆明植物研究所, 2002. 生物多样性科学数据中心. http://data.iflora.cn/Home/Search/3[2019-10-30]。
㊺ 中国科学院昆明植物研究所, 2017.国家重要野生植物种质资源库. https://seed.iflora.cn/[2019-10-30]。
㊻ 中国科学院昆明植物研究所, 2017.中国西南野生生物种质资源库. http://www.genobank.org/[2019-10-30]。
㊼ 中国科学院青藏高原研究所, 2019.国家青藏高原科学数据中心. http://www.tpedatabase.cn/portal/Contact.jsp[2019-10-30]。
㊽ 中国林业科学研究院资源信息研究所, 2015.国家林业和草原科学数据中心. http://www.cfsdc.org/[2019-10-30]。
㊾ 中国农业科学院郑州果树研究所, 2019.国家园艺种质资源库. http://139.129.20.234/[2019-10-30]。
㊿ 中国科学院北京基因组研究所, 2019. 国家基因组科学数据中心. http://bigd.big.ac.cn/?lang=zh[2019-10-30]。
51 中国农业科学院北京畜牧兽医研究所, 2014.国家家养动物种质资源平台. [2019-10-30]http://www.cdad-is.org.cn/home.htm [2019-10-30]。
52 中国科学院水生生物研究所, 2019.国家水生生物种质资源库.http://www.nfbrc.ihb.ac.cn/ [2019-10-30]。
53 中国科学院动物研究所, 2014.国家动物标本资源库. http://museum.ioz.ac.cn/index.html [2019-10-30]。

表 9–2　来源于国际机构的生态系统科学数据分布情况

数据集名称	性质/内容	版权归属及贡献者	维护机构	来源/网址	可获取性
AsiaFlux 数据集中国子集[①]	西双版纳、长白山、海北灌丛、千烟洲和禹城 2003～2005 年站点尺度的碳水通量和常规气象要素观测数据	中国通量观测研究网络 ChinaFLUX	亚洲通量网 AsiaFlux	https://db.cger.nies.go.jp/asiafluxdb/?page_id=16	公开
FLUXNET2015 数据集中国子集[②]	长白山、长岭、鼎湖山、多伦草地、多伦退化草甸、当雄、海北灌丛、海北草甸、千烟洲、四子王旗站点尺度碳水通量和常规气象要素观测数据	长白山站、长岭站、鼎湖山站、多伦站、当雄站、海北站、千烟洲站、四子王旗站	国际通量网 FLUXNET	https://fluxnet.fluxdata.org/data/fluxnet2015-dataset	公开
全球 10 天归一化植被指数数据集（Global 10-daily Normalized Difference Vegetation Index）（2016 年至今）[③]	由星上自主项目—植被监测传感器（Project for On-Board Autonomy- Vegetation, PROBA-V）采集数据每隔 10 天合成，选取 16 天的所有影像数据选择最佳可用像素值合成，选择的标准是低云、低视角和最高 NDVI 值 基准面：WGS84 分辨率：300 米	埃尔斯・斯温尼恩	哥白尼全球土地服务	https://land.copernicus.eu/global/products/ndvi	公开
MODIS 叶面积指数和植被光合有效辐射吸收比率数据集（2000～2017 年）（MODIS Leaf Area Index And Fraction of Photosynthetically Active Radiation Absorbed By Vegetation Product）（2000～2017 年））[④]	美国宇航局的 Terra 和 Aqua 卫星上的中分辨率成像光谱仪（Moderate Resolution Imaging Spectroradiometer, MODIS）每天收集全球叶面积指数（LAI）数据 空间分辨率：1 千米	雷托・斯托克利	美国国家宇航局地球观测	https://neo.sci.gsfc.nasa.gov/view.php?datasetId=MOD15A2_E_LAI&year=2014	公开

续表

数据集名称	性质/内容	版权归属及贡献者	维护机构	来源/网址	可获取性
MODIS 叶面积指数/植被光合有效辐射吸收比率数据（MODIS Leaf Area Index/FPAR）（2000～2017 年）⑤	该数据集为 MCD15A2H 第 6 版中分辨率成像光谱仪（MODIS）4 级，是光合有效辐射（Fraction of Photosynthetically Active Radiation，FPAR）和叶面积指数（LAI）产品的组合，还是一个具有 500 米分辨率的 8 天数据集，从 8 天内美国国家宇航局的 Terra 和 Aqua 卫星上的所有 MODIS 传感器的采集的数据中选择最佳像素生成	雷托·斯托克利	美国国家宇航局地球观测	https://lpdaac.usgs.gov/products/mcd15a3hv006	公开
全球 10 天合成叶面积指数（Global 10-daily Leaf Area Index）（2016 年至今）⑥	由 PROBA-V 传感器采集数据每隔 10 天合成。选取 16 天的所有影像数据最佳可用像素值合成，选择的标准是低云、低视角和最高 LAI 值 参考系统：WGS84 分辨率：300 米	埃尔斯·斯温尼恩	哥白尼全球土地服务	https://land.copernicus.eu/global/products/lai	公开
MODIS/Terra16 天合成 L3 级 250m 正弦投影植被指数数据集(MODIS/Terra Vegetation Indices 16-Day L3 Global 250m SIN Grid V006）（2000 年至今）⑦	利用 Terra 搭载的中分辨率成像光谱仪（MODIS）获取的数据生产的植被指数（MOD13Q1）版本 6 数据，时间分辨率为 16 天，空间分辨率为 250 米。MOD13Q1 产品提供两种归一化植被指数（NDVI）和增强型植被指数（EVI）。该产品从 16 天的所有影像数据选择最佳可用像素值合成，选择标准是低云、低视角和最高 NDVI/EVI 值	卡梅尔·迪丹	美国地质调查局	https://search.earthdata.nasa.gov/search/granules?p=C194001241-LPDAAC_ECS&m=0.3251953125!-24.029296875!5!1!0!0%2C2&tl=1550411583!4!!&q=MOD13Q1&ok=MOD13Q1	公开

续表

数据集名称	性质/内容	版权归属及贡献者	维护机构	来源/网址	可获取性
东亚酸沉降网络氮沉降观测数据（2000～2018年）[8]	东亚酸沉降网络（Acid Deposition Monitoring Network in East Asia, EANET）是一项由政府发起，旨在关注东亚地区酸沉降现状的观测网络。监测指标包括了铵态氮和硝态氮等14个指标。在中国区域有八个监测站点 更新频率：每年更新 数据类型：xlsx	东亚酸沉降网络	东亚酸沉降网络	https://www.eanet.asia	注册访问

① 亚洲通量网（AsiaFlux），2019. AsiaFlux 数据集中国子集. https://db.cger.nies.go.jp/asiafluxdb/?page_id=16[2019-10-30]。

② 国际通量网（FLUXNET），2019. FLUXNET2015 数据集中国子集. https://fluxnet.fluxdata.org/data/fluxnet2015-dataset/[2019-10-30]。

③ Copernicus Global Land Service，2019. Normalized Difference Vegetation Index. https://land. copernicus.eu/global/products/ndvi[2019-10-26]。

④ NASA EARTH OBSERVATION，2019, LEAF AREA INDEX (8 DAY-TERRA/MODIS). https://neo.sci.gsfc.nasa.gov/view.php?datasetId=MOD15A2_E_LAI[2019-10-26]。

⑤ NASA EARTH OBSERVATION，2019. MODIS/Terra+Aqua Leaf Area Index/FPAR 4-Day L4 Global 500 m SIN.https://lpdaac.usgs.gov/products/mcd15a3hv006/[2019-10-26]。

⑥ United States Geological Survey，2019. MODIS/Terra Vegetation Indices 16-Day L3 Global 250m SIN Grid V006. https://search.earthdata.nasa.gov/search/granules/collection-details?p=C194001241-LPDAAC_ECS&q=MOD13Q1[2019-10-26]。

⑦ Copernicus Global Land Service，2019. Leaf Area Index.https://land.copernicus.eu/global/products/lai[2019-10-26]。

⑧ Acid Deposition Monitoring Network in East Asia (EANET), 2019.Data Report.In https://monitoring.eanet.asia/document/public/index [2019-10-25]。

物种名录》，并从 2008 年起以年度名录的形式每年更新并向社会公开发布，为全球使用者提供实时在线的中国动物、植物和微生物等生物类群的分类与分布信息。同时，为全面掌握中国生物多样性受威胁状况，提高生物多样性保护的科学性和有效性，原环境保护部于 2008 年联合中国科学院启动了《中国物种红色名录》升级版——《中国生物多样性红色名录》的编制。这一升级版已先后发布高等植物卷、脊椎动物卷和真菌卷。

综上，中国现有与气候变化紧密相关的生态系统科学数据主要通过地面观测、调查、实验、遥感、文献整合等方式获取，主要的数据来自于国家生态系统观测研究网络（Chinese National Ecosystem Research Network, CNERN）、中国生态系统研究网络（Chinese Ecosystem Research Network, CERN）、中国森林生态系统观测研究网络（Chinese Forest Ecosystem Research Network, CFERN）、中国通量观测研究网络（Chinese FLUX observation and research network, ChinaFLUX）、中国森林生物多样性监测网络（Chinese Forest Biodiversity Monitoring Network, CForBio）、中国物候观测网（Chinese Phenological Observation Network, CPON）的长期观测的研究数据积累。随着科学技术进步，各种观测技术不断发展完善，生态系统数据积累越来越丰富，数据量大幅增长，涵盖的内容也越来越全面，这为今后的气候变化评估提供了坚实的数据基础。

二、数据的质量情况

生态系统的生物量数据主要来自长期动态监测数据、原国家林业局的森林清查数据、科研项目产生的数据以及文献整编数据。因生物量调查耗时耗力，森林生态系统一般五年调查一次，所以数据的更新频率较低。近年来整合分析越来越成为热点，很多研究人员对文献出版的生物量数据进行整编，形成数据集，并在数据期刊发表。而碳专项的“生态系统固碳现状、速率、机制和潜力”项目，根据中国气候带和植被类型的空间分布特征，设置了16 180个野外调查样地，分植被类型采取统一的标准和方法对中国生态系统碳储量进行调查，可谓国内目前规模最大、最为全面的生物量调查数据资源，为准确估算中国生态系统的碳汇现状、固碳潜力和速率提供了统一的数据。

目前共享的生态系统碳交换数据是ChinaFLUX和FLUXNET科研人员经过标准的数据观测、统一的数据处理和严格的数据质控后生产的数据集，是目前国内外最为详细和准确的生态系统碳交换数据资源。中国和全球尺度上关于控制实验测定生态系统NEE的数据还很少，并且只整合了单一的全球变化因子，仍然缺乏系统的NEE数据集。大部分数据集中在草原和冻原生态系统中，其他生态系统类型的数据更加缺乏。同时，大部分实验的持续时间也较短，基本上小于十年。数据的获取主要是从已发表的文献中提取，控制实验中利用同化静态箱法测定，数据质量相对可靠。但是，同化箱法的缺点是测定频次比较低，亟需自动化监测生态系统NEE。因此，目前我国和全球尺度上利用控制实验揭示生态系统 NEE 对全球变化响应机理的数据集还非常缺乏。然而，由于近年来控制实验不断发展和积累，有望系统整合和专门建立覆盖主要全球变化因子的生态系统NEE数据集，包括氮添加、磷添加、增加CO_2浓度、增温、降水变化等。同时，亟需在大型全球联网实验中，加强生态系统NEE的传统静态箱测定和现代化自动监测，为评估未来气候变化提供可靠的数据保障。

物候数据是通过制定严格的物候观测规范，对观测地点、时间、对象、方法、观测步骤和数据记录都做了详细的规定，系统总结了植物各个物候期的特征和判断方法，为生态站物候观测提供参考；开展物候观测的理论和实践培训，提升生态站物候观测人员的业务能力；针对物候期出现的规律，总结物候数据审核的规则；对物候数据中重要的数据项，如物种中文名、拉丁名、样地代码和样地名称等进行了规范，保障了人工物候观测数据的质量。

中国生态系统大气氮沉降数据具有严格的质量控制规范。观测数据从前期的样品采集、室内的样品测试操作规程到后期的数据采集、录入到入库共享，都经过台站—综合中心质控体系和流程检验。氮沉降文献中，降水中氮浓度的测定方法均采用了具有可比性的标准方法（离子色谱法和分光光度计法，中国国家标准 GB 11894-89）。由于不同采样方法造成的湿沉降和混合沉降的差异，也进行了统一。此外，在文献数据检索方面，从检索关键词的确定、提取关键参数的确定、提取表格的制作，到数据提取人员的选择、数据后期处理方法的制定均经过专家论证、认可，确保在文献数据量大、参与人员多的情况下，做到数据提取的准确、完整、规范。在数据收集完毕后，再次对数据校对，并进行数据单位转换、相同点数值剔除、异常值甄别等处理，最终形成一套规范化的湿沉降站点数据集。

目前，中国已经建立了较为完善的生物多样性数据库，在亚洲处于生物多样性信息学发展比较好的国家，积累了不同类群、不同层级、不同维度的多样性数据（马克平等，2018），无论在生物多样性数据积累的广度（包括标本、图片、科学文献、野外观测数据、实验室数据和空间数据等）和深度方面都取得了长足进展。此外，中国在生物多样性数据积累、生物多样性信息学数据标准和 IT 技术的引入与应用方面都有一定的积累，在生物多样性信息学技术的推广和应用以及专业社区的建设方面也积累了一定的经验，如中国植物图像库（http://www.plantphoto.cn）和中国自然标本馆（http://www.cfh.ac.cn）。每天都有数千张彩色图片通过社区用户上传到网站，并进行在线鉴定和讨论。数字植物标本馆 CVH 还在著名的图片共享网站飞客（Flickr）上建立了群组，使全球用户都可以在这个群组中共享中国植物图像数据。在数据标准的推广和应用方面，通过与生物多样性遗产图书馆（Biodiversity Heritage Library，BHL）、物种 2000 等网站的合作并借鉴全球生物多样性信息网络（Global Biodiversity Information Facility, GBIF）的建设经验，制定了许多生物多样性数据标准。标本平台项目的参与单位和专家、相关网站建立的虚拟用户社区和大型国际虚拟社区中群组的管理和维护将会对未来生物多样性

e-Science 平台的建设起到极大的促进作用，成为生物多样性 e-Science 平台中强有力的保证。

三、数据服务状况

生态系统生物量数据以依托碳专项调查的生物量数据最为全面。项目组成员基于该数据评估了中国陆地生态系统固碳现状、固碳速率，以及重大生态工程的固碳效应，相关系列成果于 2019 年在《美国国家科学院院刊》（*Proceedings of the National Academy of Sciences*, *PNAS*）上以专刊形式发表，并陆续用于碳收支的各项研究中，成为重要的数据资源。

通过 ChinaFLUX 和 FLUXNET 共享的生态系统碳交换数据被广泛用于分析生态系统碳交换过程及其机理，评估生态系统碳源、碳汇状况，更被遥感和模型领域广泛用于地面验证。全球变化控制实验中的 NEE 数据集仍然非常缺乏，目前还未形成影响力比较广泛的数据库，亟需搜集和整编系统的生态系统 NEE 数据集，覆盖几个主要的全球变化因子及其交互作用，有力地服务于气候变化评估。

国内的植被指数数据基本是开放的。大多数数据平台需要提交申请进行审核后再获取数据，少数数据平台可以直接下载使用。国际植被数据在注册登录后即可下载。此外，除中国科学院资源环境科学数据中心外，国内的植被指数数据发布之后几乎无后续更新。国内的植被指数数据大多发布于 2010 年之前，因此缺少近期的植被指数数据。国际植被数据更新较快，国内学者的植被指数数据主要通过国际数据平台下载。

目前国内的物候数据基本是开放的，有些需要提交申请进行审核后再获取数据，有些可以直接下载使用。最具影响力的数据库包括中国生态系统研究网络和中国物候观测网的物候数据。

氮沉降观测网络的数据以站点为对象，研究者可以根据研究站点选择对应的数据；区域尺度的研究则更适合使用连续的栅格数据，其可作为模型输入数据并服务于区域环境评估等。中国陆地生态系统大气氮沉降数据集可以作为中国自然生态系统污染物监测的背景参考，为相关环境保护政策的制定和实施提供数据支撑，为“保护青山绿水”的生态文明建设提供指导，适用于氮沉降及其生态效应、环境效应等研究的空间分布趋势评估等（Yu *et al.*, 2019）。

中国生物多样性科学数据资源、专业数据库和监测网络主要集中在中国科学院，大多可以公开检索浏览，部分数据大批量下载时需要注册登录或者提交申请。有学者在国内已有数据库平台、国外生物多样性 e-Science 平台、生物多样性信息学相关技术和系统应用功能的基础上，提出了中国生物多样性 e-Science 的框架结构图（许哲平等，2010a）。整个平台的服务内容基于国际空间服务标准——ISO 19119，是一个完整的面向服务的架构（Service-Oriented Architecture, SOA）。基于这种架构的生物多样性 e-Science 平台是一个通过多个组织协同来访问生物多样性相关数据以及相关分析和建模工具的平台，在现有的数据、数据分析工具和网络平台、数据标准和传输协议的基础上，对多源数据进行有效性验证、管理和集成，同时对元数据和数据出处进行管理。然后对外提供特定接口平台，通过服务中心对外进行各类服务。

四、其他需要说明/评估的内容

2018 年中国科学院启动了战略先导性科技专项“地球大数据科学工程”，其任务之一是以 CERN 和 ChinaFLUX 的地面监测数据为基础生成数据产品。其中基于 CERN 站点的数据将形成典型生态系统蒸散变化数据（2002～2020 年）、典型生态系统地表水过程变化数据（2002～2020 年）、农田、森林、草地、荒漠、湿地生态系统土壤碳储量报告（2005～2020 年）、典型生态系统水源涵养功能评估基准数据产品（2002～2020 年）、典型生态系统土壤保持功能评估基准数据产品（2002～2020 年）、典型生态系统生产力和固碳功能评估基准数据（2002～2020 年）；基于 ChinaFLUX 的长期观测数据生成 10 千米×10 千米中国区域生态系统 GPP、NEP、ET、大气氮沉降，1 度×1 度土壤温室气体、植被生物量碳密度数据产品。这些数据不仅可以服务于中国应对气候变化国际谈判，同时还可以为中国生态文明建设提供数据支撑。

关于中国典型陆地生态系统大气氮湿沉降数据集，其数据是每年实时观测的数据，因而更新的日期根据样品测定以及整理日期而调整。

目前，因中国生物多样性数据的各种信息资源整合度低、数据的碎片化、共享程度有限等，阻碍了信息的深度挖掘和有效利用（马克平等，2018）。此外，在生物多样性数据的深度挖掘和系统地集成服务方面基本上没有开展相关工作，目前也还没有一个整体的思路和框架，极大地制约了生物多样性信息学研究领域的下一步工作。在构建更高层次的生物多样性平台过程中，还有许多工作要做，主要包括（许哲平等，2010b）：①组建强有力的协调组织。这个协调组织除了要对内地相关机构、高校、科研所、科学家进行协调之外，还需要加强与 GBIF 等国际组织的合作，尽可能把所有来自中国境内的生物多样性数据整合起来。②已有数据的规范化和扩展。已有数据的规范化工作需要综合考虑都柏林核心（Dublin Core）和空间数据标准，并以此将名称、标本、文献、图片、地名等一系列生物多样性研究相关的数据整合到同一个检索入口中。③海量数据存储和计算。未来需要突破现在集中存储的模式，采取分布式和镜像站点相结合的方式，增强优势单位的合作力度。④本体构建和语义分析。一方面需要在分类概念图式（Taxon Concept Schema, TCS）、结构化描述数据（Structured Descriptive Data, SDD）、物种剖面模型（Species Profile Model, SPM）等生物多样性数据标准的基础上，加强生物多样性领域本体的构建工作，另一方面，也需要在搜索引擎的开发中加入语义分析的功能，增加检索结果的相关性。⑤专题分析和领域建模。要加强专题分析和政府决策的支持，更重要的是需要将分析工具和模型整合到生物多样性和生态学科研工作流管理系统中。⑥服务标准和服务内容。今后一个比较重要的工作是将ISO 19119的六类服务根据生物多样性信息学的学科特点进行具体化，如人机交互服务中的地图显示层服务、交互服务、个性化服务、协同服务等。同时，建立一系列的评估指标和工具，如不同数据源的数据访问量、项目使用率、用户评价和论文引用次数等，对各参与方的服务进行考核和评估，为进一步提高整体服务水平提供规范参考。⑦大众社区的专业化服务。今后需要开发相应的工具对社区的资源进行标注、提取及规范化的整合和集成，为搜索引擎和数据分析提供支撑。同时在经过一定的审核之后，集成到平台知识库中来。社区资源仍由原站点维护，保持资源的独立性和更新。

参考文献

Chen, Z., G.R. Yu and Q.F. Wang, 2018. Ecosystem carbon use efficiency in China: Variation and influence factors. *Ecological Indicators*, 90.

Chen, Z., G.R. Yu and J.P. Ge, *et al.*, 2013. Temperature and precipitation control of the spatial variation of terrestrial ecosystem carbon exchange in the Asian region. *Agricultural and Forest Meteorology*,182～183.

Du, E., 2018. A database of annual atmospheric acid and nutrient deposition to China's forests.*Scientific Data*, 5.

Fang, J.Y., A.P. Chen and C.H. Peng, *et al.*, 2001. Changes in Forest Biomass Carbon Storage in China Between 1949 and 1998. *Science,*292(5525).

He, H L, S. Q. Wang, L. Zhang，*et al.*, 2019. Altered trends in carbonuptake in China's terrestrial ecosystems under the enhanced summer monsoon and warming hiatus． National Science Review，6(3) :505～514．

Keenan T F, Williams C A., 2018. The terrestrial carbon sink. Annual Review of Environment and Resources, 43: 219～243．

Liu, L. and T. L. Greaver, 2009. A review of nitrogen enrichment effects on three biogenic GHGs: the CO_2 sink may be largely offset by stimulated N_2O and CH_4 emission. *Ecology letters*, 12(10).

Liu, Y.C., G.R. Yu and Q.F. Wang, *et al.*, 2014. How temperature, precipitation and stand age control the biomass carbon density of global mature forests. *Global Ecology and Biogeography*, 23.

Lu, M., X. Zhou and Q. Yang, *et al.*, 2013. Responses of ecosystem carbon cycle to experimental warming: a meta-analysis. *Ecology*, 94(3).

Piao, S. L., J. Y. Fang, P. Ciais, *et al.*, 2009. The carbon balance of terrestrial ecosystems in China. Nature, 458(7241): 1009～1013.

Tang, X.L., X. Zhao and Y.F. Bai, *et al.*, 2019. Carbon pools in China's terrestrial ecosystems: New estimates based on an intensive field survey.*Proceedings of the National Academy of Sciences of the United States of America*，114(16).

Wang, N., B. Quesada and L. Xia, *et al.*, 2019. Effects of climate warming on carbon fluxes in grasslands—A global meta-analysis. *Global change biology*, 25(5).

Wu, Z., P. Dijkstra and G.W. Koch, *et al.*, 2011. Responses of terrestrial ecosystems to temperature and precipitation change: a meta-analysis of experimental manipulation. *Global Change Biology*, 17(2).

Xu ,W., L. Zhang and X. Liu, 2019. A database of atmospheric nitrogen concentration and deposition from the nationwide monitoring network in China. *Scientific Data*, 6.

Yu, G.R., Z. Chen and S.L. Piao, *et al.*, 2014. High carbon dioxide uptake by subtropical forest ecosystems in the East Asian monsoon region.*Proceedings of the National Academy of Sciences of the United States of America*, 111(13).

Yu, G.R., X.F. Wen and X.M. Sun, *et al.*, 2006. Overview of ChinaFLUX and evaluation of its eddy covariance measurement. *Agricultural and Forest Meteorology*, 137.

Yu, G.R., X.J. Zhu and Y.L. Fu, *et al.*, 2013. Spatial patterns and climate drivers of carbon fluxes in terrestrial ecosystems of China.*Global Change Biology*, 19(3).

Yu, G.R., Y.L. Jia and N.P. He, *et al.*, 2019. Stabilization of atmospheric nitrogen deposition in China over the past decade. *Nature Geoscience*, 12.

方精云：“碳中和的生态学透视”，《植物生态学报》，2021 年第 45 卷第 11 期。

贾彦龙、王秋凤、朱剑兴等：“1996～2015 年中国大气无机氮湿沉降时空格局数据集”，《中国科学数据》，2019 年第 4 卷第 1 期。

马克平、朱敏、纪力强等：“中国生物多样性大数据平台建设”，《中国科学院院刊》，2018 年第 8 期。

宋创业、张琳、吴冬秀等：“2003～2015 年 CERN 植物物候观测数据集”，《中国科学数据》，2017 年第 1 卷第 1 期。

徐丽、何念鹏、于贵瑞：“2010s 年中国陆地生态系统碳密度数据集”，《中国科学数据》，2019 年第 4 卷第 1 期。

许哲平、崔金钟、覃海宁等：“中国生物多样性 e-Science 平台建设构想”，《生物多样性》，2010 年第 5 期。

许哲平、崔金钟、覃海宁等：“基于 SOA 的中国生物多样性 e-Science 平台设想和建设”，《科研信息化技术与应用》，2010 年第 1 卷第 3 期。

张文娟：“如何用好生物多样性大数据？”，《中国生态文明》，2019 年第 2 卷。
赵宁、周蕾、庄杰等：“中国陆地生态系统碳源/汇整合分析”，生态学报，2021 年第 41 卷第 19 期。
周国逸、尹光彩、唐旭利等：《中国森林生态系统碳储量—生物量方程》，科学出版社，2018 年。
朱剑兴、王秋凤、于海丽等：“2013 年中国典型生态系统大气氮、磷、酸沉降数据集”，《中国科学数据》，2019 年第 4 卷第 1 期。
朱艺旋、张扬建、俎佳星等：“基于 MODIS NDVI、SPOT NDVI 数据的 GIMMS NDVI 性能评价”，《应用生态学报》，2019 年第 2 卷。

第三篇

气候变化影响与适应科学数据

气候变化不仅是当今社会最突出的环境问题之一，也是未来人类将可能面临的巨大风险。中国地处东亚季风区，是世界上气候变化最为脆弱的地区之一，气候变化深刻地影响着经济社会的可持续发展，对粮食安全、生态安全、国土安全和水资源保障安全构成严重威胁。目前，中国经济快速发展，气候变化进一步加剧，将使众多的人口和迅速增长的社会财富聚集并暴露在气候变化的影响之下，给中国社会经济发展增加了极大的风险。在联合国提出的可持续发展目标中，气候变化适应是人类面临的全球挑战。根据气候变化影响受体涵盖范围，本部分从人口健康科学数据与环境质量相关关系数据、水文与水资源科学数据、气候变化相关灾害影响科学数据、林业科学数据、农牧渔业科学数据五类直接暴露在气候因素的冲击之下而持续受到广泛关注的气候变化影响与适应数据切入，从科学数据情况、数据的质量情况、数据的服务情况和建议几方面，全面和系统地评估了中国气候变化数据的现状及其总体保障情况。评估结果显示：①中国人口健康科学数据与环境质量相关关系数据的整理工作晚于其他国家，但发展迅速，目前分别以中国疾病预防控制中心和中国环境监测总站监测发布为主，其他相关部门、行业协会和公益网站平台为辅。中国人口健康科学数据与环境质量相关关系数据质量整体较好，人口健康数据会进行定期审核反馈。环境质量数据的监测也都遵循各自的标准规范，同时数据的系统性和全面性较过去均有提高。中国人口健康科学数据与环境质量相关关系数据为分析气候变化对人口健康和环境质量的影响提供了支持，但是服务的范围和便捷性有待进一步提高。为提高中国人口健康科学数据与环境质量相关关系数据建设能力，建议为人口健康科学和环境质量相关关系数据建立一套合理有效的数据共享机制以及相应的网站平台，加强科研人员对其访问的便捷性，以期为气候变化相关科学研究提供数据支撑和保障。②中国水文与水资源科学数据正在不断完善，不断发展；中国水文与水资源科学数据有严格的观测和整编规范，质量很高；中国水文与水资源科学数据的服务范围不断提高，共享途径与方式不断进步；提高中国气候变化方面水文与水资源科学数据建设能力需要各单位协同合力，共同推进。③中国气候变化相关灾害影响科学数据的搜集整理工作晚于其他国家，当前中国多个机构已建成了一批供科研用户使用的气候变化相关灾害数据库。中国气候变化相关灾害影响科学数据库对自然灾害事件的收录较为系统和全面，但数据来源部门众多，不同部门负责的灾种或较为单一或相互交叉，统计字段标准并不统一，难以实现有效共享，难以同国际社会接轨。中国气候变化相关灾害影响科学数据对从宏观角度分析中国自然灾害的区域差异起到了重要作用，为分析气候变化对持续侵扰中国的水旱灾害的影响提供了支持。中国灾害种类较为齐全，但散落在各个灾害管理职能部门，且灾害种类的划分和灾情指标的统计标准不统一，提高中国气候变化相关灾害影响科学数据建设能力，需要在统一标准的前提下，各部门协同合作，共同建设全面一致且持续更新的气候变化相关灾害影响科学数据库。④中国从二十世纪五六十年代起就在摸索较为系统的林业数据收集工作，截至目前已经形成了和国际接轨的数据收集与采集标准，并获得了一定量的有科研价值的数据积累，但是获取难度很大。除森林资源连续清查数据集外，其余大多数数据集还存在不完整、不连续、难以系统性地使用等问题和需求。数据平台较多，数据集不够集中，且获取方式复杂，很多平台较难获得权限。针对以上问题，建议由政府相关部门或者权威机构对全国的林业科学数据进行整合，综合共享多方数据，从而提供全面准确的林业基础数据，加快林业与气候变化相关领域的发展，最终为森林适应性管理以及国家生态文明建设服务。⑤本次评估重点评估了2012～2018年的数据，由于上一次的评估中未涉及农牧渔业数据集，因此，本次评估对农牧渔业数据集进行整体评估。评估结果显示：农牧渔业数据库数据量大，有规范的数据采集及处理规范，数据质量较高。在全部数据集中，建国后构建的数据集占99%；时间跨度为1年的数据集约占1/3，50年以上的数据集数量很少；近2/3的数据集更新到了2001～2012年，仅25%的数据集在2013年后仍有更新。公开的数据集占一半的比例，40%的数据集需要注册后提出申请，经管理员审核后方可下载，9%的数据集处于离线状态，需要与数据管理员联系，多为存储空间较大的数据。国家农业科学数据中心在科技支撑和社会效益方面均提供了相应服务，为相关产业体系的建设提供了重要的数据支撑。基于以上评估结果，建议进一步加强农牧渔业数据更新与共享规范建设。

第十章 人口健康科学数据与环境质量相关关系数据

近一个世纪以来，全球气候系统正经历着重大变化，其带来的大气污染和人体健康问题也引起了全社会的广泛关注。气候变化可以通过改变地表温度、通风系数、大气降水频率和大气环流来影响环境空气质量，也可以通过全球升温、各种极端天气事件、动物传播和空气污染等途径，直接和间接增加人类的健康风险。为了定量分析其对环境质量、人体健康的影响关系（影响哪些方面、通过什么途径、影响程度如何等），需要高质量的数据输入来提供支撑，如各种空气质量监测数据、人口数据、医院就诊数据、疾病死因数据和心理健康数据等。本章将数据产品分为人口健康和环境质量两大类，并针对不同数据库之间存在的时空尺度、时间跨度、统计对象和获取途径等差异，评估了中国人口健康科学数据与环境质量相关关系数据的数据质量与服务情况，以期为提高中国气候变化领域人口健康科学数据与环境质量相关关系数据建设能力提供参考。评估结果显示：①中国人口健康科学数据与环境质量相关关系数据的整理工作都晚于其他国家，但发展迅速，目前分别以中国疾病预防控制中心和中国环境监测总站监测发布为主，其他相关部门、行业协会和公益网站平台为辅。②中国人口健康科学数据与环境质量相关关系数据质量整体较好，人口健康数据会进行定期审核反馈，环境质量数据的监测也都遵循各自的标准规范，同时数据的系统性和全面性较过去均有提高。③中国人口健康科学数据与环境质量相关关系数据为分析气候变化对人口健康和环境质量的影响提供了支持，但是服务的范围和便捷性有待进一步提高。④为提高中国人口健康科学数据与环境质量相关关系数据建设能力，建议为人口健康科学和环境质量相关关系数据建立一套合理有效的数据共享机制以及相应的网站平台，加强科研人员对其访问的便捷性，以期为气候变化相关科学研究提供数据支撑和保障。

一、科学数据情况

（一）人口健康科学数据

与人口健康相关的各类数据是进行中国气候变化研究和公共健康关键科学研究的基础资料。气候变化对人类健康产生的影响，主要有直接和间接两种。直接影响主要包括日益增加的自然灾害（高温热浪、寒潮、洪涝和干旱等天气状况发生的频率、强度及持续的时间）对人体健康产生的影响。气候变化或气象条件带来的健康情况主要体现在就诊数据、住院数据和死亡人口数据的变化，所包含的主要疾病为循环系统疾病、呼吸系统疾病、消化系统疾病等。例如，2003 年夏季欧洲高温热浪事件有 35 000 人被夺去生命；2013 年中国的高温热浪事件导致上海的超额死亡人数为 1 347 人，占总超额死亡人数的 71.3%（Stott *et al*., 2004；杜宗豪等，2014）；2008 年 1～2 月上海寒潮造成至少 153 人超额死亡，而在武汉导致的死亡风险达 5.6%，而且极寒天气对健康的影响比高温的影响持续时间更久（罗焕金等，2014）。

间接影响则更为错综复杂，气候变化引起的各种极端气候现象导致地球生态系统紊乱，许多媒介疾病（如疟疾、血吸虫病、登革热以及一些病毒性脑炎）的媒介分布范围和季节扩展，造成传染病和自然疫源及虫媒传染性疾病的增加和流行区域的扩展。如气候变暖有利于虫媒传染病的宿主存活、病原体繁殖和扩散，使得虫媒传染病如疟疾、血吸虫病、登革热等发生北移，从而扩大其流行区域。降雨频繁亦会促进真菌和细菌的增殖感染。极端天气事件和灾害的发生破坏了原有的医疗体系以及水、食物和居住场所等生命必需品和生活基础设施，也将严重影响居民心理和生理健康，如长期暴露在干旱环境中的人群，自杀、心理压力及其它精神疾病的发病率均会有所增加（Trombley *et al.*, 2017）。此外，气候变化通过影响生态系统如水体、土壤、空气、生物等环境质量，可导致臭氧层破坏、生物多样性降低、洪涝、荒漠化和干旱增加，都将直接或间接对人类的健康产生影响，例如高温可能增加空气中臭氧（O_3）和细颗粒物（$PM_{2.5}$）的浓度，从而导致更高的健康风险（Kinney, 2008）。

目前，中国已建成一些人口健康数据库，其中与气候变化密切相关的面板数据在中国（地方）统计年鉴、中国（地方）卫生健康统计年鉴、人口普查资料、法定报告传染病数据库、全国疾病监测系统死因监测网络报告数据库、中国人心理状况数据库中可查询。这些数据通常可公开或者注册访问。患者详细的个案数据可以从中国（地方）疾病预防控制中心、各地方医院或卫生中心获得，但这些数据一般是医院内部数据，不可公开访问。表 10–1 列出了中国与气候变化相关的主要人口健康数据库的基本情况。

（二）环境质量相关关系数据

与环境质量相关的各类数据是进行中国气候变化研究、环境污染与气候变化相互作用规律探讨、环境质量与人体健康研究的基础资料。环境质量主要包括大气环境质量、水环境质量、土壤环境质量、生物环境质量等，这里选择与气候变化关系最为密切的大气环境质量进行描述。从相关文献和资料上了解到，空气污染是全球天气状况和气候变化的一个重要因素，大气中温室气体、黑碳和气溶胶是导致气候变化的始作俑者（师华定等，2012）。相反，气温、降水、相对湿度、云量及太阳短波辐射、长波辐射等变化对空气质量也有明显影响（Jacob *et al.*, 2009）。此外，空气污染也将对心脑血管、呼吸系统、消化系统等疾病的就诊率和死亡率产生影响（方叠，2014）。目前，空气

表 10–1 人口健康数据的基本情况

数据集名称	性质/内容	版权归属及贡献者	维护机构	来源/网址	可获取性
中国 2010 年人口普查资料[①]	各地区人口数和性别比（总和、城市、镇、乡村）；各地区分性别的农业人口数；各地区分年龄、性别人口（总和、城市、镇、乡村）；各地区分年龄、性别的死亡人数（总和、城市、镇、乡村）；全国分年龄、性别的 16 岁及以上人口的就业状况（总和、城市、镇、乡村）；各地区分性别、健康状况的 60 岁及以上老年人口（总和、城市、镇、乡村）	中国统计出版社	中国国家统计局	http://www.stats.gov.cn/tjsj/pcsj/rkpc/6rp/indexch.htm	公开
中国统计年鉴[②]	人口资料：我国历年人口方面的基本情况，包括全国及 31 个省、自治区、直辖市的主要人口统计数据，如：全国历年人口数、城镇人口、乡村人口；各地区人口数、出生率等 卫生统计资料：传染病报告发病率和死亡率；居民主要死亡率和死亡构成；分地区医疗卫生机构住院服务情况	中国统计出版社	中国国家统计局	http://www.stats.gov.cn/tjsj/ndsj	公开
法定报告传染病数据库[③]	自 2004 年网络直报以来报告的全部法定报告传染病数据（肠道类、呼吸道类、血源性类、虫媒及疫源），主要内容包括分地区、分年龄组、分性别、职业和病种多种维度的发病人数、发病率、死亡人数和死亡率等（月值、年值） 数据起始时间：2004 年 数据终止时间：2018 年	中国疾病预防控制中心	中国疾病预防控制中心公共卫生监测与信息服务中心	http://www.phsciencedata.cn/Share/ky_sjml.jsp?id="a56cd203-cd11-414d-9efa-d1583b97476f；http://www.ncmi.cn/redirect/md_13674	注册访问

续表

数据集名称	性质/内容	版权归属及贡献者	维护机构	来源/网址	可获取性
全国疾病监测系统死因监测数据[④]	全国疾病监测系统的死亡登记对象是发生在各辖区内的所有死亡个案，包括在辖区内死亡的户籍和非户籍中国居民，以及港、澳、台同胞和外籍公民的死因监测、疾病监测、死因报告。 数据起始时间：2008 年 数据终止时间：2018 年	中国疾病预防控制中心	中国疾病预防控制中心慢性非传染性疾病预防控制中心	中国疾病预防控制中心	未公开，内部数据，无法获取
中国卫生健康统计年鉴（中国卫生和计划生育统计年鉴）[⑤]	该年鉴包含人民健康水平、疾病控制与公共卫生、居民病伤死亡原因（各地区城市、农村分年龄分性别分疾病死亡率）、人口指标、世界各国卫生状况等 数据起始时间：2003 年 数据终止时间：2018 年	中国协和医科大学出版社	国家卫生健康委员会	http://www.nhc.gov.cn/wjw/tjnj/list.shtml； http://www.yearbookchina.com/navibooklist-n3018112802-1.html	注册访问
中国人心理状况数据库[⑥]	中国人心理状况数据集共包括三个子库，分别为学生精神症状自评量表（SymptomChecklist90，SCL-90）数据库、成人精神症状自评量表（SCL-90）数据库和学校社会行为量表数据库	中国医学科学院基础医学研究所	中国医学科学院基础医学研究所	http://www.bmicc.cn/web/share/search/itemintros	注册访问
全球健康观测资料库[⑦]	死亡率和全球健康估计数（成人死亡率、死因、儿童死亡率、健康预期寿命、预期寿命、生命表、孕产妇死亡率） 数据起始时间：2000 年 数据终止时间：2016 年	世界卫生组织	世界卫生组织	http://apps.who.int/gho/data/node.main.686?lang=en	公开

续表

数据集名称	性质/内容	版权归属及贡献者	维护机构	来源/网址	可获取性
中国居民营养与健康状况监测[8]	中国居民营养与健康状况监测是国家卫生计生委疾病预防控制局领导、中国疾病预防控制中心营养与健康所组织实施的重大医改项目。在全国 31 个省（自治区、直辖市）205 个监测点约 25 万全人群的、具有全国代表性的膳食营养与健康数据库。本次调查内容涉及食物与营养素摄入、体格与营养状况、行为和生活方式及血脂和血压等营养相关性指标 数据起始时间：2010 年 数据终止时间：2013 年	中国疾病预防控制中心	中国疾病预防控制中心	http://www.phsciencedata.cn/Share/ky_sjml.jsp?id=940e083e-49d5-443a-bb94-b86d16ce2db0	注册访问
城市疾病逐日死亡数据[9]	非意外死亡、循环系统疾病死亡、呼吸系统疾病死亡、糖尿病死亡及老年人群死亡数据	中国疾病预防控制中心	中国疾病预防控制中心	中国疾病预防与控制中心	内部数据，无法获取
各地区住院数据	各地区逐日/逐月医院住院患者资料 主要疾病类型包含：循环系统疾病和呼吸系统疾病 病例信息主要包括：患者性别、年龄、家庭住址、出院诊断、住院科室、住院日期、住院号	各地区大型医院	各地区大型医院	各地区大型医院	内部数据，无法获取
各地区门诊和急症就诊数据	各地区逐日/逐月医院门诊、急症科病例记录 疾病类型主要包括：呼吸系统疾病、循环系统疾病、消化系统疾病、神经系统疾病、泌尿生殖系统级别等； 病例信息主要包括：患者性别、年龄、家庭住址、疾病诊断、就诊科室、就诊日期、就诊身份标识号（Identity Document, ID）	各地区大型医院、中国（地方）疾病预防控制中心	各地区大型医院、中国（地方）疾病预防控制中心	各地区大型医院、疾病预防控制中心	未公开，内部数据，无法获取

续表

数据集名称	性质/内容	版权归属及贡献者	维护机构	来源/网址	可获取性
北京、南京、兰州疾病数据集[10]	疾病数据包括：北京市四家医院的急诊数据，统计整理后，数据起止时间为：2009 年 1 月 1 日～2011 年 12 月 31 日，共有 1 189 250 条；南京 2005 年 1 月 1 日～2009 年 12 月 31 日的死亡数据，43 842 条；兰州 2001 年 1 月 1 日～2005 年 12 月 31 日的住院数据，共 83 213 条； 保康门诊数据 2010 年和 2011 年，共 75 000 条；保康 2010 年和 2011 年，共 6 万余条门诊数据	成都信息工程大学	成都信息工程大学、国家人口与健康科学数据共享平台	http://www.meaph.com/messages.aspx	联系访问
内蒙古各地区死亡资料[11]	疾病类别：循环系统疾病死亡、呼吸系统疾病死亡（年值） 资料信息：死者姓名、年龄、性别、职业、文化程度、出生日期、民族、婚姻状况、主要职业及工种、生前常住地址、死亡时间、死亡地点、根本死亡原因等信息 数据起始时间：2008 年 数据终止时间：2012 年 死亡监测点：巴彦悼尔市临河区、呼和浩特市回民区、锡林浩特市苏尼特右旗、赤峰市巴林右旗、通辽市开鲁县	内蒙古自治区呼和浩特市疾病预防控制中心	内蒙古自治区呼和浩特市疾病预防控制中心	内蒙古自治区呼和浩特市疾病预防控制中心	未公开，内部数据，无法获取

续表

数据集名称	性质/内容	版权归属及贡献者	维护机构	来源/网址	可获取性
宁夏各地区死亡数据[12]	疾病类别：非意外死亡、循环系统疾病死亡、呼吸系统疾病死亡（年值） 资料信息：性别、年龄、民族、婚姻、职业、学历、地区、死亡日期、死亡原因 数据起始时间：2010 年 数据终止时间：2015 年 死亡监测地点：宁夏各市（银川市、石嘴山市、吴忠市、中卫市、固原市）及其所辖区县	宁夏回族自治区疾病预防控制中心	宁夏回族自治区疾病预防控制中心	宁夏回族自治区疾病预防控制中心	未公开，内部数据，无法获取
江苏省健康影响评估数据[13]	疾病分类：总非意外死亡、心血管疾病、呼吸系统疾病、中风、缺血性心脏病和慢性阻塞性肺疾病（逐日数据） 数据起始时间：2009 年 数据终止时间：2014 年 死亡监测点：江苏 102 个县	江苏省疾病预防控制中心	江苏省疾病预防控制中心	江苏省疾病预防控制中心	未公开，内部数据，无法获取
重庆市人群疾病负担数据[14]	该数据含有主城九区（南岸区、巴南区、九龙坡区、沙坪坝区、渝中区、江北区、大渡口区、渝北区、北碚区）死亡个案数据（主要变量为：编号、年龄、出生日期、性别、死亡时间、生前详细地址及户籍地址） 脑卒中及心肌梗死发病个案数据（沙坪坝区、巴南区及渝中区）：主要变量为姓名、性别、出生日期、年龄、民族、文化程度、婚姻状况、职业、患者所在区、报告地区 数据起始时间：2010 年 数据终止时间：2014 年	重庆市疾病预防控制中心	重庆市疾病预防控制中心慢性非传染性疾病预防控制所	重庆市疾病预防控制中心慢性非传染性疾病预防控制所 《重庆市主城区气候因素及空气污染对人群疾病负担影响的研究》	未公开，内部数据，无法获取

续表

数据集名称	性质/内容	版权归属及贡献者	维护机构	来源/网址	可获取性
山东省心理疾病患者资料[15]	病例登记报告系统电子档案中关于心理疾病病例患者资料，包括急诊病历号、急诊就诊科室、性别及年龄、最终确诊疾病、家庭住址、婚姻状况、职业、联系方式	山东省精神卫生中心	山东省精神卫生中心	山东省精神卫生中心	内部数据，无法获取
上海鼻出血发病数据[16]	“鼻出血”为主要诊断经急诊收治入院的病史资料 数据起始时间：2009 年 数据终止时间：2011 年	复旦大学附属眼耳鼻喉科医院	复旦大学附属眼耳鼻喉科医院	复旦大学附属眼耳鼻喉科医院	内部数据，无法获取

① 中国国家统计局. 2019. 中国 2010 年人口普查资料. http://www.stats.gov.cn/tjsj/pcsj/rkpc/6rp/indexch.htm. [2019-08-12]。

② 中国国家统计局. 2019. 中国统计年鉴. http://www.stats.gov.cn/tjsj/ndsj. [2019-08-12]。

③ 中国疾病预防控制中心公共卫生监测与信息服务中心. 2019. 法定报告传染病数据库. http://www.phsciencedata.cn/Share/ky_sjml. jsp?id="a56cd203-cd11-414d-9efa-d1583b97476f. [2019-08-12]。

④ 中国疾病预防控制中心慢性非传染性疾病预防控制中心. 2019. 全国疾病监测系统死因监测数据. http://ncncd.chinacdc.cn. [2019-08-12]。

⑤ 国家卫生健康委员会. 2019. 中国卫生健康统计年鉴. http://www.nhc.gov.cn/wjw/tjnj/list.shtml. [2019-08-12]。

⑥ 中国医学科学院基础医学研究所. 2019. 中国人心理状况数据库. http://www.bmicc.cn/web/share/search/itemintros. [2019-08-12]。

⑦ World Health Organization(WHO). 2019. Global Health Observatory data repository. http://apps.who.int/gho/data/node.main.686?lang=en. [2019-08-12]。

⑧ 中国疾病预防控制中心. 2019. 中国居民营养与健康状况监测. http://www.phsciencedata.cn/Share/ky_sjml.jsp?id=940e083e-49d5- 443a-bb94-b86d16ce2db0. [2019-08-13]。

⑨ 中国疾病预防控制中心. 2019. 城市疾病逐日死亡数据. http://www.chinacdc.cn. [2019-08-13]。

⑩ 国家人口与健康科学数据共享平台. 2019. 北京、南京、兰州疾病数据集. http://www.meaph.com/messages.aspx. [2019-08-13]。

⑪ 内蒙古自治区呼和浩特市疾病预防控制中心. 2019. 内蒙古各地区死亡资料. http://www.nmgcdc.org.cn. [2019-08-13]。

⑫ 宁夏回族自治区疾病预防控制中心. 2019. 宁夏各地区死亡数据. http://www.nxcdc.org. [2019-08-13]。

⑬ 江苏省疾病预防控制中心. 2019. 江苏省健康影响评估数据. http://www.jshealth.com. [2019-08-13]。

⑭ 重庆市疾病预防控制中心慢性非传染性疾病预防控制所. 2019. 重庆市人群疾病负担数据. http://www.cqcdc.org/Index.shtml. [2019-08-13]。

⑮ 山东省精神卫生中心. 2019. 山东省心理疾病患者资料. http://www.sdmhc.com. [2019-08-13]。

⑯ 复旦大学附属眼耳鼻喉科医院. 2019. 上海鼻出血发病数据. http://www.fdeent.org. [2019-08-13]。

质量数据主要为空气质量指标，包括空气质量指数、颗粒物、臭氧、二氧化硫、二氧化氮、一氧化碳等。这些数据主要从中国环境监测总站获取，也可以在环保部门和一些网站平台上得到，但这些数据都来源于国家或地方空气质量自动监测点位的空气质量自动监测结果。表 10–2 列出了中国与气候变化相关的环境质量相关关系数据库的基本情况。

二、数据的质量情况

（一）人口健康科学数据

《中国 2010 人口普查资料》的主要人口资料为各地区人口数和性别比（总和、城市、镇、乡村）；各地区分性别的农业人口数；各地区分年龄、性别人口（总和、城市、镇、乡村）；各地区分年龄、性别的死亡人数（总和、城市、镇、乡村）；全国分年龄、性别的 16 岁及以上人口的就业状况（总和、城市、镇、乡村）；各地区分性别、健康状况的 60 岁及以上老年人口（总和、城市、镇、乡村）等。其中，总人口、户籍人口、城乡人口数据，分年龄分性别人口数据可以精确到县级。这些资料中的数据为人口普查直接登记的汇总结果，未做任何误差校正。根据事后质量抽查，2010 年人口普查人口漏登率为 0.12%，总体质量较高。

中国统计局的《中国统计年鉴》中统计了人口资料和健康统计资料。其中，相关的人口资料为历年国家级和省级分性别、分城乡、分年龄结构常住人口数。该统计资料由国家统计局人口和就业统计司整理。其中 2010 年数据为第六次人口普查数据推算数，其余年份数据为年度人口抽样调查推算数据，部分年份数据根据人口普查数据进行了修订。此外，地方统计年鉴除了常住人口信息外，还统计了当地的分性别分城乡户籍人口信息，其中常住人口资料由地方统计局人口就业处提供，户籍统计人口资料由地方公安局提供。相关的健康统计资料由历年国家级传染病报告发病及死亡人数（率）、分性别分

表 10–2　环境质量数据的基本情况

数据集名称	性质/内容	版权归属及贡献者	维护机构	来源/网址	可获取性
实时空气质量城市和站点资料[①]	城市发布指标：城市日空气质量指数（Air Quality Index, AQI），城市小时 AQI 以及相应的空气质量级别、首要污染物等站点发布指标：各点位二氧化硫（SO_2）、二氧化氮（NO_2）、一氧化碳（CO）、臭氧（O_3）、细颗粒物（$PM_{2.5}$）和可吸入颗粒物（PM_{10}）的小时浓度平均值和 AQI	中国环境监测总站	中国环境监测总站	http://106.37.208.233:20035	公开
空气质量历史数据[②]	收录了 367 个城市的空气质量数据，具体包括 AQI、$PM_{2.5}$、PM_{10}、SO_2、NO_2、O_3、CO 监测项 空气数据：2013 年 12 月份起 历年数据：2000～2013 年（AQI 日数据、首要污染物、质量等级）	中国空气质量在线监测分析平台	中国空气质量在线监测分析平台	https://www.aqistudy.cn/historydata/weather.php	公开
各地区空气质量监测数据	各地区监测站点或城市空气质量数据，主要包括 AQI、$PM_{2.5}$、PM_{10}、SO_2、NO_2、O_3、CO 等监测项。其中，$PM_{2.5}$ 和 O_3 在 2013 年开始监测	各地区环保部	各地区环保部	各地区环保部	未公开，内部数据，无法获取
城市空气质量状况月报[③]	全国主要城市可以质量月数据。其中，2013 年 1～5 月统计了京津冀、长三角、珠三角和其他省会城市等 74 个城市的六项空气质量数据。2016 年 6 月至今统计了京津冀及周边地区、长三角、汾渭平原、成渝地区、长江中游城市群、珠三角和其他省会城市和计划单列市等 169 个城市的 6 项空气质量数据	中华人民共和国生态环境部	中国环境监测总站	http://www.mee.gov.cn/hjzl/dqhj/cskqzlzkyb/index.shtml	公开

续表

数据集名称	性质/内容	版权归属及贡献者	维护机构	来源/网址	可获取性
空气质量数据[4]	空气质量（AQI、$PM_{2.5}$、PM_{10}、SO_2、NO_2、O_3、CO）：国控站点实时、城市实时（2013年1月起）；国控站点日报、城市日报（2013年1月起）；省控、地方控站点实时（2016年起）；国控重点城市空气污染指数（Air Pollution Index, API）（2000年起）；国控重点城市 AQI（2013 年起）；美领馆实时（2008 年起）；环保部空气质量预报日值（2016年起）	上海青悦	青悦开放环境数据中心	http://data.epmap.org	注册缴费访问

① 中国环境监测总站. 2019. 实时空气质量城市和站点资料. http://106.37.208.233:20035. [2019-08-15]。

② 中国空气质量在线监测分析平台. 2019. 空气质量历史数据. https://www.aqistudy.cn/historydata/weather.php. [2019-08-15]。

③ 中国环境监测总站. 2019. 城市空气质量状况月报. http://www.mee.gov.cn/hjzl/dqhj/cskqzlzkyb/index.shtml. [2019-08-15]。

④ 青悦开放环境数据中心. 2019. 空气质量数据. http://data.epmap.org. [2019-08-15]。

城乡居民主要疾病死亡率构成。这些资料主要由国家卫生健康委员会卫生统计信息中心提供。此外，地方统计年鉴还统计了当地历年的门诊/急症人数以及住院人数。这些统计年鉴的数据时间和空间分辨率普遍较粗，时间主要以年为单位，空间以地区甚至国家为单位。目前，不管是中国统计年鉴，还是地方统计年鉴均已在网上公开，可以直接查看和下载。

法定报告传染病数据库为自 2004 年网络直报以来报告的全部法定报告传染病数据，主要内容包括分地区、分年龄组、分性别、职业和病种多种维度的发病人数、发病率、死亡人数和死亡率等。相关健康数据主要有甲、乙、丙三类传染性疾病，包括肠道类、呼吸道类、血源性类、虫媒及疫源传染病等数据。此数据库通过各级各类责任报告单位网上直报，实行以县级审核为主，各级按权限分享数据的方式，实现了传染病报告卡的网络实时录入直报、实时查询与分析。数据的年度范围为 2004～2018 年，分为年统计数据和旬统计数据，数据的空间最小单位为县区。目前，较大尺度（时间：月统计数据；空间：国家级或省级）可以从中国疾病预防控制中心的公共卫生科学数据中心注册下载，国家级的数据也可以中国疾病预防控制中心官方网站公布的法定传染病报告信息获取，小尺度的数据库来自中国疾病预防控制系统，为内部数据。

全国疾病监测系统死因监测数据集的死亡登记对象是发生在各辖区内的所有死亡个案（包括到达医院时已死亡、院前急救过程中死亡、院内诊疗过程中死亡），包括在辖区内死亡的户籍和非户籍中国居民，以及港、澳、台同胞和外籍公民的死因监测、疾病监测、死因报告。主要介绍了人口资料、总体死亡情况、死亡原因及顺位、主要大类疾病死亡率与死因顺位及地区别、性别、年龄别人口数、分死因死亡数及死亡率。此资料包含三大类疾病，一是感染性、母婴及营养缺乏疾病；二是非感染性疾病；三是损伤中毒和诊断不明疾病。其中气候变化相关疾病主要为循环系统疾病、呼吸系统疾病、消化系统疾病、神经系统疾病、泌尿生殖系统疾病等。全国疾病监测系统由分布在全国31个省（区、市）的605个监测点组成，目前，各监测医疗机构通过中国疾病预防控制中心的死因登记报告信息系统进行网络报告。按照《全国死因登记信息网络报告工作规范》和《人口死亡信息登记管理规范》要求收集、填写、报告和审核死亡信息。各县区疾控中心通过对死因数据进行定期审核、反馈等方式来加强数据的质量控制，以保证死因填写和编码的准确性。此数据的年度范围为2008～2018年，由中国疾病控制预防中心进行管理，详细的死亡个案数据为内部资料，无法获取。但中国疾病预防控制中心慢性非传染性疾病预防控制中心每年会编写《全国疾病监测系统死因监测数据集》《中国死因监测数据集》，为科学研究机构开展相关研究工作提供基础资料，为政府相关部门决策提供科学依据。

中国卫生健康统计年鉴（中国卫生和计划生育统计年鉴）的主要健康资料包含了历年人民健康水平、疾病控制与公共卫生、居民病伤死亡原因、人口指标等。其中疾病控制与公共卫生数据集中的法定报告传染病发病数及死亡率，居民病伤死亡原因数据集中的各地区城市、农村分年龄、分性别、分疾病死亡率（粗死亡率和标化死亡率），可以为气候变化相关研究服务。法定报告传染病发病数及死亡率数据来源于法定报告传染病统计年报资料。各地区疾病死亡率数据来源于居民病伤死亡原因年报。2008～2012年的卫生统计数据可以从卫生健康委员会直接查询和下载。2012 年以后的卫生统计数据可以从统计年鉴分享平台注册访问，也可从中国知网的中国经济与社会发展统计数据库注册访问。和《中国统计年鉴数据》相似，此数据集时间和空间分辨率普遍较粗，时间以年为单位，空间以国家为单位。此外，统计的城市地区、中小城市地区、农村地区分别仅选取了中国的10个大城市、9个中小城市和34个县。各地区更详细的健康数据可以从地方卫生健康统计年鉴中获取。

中国人心理状况数据库共包括三个子库，分别为学生精神症状自评量表（SCL–90）数据库、成人精神症状自评量表（SCL–90）数据库和学校社会行为量表数据库。此资料来源于国家科技部中央级科研院所基础、社会公益性专项基金项目（2000DIB40153、2001DEA30031、2002DIA40018）的调查和研究结果。本系列项目由中国医学科学院基础医学研究所牵头，与协作单位北京师范大学教育学院、中国疾病预防控制中心营养与食品安全研究所共同完成。工作历时四年，规模和范围涉及我国 4 省市，11 个城市农村，70 个调查现场，7～80 岁以上的不同地区、性别、职业、民族人群约 4.1 万人。调查现场所在地区的大专院校、卫生局系统、疾病预防控制中心等部门协助组织进行。目前，此数据可以在国家人口与健康科学数据共享平台上注册访问。数据可应用于中国现代社会全民健康和防病治病，为科教兴国医学教育和科研工作提供参考，可应用于政府的有关决策乃至国计民生的方方面面，并且开展国际交流。但此数据库时空分辨率较粗，不能较好地用于描述气候变化相关情况，但可以为相关研究提供参考。

全球健康观测资料库的主要健康资料为死亡率和全球健康估计数，其中包含中国的相关数据，主要是成人分疾病、分年龄、分性别的死亡率（死亡人数）、儿童分疾病死亡率（死亡人数）。其中，成人死亡数据统计的为 15～60 岁的人口，此数据年度范围为 2000～2016 年；儿童死亡数据统计的为 0～4 岁的人口，此数据年度范围为 2000～2017 年。目前，此数据可在世界卫生组织上开放下载。

中国居民营养与健康状况监测的健康资料主要为食物与营养素摄入、体格与营养状况、行为和生活方式及血脂和血压等营养相关性指标。目前，此资料库是原国家卫生计生委疾病预防控制局领导、中国疾病预防控制中心营养与健康所组织实施的重大医改项目。总体方案是在全国 31 个省（自治区、直辖市）中实施。2010 年开展了 34 个大城市点和 15 个中小城市点，2011 年开展了 25 个中小城市点和 30 个贫困农村点，2012 年开展了 45 个普通农村点的 6 岁及以下营养与健康状况监测，2013 年开展了 55 个监测点的 0～5 岁儿童及乳母的营养与健康监测，最后形成了一个覆盖 31 个省（直辖市、自治区）205 个监测点约 25 万全人群的、具有全国代表性的膳食营养与健康数据库。数据的年度范围为 2010～2013 年，负责单位为中国疾病预防控制中心公共卫生监测与信息服务中心，可在公共卫生科学数据中心注册访问。但此数据的时间跨度较短，且主要为国家级的统计数据，在气候变化相关研究领域应用较少。

城市疾病逐日死亡数据中，与气候变化相关的疾病死亡主要包括非意外死亡、循环系统疾病死亡、呼吸系统疾病死亡、糖尿病死亡及老年人群死亡数据。此数据时空分辨率较细，为每日死亡数据，覆盖每个城市。此数据主要来源于中国疾病预防控制中心，为内部数据。

地方死亡负担数据中，与气候变化相关的疾病死亡主要包括循环系统疾病死亡、呼吸系统疾病死亡数据、消化系统疾病死亡数据。这些数据有逐日的死亡数据，也有大尺度的死亡数据，如年际死亡数据；有个案数据，也有统计过后的面板数据。此数据最小空间尺度通常能精确到区县。一般地，此数据均可在地方疾病预防控制中心或疾控中心下属单位获取。

在各地区住院数据和各城市的大中型医院统计的各地区逐日或逐月的医院住院患者资料中，与气候变化相关的主要疾病类型包含循环系统疾病、呼吸系统疾病和消化系统疾病。患者病例信息主要包括：患者性别、年龄、家庭住址、出院诊断、住院科室、住院日期、住院 ID 号。通常医院会对这些数据进行连续更新。此数据集为医院内部数据，未公开。

各地区就诊（门诊、急诊）数据为各地区逐日或逐月的医院门诊、急症科病例记录。与气候变化相关的主要疾病类型包含循环系统疾病、呼吸系统疾病、消化系统疾病、泌尿生殖系统疾病、神经系统疾病、皮肤和皮下组织疾病、心理疾病等。患者病例信息主要包括：患者性别、年龄、家庭住址、疾病诊断、就诊科室、就诊日期、就诊 ID 号。此数据统计于各城市的大中型医院或者国家（地方）疾病预防控制中心，目前为内部数据，不可获取。

（二）环境质量相关关系数据

实时空气质量城市和站点资料包含了空气质量指数（AQI）、二氧化硫（SO_2）、二氧化氮（NO_2）、一氧化碳（CO）、臭氧（O_3）、细颗粒物（$PM_{2.5}$）、可吸入颗粒物（PM_{10}）。数据来源于国家空气质量自动监测点位的空气质量自动监测结果，不包括地方空气质量监测点位。监测点覆盖全国 338 个地级市。发布结果主要显示全国空气质量总体状况，由于所采用的监测点位数量和各城市不尽相同，与各城市发布的城市空气质量状况亦会有所差异。发布结果通常为每小时更新 1 次，由于数据传输需要一定的时间，发布的数据约有半小时延滞。当遇到监测仪器校零、校标等日常维护行为或出现通信故障、停电等现象，某些站点会出现一段时间内无数据的情况。根据《环境空气质量指数（AQI）技术规定（试行）》（HJ633–2012）的要求，实时发布数据需由发布系统进行初步审核。目前，此数据集可以在中国环境监测总站的全国城市空气质量实时发布平台进行查询。

空气质量历史数据主要收录了 367 个城市的历史空气质量数据，具体包括 AQI、$PM_{2.5}$、PM_{10}、SO_2、NO_2、O_3、CO 等监测项。数据从 2013 年 12 月份起至今，包括逐日数据和逐月数据。此数据来源于公益性质的软件平台——中国空气质量在线监测分析平台，可以免费下载。此数据主要基于中国环境监测总站空气质量实时发布数据。逐日或逐月浓度数据是根据当天环保总站每小时数据计算求平均的结果，存在丢数据场景。此外，青悦开放环境数据中心也根据环境监测总站发布的数据，收集并统计得到了各监测站点或各城市的逐时、逐日空气质量浓度数据。同时，此网站还收集了省控数据和美国领事馆数据。其中，国控站点实时、城市实时、国控站点日报、城市日报数据集开始于 2013 年 1 月；省控、地方控站点实时数据集开始于 2016 年；国控重点城市空气污染指数（API）数据集开始于 2000 年；国控重点城市 AQI 开始于 2013 年；美领馆实时数据集开始于 2008 年。青悦开放环境数据中心的数据可以注册缴费访问。

各地区空气质量监测数据主要为 AQI、API、$PM_{2.5}$、PM_{10}、SO_2、NO_2、O_3、CO 浓度。此数据原始数据为各空气质量监测站点的小时数据，根据研究者的需求可以计算得到日数据、月数据或年数据，也可以计算得到城市浓度数据。其中，$PM_{2.5}$ 和 O_3 是在 2013 年新修订的《环境空气质量标准》（GB3095–2012）执行后开始监测的。其次，AQI 分级计算参考的标准是《环境空气质量标准》（GB3095–2012），参与评价的污染物为 $PM_{2.5}$、PM_{10}、SO_2、NO_2、O_3、CO 等六项，每小时发布一次；而 API 分级计算参考的标准是《环境空气质量标准》（GB3095–1996），评价的污染物仅为 SO_2、NO_2 和 PM_{10} 等三项，每天发布一次，而灰霾的主因——$PM_{2.5}$ 并未纳入其中。目前，这些数据均可在地方环境保护部门获取，但这些数据均为内部数据。而 2013 年新标准以后的监测数据通过环境监测总站实时发布，可以免费获取。

城市空气质量状况月报统计了全国主要城市的空气质量月数据。其中，2013 年 1 月～2018 年 5 月统计了京津冀、长三角、珠三角和其他省会城市等 74 个城市的六项空气质量数据。2018 年 6 月至今统计了京津冀及周边地区、长三角、汾渭平原、成渝地区、长江中游城市群、珠三角和其他省会城市以及计划单列市等 169 个城市的六项空气质量数据。目前，这些数据通过生态环境部网站按月发布。

三、数据服务状况

（一）人口健康科学数据

在人口健康相关的数据库中，最具影响力的数据库是法定报告传染病数据库和全国疾病监测系统死因监测数据集。其中，法定报告传染病数据库囊括了多种类型的法定传染性疾病（与气候变化直接相关的呼吸道、肠道传染病，与气候变化间接相关的自然疫源及虫媒传染性疾病），包括发病率（数）、死亡率（数）和病死率，可以分析气候变化对不同疾病的影响关系，找到气候变化的敏感性疾病。从时间尺度上看，有年统计数据、月统计数据、旬统计数据，可以从年际、季节、年变化等多种时间尺度分析气候变化对疾病发病率和死亡率的影响；从空间尺度上看，有大到国家级、小到区县级的多行政级别数据，可以满足各种空间尺度要求。目前，较大时空尺度的数据可以从中国疾病预防控制中心直接获取；而小尺度的数据来源于中国疾病预防控制信息系统，内部人员可获取。全国疾病监测系统死因监测数据集为另一个具有影响力的数据库。此数据集为死亡个案数据，包含详细的死者信息，由分布在全国 31 个省（区、市）的 605 个监测点组成。包括各种传染性疾病和非传染性疾病。目前，全国疾病监测系统各监测点的所有死亡个案均通过中国疾病预防控制中心的死因登记报告信息系统进行网络报告，系统内部人员可获取。

在人口健康相关的数据库中，最广为人知的数据库是中国（地方）统计年鉴和中国（地方）卫生健康统计年鉴。为了解人口健康的基本情况的变化趋势，首先想到的就是统计局编写的《统计年鉴》和卫生健康委员会编写《卫生健康统计年鉴》。这些年鉴统计了中国不同地区、不同人群的人口健康信息。目前，国家和地方统计年鉴均已开放查询和下载，而卫生健康统计年鉴多数需要在相关网址上注册收费下载。在应用过程中，相关研究的人口数据通常都来自于统计年鉴或人口普查资料，研究者使用较多。而相关研究的健康数据应用较少，因为统计年鉴数据多来源于中国疾病预防控制中心，且时空分辨率普遍较粗，不能很好分析气候变化情况。

在人口健康相关的数据库中，应用较多的数据库主要为各地区就诊、住院、死亡数据。这些数据覆盖的地区广泛，最小空间尺度通常能精确到区县，气候变化或气象条件对某地区人体健康的影响通常使用此类数据。此类数据涉及的疾病多样，就诊或住院数据除了常见的循环系统疾病、呼吸系统疾病、消化系统疾病和泌尿生殖系统疾病等常见身体疾病数据以外，还包括精神和行为障碍数据，或者一些与气候密切相关的小众疾病如“鼻出血”。死亡数据除了全国疾病监测系统死因监测数据集中的疾病死亡外，还包括非意外死亡等数据。目前，这些数据主要来源于中国疾病预防控制中心、地方疾病预防控制中心或者各地区医院。一般地，此类数据均为内部数据，普通人员无法获取。此外，国家人口与健康科学数据共享平台的气象环境与健康专题服务网站统计了北京、南京和兰州三个地区的疾病数据。此数据可以向负责单位成都信息工程大学提出申请。

（二）环境质量相关关系数据

在环境质量相关关系数据中，最具影响力和应用最为广泛的数据库均为中国环境监测总站实时发布的空气质量城市和站点资料。此数据从 2013 年开始发布，此后监测城市和监测点数量不断增多，目前监测数据已覆盖全国 338 个城市，1 510 个左右监测点。由于此数据集为实时发布数据，应用时的历史数据通常为某些个人或平台采集的。此外，在应用过程中，可根据需要对数据进行整理，满足相关研究需要。而对于 2013 年以前的数据集，只能从相关环境保护部门获取。

四、其他需要说明/评估的内容

（一）人口健康科学数据

目前，关于人口相关资料的数据库较为完善，开放程度较大，基本能够满足多方面的气候变化相关研究。对于气候变化相关的健康数据库，目前可在国家人口与健康科学数据共享平台、公共卫生科学数据中心、统计年鉴查询到部分。这些数据大多来源于中国疾病预防控制中心的统计。其中，具有影响力的法定报告传染病数据库和全国疾病监测系统死因监测网络报告数据库可在公共卫生科学数据中心查询，但这些数据涉及的年限有限，且时间和空间尺度较粗，更详细的时空尺度数据均由中国疾病控制预防中心内部管理。此外，国家人口与健康科学数据共享平台的气象环境与健康专题服务网站统计了三个城市某时间段的疾病数据，但涉及的城市、年限、疾病类型均有限，详细的数据集只能从各医院或疾病预防控制中心获取。可以看出，公开（或注册可访问）的数据集对气象医疗健康科研工作者提供的支持有限。因此，建议加强小尺度时空数据的开放程度，建立完善的体系化共享平台。

（二）环境质量相关关系数据

目前，空气环境质量常规监测数据库较为完善，开放程度较大，基本能够满足多方面的气候变化相关研究。然而，对于一些更详细的大气污染物组分监测数据，例如对气候变化将产生重大影响的黑碳和硫酸盐气溶胶，由于中国目前还没有相关的污染物组分监测数据网，因此阻碍了空气污染对气候变化影响的精细化研究。值得欣慰的是，环保部于 2016 年 10 月启动了大气颗粒物组分及光化学监测网（简称“组分网”）的建设，实现了中国环境空气监测从单纯的质量浓度监测向化学成分监测的重大推进。在组分网建成前，可以利用一些学者或单位开展的小区域组分测量数据，进行相关的区域分析。此外，空气质量及其组分的数值模拟研究也为气候变化相关研究提供了数据支撑。

参考文献

Jacob, D.J. and D.A. Winner, 2009. Effect of climate change on air quality. *Atmospheric Environment*,43(3):51～63.

Kinney, P.L., 2008. Climate change, air quality, and human health. *American Journal of Preventive Medicine*,35(5):459～467.

Stott, P.A., D.A. Stone and M.R. Allen, 2004. Human contribution to the European heatwave of 2003. *Nature*,432(7017):610～614.

Trombley, J., S. Chalupka and L. Anderko, 2017. Climate change and mental health. *American*

Journal of Nursing,117(4):44～52.
杜宗豪、莫杨、李湉湉等：“2013 年上海夏季高温热浪超额死亡风险评估”，《环境与健康杂志》，2014 年第 9 期。
方叠：“中国主要城市空气污染对人群健康的影响研究”，（硕士论文），南京大学，2014 年。
罗焕金、马文军、曾四清等：“低温寒潮对健康影响的流行病学研究进展”，《环境与健康杂志》，2014 年第 4 期。
师华定、高庆先、张时煌等：“空气污染对气候变化影响与反馈的研究评述”，《环境科学研究》，2012 年第 9 期。

第十一章　水文与水资源科学数据

目前，国内外针对气候变化对水文水资源影响的研究主要包括以下五个方向：①水循环要素变化的检测与归因分析；②气候变化与人类活动对水文水资源影响的定量评估；③未来气候变化情景下水循环与水资源的演变趋势预估；④气候变化对极端水文事件的影响研究；⑤应对气候变化的水资源适应性管理策略。诸多研究中所采用的水文水资源相关数据主要包括降水、蒸散发、土壤水、地下水、河川径流、河道/湖泊水位等水文数据，以及水资源量、取水、供水、用水、耗水、排水、蓄水等水资源数据。有些数据来源于仪器的直接监测，有些数据需要经过分析和计算得到。本章内容通过资料收集，整理分析了国内外主要的水文水资源数据状况，评估了中国水文与水资源科学数据的质量和服务情况，以期为提高中国气候变化领域水文与水资源科学数据建设能力提供参考。评估结果显示：①中国水文与水资源科学数据不断完善，不断发展。②中国水文与水资源科学数据有严格的观测和整编规范，质量很高。③中国水文与水资源科学数据的服务范围不断提高，共享途径与方式不断进步。④提高中国气候变化方面水文与水资源科学数据建设能力需要各单位协同合力，共同推进。

一、科学数据情况

水文与水资源的各类数据是水利、环境、国土、农业等部门解决水问题的重要基础数据，其数据的数量与质量直接影响到水灾防治决策工作，也一定程度上决定了气候变化对水文与水资源影响研究的宽度与深度。中国非常重视水文水资源方面的监测及相关数据库建设。迄今为止，全国共有基本水文站 3 000 余个，雨量站超过 1.5 万个，地下水观测井超过 1.2 万个。水文水资源数据由专门的机构和人员进行监测、整理、分析、审查、汇编、管理、刊印。《中华人民共和国水文条例》对资料的监测、汇交保管与使用等做了明确的规定。水文水资源方面相关数据，除水利部门外，中国还有其他部门或人员设置专门的观测站进行监测和获取，如气象部门掌握全国的气象观测，涉及水文水资源数据方面的降水、蒸发等数据。自然资源部门设置有大量长期监测的地下水观测井。高等院校、科研机构等单位设置有野外实验观测站网，涉及降水、蒸发、土壤水、地下水、流量、水位等水文数据。这些观测数据与水利部门的数据相互补充，为中国水利等国民经济建设提供了重要的参考数据。存储水文资料的方式多样，纸质数据记录和计算机水文数据库是两种主要数据存储形式，而水文年鉴则是其中一种典型的纸质数据记录。本章将以水文年鉴、水资源公报、水文数据库主要水文资料存储形式为例，阐述中国的水文资料情况、基本信息及数据源/网址等（表 11–1）。

（一）水文年鉴

中华人民共和国水文年鉴是国家重要基础资源数据，是国民经济建设、水利规划设计、防洪、抗旱减灾、水资源利用的重要基础性资料，目前按照流域水系统一划分，现为 10 卷 75 册（86 本），卷册划分情况如表 11–2 所示。自 1949 年之后，一直连续刊印。1989 年因故停刊，严重影响了水文资料的保存和使用，引起了社会的关注。2002 年水利部决定恢复重点流域重点卷册（24 册）水文年鉴刊印（但不包括进行全流域汇编）。从 2007 年开始，根据国务院颁发的《中华人民共和国水文条例》决定全面恢复全国 10 卷 75 册水文年鉴资料汇编刊印。水文年鉴由水利部授权的流域机构或省（自治区、直辖市）的水文主管部门负责汇编刊印。水文年鉴数据为内部共享资料，由水利部水文司负责数据管理及使用。中国各个较大流域机构水文年鉴卷册划分见表 11–3。

水文年鉴基本资料汇编内容包括水位资料（逐日平均水位表、逐日平均水位过程线图、洪水水位摘录表、堰闸洪水水位摘录表、小河及中小渠道水文站的水位资料）、潮位资料（逐潮高低潮位表、潮位月年统计表、逐日最高最低潮位表、风暴潮位摘录表）、流量资料（实测流量成果表、实测大断面成果表、堰闸流量率定成果表、水电（抽水）站流量率定成果表、逐日平均流量表、洪水水文要素摘录表、堰闸洪水水文要素摘录表、水库水文要素摘录表）、潮流量资料（实测潮流量成果表、实测潮量成果统计表、堰闸潮流量率成果表、堰闸实测潮量成果统计表、引排水（潮）量统计表、潮汐水文要素摘录表）、输沙率资料（实测悬移质输沙率成果表、逐日平均悬移质输沙率表、逐日平均含沙量表、洪水含沙量摘录表、实测推移质输沙率成果表、逐日平均推移质输沙率表、实测河床质输沙率成果表）、泥沙颗粒级配资料（实测悬移质颗粒级配成果表、实测悬移质单样颗粒级配成果表、悬移质断面平均颗粒级配成果表、实测流速、含沙量、颗粒级配成果表、日平均悬移质颗粒级配表、月年平均悬移质颗粒级配表、实测推移质颗粒级配成果表、实测河床质颗粒级配成果表）、水温冰凌资料（逐日水温表、冰厚及冰情要素摘录表、冰情统计表、实测冰流量成果表、逐日平均冰流量表）、降水量资料（逐日降水量表、降水量摘录表、各时段最大降水量表）和水面蒸发量（逐日水面蒸发量表、水面蒸发辅助项目月年统计表）资料。

（二）水利统计公报

水利统计公报覆盖的具体数据说明如下：

1. 水资源公报：自 1997 年至今，每年发布一次，数据主要包括全国各水资源一级区（松花江区、辽河区、海河区、黄河区、淮河区、长江区、东南诸河区、珠江区、西南诸河区、西北诸河区）和各省级行政区（港澳台地区除外）的水资源量和供用水量。其中，水资源量资料包括降水量、地表水资源量、地下水资源量、地下水与地表水资料不重复量及水资源总量；供用水量资料包括供水量（地表水、地下水、其他供水、总供水量）和用水量（工业用水、工业用水中的直流火（核）电用水、农业用水、人工生态环境用水、总用水量）。

2. 河流泥沙公报：自 2000 年至今，每年发布一次，数据主要包括长江、黄河、淮河、海河、珠江、松花江、辽河、钱塘江及闽江的径流量、输沙量、下游冲淤变化及重要水库的冲淤等资料。

3. 中国水旱灾害公报：自 2006 年至今，每年发布一次，包括洪涝、干旱灾情信息。

4. 水情年报：自 1998 年至今，每年发布一次，包括全国雨水情信息（降水、台风、洪水、干旱、江河径流量、水库蓄水、冰情），各流域（片）（长江流域、黄河流域、淮河流域、海河流域、珠江流域、松辽流域、太湖流域及东南诸河、内陆河及其他河流）的洪水信息，以及当年全国主要江河水库的特征值资料。

5. 地下水动态月报：自 2010 年至今，每月发布一次，主要包括松辽平原、黄淮海平原、山西及西北地区盆地和平原、江汉平原的降水、地下水埋深动态、地下水蓄变量等方面每月的综合情况。

除水利部定期发布国家层面的水利统计公报外，部分地方部门也会定期发布地方层面的水利统计公报。比如，在水资源公报方面，北京市水务局自

2003年至今每年公开发布《北京市水资源公报》。

水资源公报是水资源情势的综合性年度报告，分为全国、水资源一级区、省级行政区、地级行政区等。根据《水资源公报编制规程》（GB/T 23598–2009），水资源公报内容主要涵盖水资源量、蓄水动态、供水量与用水量、耗水量与排水量、水体水质、用水指标和水价、重要水事等。目前，中国已基本完善了水资源公报等基本信息发布渠道，全国（除香港、澳门特别行政区和台湾省）、大部分省级行政区以及水资源一级区的水资源公报数据均对外实行免费共享。数据主体由各级水行政主管部门负责，相关数据情况如表11–4所示，省级行政区中仅有黑龙江省和西藏自治区未实现水资源公报信息共享开放。

（三）水文数据库

在中国，水文数据库的建设工作一直受到重视并自20世纪80年代开始筹建。1983年起，水利电力部水文水利调度中心与水利电力部属有关单位协作，进行水文数据库的调查研究和专题试点工作。根据中国国情并借鉴外国经验，采用分布式水文数据库系统，使之成为国家防汛指标系统和工程信息的重要组成部分，即在北京建立全国水文资料咨询中心，各流域和省、自治区、直辖市相应建立水文数据库，逐步连成全国性计算机网络，进行远程检索、信息交换。此外，为配合中央一级防汛水文情报预报的需要，在水利部内基本建成水文情报预报专用性数据库。

此外，水利部水文司（水利部水文水资源监测预报中心）建立了全国实时雨水情信息数据共享平台—全国雨水情信息网（http://xxfb. hydroinfo.gov.cn/index.html），通过互联网向公众发布实时水情数据，主要包括大江大河水文站（水位站）、大型水库及重点雨量站三种类型监测网络的实时数据，涉及全国七大江河流域（松辽、海河、黄河、淮河、长江、太湖、浙闽）及其他流域（内陆河流、国际河流）内的重要监测站点。各省（直辖市、自治区）也相应建立了实时信息便民查询服务。

此外，中国部分高校及科研单位搜集整理完成了部分水文水资源数据，并完成了网络在线发布。例如，由于水利部水文局负责的水文年鉴、水文数据库中水文资料尚不能直接公开获取，需向水文主管部门申请使用，因此有关研究项目组将纸质版水文资料汇编进行数字化，以电子版数据形式予以共享，如表 11–1 所列的美国欧柏林学院地貌研究小组提供的 1987 年以前中国水文年鉴第 9 卷（藏南滇西河流 2 册）、第 4 卷第 4 册（黄河：汾河）、第 6 卷第 1 册（长江：雅砻江、金沙江）数字化水文资料，以及国家地球系统科学数据共享服务平台提供的中国部分流域的水文资料。

下面对中国范围内几种主要水文水资源数据类型的数据库分别予以阐述：

1. 河川径流、水位及地下水数据。河川径流、河道/湖泊/水库水位及地下水数据是水文水资源资料的基本组成，是开展气候变化对水文水资源影响研究的关键。目前，中国已建成一些河川径流、水位及地下水数据库，并已在互联网上公布。其中，在国家科技基础条件平台下建成的国家地球系统科学数据共享服务平台提供了中国部分主要流域的径流资料，如表 11–1 中所列出的黄河流域水文资料数据集、黄河上游主要水文站径流泥沙数据集、黄河流域径流实验站水文试验数据集、长江中下游主要水文站日均流量数据集以及青藏高原实验监测站水文数据集等。寒区旱区科学数据中心提供中国部分流域的径流资料，如黑河流域水文资料和塔里木河下游地下水位数据集等。上述径流资料数据库的数据来源主要有中国《水文年鉴》、国内有关科研机构专门设立的水文实验站观测的水文资料等。

2. 蒸散发数据。流域蒸散发是土壤、水体、植被中的水分通过上升和汽化从陆面进入大气的过程。流域蒸发影响土壤含水量、水体蓄水量的变化，是水文循环的一个重要环节。通过互联网检索，目前，中国已建成一些蒸散发数据集，并提供共享服务。中国气象局通过中国气象数据网提供了中国 699 个基准、基本气象站 1951 年以来的日值蒸发量数据以及 589 个基本、基准地面气象观测站 1971～2000 年蒸发量累年月（年）数据。国家地球系统科学数据共享服务平台提供了中国部分地区蒸散发数据。数据类型包括地面站点实测蒸发资料（如长江中下游蒸发站日均蒸发量数据集）、由地面站气象数据二次处理的蒸发产品（如黄土高原多沙粗沙区 1∶10 万潜在蒸散发插值图）等。此外，依托国家自然科学基金委员会实施的“黑河流域生态—水文过程集成研究”重大研究计划，有关学者在寒区旱区科学数据中心平台上发布了黑河流域部分蒸散发数据，供相关研究人员申请使用。

3. 土壤水分数据。土壤水分，又称土壤湿度，是保持在土壤空隙中的水分。目前，已有的土壤水分/湿度资料大多来源于试验监测，尚缺乏健全完善的监测站网。已建成的一些土壤水分数据库多来自于野外实验站观测成果（如藏东南山地林线土壤水分观测数据集、海伦站土壤水分长期定位观测数据集），依托重大科研计划的项目成果（如黑河流域的土壤水分数据集），以及基于微波数据同化的土壤水分数据集等。

4. 水资源量数据。地表/地下水资源量、需水量、供水量等水资源数据基本上以行政分区、流域分区为空间单元进行统计发布。数据来源主要为国家和地方水行政主管部门的统计数据，并通过水利统计公报形式公开发布。目前，中国已建成的水资源数据库大多是基于国家和地方水利统计公报中的数据进行收录和处理。

（四）全球尺度数据

全球和区域尺度上的水循环研究和水资源管理涉及水文气象的所有要素，包括辐射、温度、风速、降水、蒸散、径流、地表水、土壤湿度、地下水，以及流域总储水量变化等。随着遥感技术和大数据计算等技术的发展，遥感以及大尺度模型计算输出为气象、气候、生态、林业、农业及全球变化等领域提供了关键的水文通量及状态变量等相关信息。本章主要介绍目前全球尺度上应用较为广泛的遥感或大尺度模型输出的蒸散发、土壤水分和径流数据。

蒸散发量主要包括植被蒸腾、土壤蒸发和冠层节流蒸发，是水文和陆汽循环的最重要的通量变量之一。目前，利用卫星遥感多光谱和热红外数据模拟的地表蒸散发量的算法大致分为两种：基于遥感植被指数，如叶面积指数（Leaf Area Index, LAI）或者归一化植被指数（Normalized Differnce Vegetation Index, NDVI）；基于遥感地表辐射温度计算。第一类算法在彭曼公式的基础上，建立 LAI 或 NDVI 与植被、土壤、近地面大气层阻抗的关键参数的关系来计算陆面蒸散发量。其典型的数据产品主要有以下几种：1）基于中分辨率成像光谱仪（MODIS）LAI 的 MODIS 全球蒸散产品（MODIS Global Evapotranspiration Project, MOD16），其空间分辨率为 1 千米，时间分辨率为 8 天，数据跨度为 2000 年至今；2）基于 NOAA 的 NDVI 全球蒸散发产品，该套产品的空间分辨率为 8 千米，时间分辨率为 1 个月，数据跨度为 1983～2006 年。而基于地表温度的算法则主要是利用遥感瞬时温度作为地表感热通量的输入，通过能量平衡来计算。

而土壤水分主要控制着陆面和大气之间的相互作用，能否获取精度较高的土壤水分数据对建立精准的陆汽循环过程具有十分重要的意义。与此同时，土壤水分也控制着陆表能量交换、调控土壤冻融、调整地表径流和地下径流过程等的重要参量。通过卫星观测、反演、大尺度模型模拟可产生大量不同时空分辨率的土壤水分产品。目前相关研究中应用较为广泛的有 L 波段微波土壤湿度和海洋盐度监测卫星产品（Soil Moisture and Ocean Salinity, SMOS）（空间分辨率约为 43 千米）、Aquarius 卫星的海表盐度产品（Sea Surface Salinity, SSS）（空间分辨率约为 100 千米）、C 波段高级散射仪（Advanced Scatterometer, ASCAT）数据产品（空间分辨率约为 25 千米），多波段组合产品地球观测系统先进微波扫描辐射计（Advanced Microwave Scanning Radiometer - Earth Observing System Sensor, AMSR-E）产品（空间分辨率约为 60 千米）。而大尺度模型输出的产品则主要包括美国的北美陆面数据同化系统（North American Land Surface Data Assimilation System, NLDAS）（空间分辨率 0.125 度）和全球陆地数据同化系统数据集（Global Land Data Assimilation

System, GLDAS）（空间分辨率为 0.25 度和 1 度），中国西部地区陆面数据同化数据集产品。中国气象局生产了 CLDAS V1.0 土壤水分产品。全球多个流域应用较为广泛的遥感/模型输出大尺度土壤水分产品基本信息见表 11–1。

另外，全球径流数据中心（Global Runoff Data Center, GRDC）是一个在世界气象组织（WMO）主持下运作的国际数据中心。GRDC 成立于 1988 年，旨在支持全球和气候变化研究以及水资源综合管理。作为水文数据生产者和国际研究界的促进者，GRDC 已成功服务了 30 年。该网站提供了全球范围内超过 9 500 个观测站点的流量数据（https://www.bafg.de/SharedDocs/ExterneLinks/GRDC/grdc_stations_ftp.html）。

二、数据的质量情况

水文与水资源的各类数据是水利、环境、国土、农业等部门解决水问题的重要基础数据。其数据的数量与质量直接影响到水灾防治决策工作，也一定程度上决定气候变化对水文与水资源影响研究的宽度与深度。

中国非常重视水文水资源方面的监测及相关数据库的建设。迄今为止，全国共有基本水文站 3 000 余个，雨量站超过 1.5 万个，地下水观测井超过 1.2 万个。水文水资源数据由专门的机构和人员进行监测、整理、分析、审查、汇编、管理、刊印。《中华人民共和国水文条例》对资料的监测、汇交、保管与使用等做了明确的规定。水文水资源方面相关数据，除水利部门外，中国还有其他部门或人员设置专门的观测站进行监测和获取，如气象部门掌握全国的气象观测，涉及水文水资源数据方面的降水、蒸发等数据；自然资源部门设置有大量长期监测的地下水观测井；高等院校、科研机构等单位设置有野外实验观测站网，涉及降水、蒸发、土壤水、地下水、流量、水位等水文数据。这些观测数据与水利部门的数据相互补充，为中国水利等国民经济建设提供了重要的参考数据。

表 11-1　水文科学数据基本情况

数据集名称	性质/内容	版权归属及贡献者	维护机构	来源/网址	可获取性
水文年鉴[①]	包括水位、潮位、流量、潮流量、输沙率、泥沙颗粒级配、水温冰凌、降水量和水面蒸发等九类要素的相关数据 起止年份：1950～2017 年（1988～2000 年未系统汇编水文年鉴） 更新频率：逐年	由水利部授权的流域机构或省（自治区、直辖市）的水文主管部门	水利部水文司	纸质出版	部分公开
水资源公报[②]	包括水资源量、蓄水动态、供水量与用水量、耗水量与排水量、水体水质、用水指标和水价、重要水事等数据 公报级别：全国、水资源一级区、省级行政区、地级行政区等 数据起止年份：见表 11-4 更新频率：逐年	各级水行政主管部门	各级水行政主管部门	参见表 11-4	公开
河流泥沙公报[③]	包括径流量、输沙量、冲淤变化及重要水库的冲淤、重要泥沙事件等数据 起止年份：2000～2018 年 更新频率：逐年	由水利部及其授权的流域机构或省（自治区、直辖市）的水文主管部门	中华人民共和国水利部	http://www.mwr.gov.cn/sj/tjgb/zghlnsgb	公开
中国水旱灾害公报[④]	包括洪涝灾害、干旱灾害、防汛抗旱行动和防灾减灾成效等信息 起止年份：2006～2017 年 更新频率：逐年	各省（自治区、直辖市）水利（水务）厅（局），新疆生产建设兵团水利局，水利部各流域管理机构，中国水利水电科学研究院	国家防汛抗旱总指挥部 中华人民共和国水利部	http://www.mwr.gov.cn/sj/tjgb/zgshzhgb	公开

续表

数据集名称	性质/内容	版权归属及贡献者	维护机构	来源/网址	可获取性
水情年报[5]	包括全国雨水情信息（降水、台风、洪水、干旱、江河径流量、水库蓄水、冰情），各流域（片）（长江流域、黄河流域、淮河流域、海河流域、珠江流域、松辽流域、太湖流域及东南诸河、内陆河及其他河流）的洪水信息，以及当年度全国主要江河水库特征值资料 数据起止年份：1998～2017 年 更新频率：逐年	水利部水文司	水利部水文司	http://www.mwr.gov.cn/sj/tjgb/sqnb	公开
地下水动态月报[6]	包括松辽平原、黄淮海平原、山西及西北地区盆地和平原、汉江平原的降水、地下水埋深动态、地下水蓄变量等方面每月的综合情况 起止时间：2010 年 1 月～2019 年 6 月 更新频率：逐月	水利部水文司	水利部水文司	http://www.mwr.gov.cn/sj/tjgb/dxsdtyb/index.html	公开
全国水资源总量、供水总量数据集（2006～2015 年）[7]	包括各年度各省份水资源总量数据。水资源总量数据为降水所形成的地表和地下的产水量之和 数据类型/格式：图形	北京数字空间科技有限公司	地理国情监测云平台	http://www.dsac.cn	注册访问
水资源数据库[8]	包括水资源基本情况（分省）、地表水资源量（分省）、水资源总量（分省）、供水量和耗水量（分省）、地表水资源量（流域分区）、水资源总量（流域分区）、供水量和耗水量（流域分区）、主要水文站逐日平均流量(分水文站)、水文径流（分水文站）等数据	中国科学院地理科学与资源研究所	中国科学院地理科学与资源研究所	http://www.data.ac.cn	公开

续表

数据集名称	性质/内容	版权归属及贡献者	维护机构	来源/网址	可获取性
中国九大流域片[9]	中国松辽河流域、海河流域、淮河流域、黄河流域、长江流域、珠江流域、东南诸河、西南诸河、内陆河九大流域分片	中国科学院地理科学与资源研究所	中国科学院地理科学与资源研究所	http://www.resdc.cn	公开
中国三级流域产水模数[10]	数据格式矢量 shape 文件，包括全国209个三级流域的产水模数（单位：万吨/平方千米）	中国科学院地理科学与资源研究所	中国科学院地理科学与资源研究所	http://www.resdc.cn	申请使用
资源科学数据[11]	内容涵盖中国 1 千米栅格年平均降水量数据集，中国 1 千米年平均相对湿度数据集，中国各水资源一级区降水量、地表水资源量、地下水资源量、水资源总量、供水量、用水消耗量、水质状况等	中国工程技术知识中心—地理资源与生态专业知识服务系统	中国工程院、国际工程科技知识中心、中国工程科技知识中心、中国科学院地理科学与资源研究所	http://geo.ckcest.cn	注册访问
黑河生态水文遥感试验：水文气象观测网数据集[12]	多个点的径流观测数据	刘绍民、何晓波等	黑河计划数据管理中心	http://heihedata.org	注册访问
黑河流域张掖盆地关键水文变量的模拟结果数据集[13]	数据包括：地表入渗量、实际蒸散发、平均土壤含水量、地表地下水交换量、浅层地下水水位、正义峡日流量模拟值、正义峡月流量模拟值、地下水抽取量、河道引水量 起止年份：1990～2012 年 时间精度：逐日 空间精度：地下部分为 1 千米×1 千米网格；地表部分以水文响应单元（HRU，每个 HRU 面积几平方公里到几十平方公里不等）为基本计算单元	郑一	寒区旱区科学数据中心	http://westdc.westgis.ac.cn	注册访问

续表

数据集名称	性质/内容	版权归属及贡献者	维护机构	来源/网址	可获取性
黑河流域 1981～2013 年高分辨率地下水埋深、土壤湿度、蒸散发模拟数据[14]	该套数据是新发展的陆面生态水文模式模拟结果。 起止时间：1981～2013 年 时间分辨率：1 800 秒 空间分辨率：30 弧秒	谢正辉	寒区旱区科学数据中心	http://westdc.westgis.ac.cn	注册访问
黑河流域 1981～2013 年 30 弧秒分辨率月尺度地表水及地下水灌溉量数据集[15]	通过融合不同数据源的河道引水灌溉量和地下水取水灌溉量，结合陆面模式 4.5（Community Land Model version 4.5, CLM 4.5）模拟和遥感反演的蒸散发数据，制作了一套黑河流域 1981～2013 年月尺度空间分辨率为 30 弧秒（0.0083 度）的时空连续的地表水和地下水灌溉量数据集。 经过验证，该数据集在 2000～2013 年可信度较高，1981～1999 年由于无遥感数据支持且未考虑土体利用变化，可信度较 2000～2013 年低	谢正辉	寒区旱区科学数据中心	http://westdc.westgis.ac.cn	注册访问
长江中下游主要水文站日均流量数据集[16]	包含了洞庭湖区、太湖区、鄱阳湖区及长江下游干流区等各湖区水系 900 多个水文站点中部分水文水位站点的日均流量数据 起止年份：1970～1989 年 更新频率：不更新	马荣华	国家地球系统科学数据共享服务平台（湖泊—流域科学数据中心），中国科学院南京地理与湖泊研究所	http://lake.geodata.cn	注册访问

续表

数据集名称	性质/内容	版权归属及贡献者	维护机构	来源/网址	可获取性
长江中下游主要水文站日均水位数据集[17]	数据包含各湖区水系水文水位站点的位置、建立年代、所属河流等站点信息，及部分站点的日均水位数据等指标。数据集按湖区水系分类，包含太湖区、鄱阳湖区、洞庭湖区等共分 9 个 excel 表格文件存放 起止年份：1970～1989 年 更新频率：不更新	马荣华	国家地球系统科学数据共享服务平台（湖泊—流域科学数据中心）中国科学院南京地理与湖泊研究所	http://lake.geodata.cn	注册访问
长江中下游降水蒸发站日均蒸发量数据集[18]	数据集为长江中下游近 2 000 个蒸发量站和蒸发站点的位置、建立年代、所属河流等站点信息，及部分站点日均蒸发量等数据指标。数据集按湖区、水系分类，共包含了太湖区、洞庭湖区、鄱阳湖区、巢湖区等各个湖区水系 9 个 excel 表格文件 起止年份：1970～1989 年 更新频率：不更新	马荣华	国家地球系统科学数据共享服务平台（湖泊—流域科学数据中心），中国科学院南京地理与湖泊研究所	http://lake.geodata.cn	注册访问
黄河流域近 2000 年来旱涝灾害水文气候数据资料[19]	数据来源于河南省水文总站 1982 年编制的《河南省历代旱涝等水温气候史料》，《河南省历代大水大旱年表》 更新频率：有增补	秦奋，李爽（河南大学）	国家地球系统科学数据共享服务平台（黄河下游科学数据中心），河南大学	http://henu.geodata.cn	注册访问

续表

数据集名称	性质/内容	版权归属及贡献者	维护机构	来源/网址	可获取性
黄河中游水土保持径流泥沙测验资料[20]	数据包括绥德水土保持再学试验站设在绥德县的韭园沟，裴家峁沟、辛店沟，靖边县的高渠沟、于家塔沟、杨湾沟，榆林县的青草沟、王家沟，神木县的孟家沟、杨崖沟的一系列的径流场和径流站 起止时间 1954～1979 年 更新频率：不更新	黄河下游科学数据中心数据服务组（河南大学）	国家地球系统科学数据共享服务平台（黄河下游科学数据中心），河南大学	http://henu.geodata.cn	注册访问
黄河下游地区 0.024 度逐月潜在蒸散量数据（1901～2012 年）[21]	数据源采用英国的气候研究单元（Climate Research Unit, CRU）数据，全球陆地覆盖，空间分别率是 0.5 度，插值生成逐月的潜在蒸散量栅格数据，格式为美国环境系统研究所（Environmental Systems Research Institute, ESRI）的文件地理数据库（file geodatabase） 起止年份：1901～2012 年 时间分辨率：月 空间分辨率：2000 米	秦奋、李宁	国家地球系统科学数据共享服务平台（黄河下游科学数据中心），河南大学	http://henu.geodata.cn	注册访问
黄河中游历年逐日平均流量统计测验资料（1954～1979 年）[22]	黄河中游本套水文数据涵盖了 20 世纪 50 年代中到 70 年代末的水文数据。数据由绥德水土保持科学实验站记录，包括流域历年逐日平均流量表 起止年份：1951～1979 年 时间分辨率：日	黄河下游科学数据中心数据服务组（河南大学）	国家地球系统科学数据共享服务平台（黄河下游科学数据中心），河南大学	http://henu.geodata.cn	注册访问

续表

数据集名称	性质/内容	版权归属及贡献者	维护机构	来源/网址	可获取性
黄河中游历年雨量站逐日降水量统计测验资料（1954～1979年）[23]	数据由绥德水土保持科学实验站记录。包括流域历年雨量站逐日降水量表 起止年份：1954～1979年 时间分辨率：日	黄河下游科学数据中心	国家地球系统科学数据共享服务平台（黄河下游科学数据中心），河南大学	http://henu.geodata.cn	注册访问
黄河流域100年来逐月降水频率数据[24]	本数据由英国CRU下载的世界气象数据根据黄河流域范围定制、整理而成黄河流域100年来逐月降水频率数据 起止年份：1901～2012年 时间分辨率：月 空间分辨率：0.5度	李爽	国家地球系统科学数据共享服务平台（黄河下游科学数据中心），河南大学	http://henu.geodata.cn	注册访问
黄河流域100年来逐月降水量数据[25]	本数据由英国CRU下载的世界气象数据根据黄河流域范围定制、整理而成黄河流域100年来逐月降水量数据 起止年份：1901～2012年 时间分辨率：月 空间分辨率：0.5度	李爽（河南大学）	国家地球系统科学数据共享服务平台（黄河下游科学数据中心），河南大学	http://henu.geodata.cn	注册访问
雅鲁藏布江年楚河江孜水文站水文特征值（1956～2000年）[26]	雅鲁藏布江年楚河江孜水文站水文特征值，包含了雅鲁藏布江年楚河江孜水文站多年来逐月的水文特征值（离差系数、偏差系数、不均匀系数） 起止年份：1956～2000年 时间分辨率：月 空间分辨率：0.5度	刘林山、姚治君	国家地球系统科学数据共享服务平台（青藏高原科学数据中心），中国科学院地理科学与资源研究所	http://tibet.geodata.cn	注册访问

续表

数据集名称	性质/内容	版权归属及贡献者	维护机构	来源/网址	可获取性
雅鲁藏布江主要水文站径流年际变化特征值（1956～2000年）[27]	雅鲁藏布江主要水文站径流年际变化特征值，包含了雅鲁藏布江主要水文站径流年际变化特征值（多年平均径流量、年极值比、离差系数等） 起止年份：1956～2000年 时间分辨率：年	姚治君	国家地球系统科学数据共享服务平台（青藏高原科学数据中心），中国科学院地理科学与资源研究所	http://tibet.geodata.cn	注册访问
黄河流域主要水文站月蒸发量数据集[28]	本数据集是由黄河流域的70个主要水文站点观测的月蒸发量数据组成，由中华人民共和国水利部水文局编印的各年的《黄河流域水文资料》中的逐月平均蒸发量表整编得到 起止年份：1954～1990年，2002～2012年 时间分辨率：月	黄土高原科学数据中心（西北农林科技大学水保所）	国家地球系统科学数据共享服务平台（黄土高原科学数据中心），中华人民共和国水利部水文局	http://loess.geodata.cn	注册访问
黄河流域主要水文站逐日平均流量数据集[29]	数据集是黄河流域135个水文站逐日平均流量数据，数据根据中华人民共和国水利部水文局编印的各年的《黄河流域水文资料》中的逐日平均流量表整编得到 起止年份：1954～1990年，2002～2012年 时间分辨率：日	黄土高原科学数据中心（西北农林科技大学水保所）	国家地球系统科学数据共享服务平台（黄土高原科学数据中心），黄土高原科学数据中心（西北农林科技大学水保所）	http://loess.geodata.cn	注册访问

续表

数据集名称	性质/内容	版权归属及贡献者	维护机构	来源/网址	可获取性
黄河流域三门峡水库区水文实验资料数据集（1956～1990年）[30]	数据内容包括三黄河流域三门峡水库的进出库站及库区水文、水文、淤积资料，水位资料（27个站）、流量资料（8个站）、输沙率资料（8个站）、泥沙颗粒级配资料（8个站）、淤积资料（130个站） 起止年份：1956～1990年	水利部黄河水利委员会（水利部黄河水利委员会）	国家地球系统科学数据共享服务平台（黄土高原科学数据中心），水利部黄河水利委员会	http://loess.geodata.cn	注册访问
黄河干支流各主要断面水量、沙量计算成果数据集（1919～1960年）[31]	数据内容包括黄河干支流各主要断面1919～1960年的历年逐月平均流量（44个站）；平均输沙量（31个站），最大瞬时流量、历年最大洪峰流量等。 起止年份：1919～1960年 时间分辨率：月	水利部黄河水利委员会（水利部黄河水利委员会）	国家地球系统科学数据共享服务平台（黄土高原科学数据中心），水利部黄河水利委员会	http://loess.geodata.cn	注册访问
黄河流域主要水文站逐日降水量数据集[32]	数据集是黄河流域179个水文站逐日平均流量数据，数据根据中华人民共和国水利部水文局编印的各年的《黄河流域水文资料》中的逐日降水量表整编得到 起止年份：1954～1990年，2002～2012年 时间分辨率：日	中华人民共和国水利部水文局（中华人民共和国水利部水文局）	国家地球系统科学数据共享服务平台（黄土高原科学数据中心），中华人民共和国水利部水文局	http://loess.geodata.cn	注册访问

续表

数据集名称	性质/内容	版权归属及贡献者	维护机构	来源/网址	可获取性
三江平原水资源数据源（1956～1984年）[33]	本数据集包括降水、径流和地下水等指标，为三江湿地生态环境研究提供数据支撑 起止年份：1956～1984年	何琏（中国科学院东北地理与农业生态研究所）	国家地球系统科学数据共享服务平台（东北黑土科学数据中心），中国科学院东北地理与农业生态研究所 何琏	http://northeast.geodata.cn	注册访问
全球蒸散数据产品（MODIS Global Evapotranspiration Project, MOD16）[34]	时间分辨率：8天/月/年 空间分辨率：1千米/全球 时间长度：2000年至今	蒙大拿大学（Numerical Terradynamic Simulation Group, NTSG）	蒙大拿大学（Numerical Terradynamic Simulation Group, NTSG）	http://www.ntsg.umt.edu/project/mod16#data-product	公开
先进超高分辨率辐射产品（Advanced Very High Resolution Radiometer, AVHRR）[35]	时间分辨率：月尺度 空间分辨率：8千米/全球 时间长度：1983～2006年	NOAA	NOAA	https://earth.esa.int/web/guest/missions/3rd-party-missions/current-missions/noaa-avhrr	注册访问
全球陆地蒸发阿姆斯特丹模型（Global Land Evaporation Amsterdam Model, GLEAM）[36]	时间分辨率：日尺度 空间分辨率：0.25度/全球 时间长度：1980～2018年	阿姆斯特丹自由大学（Vrije University Amsterdam）	info@gleam.eu	https://www.gleam.eu/	注册访问
每月全球观察驱动的蒸散发数据产品（Monthly Global Observation-driven Penman）[37]	时间分辨率：月尺度 空间分辨率：0.5度/全球 时间长度：1981～2012年	澳大利亚联邦科学与工业研究组织（Commonwealth Scientific and Industrial Research Organization, CSIRO）	澳大利亚联邦科学与工业研究组织（Commonwealth Scientific and Industrial Research Organization, CSIRO）	https://data.csiro.au/dap/landingpage?pid=csiro%3A17375	公开

续表

数据集名称	性质/内容	版权归属及贡献者	维护机构	来源/网址	可获取性
社区大气生物圈土地交换数据产品（The Community Atmosphere Biosphere Land Exchange, CABLE）[38]	时间分辨率：月尺度 空间分辨率：0.5 度 时间长度：1980～2009 年	CSIRO	CSIRO	https://www.cawcr.gov.au/research/cable/	注册访问
全球陆地数据同化系统 2.0 版（Global Land Data Assimilation System Version 2.0，GLDAS V2.0）[39]	时间分辨率：月/天/小时 空间分辨率：0.25 度/1 度 时间长度：1948～2010 年	美国国家航空和航天局（National Aeronautics and Space Administration, NASA）、美国国家环境预报中心（National Centers for Environmental Prediction, NCEP）和美国国家海洋和大气局（National Oceanic and Atmospheric Administation, NOAA）	NASA、NCEP 和 NOAA	https://search.earthdata.nasa.gov	注册访问
全球陆地数据同化系统 2.1 版（Global Land Data Assimilation System Version 2.1, GLDAS V2.1）[40]	时间分辨率：月/天/小时 空间分辨率：0.25 度/1 度 时间长度：2000～2017 年	NASA、NCEP 和 NOAA	NASA、NCEP 和 NOAA	http://disc.sci.gsfc.nasa.gov/hydrology/data-holdings	注册访问

续表

数据集名称	性质/内容	版权归属及贡献者	维护机构	来源/网址	可获取性
现代回顾性分析研究与应用项目第二版数据产品（Modern-Era Retrospective Analysis for Research and Applications Version 2, MERRA-2）[41]	空间分辨率：0.25 度 时间长度：1980 年至今	NASA	NASA	https://gmao.gsfc.nasa.gov/reanalysis/MERRA-2/docs	注册访问
气候预测系统再分析（Climate Forecast System Reanalysis, CFSR）[42]	时间分辨率：月/小时 空间分辨率：38 千米 时间长度：1979 年至今	NCEP	NCEP	https://climatedataguide.ucar.edu/climate-data/climate-forecast-system-reanalysis-cfsr	注册访问
主动、被动组合气候变化倡议土壤水分产品数据集（Active, Passive and Combined CCI Soil Moisture product datasets, ECV soil moisture）[43]	时间分辨率：日 空间分辨率：0.25 度 时间长度：1978 年至今	欧洲航天局（European Space Agency, ESA）	ESA	http://esa-soilmoisture-cci.org	注册访问
全球大气再分析数据集（Global Atmospheric Reanalysis, ERA-Interim）[44]	时间分辨率：日 空间分辨率：0.25 度 时间长度：1979 年至今	欧洲中期天气预报中心（European Centre for Medium-Range Weather Forecasts, ECMWF）	ECMWF	https://www.ecmwf.int/en/forecasts/datasets	注册访问

① 水利部水文司，2019. 水文年鉴.纸质出版。

② 各级水行政主管部门，2019. 中国水资源公报.http://www.mwr.gov.cn.[2019-9-5]。

③ 中华人民共和国水利部，2019. 中国河流泥沙公报. http://www.mwr.gov.cn/sj/tjgb/zghlnsgb/[2019-9-5]。

④ 国家防汛抗旱总指挥部. 2019. 中华人民共和国水利部.中国水旱灾害公报[M]. 国家防汛抗旱总指挥部，中华人民共和国水利部，2019. 2006-2017. http://www.mwr.gov.cn/sj/tjgb/zgshzhgb/[2019-9-5]。

⑤ 水利部水文司，2019. 水情年报[R].水利部水文司, 1998～2017. http://www.mwr.gov.cn/sj/tjgb/sqnb/[2019-9-5]。

⑥ 水利部水文司，2019.地下水动态月报[R].水利部水文司, 2010～2019. http://www.mwr.gov.cn/sj/tjgb/dxsdtyb/index.html[2019-9-5]。

⑦ 地理国情监测云平台，2019. 全国水资源总量、供水总量数据集(2006～2015 年). http://www.dsac.cn[2019-9-5]。

⑧ 中国科学院地理科学与资源研究所，2019. 水资源数据库. http://www.data.ac.cn[2019-9-5]。

⑨ 中国科学院地理科学与资源研究所，2019. 中国九大流域片. http://www.resdc.cn[2019-9-5]。

⑩ 中国科学院地理科学与资源研究所，2019. 中国三级流域产水模数. http://www.resdc.cn[2019-9-5]。

⑪ 中国工程院，国际工程科技知识中心，中国工程科技知识中心，中国科学院地理科学与资源研究所，2019. 资源科学数据. http://geo.ckcest.cn[2019-9-5]。

⑫ 黑河计划数据管理中心，2019. 黑河生态水文遥感试验：水文气象观测网数据集. http://heihedata.org[2019-9-5]。

⑬ 寒区旱区科学数据中心，2019. 黑河流域张掖盆地关键水文变量的模拟结果数据集. http://westdc.westgis.ac.cn[2019-9-5]。

⑭ 寒区旱区科学数据中心,2019. 黑河流域1981～2013年高分辨率地下水埋深、土壤湿度、蒸散发模拟数据. http://westdc.westgis.ac.cn[2019-9-5]。

⑮ 寒区旱区科学数据中心，2019. 黑河流域 1981～2013 年 30 弧秒分辨率月尺度地表水及地下水灌溉量数据集. http://westdc.westgis.ac.cn[2019-9-5]。

⑯ 国家地球系统科学数据共享服务平台（湖泊—流域科学数据中心），中国科学院南京地理与湖泊研究所，2019. 长江中下游主要水文站日均流量数据集. http://lake.geodata.cn[2019-9-5]。

⑰ 国家地球系统科学数据共享服务平台（湖泊—流域科学数据中心）,中国科学院南京地理与湖泊研究所，2019. 长江中下游主要水文站日均水位数据集. http://lake.geodata.cn[2019-9-5]。

⑱ 国家地球系统科学数据共享服务平台（湖泊—流域科学数据中心）,中国科学院南京地理与湖泊研究所，2019. 长江中下游降水蒸发站日均蒸发量数据集.http://lake.geodata.cn[2019-9-5]。

⑲ 国家地球系统科学数据共享服务平台（黄河下游科学数据中心）,河南大学，2019. 黄河流域近 2000 年来旱涝灾害水文气候数据资料. http://henu.geodata.cn[2019-9-5]。

⑳ 国家地球系统科学数据共享服务平台（黄河下游科学数据中心）,河南大学，2019. 黄河中游水土保持径流泥沙测验资料. http://henu.geodata.cn[2019-9-5]。

㉑ 国家地球系统科学数据共享服务平台（黄河下游科学数据中心）,河南大学，2019. 黄河下游地区 0.024°逐月潜在蒸散量数据（1901～2012年）. http://henu.geodata.cn[2019-9-5]。

㉒ 国家地球系统科学数据共享服务平台（黄河下游科学数据中心）,河南大学，2019. 黄河中游历年逐日平均流量统计测验资料（1954～1979年）. http://henu.geodata.cn[2019-9-5]。

㉓ 国家地球系统科学数据共享服务平台（黄河下游科学数据中心）,河南大学，2019. 黄河中游历年雨量站逐日降水量统计测验资料（1954～1979年）. http://henu.geodata.cn[2019-9-5]。

㉔ 国家地球系统科学数据共享服务平台（黄河下游科学数据中心）,河南大学，2019. 黄河流域 100 年来逐月降水频率数据. http://henu.geodata.cn[2019-9-5]。

㉕ 国家地球系统科学数据共享服务平台（黄河下游科学数据中心）,河南大学，2019. 黄河流域 100 年来逐月降水量数据. http://henu.geodata.cn[2019-9-5]。

㉖ 国家地球系统科学数据共享服务平台（青藏高原科学数据中心）,中国科学院地理科学与资源研究所，2019. 雅鲁藏布江年楚河江孜水文站水文特征值（1956～2000 年）. http://tibet.geodata.cn[2019-9-5]。

㉗ 国家地球系统科学数据共享服务平台（青藏高原科学数据中心）,中国科学院地理科学与资源研究所，2019. 雅鲁藏布江主要水文站径流年际变化特征值（1956～2000 年）. http://tibet.geodata.cn[2019-9-5]。

㉘ 国家地球系统科学数据共享服务平台（黄土高原科学数据中心）,中华人民共和国水利部水文局，2019.黄河流域主要水文站月蒸发量数据集. http://loess.geodata.cn[2019-9-5]。

㉙ 国家地球系统科学数据共享服务平台（黄土高原科学数据中心）黄土高原科学数据中心（西北农林科技大学水保所），2019. 黄河流域主要水文站逐日平均流量数据集. http://loess.geodata.cn[2019-9-5]。

㉚ 国家地球系统科学数据共享服务平台（黄土高原科学数据中心）,水利部黄河水利委员会，2019. 黄河流域三门峡水库区水文实验资料数据集（1956～1990 年）. http://loess.geodata.cn[2019-9-5]。

㉛ 国家地球系统科学数据共享服务平台（黄土高原科学数据中心）,水利部黄河水利委员会，2019. 黄河干支流各主要断面水量、沙量计算成果数据集（1919～1960 年). http://loess.geodata.cn[2019-9-5]。

㉜ 国家地球系统科学数据共享服务平台（黄土高原科学数据中心）,中华人民共和国水利部水文局，2019.黄河流域主要水文站逐日降水量数据集. http://loess.geodata.cn[2019-9-5]。

㉝ 国家地球系统科学数据共享服务平台（东北黑土科学数据中心）,中国科学院东北地理与农业生态研究所，2019. 三江平原水资源数据源（1956～1984 年）. http://northeast.geodata.cn[2019-9-5]。

㉞ 蒙大拿大学，2019. Numerical Terradynamic Simulation Group（NTSG）.MOD16. tp://www.ntsg.umt.edu/project/mod16#data-product[2019-9-5]。

㊱ info@gleam.eu. GLEAM. https://www.gleam.eu/[2019-9-5]。

㊳ CSIRO，2019. CABLE. https://www.cawcr.gov.au/research/cable/[2019-9-5]。

㊴ 美国国家航空航天局（NASA），美国国家环境预报中心（NCEP），美国国家海洋与大气管理局（NOAA)，2019. GLDAS V2.0. https://search.earthdata.nasa.gov[2019-9-5]。

㊵ 美国国家航空航天局（NASA），美国国家环境预报中心（NCEP），美国国家海洋与大气管理局 NOAA)，2019. GLDAS V2.1. http://disc.sci.gsfc.nasa.gov/hydrology/data-holdings[2019-9-5]。

㊶ 美国国家航空航天局（NASA），2019. MERRA-2. https://gmao.gsfc.nasa.gov/reanalysis/MERRA-2/docs/[2019-9-5]。

㊷ 美国国家环境预报中心（NCEP），2019. CFSR. https://climatedataguide.ucar.edu/climate-data/climate-forecast-system-reanalysis-cfsr[2019-9-5]。

㊸ 欧洲航天局（ESA），2019. ECV soil moisture. http://esa-soilmoisture-cci.org[2019-9-5]。

㊹ 欧洲中期数值预报中心（ECMWF），2019. ERA-Interim. https://www.ecmwf.int/en/forecasts/datasets[2019-9-5]。

表 11–2　不同年代水文年鉴卷册划分统计表

卷号	卷名	1958 年册数	1964 年册数	1999 年册数
1	黑龙江流域水文资料	6	5	5
2	辽河流域水文资料	4	4	4
3	海河流域水文资料	10	6	7
4	黄河流域水文资料	10	9	9
5	淮河流域水文资料	8	6	6
6	长江流域水文资料	22	20	20
7	浙闽台河流水文资料	6	6	6
8	珠江流域水文资料	12	10	10
9	藏南滇西河流水文资料	4	2	2
10	内陆河湖水文资料	12	6	6
合计		94	74	75

表 11–3　全国水文年鉴卷册划分

卷名	册号	册名
黑龙江流域水文资料	1	黑龙江干流区及乌苏里江绥芬河区
	2	松花江上游区（三岔河以上）
	3	松花江下游区（三岔河以下，不包括嫩江）
	4	嫩江区
	5	图们江、鸭绿江流域
辽河流域水文资料	1	辽河上游区（郑家屯以上）
	2	辽河下游区（郑家屯以下，不包括浑河、太子河）
	3	浑河、太子河水系
	4	绕阳河、大凌河流域，辽宁沿海诸小河
海河流域水文资料	1	滦河流域、河北沿海诸小河
	2	潮白蓟运河流域及北运河水系
	3	河北地区内陆河、海河干流及永定河水系
	4	大清河水系
	5	子牙河水系
	6	南运河水系
	7	徒骇、马颊河流域
黄河流域水文资料	1	黄河上游区上段（黑山峡以上）
	2	黄河上游区下段（黑山峡至河口镇）
	3	黄河中游区上段（河口镇至龙门）

续表

卷名	册号	册名
黄河流域水文资料	4	黄河中游区下段（龙门至三门峡水库）
	5	黄河下游区（三门峡水库以下，不包括伊洛沁河）
	6	黄河下游区（伊洛河、沁河水系）
	7	泾洛渭区（渭河水系）
	8	泾洛渭区（泾河、北洛河水系）
	9	山东沿海诸小河
淮河流域水文资料	1	淮河上游区（洪河口以上）及颍河水系
	2	淮河中游区（洪河口至洪泽湖，干流及史河、淠河水系）
	3	淮河中游区（涡河、洪泽湖水系）
	4	淮河下游区（洪泽湖以下）
	5	沂河沭河水系及滨海诸小河
	6	运河泗河水系及南四湖区
长江流域水文资料	1	金沙江区（金沙江上段水系、雅砻江水系）
	2	金沙江区（金沙江下段水系）
	3	长江上游干流区
	4	长江中游干流区（长江中游干流水系，清江、内荆河水系）
	5	长江中游干流区（长江中游下段南岸、北岸水系、陆水、金水水系）
	6	长江下游干流区（长江下游干流水系，华阳河、皖河、白兔湖水系）
	7	长江下游干流区（巢湖水系，青弋江、水阳江、滁河水系）
	8	岷沱江区
	9	嘉陵江区
	10	乌江区
	11	洞庭湖区（湘江水系）
	12	洞庭湖区（资水、沅江水系）
	13	洞庭湖区（澧水、四口水系，湖区水系）
	14	汉江区（汉江上游水系）
	15	汉江区（汉江中游水系，丹江、唐白河水系）
	16	汉江区（汉江下游水系，叼汉湖、东荆河水系）
	17	鄱阳湖区（赣江水系）
	18	鄱阳湖区（抚河、信江、饶河、修水水系，湖区水系）
	19	太湖区（苕溪、南溪水系）
	20	太湖区（湖区水系、黄浦江水系、杭嘉湖区水系）

续表

卷名	册号	册名
浙闽台河流水文资料	1	钱塘江流域（不包含浦阳江）
	2	浦阳江水系，曹娥江、甬江流域，浙东沿海诸小河
	3	灵江、瓯江流域，浙南沿海诸小河
	4	闽江流域及闽东沿海诸小河
	5	晋江、九龙江流域，闽南沿海诸小河
	6	台湾诸河
珠江流域水文资料	1	西江上游区（郁江口以上，不包括郁江）
	2	西江下游区（郁江口以下）
	3	郁江区
	4	北江区
	5	东江区
	6	珠江三角洲河口区（一）
	7	珠江三角洲河口区（二）
	8	韩江流域，粤东沿海诸小河
	9	粤西沿海诸小河
	10	海南岛诸河
藏南滇西河流水文资料	1	雅鲁藏布江、西藏南部诸小河
	2	红河、澜沧江、怒江、伊洛瓦底江流域
内陆河湖水文资料	1	西藏地区内陆河
	2	新疆天山以南地区内陆河
	3	额尔齐斯河流域，新疆天山以北地区内陆河
	4	青海地区内陆河湖
	5	甘肃河西地区内陆河
	6	内蒙古地区内陆河

（一）水文年鉴

水利行政主管部门对水文年鉴的整编、刊印均做出了具体规定，因此水文年鉴中的水文资料数据质量得以保证。1958 年 4 月 4 日，水电部颁发《全国水文资料卷册名称和整编刊印分工表》及《全国水文资料刊印封面、书脊和索引图格式样本》。自此，中国《水文年鉴》的整编刊印书有了统一格式。

表 11–4　国内水资源公报数据情况

名称	内容	版权归属及贡献者	维护机构	网址
中国水资源公报[①]	全国平均年降水量、地表水资源量、地下水资源量、水资源总量、大中型水库蓄水总量、湖泊蓄水量、供水量、用水量、耗排水量等指标数据 起止时间：1997～2019 年	中华人民共和国水利部	中华人民共和国水利部	http://www.mwr.gov.cn
北京市水资源公报[②]	全市水资源情势的综合性年报，内容包括概述、降水量、地表水资源量、大中型水库蓄水动态、地下水资源量、水资源总量、供用水量、水质评价 起止时间：1986～2019 年	北京市水文总站	北京市水务局	http://swj.beijing.gov.cn
天津市水资源公报[③]	内容涵盖综述水资源量、蓄水动态、供用水量、耗排水量、水体水质、重要水事 起止时间：2000～2019 年	天津市水文水资源勘测管理中心	天津市水务局	http://swj.tj.gov.cn/swj
上海市水资源公报[④]	内容涵盖概述、水资源量（降水量、水资源数量、地表水资源质量、地下水资源质量）、水资源开发利用与保护（取水量、用水量、自来水供应量、城镇污水处理量） 起止时间：1998～2019 年	上海市水务局	上海市水务局	http://swj.sh.gov.cn
重庆市水资源公报[⑤]	内容涵盖综述、水资源量、蓄水动态、供用水量、水资源质量、重要水事 起止时间：2001～2019 年	重庆市水利局	重庆市水利局	http://slj.cq.gov.cn/Pages/Home.aspx
河北省水资源公报[⑥]	内容涵盖综述、水资源实况、蓄水动态、水资源开发利用、水质评价、重要水事 起止时间：2000～2019 年	河北省水利厅	河北省水利厅	http://slt.hebei.gov.cn

续表

名称	内容	版权归属及贡献者	维护机构	网址
河南省水资源公报[⑦]	内容涵盖综述、水资源量、蓄水动态、供用水量、水体水质、水资源管理 起止时间：1999～2016 年	河南省水利厅	河南省水文水资源局	http://www.hnssw.com.cn
云南省水资源公报[⑧]	内容涵盖水资源量、蓄水动态、供用水量、用水指标、江河湖库水质、水资源分区 起止时间：2010～2019 年	云南省水利厅	云南省水利厅	http://www.wcb.yn.gov.cn
辽宁省水资源公报[⑨]	内容涵盖水资源量、蓄水动态、供用水量、用水指标、水资源分区 起止时间：2011～2019 年	辽宁省水利厅	辽宁省水利厅	http://slt.ln.gov.cn
湖南省水资源公报[⑩]	内容涵盖综述、水资源量、蓄水动态、供用水量、水资源利用简析、水资源质量状况、重要水事 起止时间：2001～2019 年	湖南省水利厅	湖南省水利厅	http://slt.hunan.gov.cn
安徽省水资源公报[⑪]	内容涵盖综述、水资源量、蓄水动态、供用水量、水资源开发利用、水资源质量状况、重要水事 起止时间：1995～2019 年	安徽省水利厅	安徽省水利厅	http://slt.ah.gov.cn
山东省水资源公报[⑫]	内容涵盖综述、水资源量、蓄水动态、供用水量、水质评价、重要水事 起止时间：2000～2019 年	山东省水利厅	山东省水利厅	http://wr.shandong.gov.cn
江苏省水资源公报[⑬]	内容涵盖综述、水资源量、蓄水动态、水资源利用、保护、管理质量及重要水事 起止时间：2006～2019 年	江苏省水利厅	江苏省水利厅	http://jswater.jiangsu.gov.cn
浙江省水资源公报[⑭]	内容涵盖综述、水资源量、蓄水动态、水资源开发利用、水资源质量状况、重要水事 起止时间：1998～2019 年	浙江省水利厅	浙江省水利厅	http://slt.zj.gov.cn

续表

名称	内容	版权归属及贡献者	维护机构	网址
江西省水资源公报[15]	内容涵盖综述、水资源量、蓄水动态水资源利用简析、水资源质量、节约用水、“三条红线”控制指标执行情况 起止时间：1999～2019 年	江西省水利厅	江西省水利厅	http://slt.jiangxi.gov.cn
湖北省水资源公报[16]	内容涵盖综述、水资源量、蓄水动态、水资源利用简析、水体水质、重要水事 起止时间：1999～2019 年	湖北省水利厅	湖北省水利厅	http://slt.hubei.gov.cn
广西壮族自治区水资源公报[17]	涵盖综述、水资源量、蓄水动态、供用耗排水量、用水指标、江河水库水质、三条红线控制指标、重要水事 起止时间：2009～2019 年	广西壮族自治区水利厅	广西壮族自治区水利厅	http://slt.gxzf.gov.cn
新疆维吾尔族自治区水资源公报[18]	涵盖综述、水资源量、蓄水动态、水资源开发利用、水体水质、旱涝灾害、重要水事 起止时间：2001～2016 年	新疆维吾尔族自治区水利厅	新疆维吾尔族自治区水利厅	http://slt.xinjiang.gov.cn
甘肃省水资源公报[19]	内容涵盖综述、水资源量、蓄水动态、水资源开发利用、重要水事 起止时间：1999～2018 年	甘肃省水利厅	甘肃省水利厅	http://slt.gansu.gov.cn
山西省水资源公报[20]	内容涵盖综述、水资源量、蓄水动态、供用水量、水质概况、重要水事 起止时间：2011～2018 年	山西省水利厅	山西省水利厅	http://slt.shanxi.gov.cn
内蒙古自治区水资源公报[21]	涵盖综述、水资源量、蓄水动态、水资源开发利用、水环境、重要水事 起止时间：1998～2019 年	内蒙古自治区水利厅	内蒙古自治区水利厅	http://slt.nmg.gov.cn

续表

名称	内容	版权归属及贡献者	维护机构	网址
陕西省水资源公报[22]	涵盖综述、水资源量、蓄水动态、河流输沙量、水资源开发利用、水质状况、重要水事 起止时间：2000～2019年	陕西省水利厅	陕西省水利厅	http://slt.shaanxi.gov.cn
吉林省水资源公报[23]	涵盖综述、降水量、水资源量、蓄水动态、水资源利用、水资源管理、水质调查评价、泥沙分析、重要水事 起止时间：2004～2019年	吉林省水利厅	吉林省水利厅	http://slt.jl.gov.cn
福建省水资源公报[24]	内容涵盖概述、水资源量、水资源质量、蓄水动态、水资源利用、重要水事 起止时间：2000～2019年	福建省水利厅	福建省水利厅	http://slt.fujian.gov.cn
贵州省水资源公报[25]	内容涵盖概述、水资源量、水资源质量、蓄水动态、水资源利用、重要水事 起止时间：2000～2018年	贵州省水利厅	贵州省水利厅	http://mwr.guizhou.gov.cn
广东省水资源公报[26]	内容涵盖综述、水资源量、蓄水动态、供用水量、用水指标、水资源质量状况、重要水事 起止时间：2012～2018年	广东省水文局	广东省水文局	http://swj.gd.gov.cn
四川省水资源公报[27]	内容涵盖概述、水资源量、供用水、水质概况、洪涝干旱情况、重要水事等 起止时间：1997～2019年	四川省水利厅	四川省水利厅	http://slt.sc.gov.cn
青海省水资源公报[28]	内容涵盖综述、水资源量、蓄水动态、水资源利用、水质状况、全省重要水事 起止时间：1994～2018年	青海水利厅	青海水利厅	http://slt.qinghai.gov.cn
海南省水资源公报[29]	内容涵盖水资源量、蓄水动态、供用水量、水资源利用、江河湖库和地下水水质、重要水事 起止时间：1998～2018年	海南省水务厅	海南省水务厅	http://swt.hainan.gov.cn

续表

名称	内容	版权归属及贡献者	维护机构	网址
宁夏回族自治区水资源公报[30]	内容涵盖水资源量、黄河灌区引排水量、蓄水动态、水资源开发利用、开发利用效率、水环境质量、水旱灾害、重要水事 起止时间：2002～2019 年	宁夏回族自治区水利厅	宁夏回族自治区水利厅	http://slt.nx.gov.cn
松辽流域水资源公报[31]	内容主要包括水资源量、蓄水动态、水资源开发利用、水质评价及重要水事等 起止时间：2000～2017 年	水利部松辽水利委员会	水利部松辽水利委员会	http://www.slwr.gov.cn
海河流域水资源公报[32]	内容涵盖综述、水资源量、蓄水动态、供用水统计、水质概况、重要水事等 起止时间：1998～2018 年	水利部海河水利委员会	水利部海河水利委员会	http://www.hwcc.gov.cn
黄河流域水资源公报[33]	内容涵盖综述、降水径流、蓄水动态、水资源利用、水资源量分析、水质调查评价、输沙量等 起止时间：1998～2019 年	水利部黄河水利委员会	水利部黄河水利委员会	http://www.yrcc.gov.cn
淮河流域水资源公报[34]	内容涵盖综述、水资源量、蓄水动态、水资源开发利用、水质概况及重要水事等 起止时间：2008～2019 年	水利部淮河水利委员会	水利部淮河水利委员会	http://www.hrc.gov.cn
长江流域及西南诸河水资源公报[35]	内容涵盖综述、水资源量、蓄水动态、水资源利用、水体水质、重要水事等 起止时间：2006～2018 年	水利部长江水利委员会	水利部长江水利委员会	http://www.cjw.gov.cn
珠江片水资源公报[36]	内容包括降水量、地表水资源量、地下水资源量、水资源总量、蓄水动态、供水量、用水量、耗水量、用水指标、水污染概况及重要水事等 起止时间：2000～2018 年	水利部珠江水利委员会	水利部珠江水利委员会	http://www.pearlwater.gov.cn

续表

名称	内容	版权归属及贡献者	维护机构	网址
太湖流域及东南诸河水资源公报[20]	内容涵盖综述、水资源、蓄水动态、供用水量、用水指标及重要水事 起止时间：2003～2019年	水利部太湖流域管理局	水利部太湖流域管理局	http://www.tba.gov.cn

注：全国数据均未包括香港、澳门特别行政区和台湾省的数据。

① 中华人民共和国水利部，2020. 中国水资源公报. http://www.mwr.gov.cn[2020-12-8]。

② 北京市水务局，2020. 北京市水资源公报. http://swj.beijing.gov.cn[2020-12-8]。

③ 天津市水务局，2020. 天津市水资源公报. http://swj.tj.gov.cn/swj/[2020-12-8]。

④ 上海市水务局，2020. 上海市水资源公报. http://swj.sh.gov.cn[2020-12-8]。

⑤ 重庆市水利局，2020. 重庆市水资源公报. http://slj.cq.gov.cn/Pages/Home.aspx[2020-12-8]。

⑥ 河北省水利厅，2020. 河北省水资源公报. http://slt.hebei.gov.cn[2020-12-8]。

⑦ 河南省水文水资源局，2020. 河南省水资源公报. http://www.hnssw.com.cn[2020-12-8]。

⑧ 云南省水利厅，2020. 云南省水资源公报. http://www.wcb.yn.gov.cn[2020-12-8]。

⑨ 辽宁省水利厅，2020. 辽宁省水资源公报. http://slt.ln.gov.cn[2020-12-8]。

⑩ 湖南省水利厅，2020. 湖南省水资源公报. http://slt.hunan.gov.cn[2020-12-8]。

⑪ 安徽省水利厅，2020. 安徽省水资源公报. http://slt.ah.gov.cn[2020-12-8]。

⑫ 山东省水利厅，2020. 山东省水资源公报. http://wr.shandong.gov.cn[2020-12-8]。

⑬ 江苏省水利厅，2020. 江苏省水资源公报. http://jswater.jiangsu.gov.cn[2020-12-8]。

⑭ 浙江省水利厅，2020. 浙江省水资源公报. http://www.zjwater.gov.cn[2020-12-8]。

⑮ 江西省水利厅，2020. 江西省水资源公报. http://www.jxsl.gov.cn[2020-12-8]。

⑯ 湖北省水利厅，2020. 湖北省水资源公报. http://www.hubeiwater.gov.cn/szy/[2020-12-8]。

⑰ 广西壮族自治区水利厅，2020. 广西壮族自治区水资源公报. http://slt.gxzf.gov.cn[2020-12-8]。

⑱ 新疆维吾尔族自治区水利厅，2020. 新疆维吾尔族自治区水资源公报. http://www.xjslt.gov.cn[2020-12-8]。

⑲ 甘肃省水利厅，2020. 甘肃省水资源公报. http://slt.gansu.gov.cn[2020-12-8]。

⑳ 山西省水利厅，2020. 山西省水资源公报. http://slt.shanxi.gov.cn[2020-12-8]。

㉑ 内蒙古自治区水利厅，2020. 内蒙古自治区水资源公报. http://slt.nmg.gov.cn[2020-12-8]。

㉒ 陕西省水利厅，2020. 陕西省水资源公报. http://slt.shaanxi.gov.cn[2020-12-8]。

㉓ 吉林省水利厅，2020. 吉林省水资源公报. http://slt.jl.gov.cn[2020-12-8]。

㉔ 福建省水利厅，2020. 福建省水资源公报. http://slt.fujian.gov.cn[2020-12-8]。

㉕ 贵州省水利厅，2020. 贵州省水资源公报. http://www.gzmwr.gov.cn[2020-12-8]。

㉖ 广东省水文局，2020. 广东省水资源公报. http://swj.gd.gov.cn/[2020-12-8]。

㉗ 四川省水利厅，2020. 四川省水资源公报. http://slt.sc.gov.cn/[2020-12-8]。

㉘ 青海水利厅，2020. 青海省水资源公报. http://www.qhsl.gov.cn[2020-12-8]。

㉙ 海南省水务厅，2020. 海南省水资源公报. http://swt.hainan.gov.cn[2020-12-8]。

㉚ 宁夏回族自治区水利厅，2020. 宁夏回族自治区水资源公报. http://slt.nx.gov.cn[2020-12-8]。

㉛ 水利部松辽水利委员会，2020. 松辽流域水资源公报. http://www.slwr.gov.cn[2020-12-8]。

㉜ 水利部海河水利委员会，2020. 海河流域水资源公报. http://www.hwcc.gov.cn[2020-12-8]。

㉝ 水利部黄河水利委员会，2020. 黄河流域水资源公报. http://www.yellowriver.gov.cn[2020-12-8]。

㉞ 水利部淮河水利委员会，2020. 淮河流域水资源公报. http://www.hrc.gov.cn[2020-12-8]。

㉟ 水利部长江水利委员会，2020. 长江流域及西南诸河水资源公报. http://www.cjw.gov.cn[2020-12-8]。

㊱ 水利部珠江水利委员会，2020. 珠江片水资源公报. http://www.pearlwater.gov.cn[2020-12-8]。

㊲ 水利部太湖流域管理局，2020. 太湖流域及东南诸河水资源公报. http://www.tba.gov.cn[2020-12-8]。

1964 年 5 月，水利电力部水文局印发《水文年鉴审编刊印暂行规范》，对审编刊印工作提出了更高要求。1987 年水电部制定并颁布了《水文年鉴编印规范（SD244–87）》，之后水利部对规范又进行了修编，分别于 1999 年和 2009 年制定并颁布了新的水利行业标准《水文资料整编规范（SL247–1999）》和《水文年鉴汇编刊印规范（SL460–2009）》。此后，水文资料的整编和刊印均执行此规定。在相关标准（规范）要求下，中国水文年鉴中的水文资料经过科学合理的检查、分析、计算、整理和多层次多角度的严格审查而最终确定，数据准确、可靠，具有权威性，数据质量较高。

（二）水利统计公报

由水利部、全国各水资源一级区（松花江区、辽河区、海河区、黄河区、淮河区、长江区、东南诸河区、珠江区、西南诸河区、西北诸河区）和各省级行政区（各省、市和自治区）水利行政主管部门组织编印的水利统计公报数据来源可靠、质量较高。

（三）水文数据库

目前，在中国已建成的水文水资源数据库中。实测的水文数据质量可靠，而由数值模型、同化方法等间接手段获取的数据则需在应用中进一步加以检验。由于中国水文监测网络的建设还不是很完善，只有一些较大的流域才设有水文监测站，而在中小型流域特别是高寒山区的中小型流域中水文监测站相对较少，缺乏可依据的实测水文资料。比较而言，径流数据更为丰富，而蒸散发、土壤水分数据则相对匮乏。

（四）全球尺度数据

1. 基于中分辨率成像光谱仪（Moderate-resolution Imaging Spectroradiometer, MODIS）的全球蒸散发产品，其空间分辨率为 1 千米，时

间分辨率为 8 天，数据跨度为 2000 年至今。数据质量方面，根据其在全球 50 多个站点的地表通量观测站检验，其在月尺度上的相对误差在 25%以内。

2. 基于美国国家航天和大气管理局（National Oceanic and Atmospheric Administration, NOAA）的归一化植被覆盖指数（Normalized Difference Vegetation Index, NDVI）全球蒸散发产品，该套产品的空间分辨率为 8 千米，时间分辨率为 1 个月，数据跨度为 1983～2006 年。在数据质量方面，根据其与全球 50 多个通量观测点的检验，其相对误差在 28%左右。

三、数据服务状况

（一）水文年鉴

目前中国水文年鉴中的水文资料共享的程度仍较低。中国水文年鉴中的水文资料是以公开出版的形式发布，在水文机构或高校图书馆中可以查阅到，但在实际中，仅部分数据用户能够获取到水文年鉴。同时，在数据使用上，需要将纸质版水文资料重新录入计算机，工作量大，容易出现录入错误，可见，水文年鉴的数据服务水平低。因此，水文年鉴的数据共享仍缺乏完善的共享政策和共享技术标准，需要研究和制定。因此，中国水文年鉴中的水文资料仍有待进一步加大共享力度，提高数据服务水平。

（二）水利统计公报

在数据共享方面，数据用户可购买纸质版水利统计公报或通过互联网免费获取数据。此外，由于相关法律法规的支撑与推动，数据的后续更新和维护较及时，数据的可获性将会不断提升。

（三）水文数据库

中国采用分布式水文数据库系统，可实现全国不同数据库间远程检索、信息交换。此外，为配合中央一级防汛水文情报预报的需要，在水利部内基本建成水文情报预报专用的数据库。中国实现了实时雨水情信息共享，各省（直辖市、自治区）也相应建立了面向公众的实时信息便民查询服务。部分高校及科研单位搜集整理完成的部分水文水资源数据也已在网络在线发布。总体而言，数据共享程度较高，但已建成并在网上发布的水文水资源数据库一般都是依托某个项目进行的。数据的后续更新维护不及时，相当一部分数据已不再更新。因此，中国水文水资源数据库尚需进一步完善。

（四）全球尺度数据

全球尺度数据注册即可下载使用，数据共享程度高，影响范围广，被世界范围内研究者广泛使用，服务效果颇佳。

参考文献

水利部水文司：《水文年鉴》，水利部水文司，1950～2017 年。

各级水行政主管部门：《中国水资源公报》，各级水行政主管部门，1997～2019 年。

中华人民共和国水利部：《中国河流泥沙公报》，中华人民共和国水利部，2000～2018 年。

国家防汛抗旱总指挥部、中华人民共和国水利部：《中国水旱灾害公报》，国家防汛抗旱总指挥部、中华人民共和国水利部，2006～2017 年。

水利部水文司：《水情年报》，水利部水文司，1998～2017 年。

水利部水文司：《地下水动态月报》，水利部水文司，2010～2019 年。

第十二章　气候变化相关灾害影响科学数据（含基础设施）

气候变化对灾害风险的放大效应给全球的安全与发展带来了重大挑战，引起了国际社会的广泛关注。联合国开发署全球风险辨识项目（Global Risk Identification Project, GRIP）在指导发展中国家开展灾害风险评估、制定国家减灾战略过程中，发现数据与信息的缺乏是最大的障碍之一。气候变化相关灾害影响科学数据，不仅是全面研究气候变化对自然灾害影响的基础，而且是研究制定减轻气候变化相关灾害风险策略的基础。本章通过搜集来源于国内外机构的气候变化相关灾害数据资料和中国主要灾害管理部门对气候变化相关灾害的灾情统计情况，通过对比分析，评估中国气候变化相关灾害影响科学数据的质量和服务情况，以期为提高中国气候变化相关灾害影响科学数据建设能力提供参考。评估结果显示：①中国气候变化相关灾害影响科学数据的搜集整理工作晚于其他国家，当前中国多个机构已建成了一批供科研用户使用的气候变化相关灾害数据库。②中国气候变化相关灾害影响科学数据库对自然灾害事件的收录较为系统和全面，但数据来源部门众多，不同部门负责的灾种或较为单一或相互交叉，统计字段标准并不统一，难以实现有效共享，难以同国际社会接轨。③中国气候变化相关灾害影响科学数据对从宏观角度分析中国自然灾害的区域差异起到了重要作用，为分析气候变化对持续侵扰中国的水旱灾害的影响提供了支持。④中国灾害种类较为齐全，但散落在各个灾害管理职能部门，灾害种类的划分和灾情指标的统计标准不统一，提高中国气候变化相关灾害影响科学数据建设能力，需要在统一标准的前提下，各部门协同合作，共同建设全面一致且持续更新的气候变化相关灾害影响科学数据库。

一、数据的总体情况

与自然灾害相关的各类数据是进行灾害预测、灾情评估、灾后救援等工作的基础。国内外相关组织机构和部门对灾害数据库的建设都非常重视，纷纷启动数据库建设项目，组织专门机构和人员开展灾害数据库建设工作。以美国为首的发达国家特别重视灾害数据库建设及灾害数据信息共享，除关注本国的数据收集与整理外，这些国家也特别重视全球数据库的建设和维护工作，已经建成的数据库一般可以通过互联网进行访问。美国对灾害数据库的建设贡献很大，如美国的哥伦比亚大学和比利时布鲁塞尔的灾害流行病学研究中心共同维护了覆盖全球的多灾种紧急灾难数据库（Emergency Event Database, EM-DAT）。该数据库是由世界卫生组织和比利时布鲁塞尔的灾害流行病学研究中心于 1988 年共同建立的。国外建设的灾害数据库在建设时就考虑到了数据共享的需要，在数量、可访问性、记录灾害种类、检索条件及查询结果等的设计上均有利于灾害信息在国际范围内的流通与共享。灾害数据库建设较为规范，灾害数据信息共享程度高。然而，国外建设的全球灾害数据库的数据源主要是以英语为主的资料报告和新闻报道，因此对中国的相关灾害信息的收录非常有限，通常只收录了造成重大人员伤亡和经济损失的灾害事件。

从互联网上可以查到，中国已建成一批灾害数据库。表 12–1 中列出了九个主要来源于国内机构的气候变化相关灾害数据库的基本情况，其中大部分的数据库都已停止更新，而且需要教育科研用户实名访问。表 12–2 中列出了涉及全国自然灾害的纸质资料。这些统计公报、统计年鉴和地方志等资料主要记录了水旱灾害和热带气旋灾害的基本情况。在中国，大部分气候变化相

表 12–1　来源于国内机构的气候变化相关灾害数据库的基本情况

数据集名称	性质/内容	版权归属及贡献者	维护机构	来源/网址	可获取性
中国干旱灾害数据集（1949～1999 年）（停止更新）①	根据 1949 年以来各地上报的灾害信息及资料分析得出中国建国以来干旱灾害概述、干旱的区域分布特征、干旱的季节分布特征、干旱的阶段性、中国重大干旱灾害资料文字、统计图表资料，包括 1949～1999 年中国重大干旱（重旱、特大旱）灾害事件时间、受旱地区、干旱程度、降水距平百分率（%）、受灾面积（千公顷）、灾情描述和 1949 年以来中国特大旱发生年主要受灾范围示意图	中国气象局	中国气象局国家气象信息中心	http://data.cma.cn/data/cdcdetail/dataCode/DISA_DRO_DIS_CHN.html	教育科研实名注册用户
中国暴雨洪涝灾害数据集（1949～1999 年）（停止更新）②	根据 1949 年以来各地上报的灾害信息及资料分析得出中国 1949 年以来暴雨洪涝概述、洪涝的地区分布及其与暴雨的关系、洪涝的季节分布特征、洪涝的阶段性、1991～1998 年重大暴雨灾害资料，包括暴雨洪涝灾害发生时间、受灾地区、雨涝程度、降水量（毫米）、死亡人数（人）、受伤人数（人）、倒塌房屋（万间）、直接经济损失（亿元）、灾情描述和中国重大暴雨洪涝发生年主要受灾范围示意图	中国气象局	中国气象局国家气象信息中心	http://data.cma.cn/data/cdcdetail/dataCode/DISA_FLO_DIS_CHN.html	教育科研实名注册用户

续表

数据集名称	性质/内容	版权归属及贡献者	维护机构	来源/网址	可获取性
中国热带气旋灾害数据集（1949～1999年）（停止更新）[③]	根据1949年以来各地上报的灾害信息及资料分析得出中国1949年以来热带气旋概述、热带风暴（或台风）特点、西北太平洋及南海地区热带风暴（或台风）发生的特点、登陆中国的热带风暴（或台风）特点、1949年以来登陆台风影响简表，包括登陆台风编号、登陆时间（年、月、日）、登陆地点、最大风力（级）、过程降水量（毫米）、受灾地区、受灾面积（万公顷）、死亡人数（人）、受伤人数（人）、直接经济损失（万元）	中国气象局	中国气象局国家气象信息中心	http://data.cma.cn/data/cdcdetail/dataCode/DISA_TYP_DIS_CHN.html	教育科研实名注册用户
区域性干旱事件监测产品（1961～2013年）（定期更新）[④]	主要基于中国地面降水、气温日值/月值资料，基于降水、气温的极端强度，极端累积强度，持续天数，最大影响范围和持续影响范围等统计指标，建立1961年1月以来的区域性干旱事件监测产品，包括干旱事件发生频次、极端强度、累积强度、持续天数等指数的年序列及其区域分布特征等数据	中国气象局	中国气象局国家气象信息中心	http://data.cma.cn/data/detail/dataCode/SEVP_REG_DRO_CHN_DAY.html	教育科研实名注册用户访问

续表

数据集名称	性质/内容	版权归属及贡献者	维护机构	来源/网址	可获取性
自然灾害数据库（2001～2014年）（定期更新）[⑤]	自然灾害数据库记录了从2001～2014年，中国所有地级行政区的自然灾害事件。主要包括：自然灾害种类、自然灾害损失情况、各地级市灾害损失情况。自然灾害种类包括：地震、洪涝、干旱、台风、冻害雪灾、冰雹、暴雨、地质灾害、沙尘暴、森林火灾。自然灾害基本信息包括：发生时间、结束时间、受灾省份、受灾地级行政区、灾害代号、灾害级别。自然灾害损失情况包括：直接经济损失、受灾人数、受伤人数、死亡人数、农业受灾面积、房屋倒损、基础设施损失、森林受灾面积	国家减灾网、《中国灾害大事记》、中国气象局、国家海洋局、《中国地震年鉴》等	复旦大学中国保险与社会安全研究中心	http://www.insurance.fudan.edu.cn/?page_id=193	暂时不可访问
重大自然灾害数据子库（1949～1998年）（停止更新）[⑥]	重大自然灾害数据库子库记录了全国范围内全国及分省统计资料，以及地震记录的空间化数据产品。主要内容包括：受灾和成灾面积（全国）、农作物受灾和成灾面积（分省）、除涝治碱及水土流失治理（分省）、全国地震发生频率、地震烈度空间分布数据	中国科学院地理科学与资源研究所	中国科学院地理科学与资源研究所	http://www.data.ac.cn/list/tab_nature_disaster	公开访问
中国气象局兰州干旱气象研究所干旱专业数据库[⑦]	正在建设干旱专业数据库，主要由干旱气候资料数据库、沙尘暴数据库、遥感地物波谱数据库、陆面过程与大气边界层观测试验数据库、干旱气象灾害数据库、冰雹数据库和气候模拟数据库组成	中国气象局兰州干旱气象研究所	中国气象局兰州干旱气象研究所	http://61.178.78.36:5008/category/ghzysjk	建设中

续表

数据集名称	性质/内容	版权归属及贡献者	维护机构	来源/网址	可获取性
地质灾害点空间分布数据库[8]	全国25万多个地质灾害点空间分布数据，包括崩塌、塌陷、泥石流、地面沉降、地裂缝、滑坡、斜坡七大类地质灾害点。数据分为全国30个省市自治区，数据格式为excel 和矢量 shape 文件格式	中国科学院地理科学与资源研究所	中国科学院地理科学与资源研究所	http://www.resdc.cn/data.aspx?DATAID=290	有偿使用
气候灾害统计分析[9]	该数据包含处理统计后的2008～2017年全国每年的气象灾害的详情介绍，空间范围细分到县市，主要包括受灾省市县、灾害类型、灾害发生结束时间、灾害程度、受损程度（经济、农业、渔业、交通、工业、水利、基础设施、通信等）、死伤程度（受灾人口、死亡、失踪、发病人口等）。可以为各行业及政府应急救灾部门提供准确数据信息，以应对和减少受灾带来的损失	气候通	气候通	http://www.qh323.com/portal/toDisasterCount	有偿使用

① 中国气象局国家气象信息中心，2019. 中国干旱灾害数据集. http://data.cma.cn/data/cdcdetail/dataCode/DISA_DRO_DIS_CHN.html [2019-9-1]。

② 中国气象局国家气象信息中心，2019. 中国暴雨洪涝灾害数据集. http://data.cma.cn/data/cdcdetail/dataCode/DISA_FLO_DIS_CHN.html [2019-9-1]。

③ 中国气象局国家气象信息中心，2019. 中国热带气旋灾害数据集. http://data.cma.cn/data/cdcdetail/dataCode/DISA_TYP_DIS_CHN.html [2019-9-1]。

④ 中国气象局国家气象信息中心，2019. 区域性干旱事件监测产品. http://data.cma.cn/data/detail/dataCode/SEVP_REG_DRO_CHN_DAY.html [2019-9-1]。

⑤ 复旦大学中国保险与社会安全研究中心，2019. 自然灾害数据库. http://www.insurance.fudan.edu.cn/?page_id=193 [2019-9-1]。

⑥ 中国科学院地理科学与资源研究所，2019. 重大自然灾害数据子库. http://www.data.ac.cn/list/tab_nature_disaster [2019-9-1]。

⑦ 中国气象局兰州干旱气象研究所，2019. 中国气象局兰州干旱气象研究所干旱专业数据库. http://61.178.78.36:5008/category/ghzysjk [2019-9-1]。

⑧ 中国科学院地理科学与资源研究所，2019. 地质灾害点空间分布数据库. http://www.resdc.cn/data.aspx?DATAID=290 [2019-9-1]。

⑨ 气候通，2019. 气候灾害统计分析. http://www.qh323.com/portal/toDisasterCount [2019-9-1]。

表 12–2　来源于国内机构的气候变化相关灾害主要文本资料统计

资料名称	性质/内容	作者	出版年
中国水旱灾害公报（2012～2017 年）①	综述了每年中国水旱灾害的特点和主要灾害过程，统计分析了全国各省（自治区、直辖市）的灾情，而且还登载了 1950 年以来中国水旱灾害主要灾情资料，以起到承前启后的作用	国家防汛抗旱总指挥部、中华人民共和国水利部	2012～2017 年
全国洪涝灾情综述（2012～2017 年）②	总结每年的汛情、洪涝灾害灾情及典型洪涝灾害事件，并分析了防汛减灾效益。	国家防汛抗旱总指挥部、中华人民共和国水利部	2012～2017 年
全国干旱灾情综述（2017 年）③	概述了全年旱情、灾情，归纳了旱灾损失总体偏轻、受灾区域相对集中、部分地区供水紧张等灾情特点，并根据旱情发生区域简述了灾情发生过程，分析了抗旱减灾效益	国家防汛抗旱总指挥部、中华人民共和国水利部	2017 年
西北太平洋热带气旋气候图集（1981～2010 年）④	《西北太平洋热带气旋气候图集》主要整编西北太平洋的热带气旋概况、热带气旋路径、卫星云图、大风区域演变情况，热带气旋影响中国时的降水量和大风的分布图以及灾情等基本资料	中国气象局上海台风研究所	2017 年
中国统计年鉴（2012～2018 年）⑤	水旱灾害受灾面积，经济损失	国家统计局	2012～2018 年
各省市统计年鉴（2012～2018 年）⑥	历史时期水旱灾害受灾面积，经济损失	各省市统计局	2012～2018 年

① 中华人民共和国水利部，2019. 中国水旱灾害公报. http://www.mwr.gov.cn/sj/tjgb/zgshzhgb/ [2019-9-1]。

② 中华人民共和国水利部，2019. 全国洪涝灾情综述. https://kns.cnki.net/kns/brief/default_result.aspx [2019-9-1]。

③ 中华人民共和国水利部，2019. 全国洪涝灾情综述. https://kns.cnki.net/kns/brief/default_result.aspx [2019-9-1]。

④ 中国气象局上海台风研究所：《西北太平洋热带气旋气候图集》，科学出版社，2017 年。

⑤ 国家统计局：《中国统计年鉴》，中国统计出版社，2012～2018 年。

⑥ 例如：北京市统计局：《北京统计年鉴》，中国统计出版社，2012～2018 年。

关灾害影响科学数据的搜集整理工作开始于 20 世纪 90 年代或 21 世纪初，晚于国际上应用最广泛的 EM-DAT 数据库。与国际同类数据库相比，中国气候变化相关灾害影响科学数据库对中国历史自然灾害事件的收录更加系统和全面，但数据的可开放获取性和持续维护更新性较差。

二、数据的质量情况

来源于国内机构的自然灾害数据库有一部分是科研项目的研究成果，数据的后续更新和维护并不及时，甚至某些数据库中的数据截至某个时间点后就完全停止更新；还有一部分数据库由特定的部门建设和维护，不同部门涉及的灾种较为单一且统计字段标准不统一，难以实现有效共享（袁艺和张磊，2005）。在国外数据库中，数据源主要是以英语为主的资料报告和新闻报道。数据来源的可靠性与广泛性有待商榷，对中国气候变化相关灾害覆盖较差（Lin and Wang, 2018）。表 12–2 中的来源于国内机构的灾害数据库存在数据库统计字段的标准不统一，灾害特征类、字段名称、对应数据类型等规范不一致，典型数据库与国际同类数据库之间的，互相访问与接轨存在明显的不协调等问题。

目前各种来源的自然灾害数据库普遍存在时空不对应问题，即时间段不完全一致或空间范围不完全重合，这不仅为多源信息校正带来了不便，而且对区域规律的分析有一定影响。为此，对有关数据库进行完善、对各种来源的自然灾害数据库综合校核、提高对自然灾害时空分异规律的认识、收集更为广泛的资料进行同时空条件的数据校正，将对中国自然灾害区划和减灾区划方案的制定起到重要作用。

三、数据的应用情况

依赖于建成的数据库和整理完成的纸质资料，可以对中国主要自然灾害致灾因子的区域分异进行研究；对中国自然灾害进行宏观区域分异研究（王静爱等, 1995)；从典型省区角度对自然灾害进行动态研究；研究自然灾害系统诸子系统致灾因子、承灾体和孕灾环境与灾情系统特征值的空间分异规律；指导农业自然灾害系统区划；研究自然灾害对区域农业灾情的贡献率；分析历史自然灾害变化的时间过程；研究中国自然灾害致灾因子区划、中国灾情区划和中国自然灾害区划等（史培军, 2016）。未来，随着数据库的逐渐完备和发展，它的应用领域必将更加广泛。

气候变化正在改变着中国水循环情况，对中国农业水资源总量时空分布和有效供应产生了重要影响，进而加剧了农业水资源有效利用的不确定性和脆弱性，包括降水减少、降水时空分布不均的加剧、极端气候事件的频繁发生，以及中国中部和南方地区的洪涝灾害频率增加等。然而，气候变化对不同地区、不同季节的水资源和农业利用的影响具有很大的差异性。因此，进一步揭示中国各分区水循环过程受气候变化影响的特征与发展趋势。不同空间尺度的水循环和水分平衡对气候变化的响应规律，以及典型农作物和不同土壤类型的田间水分供需平衡对气候变化的响应关系等将成为中国农业应对气候变化亟需解决的重要问题。

四、数据存在的主要问题和解决建议

中国是受自然灾害影响最严重的国家之一，灾害种类较为齐全，但散落在各个灾害管理职能部门，灾害种类的划分不统一。表 12–3 中列出了主要灾害管理职能部门的灾情统计情况。应急管理部作为中国救灾的综合职能部门，涉及的自然灾害种类最多，但目前仍然没有完全涵盖中国的主要灾种。其他部门涉及的灾害种类相对较少，且多与应急管理部或其他部门相互交叉，如国家防汛抗旱总指挥部负责水旱灾害，农业农村部负责干旱、洪涝、风雹和低温冻害（含雪灾），自然资源部负责崩塌、滑坡、泥石流、地面塌陷、地裂缝、地面沉降等灾害。在灾害种类较为齐全、灾种统计交叉的背后，现实工作中还存在着一些严重的问题。第一个问题是灾害种类界定不清，对各灾种的定义不统一（袁艺和张磊, 2006）。例如，对于洪涝灾害的理解，应急管理部与农业农村部基本一致，但国家防汛抗旱总指挥部则将风暴潮和台风灾害等划入洪涝灾害来进行统计；又如风雹灾害，国家防汛抗旱总指挥部对此灾种不做统计，农业农村部则将台风灾害计入风雹灾害，而应急管理部的台风灾害则是单列的。第二个问题是灾情统计内容不统一，即相同指标定义不同。各灾害管理部门都分别出台了各自的统计标准和规范，由于工作侧重点不同，部分统计指标名称一样但内涵却有一定差别。例如，应急管理部将倒塌房屋定义为“指因灾导致房屋两面以上墙壁坍塌或房顶坍塌或房屋结构濒于崩溃、倒毁，不需进行拆除重建的房屋数量”，统计时，以自然间为计算单位，独立的厨房、牲畜棚等辅助用房、活动房、工棚、简易房和临时房屋不在统计之列。国家防汛抗旱总指挥部则将倒塌房屋定义为“主体结构（墙体、屋架）全部垮塌的居住和生产房屋的自然间数（活动房、工棚等临时房屋和畜禽圈舍等辅助用房不在统计之列）”。通过对比应急管理部和国家防汛抗旱总指挥部对倒塌房屋的定义可以发现，应急管理部主要统计居民住房，而国家防汛抗旱总指挥部则统计了居住和生产两类用房，且两者对倒塌房屋的定义也不尽相同。在这种情况下，常出现灾情统计遗漏、重复、缩小或夸大等问题，从而导致灾情失实，甚至会出现不同来源的同一灾害灾情统计结果相差悬殊的现象，致使中央和地方政府难以及时准确地掌握全国和区域自然灾害的基本情况，从而影响抗灾救灾和防灾减灾决策工作。

当前，中国气候变化相关灾害影响科学数据库的指标体系已经较为完善，在国家“将人民生命财产安全放在第一位”这一防灾减灾指导思想下，将受气候变化影响较大且给人民生命财产安全造成巨大威胁的水文气象地质灾害致灾因子数据和灾情数据进行体系化共享，将有助于气候变化相关灾害影响研究，也有助于气候变化适应政策的制定。

表 12–3 气候变化相关主要灾害管理部门的灾情统计情况

部门	统计的灾种	统计形式	统计内容
应急管理部	干旱、洪涝、风雹（包括龙卷风、飓风、沙尘暴等）、台风、地震、低温冷冻、雪灾、山体滑坡、泥石流、病虫害等	新灾快报、核报、（半）年报	1.基本情况：灾害种类、灾害发生时间、受灾区域等；2.人口受灾情况：受灾人口、死亡（失踪）人口、伤病人口、饮水困难人口、紧急转移安置人口等；3.农作物受灾情况：受灾面积、绝收面积、毁坏耕地等；4.损失情况：倒塌（损坏）房屋、直接经济损失、因灾死亡大牲畜等；5.救灾工作：口粮（衣被、伤病）需（已）救济情况、倒房恢复情况、救灾资金（物资）投入情况
国家防汛抗旱总指挥部	洪涝灾（含台风、风暴潮）、旱灾	实时上报、定期上报（月报、年报）	1.洪涝灾：洪涝发生的基本情况（时间、地点、受灾范围）、人口受灾情况，以及对农林牧渔业、工交运输业、水利设施等方面造成的损失；2.旱灾：主要包括旱情发生的时间，地点，受旱面积，受旱程度，对城乡居民生活、工农业生产造成的影响，以及抗旱情况、抗旱效益等
农业农村部	干旱、洪涝、风雹和低温冻害（含雪灾）	定期上报（月报、（半）年报）	1.农作物受灾情况：受灾面积、成灾面积、绝收面积、因旱不能播种面积、因旱未出苗面积、缺苗断垄面积、旱地缺熵面积、严重缺熵面积、水田缺水面积；2.自然灾害损失情况：自然灾害造成的粮食、棉花、油料、糖料、蔬菜的减产情况及对农林牧副渔业造成的直接经济损失
自然资源部	崩塌、滑坡、泥石流、地面塌陷、地裂缝、地面沉降	实时上报、定期上报（月报、年报）	1.基本情况：地质灾害发生时间、地点、地质灾害类型、规模和数量；2.人口受灾情况：受灾人口、死亡人口、失踪人口和受伤人口；3.损失情况：倒塌房屋数量、损坏房屋数量、损坏耕地面积、损坏公路长度、损坏铁路里程和直接经济损失

参考文献

Lin, Q. and Y. Wang, 2018. Spatial and temporal analysis of a fatal landslide inventory in China from 1950 to 2016. *Landslides*,15:2357～2372.

史培军：《灾害风险科学》，北京师范大学出版社，2016 年。

王静爱、史培军、朱骊等：“中国自然灾害数据库的建立与应用”，《北京师范大学学报（自然科学版）》，1995 年第 1 期。

袁艺、张磊：“中国自然灾害灾情统计现状及展望”，《灾害学》，2006 年第 4 期。

第十三章　林业科学数据

森林生态系统在稳定全球碳循环和缓解全球气候变暖方面发挥着重要作用，是重要的陆地生态系统碳库，其地上碳库和地下碳库分别占整个陆地生态系统的 80%和 40%（Pan *et al*., 2011）。通过植树造林（人工林碳汇）来减缓气候变化已经成为国际社会的普遍共识。中国人工林面积居世界首位（李怒云, 2014），对全球气候减缓的积极作用已得到国际社会肯定（FAO, 2006）。

森林资源作为地球上的可再生资源，在国民经济、生产生活中也充当着不可或缺的重要角色。中国目前是世界上森林资源增长最多、最快的国家。第九次国家森林资源清查结果显示，当前中国森林总面积达到 2.2 亿公顷，蓄积量 175.6 亿立方米。中国在过去的五年间（2014～2018 年），森林覆盖率比之前提高了 1.33%，全国覆盖率达到 22.96%，总面积净增 1 266.14 万公顷。尽管中国在植树造林和生态保护方面取得了举世瞩目的成绩，但是随着近年来全球气候变化，中国的森林也面临着较为严峻的挑战。例如由气候变化引起的 2008 年长江流域冬季极端寒冷、2010 年云南极端干旱等极端气候事件导致大面积的森林死亡。总之气候变化严重威胁着中国森林的健康，因此，对森林进行全面综合的调查，收集森林相关数据将有助于制定相关林业政策、营林措施以及预测未来森林命运。林业科学数据包括森林资源清查、森林生态动态监测和森林病虫害等多个学科领域的数据，是反映林业行业发展的重要依据。森林碳汇是碳中和目标实现的关键因素，林业科学数据的不断采集和更新将为科学开展造林工作奠定基础并推进林业应对气候变化的管理工作，同时更好地选择适当的森林生态系统经营策略以寻求人类社会发展与林业的平衡，对指导林业可持续发展和有效适应气候变化具有重要意义。本章由点到面，分别从森林资源清查、固定样地森林生态系统监测、森林个体生长调查三个尺度对林业数据情况进行了收集整理，最终形成了森林资源综合数据、树木个体生长监测、森林干扰事件三个方面的林学相关科学数据集。通过评估所收集到的数据质量和服务情况，以期为提高中国林业科学数据建设能力提供参考。评估结果显示：①中国从二十世纪五六十年代起就在摸索较为系统的林业数据收集工作，截至目前已经形成了和国际接轨的数据收集采集标准，并获得了一定量的有科研价值的数据积累，但是获取难度很大。②除森林资源连续清查数据集外，其余大多数数据集不完整、不连续，难以系统性地使用。③数据平台较多，数据集不够集中，且获取方式复杂，很多平台较难获得权限。④针对以上问题，建议由政府相关部门或者权威机构对全国的林业科学数据进行整合，综合共享多方数据，从而提供全面准确的林业基础数据，加快林业与气候变化相关领域的发展，最终为适应性森林管理、碳中和目标和生态文明建设服务。

一、科学数据情况

森林资源数据由点到面可以分为森林资源综合数据（包括全国森林资源清查数据、大型森林固定样地监测，表 13–1）、树木个体生长监测（各营养器官的生长动态，表 13–2）、森林干扰事件（虫害、火灾等，表 13–3）三个尺度。目前中国林业工作在这三个尺度上均开展了一定规模的工作，并获得了较好的成果。尤其以定期进行调查的森林资源综合数据最为权威严谨，可为中国的林业研究提供最为重要的支撑。另外两个尺度的林业数据工作开展较为分散，以小团体的工作形式为主，数据难以统一连续，且部分数据集已经停止更新，根据实际需要可成为森林资源综合数据的补充数据进行利用。

表 13–1　森林资源数据情况

数据集名称	性质/内容	版权归属及贡献者	维护机构	数据集来源/网站	可获取性
国家森林资源清查①	数据集包括历次森林资源清查的全部内容，包括蓄积量、面积、树种以及分布图等信息，是最全面的林学数据资源	国家林业和草业局	国家林业和草业局	http://www.forestry.gov.cn/data.html	注册访问
国家森林生态系统观测研究网络数据集②	基于 17 个国家级森林生态系统观测站每五年的观测数据进行汇总所得。观测内容包括水文、土壤、大气、生物四大生态要素多个指标空间分辨率 1 千米	国家生态系统观测研究网络科技资源服务系统网站	国家生态系统观测研究网络科技资源服务系统网站	http://rs.cern.ac.cn	注册访问
全球生物多样性信息网络中国科学院节点③	中国科学院生物多样性委员会 2013 年加入该网络，数据内容包括物种名录和地理空间数据，原始标本和观测数据、蛋白质序列等数据集。目前中国贡献的数据总量为 354 万条	全球生物多样性信息网络	全球生物多样性信息网络	http://www.gbifchina.org	申请
森林生物多样性数据集④	基于 13 个大型森林固定样地，完全参考 CTFS- ForestGEO 的观测方法，标记并定位样地中所有胸径大于等于 1 厘米，识别鉴定其物种，测量胸径并记录，之后每 5 年对样地复查一次	中国科学院生物多样性委员会/中国森林生物多样性监测网络	中国森林生物多样性监测网络	http://www.cfbiodiv.org	申请

① 国家林业和草业局，2019. 全国森林资源清查数据 .http://www.forestry.gov.cn/data.html [2019-9-1]。

② 国家生态系统观测研究网络科技资源服务网站，2019.国家森林生态系统观测研究网络数据集.http://rs.cern.ac.cn/ [2019-9-1]。

③ 全球生物多样性信息网络，2019.全球生物多样性信息网络中国科学院节点数据集. http://www.gbifchina.org/ [2019-9-1]。

④ 中国森林生物多样性监测网络，2019. 森林生物多样性数据集．http://www.cfbiodiv.org [2019-9-1]。

（一）森林资源综合数据

森林资源数据调查往往需要大量的人力物力，经过较长时间的实地调查才可以得到较为综合权威的结果。这部分数据主要涉及国家级的资源清查（一类调查、二类调查、作业调查）、国家森林生态系统观测以及大型森林固定样地的永久监测。所得数据种类齐全，包括树种、面积、分布情况、生物量、凋落物、土壤、水文等多方面（表 13–1）。

（二）树木个体生长监测

除了以上几个大规模的综合数据集以外，小范围内对树木个体生长的监测也是研究树木响应全球气候变化最直观的形式。如表 13–2 所示，树木个体生长包括地上部分（枝、干、叶、芽等）和地下部分（根）。目前数据较多的主要是地上部分。地下部分由于监测难度较大，目前尚未查到成规模的公开数据集。本数据主要是对森林资源综合数据的补充和细化。

表 13–2 树木个体生长数据情况

数据集名称	性质/内容	版权归属及贡献者	维护机构	来源/网站	可获取性
中国物候观测网[①]	中国物候观测网于 1963 年建成，目前有观测站 30 个。观测对象包含 35 种共同观测植物和 127 种地方性观测植物。目前共有数据 10 万余条	中国物候观测网	中国物候观测网	http://www.cpon.ac.cn	注册访问
森林物候数据集[②]	提供了 10 个国家野外森林观测站 2003～2016 年的木本物候数据	生态系统观测研究网络科技资源服务系统	生态系统观测研究网络科技资源服务系统	http://www.cnern.org.cn	注册访问
森林物候数据集[③]	由国家地球系统科学数据中心共享服务平台提供“中国物候观测网”中部分站点 1963～2008 年的木本植物物候观测数据	国家地理资源科学数据中心	中国科学院地理科学与资源研究所	http://www.geodata.cn/data/publisher.html	协议共享

续表

数据集名称	性质/内容	版权归属及贡献者	维护机构	来源/网站	可获取性
归一化差异植被指数和增强型植被指数[4]	通过遥感手段获得植被图像，通过解析图像得到植被的物候数据等分辨率 250 米～25 千米	美国国家航空航天局	美国国家航空航天局	https://earthdata.nasa.gov	公开
树木年轮数据库[5]	共收录了中国新疆、青海、陕西、山东等地 13 个样点 39 个树木年轮年表数据，时间跨度为 1259～1993 年不再更新	国家气象信息中心网站	国家气象信息中心网站	http://data.cma.cn	注册访问

① 中国物候观测网，2019.中国物候观测数据. http://www.cpon.ac.cn [2019-9-1]。

② 生态系统观测研究网络科技资源服务系统，2019. 森林物候数据集. http://www.cnern.org.cn/ [2019-9-1]。

③ 中国科学院地理科学与资源研究所,2019. 森林物候数据集. http://www.geodata.cn/data/publisher.html [2019-9-1]。

④ 美国国家航空航天局，2019. 归一化差异植被指数和增强型植被指数数据. https://earthdata.nasa.gov/ [2019-9-1]。

⑤ 国家气象信息中心网站，2019. 树木年轮数据库. http://data.cma.cn/ [2019-9-1]。

（三）森林干扰事件

干扰是森林动态的主要驱动力之一。如表 13–3 所示，近年来随着全球变暖，干扰事件也频繁发生。中国对森林干扰的记录主要集中在虫害和火灾上。

表 13–3 我国森林干扰事件数据情况

数据集名称	性质/内容	版权归属及贡献者	维护机构	来源/网站	可获取性
中国林业统计年鉴[1]	自 1987 年开始由国家林业和草业局每年编撰出版，以省为单位统计历年森林主要灾害情况，包括火灾（不同程度火灾的次数、火场面积、扑火经费等）、病虫鼠害（不同程度的受害面积、防治面积等）。目前网上可以获得自 1998 年以来的所有数据	国家林业和草业局	国家林业和草业局	图书，https://data.cnki.net/trade/Yearbook/Single/N2020030029?z=Z010	公开/注册访问

续表

数据集名称	性质/内容	版权归属及贡献者	维护机构	来源/网站	可获取性
中国统计年鉴[②]	国家统计局发布的《中国统计年鉴》中资源与环境专题中收录上一年森林火灾情况和林业有害生物防治情况	国家统计局	国家统计局	http://www.stats.gov.cn	公开
国家林业和草原科学数据中心[③]	收录了部分森林火灾、病虫害统计数据及森林火灾卫星监测结果，但是数据零散不连续	国家林业和草原科学数据中心	国家林业和草原科学数据中心	http://www.forestdata.cn	公开

① 国家林业和草业局，2017. 中国林业统计年鉴. http://www.forestry.gov.cn [2019-9-1]。

② 国家统计局，2018. 中国统计年鉴. http://www.stats.gov.cn[2019-9-1]。

③ 国家林业和草原科学数据中心，2019. 国家林业和草原科学数据中心. http://www.forestdata.cn/[2019-9-1]。

二、数据的质量情况

本章主要从采集方法、时空分布以及具体数据形式和获得方法等方面介绍三个尺度数据集的收集情况，包括国家级的森林资源清查、国家森林生态系统观测研究网络、森林生物多样性、树木物候、树木年轮、森林火灾和病虫害六个部分。通过综合比较各数据集，发现中国林学的数据量非常庞大，但是完整性较为欠缺，尤其是后三个部分的数据在时间尺度和空间尺度上都非常离散，难以在大的时空尺度上综合体现中国林业现状。此外，数据共享情况也不成熟，很多数据集难以获得访问权限，更多的科研数据掌握在相关科研团队手里，没有成熟的共享机制。此外各数据集相对独立，在时间、空间和数据形式上难以相互补充。以上这些都阻碍了中国综合、全面地开展林业研究。

（一）森林资源清查

了解森林资源的数量与质量及其在一定时期内的消长情况是了解全球气候变化对森林影响的一个客观方面，也是指导生态建设与林业生产的基础。为此，中国从20世纪50年代起开始探索森林资源调查的方法，并于70年代引入抽样调查技术并逐步建立国家森林资源清查体系（史京京，2009）。目前，按照森林资源调查的对象、目的和范围将森林调查划分为三类：一是森林资源连续清查，简称一类调查；二是森林经理调查，又称森林资源规划设计调查，简称二类调查；三是作业设计调查，又称作业调查（亢新刚，2011）。其中，一类调查属国家层面发展战略，以省为调查单位，每五年对全国的森林资源进行一次复查；二类调查以森林经营单位如国有林业局（场）、自然保护区、森林公园等为单位，以满足森林经营方案、总体设计、林业区划与规划设计等需要而进行的森林资源调查；而作业设计调查则是以生产性经营作业为目的开展的调查。

目前森林资源的调查方法以实地观测为主，同时应用“3S”技术（RS，遥感；GPS，全球定位系统；GIS，地理信息系统）提高森林调查的效率。截至2019年，全国森林资源连续清查已经完成九次。相关的森林资源数据客观、及时地反应了森林的生长状况，是指导国家制定林业计划方针、生产单位合理利用森林资源的重要保障。目前，国家林业和草原局及各省地级林业部门网站均分别提供了国家级及地级森林资源数据。与国外数据相比，中国这部分内容开展很好，但是除了总体的统计数据以外，具体数据获得相对不易。

随着中国“北斗”卫星系统的成功组网，从2020年第十次全国森林资源清查起将依靠“北斗”卫星导航系统的高精度特性开展更加精确细致的清查。此外第十次全国森林资源清查将依据全国森林资源管理“一张图”开展“抽样+图斑”的分层抽样体系，与以往在全国范围内抽样调查的方式不同，且数据类型更加精细、多样，将极大促进中国森林资源清查的质量和效果。

（二）国家森林生态系统观测研究网络数据集

国家野外科学观测研究站是国家研究试验基地的有机组成部分，也是国家科技基础条件平台建设和科技创新体系的重要内容。国家级森林生态系统观测站的建立最早始于自 20 世纪 60 年代，由原国家林业局联合各大林业院校开始建立森林生态系统定位观测和研究站。以国家制定的长期监测指标体系为标准，以满足国内森林生态学研究为目标，其数据集规范、标准，对研究气候变化对森林生态系统的影响具有重要意义。截至 2019 年，共有 17 个国家野外森林生态系统观测研究站，具体名单见表 13–4。

这 17 个国家森林生态系统野外观测站依据全国不同的自然地理条件，通过长期野外定点观测、开展野外科学试验等手段获取一手数据，时间跨度近 20 年，监测内容覆盖中国各典型森林生态系统水文、土壤、大气、生物四大生态要素多个指标。其中森林水文数据集里森林蒸散量测定频度为每日 1 次；土壤水分常数测定频度为 10 年 1 次，地表径流量数据通常逐日、逐时记录；雨水水质监测数据测定频度为：1 月、4 月、7 月、10 月全月采样分析；地下水位埋深数据测定频度为 1～10 天 1 次；地表水、地下水水质每年测定 2 次；不同剖面深度的土壤质量含水量测定频度为 1～2 月 1 次；枯枝落叶层质量含水量测定频度为 5～15 天 1 次；森林土壤数据集中的土壤速效微量元素、土壤养分、土壤交换量等指标每 5 年测定一次；土壤矿质全量、土壤微量元素和重金属元素、土壤容重、土壤机械组成等每 10 年测定一次。气象栅格数据包括平均气温、最低气温、最高气温、相对湿度、平均风速、降水量、饱和差、干燥度、干燥指数、日照时数、总辐射、地表净辐射、地表有效辐射、光合有效辐射、潜在总辐射、积温、温暖指数、寒冷指数、生物温度、蒸散量等。栅格的空间分辨率为 1 平方千米。生物要素则包括乔灌草各层的植被情况、生物量、碳储量、物候、凋落物干重、凋落物元素含量等信息，观测次数为一年 1～5 次不等。目前各野外观测站的基础数据均整合在国家生态系统观测研究网络科技资源服务系统网站（http://rs.cern.ac.cn）中，数据共享方式分为完全共享、协议共享及限制共享。完全共享的数据集可以直接下载使用，而协议共享及限制共享的数据集则需要通过申请或协商来下载使用。

表 13–4 国家野外森林生态系统观测站及其依托单位

国家野外森林生态系统观测站	依托单位
广东鼎湖山森林生态系统国家野外科学观测研究站	中国科学院华南植物园
广东鹤山森林生态系统国家野外科学观测研究站	中国科学院华南植物园
海南尖峰岭森林生态系统国家野外科学观测研究站	中国林业科学研究院热带林业研究所
黑龙江帽儿山森林生态系统国家野外科学观测研究站	东北林业大学
湖北神农架森林生态系统国家野外科学观测研究站	中国科学院植物研究所
湖南会同森林生态系统国家野外科学观测研究站	中国科学院沈阳应用生态研究所
湖南会同杉木林生态系统国家野外科学观测研究站	中南林业科技大学
吉林长白山森林生态系统国家野外科学观测研究站	中国科学院沈阳应用生态研究所
江西大岗山森林生态系统国家野外科学观测研究站	中国林业科学研究院森林生态环境与保护研究所
内蒙古大兴安岭森林生态系统国家野外科学观测研究站	内蒙古农业大学
山西吉县森林生态系统国家野外科学观测研究站	北京林业大学
陕西秦岭森林生态系统国家野外科学观测研究站	西北农林科技大学
四川贡嘎山森林生态系统国家野外科学观测研究站	中国科学院水利部成都山地灾害与环境研究所
西藏林芝高山森林生态系统国家野外科学观测研究站	西藏农牧学院高原生态研究所
云南哀牢山森林生态系统国家野外科学观测研究站	中国科学院西双版纳热带植物园
云南西双版纳森林生态系统国家野外科学观测研究站	中国科学院西双版纳热带植物园
浙江天童森林生态系统国家野外科学观测研究站	华东师范大学

（三）森林生物多样性数据集

森林具有保护生物多样性、涵养水源、调节气候、防风固沙等生态功能，而随着人口激增、土地利用变化、森林砍伐、环境污染、病虫害和生物入侵等问题的日益严重，森林生物多样性正在面临巨大压力和严峻挑战（Bellard *et al*., 2012）。为保护自然环境和自然资源，中国于 1994 年颁布《中华人民共和国自然保护区条例》，将有代表性的生态系统、珍稀濒危野生动植物物种的天然集中分布区、有特殊意义的自然遗迹等保护对象所在的陆地、水体或海域等划分为予以特殊保护和管理的自然保护区。截至 2018 年，已有国家级自然保护区 474 个，其中林业系统国家级自然保护区 164 个，主要保护对象为森林生态系统及森林珍稀濒危野生动植物。自然保护区名录可在国家统计局网站（http://www.stats.gov.cn）及国家林业与草业局网站（http://www.forestry.gov.cn）上查询。

全球生物多样性信息网络（Global Biodiversity Information Facility, GBIF; http://www.gbif.org）是联合国环境规划署联合多国政府于 2002 年成立的生物多样性数据共享平台（Yesson *et al*., 2007）。通过 GBIF 门户网站（https://www.gbif.org）可以获取包括物种名录和地理空间数据、原始标本和观测数据、蛋白质序列等数据集。2013 年中国科学院生物多样性委员会代表中国科学院加入 GBIF，成立中国科学院节点（http://www.gbifchina.org）。目前，GBIF 的中国数据集总计超过 354 万条（王昕，2017）。

此外，由美国史密森热带研究所的热带森林研究中心和哈佛大学等单位推动建立的全球森林监测网络全球森林生物多样性监测网络（Forest Global Earth Observatory, Forest GEO；https://forestgeo.si.edu）也是全球性的森林研究站点网络，具有监测、理解和预测森林对全球变化的战略地位。这一国际伙伴关系目前包括 27 个国家的 67 个长期森林动态研究基地，较好地代表了世界上典型的森林地带，包括热带雨林、温带和亚热带森林。所有全球森林监测网络站点具有一套统一的监测方法：在对样地进行普查时，样地中所有胸径大于等于 1 厘米的树木将被标记、定位，识别鉴定其物种，测量胸径并记录，之后每五年对样地复查一次。此外，在植物生活史各阶段的幼苗、种子产量、物候、枯倒木和凋落物等指标也进行监测（Anderson-Teixeira *et al*., 2015）。全球森林监测网络数据集分为树木数据、测树因子数据和性状数据。树木数据是各样地普查时记录的树种多样性数据；测树数据代表包括树木胸径和每公顷的基础面积，以及林分的统计特性，如木材密度和树木的年生长量；性状数据代表森林地质研究小区采集的树冠性状、叶片性状、繁殖性状、木材密度等数据。数据集可以通过全球森林监测网络网站填表申请之后下载使用。

自2004年起，中国科学院生物多样性委员会组织相关的研究所，联合若干大学和科研机构开始建设中国森林生物多样性监测网络（Chinese Forest Biodiversity Monitoring Network, Sino BON-CForBio）（米湘成，2016）。截至2015年底，该网络已经建成13个大型森林固定样地和61个辅助样地。样地面积已达340多公顷。样地覆盖北方林、针阔混交林、落叶阔叶林、常绿落叶阔叶混交林、常绿阔叶林以及热带雨林。样地建设与长期监测都按全球森林监测网络的标准执行。13个大型森林固定样地及面积见表13–5。中国森林生物多样性监测网络网站上（http://www.cfbiodiv.org）公开了各样地概况、图集及部分样地物种名录及数据。数据不完整、时效性不强仍是当前中国乃至全球生物多样性数据共享存在的主要问题（黄晓磊，2014）。

表13–5　大型森林固定样地及面积

大样地名称	面积
黑龙江大兴安岭兴安落叶松林样地	25公顷
黑龙江小兴安岭丰林阔叶红松林样地	30公顷
黑龙江小兴安岭凉水典型阔叶红松林样地	9公顷
黑龙江小兴安岭谷地云冷杉林样地	9公顷
吉林长白山阔叶红松林样地	25公顷
北京东灵山暖温带落叶阔叶林样地	20公顷
河南宝天曼暖温带落叶阔叶林样地	25公顷
湖南八大公山中亚热带山地常绿落叶阔叶混交林样地	25公顷
浙江天童亚热带常绿阔叶林样地	20公顷
浙江古田山亚热带常绿阔叶林样地	24公顷
广东鼎湖山南亚热带常绿阔叶林样地	20公顷
广西弄岗喀斯特季节性雨林样地	15公顷
云南西双版纳热带雨林样地	20公顷

（四）树木物候数据

物候是植物在不同生长时期不同气候条件下的休眠、萌芽、生长、发育、结实的规律。影响中国木本植物物候的主要因子是气温。全球变暖会引起植物物候期的变化（张福春，1995），因此物候观测对林业，尤其是对指导经济林生产，起着至关重要的作用。“中国物候观测网”（Chinese Phenological Observation Network, CPON）于 1963 年建成，现有观测站 30 个，其中自然物候观测站 26 个，观赏性花木观测基地 4 个，主要观测物种为木本植物。各地观测站的观测对象包含 35 种共同观测植物、127 种地方性观测植物、12 种动物、4 种农作物和 12 种气象水文现象。木本植物观测的主要物候期为：叶芽开始膨大期、叶芽开放期、花芽开始膨大期、花芽开放期、开始展叶期、展叶盛期、花序或花蕾出现期、开花始期、开花盛期、开花末期、第二次开花期、果实成熟期、果实脱落开始期、果实脱落末期、叶开始变色期、叶全部变色期、开始落叶期、落叶末期。草本植物观测的主要物候期为：地下芽出土期、地面芽变绿色期、开始展叶期、展叶盛期、花蕾或花序出现期、开花始期、开花盛期、开花末期、第二次开花期、果实成熟期、果实脱落开始期、果实脱落末期、种子散布期、开始黄枯期、普遍黄枯期、完全黄枯期。CPON 收录了 1963 年至今的物候观测记录，逾 10 万条。相关数据可以通过注册的形式申请访问。目前，国际上已公开的该类数据集是欧洲物候观测网络（Pan European Phenology network, PEP），所有数据均可以在网站（www.pep725.eu）中注册后免费下载使用（Templ *et al.*, 2018）。中国的物候数据与国际相比，具有时间短、观测物种少、观测面不大等多方面的短板，还需要更广泛地开展物候观测。

除了中国物候观测网以外，中国国家生态系统观测研究网络科技资源服务系统（http://www.cnern.org.cn）提供了 2003～2016 年森林植物群落乔、灌木植物物候观测数据，空间覆盖范围包括哀牢山站、北京森林站、版纳站、长白山站、鼎湖山站、贡嘎山站、鹤山站、会同站、茂县站、神农架站。该数据集记录了森林生态系统乔木和灌木层的出芽期、展叶期、首花期、盛花期、结果期、秋季叶变色期、落叶期物候动态，通过野外选择各层优势种和物候指示种进行观察。可通过国家生态系统观测研究网络科技资源服务系统申请获取该数据集。此外，国家地球系统科学数据中心共享服务平台（http://www.geodata.cn/data/publisher.html）也收录了中国物候观测网部分站点时间跨度约为1963～2008年的典型植物物候观测数据，除记录观测的站点名称、年份、植物学名外，重点记录了上述物候期的18项指标。该部分数据可在国家地球系统科学数据中心共享服务平台网站申请后获取。

相比于传统人工物候观测方法，应用遥感技术进行的物候监测范围广、尺度大，实现了由点到面的物候观测的转变。遥感技术监测植被物候的原理是：对能表现出植被生长状况（如植物生物学特征）的时间序列植被指数进行重建，即对其进行去噪、平滑处理，再利用数学算法提取各物候阶段的特征节点以获取物候数据。目前国际上对遥感物候信息提取工作中使用最多的植被指数是归一化差异植被指数（Normalized Difference Vegetation Index, NDVI）和增强型植被指数（Enhanced Vegetation Index, EVI）。

（五）树木年轮数据库

森林是陆地生态系统最重要的碳汇之一，树干木质部的形成是森林生态系统最主要的固碳过程之一。树干生物量对全球气候变化的响应非常敏感，也是减缓气候变暖的重要手段之一。因此，了解树干在全球气候变化背景下的生长情况非常重要。树木年轮作为树干生长量最直接的载体，具有定年准确、时间分辨率高、复本易得等优点，已经被大量用于研究温度、降水、太阳辐射等因子的变化中。

中国树木年轮代用资料数据集是国家气象信息中心公布的树木年轮数据集，时间跨度为1259年1月1日～1993年12月31日。数据集包括中国新疆、青海、陕西、山东等地 13 个样点 39 个树木年轮年表（每个样点三个年表，分别为标准化年表、残差年表和自回归年表）。该数据集可在国家气象信息中心网站（http://data.cma.cn）中获得，需要通过教育科研实名认证后访问并获取。

而国际树木年轮数据库是世界上最大的树木年轮数据公共档案馆，自 1990 年以来由美国国家海洋和大气管理局古气候学团队和世界古气候学数据中心管理（GrissinoMayer and Fritts, 1997）。直至 2015 年国际树木年轮数据库已经包含了来自六大洲 66 个国家的 4 250 个数据集。样本取自超过 200 个树种，最常见的有松属、云杉属、栎属、落叶松属、黄杉属、冷杉属（约占总采集量的 75%）。超过 800 名研究人员对国际树木年轮数据库做出了贡献，平均每年新增的数据约有 200 个。中国科学家在该数据集中有部分贡献，但是相对较少。该数据集所有的数据都可以在国际树木年轮数据库的网站（https://www.ncdc.noaa.gov/data-access/paleoclimatology-data/datasets/tree-ring）获取。中国的树轮数据没有公开的原始数据，均是作均一化处理后的年表数据，且样点极少，可利用性几乎没有。国内学者需要在共享数据方面谋求更多的合作。

（六）森林火灾和森林病虫害数据集

近年来研究显示以气候变暖为主导的气候变化将使森林火灾及病虫害呈现增多的态势。森林火灾的发生具有偶然性、短暂性，但是研究气候变化背景下林火发生的态势则需要采集长时间尺度的林火信息。获取林火发生信息的方式有三种，分别为：对火疤树做解析；政府及林业部门的林火观测资料；从高分辨遥感图像中提取林火信息（赵凤君，2009）。对森林病虫害的监测预警通常采用遥感技术。

国家林业和草业局编撰的《中国林业统计年鉴》是依据各省、自治区、直辖市林业管理部门与国家林业和草原局直属单位上报的林业统计年报和其他有关资料编辑而成的，自 1987 年开始公开出版以来，每年出版一次，目前已经出版到 2017 年。年鉴中收录了历年中国各地区森林火灾、森林病害以及森林虫害情况统计表。森林火灾情况表统计了全国及各地区火灾发生总次数、火场总面积、受害森林总面积、损失林木株树及人员伤亡情况，同时对火灾等级进行分级统计：一般火灾、较大火灾、重大火灾和特大火灾。森林病、虫害情况表则以发生面积、寄主树种面积、发生率、防治面积、防治率等指标来统计森林病虫害的发生情况，同时将发生等级分为轻度、中度、重度来分别进行数据统计。该年鉴可在线上及线下书店购买获得。国家统计局发布的《中国统计年鉴》系统收录了全国和各省、自治区、直辖市经济、社会各方面的统计数据，是中国最全面、最权威的统计年鉴。通常某一年的年鉴收录上一年的统计数据。在《中国统计年鉴》中资源与环境专题收录上一年森林火灾情况和林业有害生物防治情况。这部分数据与《中国林业统计年鉴》相比较，两者数据较为一致。《中国统计年鉴》数据集可在国家统计局网站（http://www.stats.gov.cn）免费获取。该类型数据主要以离散的非统一形式编著成相关的数据集，使用时需要按照科研人员的实际需要重新统计数据，使用起来较为烦琐。

此外，国家林业和草原科学数据中心（http://www.forestdata.cn）收录了部分森林火灾、病虫害统计数据及森林火灾卫星监测结果，但是数据零散不连续，目前还不具有可用性。

运用遥感技术监测森林火灾和病虫害具有高时效性、高分辨率等优势，但当前以卫星遥感数据为主要数据源的森林火灾和森林病虫害监测还未建立起完备的数据库体系。相比之下，由国家统计局编写的《中国统计年鉴》及国家林业与草业局编写的《中国林业统计年鉴》中收录的森林火灾及病虫害发生情况数据更加完备、权威，具有较高的参考价值。

三、数据服务状况

目前为止，中国林业数据集总体都在有序建设中，取得了一定的成果，在数据服务方面也在进行更多积极有效的尝试。但是与国外相比，我们的数据集服务情况存在共享程度不够、获取难度较大、数据信息不全、记录样点不足等诸多方面的不足之处。在各类数据集中，国家层面的森林资源清查数据可以查到总的统计情况，但是各清查格点具体树木的详细数据难以获得。而国家森林生态系统观测研究网络数据集虽然有协议共享，但是主体数据依然保存在各观测站内部，共享难度较高，在网站内申请数据共享服务时效很慢，且获批概率不高。生物多样性数据的获取存在类似的问题，多数情况下只能依靠国外的全球生物多样性信息网络和全球森林监测网络来获得国内的相关数据。树木个体生长监测数据主要由地方、科研团体、相关组织开展实施，由于经费、精力等诸多方面的限制，无法在空间和时间上保证连续性，此外共享程度也很低。森林干扰数据主要问题是数据离散，无法直接使用，需要额外的人力对相关事件进行整理，汇总后才可以进行相关的研究使用。总之，中国林业数据在数据服务方面的阻力较大，还有很长的路要走。

四、其他需要说明/评估的内容

中国是世界上森林增长最快的国家，但是效率依然不高，森林的基础研究与林业发达的北欧北美国家相比还存在较大的差距。尽管目前各方面的森林数据集都在建立，但是可以用来做相关研究的数据集还较少，难以满足相关从业人员的实际需要。此外，对一些更加具体的林业数据，例如叶面积指数、枝条/木质部的年内动态、林下养分、根系生物量、土壤真菌、树种基因等方面都存在较大的不足。随着科学技术不断发展，从2020年起中国森林资源清查也与时俱进发展出更精确、更高效的清查方案，但与之前的数据相比存在一定的差别，将影响清查数据的连续性，预计在个别方面也会有所影响。这些问题都需要几代林业人不懈地努力以不断完善。

参考文献

Anderson-Teixeira, K.J., S.J. Davies and A.C. Bennett, *et al*., 2015. CTFS-ForestGEO: A worldwide network monitoring forests in an era of global change. *Global Change Biology*,2(21):528～549.

Bellard, C., C. Bertelsmeier and P Leadley, *et al*., 2012. Impacts of climate change on the future of biodiversity. *Ecology Letters*,4(15):365～377.

FAO, 2006. Global Forest Resources Assessment 2005: Progress Towards Sustainable Forest Management. Rome;IT Fao Forestry Paper, 147.

Grissino-Mayer, H.D., H.C. Fritt, 1997. The International Tree-Ring Data Bank: An enhanced global database serving the global scientific community. *Holocene*,2(7):235～238.

Templ, B. E. Koch and K. Bolmgren, *et al*., 2018. Pan European Phenological database (PEP725): A single point of access for European data. *International Journal of Biometeorology*, 6(62):1109～1113.

Pan, Y. D., R. A. Birdsay, J. Y. Fang, *et al*., 2011. A large and. persistent carbon sink inthe world's forests, Science, 333 (6045):988～993.

Yesson, C., P.W. Brewer and T. Sutton, *et al*., 2007. How Global Is the Global Biodiversity Information Facility? *Plos One*,11(2).

亢新刚：《森林经理学》，中国林业出版社，2011年。

史京京、雷渊才、赵天忠："森林资源抽样调查技术方法研究进展"，《林业科学研究》，2009年第22期。

赵凤君、王明玉、舒立福等："气候变化对林火动态的影响研究进展"，《气候变化研究进展》，2009年第5期。

米湘成、郭静、郝占庆等："中国森林生物多样性监测:科学基础与执行计划"，《生物多样性》，2016年第24期。

王昕、张凤麟、张健："生物多样性信息资源.Ⅰ.物种分布、编目、系统发育与生活史性状"，《生物多样性》，2017年第25期。

黄晓磊、乔格侠："生物多样性数据共享和发表:进展和建议"，《生物多样性》，2014年第22期。

张福春："气候变化对中国木本植物物候的可能影响"，《地理学报》，1995 年第 62 卷第 5 期。
项铭涛、卫炜、吴文斌："植被物候参数遥感提取研究进展评述"，《中国农业信息》，2018 年第 30 期。
李怒云："发展碳汇林业应对气候变化"，《林业与生态》，2014 年第 8 卷第 3 期。

第十四章　农牧渔业科学数据

一、科学数据情况

气候变化主要是气温、降水等变化，影响着水热组合等重要农牧渔业资源，进而对农业种植结构、农牧渔业产量和市场产生影响。农牧渔业的数据积累不仅为气候变化相关研究提供科学素材，更支撑着农业管理决策的科学性、系统性、高效性和精准性（许世卫等，2015）。因此，本次评估中农业数据集包含气候、土壤、资源和区划等农业资源数据，作物信息、种植方式和台站监测等农业生产数据，作物种植资源和基因数据，这些数据集一方面支持气候变化对农业影响的研究，另一方面也是农业适应气候变化技术筛选的重要数据基础，尤其是种质资源和基因数据在农作物选育领域中发挥着重要作用。牧业数据集包含草地资源、草地调查和畜牧业生产数据。草地生产力是草地畜牧业的生产基础，也是气候变化影响畜牧业的重要介质。渔业数据包含直接影响海洋水产养殖和捕捞的海洋环境数据以及水产数据。而经济数据则包含农产品消费和贸易数据（图 14–1）。

中国已建成农牧渔业的数据库，可在互联网上被访问。表 14–1 列出了国内 71 个主要农牧渔业数据库的基本情况。本次评估重点评估 2012～2018 年数据，但由于上一次的评估中未涉及农牧渔业数据集，因此，本次评估对农牧渔业数据集进行整体评估，表 14–1 中所列数据集包含较多 2012 年之前的数据。

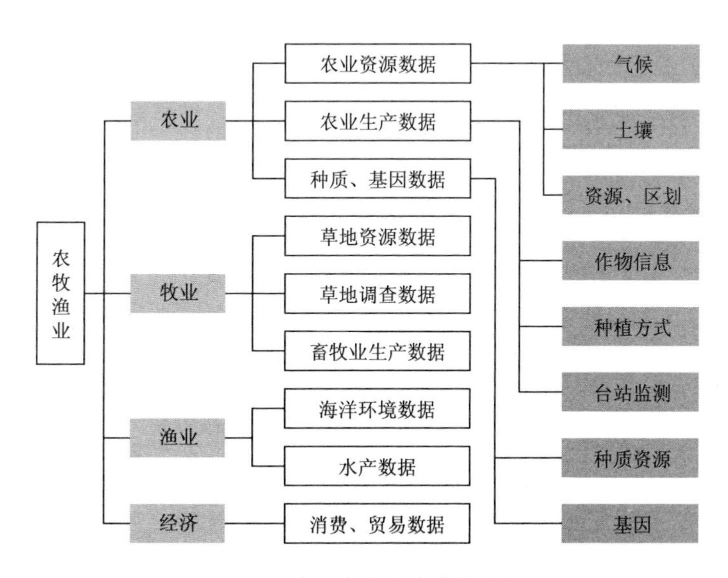

图 14–1　中国农牧渔业数据库概况

二、数据的质量情况

农牧渔业数据中，以行政单元划分的数据多为国家统计数据或年鉴数据，而依托实验站的观测数据各数据平台也有详细完整的数据采集、管理和质量控制规范，以保障数据质量。区域尺度的栅格数据除遥感数据外多为空间插值结果，各数据集均对数据的计算过程有详细表述，而由于插值方法的不同也会导致不同数据集中气候和土壤栅格数据的差异。中国作物种质资源数据库建立了 110 种作物种质资源数据质量控制规范集成了植物分类、生态、形态、农艺、生理生化、植物保护、计算机等多学科的理论、方法和技术，以过程控制为主，保证了资源数据的系统性、可比性和可靠性（曹永生和方沩，2010）。国家生态系统观测研究网络始建于 1988 年，由 1 个综合中心，5 个

表 14–1　中国农牧渔业数据库的基本情况

数据集名称	性质/内容	版权归属及贡献者	维护机构	来源/网址	可获取性
气象数据库（6 要素逐旬月年）[①]	全国 1961～2005 年逐旬降水数据、大于 0 度积温、大于 5 度积温、大于 10 度积温、均温、极端高温、极端低温、光照、蒸发量，5 千米×5 千米栅格格式。投影系统采用面积投影为基础地图投影 时间：1961～2005 年 数据类型/格式：栅格格式	农业部项目	中国农业科学院农业资源与农业区划研究所	http://grassland.agridata.cn/viewCaoyuan.c?method=metaData&id=61	离线数据，与管理员离线
气候数据库（13 要素）[①]	全国 2 287 个站点的气象数据，时间区间建站到 2002 年。基础数据经整理、检查，形成原始数据库，包括各站点多年的月降水、月均温、多年极端最高温和最低温、年日照、年蒸发量、霜日数，以及各站点经纬度、海拔。空间分辨率为 1 千米×1 千米。投影系统采用面积投影为基础地图投影 时间：建站到 2002 年 数据类型/格式：栅格格式	农业部项目	中国农业科学院农业资源与农业区划研究所	http://grassland.agridata.cn/viewCaoyuan.c?method=metaData&id=49	离线数据，与管理员离线
基于温室气体排放情景典型浓度路径（Representative Concentration Pathways，RCPs）的中国高分辨率未来气候情景数据集[②]	数据集由区域气候模式动力降尺度生成。数据集内容包括日平均温、日最高温、日最低温、降水、风速、风向、比湿、压强等基本要素，其中日平均温、日最高温、日最低温、降水四个要素经过概率密度函数进行了数据订正。空间分辨率为 0.22 度 时间分辨率为 1 天 制作时间:2018 年 3 月 1 日 时间：1961 年 1 月 1 日～2099 年 12 月 3 日 排放情景：RCP2.6、RCP4.5、RCP8.5 数据类型/格式：美国信息交换标准代码（American Standard Code for Information Interchange，ASCII）	许吟隆	中国农业科学院农业环境与可持续发展研究所	http://www.agridata.cn/data/datacontent.aspx?data_par=07360382014062700006	离线数据，与管理员离线

续表

数据集名称	性质/内容	版权归属及贡献者	维护机构	来源/网址	可获取性
经过统计降尺度的耦合模式比较计划第五阶段（Coupled Model Intercomparison Project Phase 5, CMIP5）未来气候情景数据集[2]	数据集由 CMIP5 中 20 个大气环流模型经过偏差校正时空降尺度方法统计降尺度生成。数据集内容包括日平均温、日最高温、日最低温、降水。空间分辨率为 0.22 度 时间分辨率为 1 天 制作时间:2018 年 3 月 1 日 时间：1961 年 1 月 1 日～2099 年 12 月 3 日 排放情景：RCP2.6、RCP4.5、RCP8.5 数据类型/格式：ASCII 码文件	许吟隆	中国农业科学院农业环境与可持续发展研究所	http://www.agridata.cn/data/datacontent.aspx?data_par=07360382014062700005	离线数据，与管理员离线
土壤养分数据库[1]	全国一百万分之一土壤 pH 值、土壤全氮、土壤全磷、土壤全钾、土壤有机质、土壤容重、土壤有机碳密度。投影系统采用面积投影为基础地图投影 时间：2007 年 数据类型/格式：矢量和栅格格式	农业部各类项目	中国农业科学院农业资源与农业区划研究所	http://grassland.agridata.cnviewCaoyuan.c?method=metaData&id=53	离线数据，与管理员离线
土壤类型数据库[1]	全国四百万分之一、百分之一土壤类型，矢量格式。四百万分之一土壤类型数据包含字段：土纲、土类、亚类；一百万分之一土壤类型数据包含字段：土纲、土类、亚类、土纲、土属。投影系统采用面积投影为基础地图投影 时间：2007 年 数据类型/格式：矢量格式	农业部各类项目	中国农业科学院农业资源与农业区划研究所	http://grassland.agridata.cn/viewCaoyuan.c?method=metaData&id=50	离线数据，与管理员离线

续表

数据集名称	性质/内容	版权归属及贡献者	维护机构	来源/网址	可获取性
土壤元素背景值数据库[③]	建国以来农业、环境等领域的研究专著和1979年来的文献资料中有关土壤基础背景化学元素的含量数据 时间：2003年 数据类型/格式：表格	国家及农业部各种科研项目	中国农业科学院农业资源与农业区划研究所	http://www.agridata.cn/data/datacontent.aspx?data_par=07340362014062700003	公开
中国中等精度数字土壤属性数据库[③]	各省二次土壤普查土种志中土种典型剖面的属性数据。包括典型剖面地点、地形、海拔、土层剖面养分含量等数十项数据 时间：2003年 数据类型/格式：表格	国家及农业部各种科研项目	中国农业科学院农业资源与农业区划研究所	http://www.agridata.cn/data/datacontent.aspx?data_par=07340362014062700002	公开
中国低精度数字土壤属性数据库[③]	全国二次土壤普查图件土种典型剖面属性数据，包括典型剖面地点、地形、海拔、土层剖面养分含量等数十项数据 时间：2003年 数据类型/格式：表格	国家及农业部各种科研项目	中国农业科学院农业资源与农业区划研究所	http://www.agridata.cn/data/datacontent.aspx?data_par=07340362014062700001	公开
中国公里网格农田光温生产潜力数据集[④]	主要包括全国1千米的光温生产潜力栅格数据。该数据主要依据全国公里网格年太阳总辐射估算数据（1950～1980年）并按照生产潜力的估算模型通过计算得到 数据时间：20世纪80年代，2000年 空间位置：中国 数据类型/格式：栅格数据	胡文岩（中国科学院地理科学与资源研究所）	中国科学院地理科学与资源研究所	http://www.geodata.cn/data/datadetails.html?dataguid=258685969889722&docId=18539	注册访问

续表

数据集名称	性质/内容	版权归属及贡献者	维护机构	来源/网址	可获取性
国家农业科学数据共享中心—区划科学数据分中心[5][6]	拥有农业区划数据库、农业资源调查与评价数据库、农业土地利用数据库、农业区域规划与生产布局数据库、农业遥感监测数据库 数据时间：1949～2017 年 数据量：文本数据 55 372 个，统计数据 81 719 个，矢量数据 2 879 个，栅格数据 33 598 个，遥感数据 7 751 个，多媒体数据 135 个，合计 181 454 个，594 523 吉字节。	农业部各类项目	中国农业科学院农业资源与农业区划研究所	http://region.agridata.cn/index.html	注册访问
农业普查数据集[7]	第一次农业普查报告、第二次农业普查报告、第三次农业普查（全国和省级主要指标汇总数据） 时间：1996 年、2006 年、2016 年 范围：全国 数据类型/格式：报告	国家统计局	国家统计局	http://www.stats.gov.cn/tjsj/pcsj	公开
0.5 度全球农业化肥施用和生产逐年数据集[4]	全球农业化肥（氮肥和磷肥）的施用和生产的数据可以显示全球农业化肥的生产及施用现状，各个国家具体的作物施肥量报告数从 2～50 种作物不等。生产量数据的计算融合了国家级化肥数据和 175 作物全球地图，全球作物数据来自“M3 作物”数据库 数据时间：1994～2001 年 空间位置：全球 数据类型/格式：栅格数据	江洪（南京大学地球系统科学研究所）	中国科学院地理科学与资源研究所	http://www.geodata.cn/data/datadetails.html?dataguid=194976667303703&docid=18502	注册访问

续表

数据集名称	性质/内容	版权归属及贡献者	维护机构	来源/网址	可获取性
中国县域农业产业结构数据库[8]	1990 年、1995 年和 2000 年，我国各县农业产业结构数据 时间：1990 年、1995 年和 2000 年 数据类型/格式：表格	中国农业科学院农业信息研究所	中国农业科学院农业信息研究所	http://www.agridata.cn/data/datacontent.aspx?data_par=12610642014062700002	公开
作物生产数据库（1981～2005 年）[9]	全国及各省份、自治区、直辖市的粮食作物和经济作物的生产数据，包括粮食面积、粮食总产、粮食单产、夏粮面积、夏粮总产、夏粮单产、稻谷、早稻、小麦、玉米、谷子、高粱、大豆、薯类、花生、油菜、芝麻、胡麻、葵花、棉花、黄红麻、糖料、甘蔗、甜菜、烟叶和烤烟的面积、总产和单产 时间：1981～2005 年 数据类型/格式：表格	国家农业科学数据共享中心作物科学数据分中心	中国农业科学院作物科学研究所	http://crop.agridata.cn/A010605.asp	公开
中国粮食生产情况数据库[8]	1949 年以来中国各省（市、自治区）主要粮食作物的生产情况，包括亩产、面积、产量等数据 时间：1949～2007 年 数据类型/格式：表格	中国农业科学院农业信息研究所	中国农业科学院农业信息研究所	http://www.agridata.cn/data/datacontent.aspx?data_par=12580602014062700001	公开
作物物种分布数据库[8]	82 种主要作物物种在中国的地理分布情况，以及水稻、小麦、玉米、大豆、野生大豆、小豆和棉花等作物的特性分布图 时间：2007 年 数据类型/格式：图片	国家农业科学数据共享中心作物科学数据分中心	中国农业科学院作物科学研究所	http://crop.agridata.cn/A010105.ASP	公开

续表

数据集名称	性质/内容	版权归属及贡献者	维护机构	来源/网址	可获取性
作物品质数据库[8]	各主要作物的品质相关数据信息资料，包括水稻、油菜、苹果和茶树等主要作物的重要经济性状和理化鉴定数据等品质信息相关数据 时间：2007 年 数据类型/格式：表格	国家农业科学数据共享中心作物科学数据分中心	中国农业科学院作物科学研究所	http://crop.agridata.cn/A010109.asp	公开
作物病虫害数据库[8]	1 000 多条常见的对主要农作物有较大危害的病虫害的数据信息，包括水稻、麦类、玉米、杂粮、豆类、薯类、棉麻、油料、糖烟、茶桑、药用植物的病害和害虫，以及农田中常见的杂草、地下害虫、农田鼠害、贮粮病虫害、农作物天敌等，囊括病虫害症状、分布、传播途径、发病条件和防治方法等内容 时间：2007 年 数据类型/格式：表格	国家农业科学数据共享中心作物科学数据分中心	中国农业科学院作物科学研究所	http://crop.agridata.cn/A010603.asp	公开
灌溉效率数据库[9]	海河、黄河流域田间水利用系数的代表站点、自流灌区、提水灌区、井灌区平均值等信息资料 时间：2003 年 数据类型/格式：表格	国家及农业部各种科研项目	中国农业科学院农田灌溉研究所	http://www.agridata.cn/data/datacontent.aspx?data_par=07330352014062700004	公开
作物缺水量数据库[9]	国内长江上游、下游地及东北地区不同频率水文年型主要农作物生育期旬缺水量基础数据 时间：2003 年 数据类型/格式：表格	国家及农业部各种科研项目	中国农业科学院农田灌溉研究所	http://www.agridata.cn/data/datacontent.aspx?data_par=07330352014062700003	公开

续表

数据集名称	性质/内容	版权归属及贡献者	维护机构	来源/网址	可获取性
主要作物需水量数据库[9]	国内长江上游、下游地及东北地区不同频率水文年型主要农作物生育期旬需水量基础数据 时间：2003 年 数据类型/格式：表格	国家及农业部各种科研项目	中国农业科学院农田灌溉研究所	http://www.agridata.cn/data/datacontent.aspx?data_par=07330352014062700002	公开
参考作物需水量数据库[9]	国内长江上游、下游地及东北地区不同频率水文年型主要农作物生育期旬需水量基础数据 时间：2003 年 数据类型/格式：表格	国家及农业部各种科研项目	中国农业科学院农田灌溉研究所	http://www.agridata.cn/data/datacontent.aspx?data_par=07330352014062700001	公开
国家生态系统观测研究网络——台站子网数据集[10]	海伦、沈阳、禹城、封丘、栾城、常熟、桃源、鹰潭、盐亭、安塞、长武、临泽、拉萨、阿克苏 16 个农田生态系统试验站，包括生态系统要素长期监测数据、长期观测与调查数据、长期实验数据、科研项目数据、区域背景数据，共 2 419 条 时间：1960 年至今	各实验站观测团队	国家生态系统观测研究网络	http://www.cnern.org.cn/data/initDRsearch?classcode=STA	注册访问

续表

数据集名称	性质/内容	版权归属及贡献者	维护机构	来源/网址	可获取性
种质资源考察专题数据库[8]	四次大规模的资源考察收集工作 1. 云南及周边地区生物资源调查项目：调查数据记录4 218条，总数据量62.1吉字节 2. 贵州农业生物资源调查项目：调查数据记录4 692条，总数据量65.3吉字节 3. 西北干旱地区抗逆农作物种质资源调查项目：调查记录3163条，总数据量21.5吉字节 4. 沿海地区抗旱耐盐碱优异性状农作物种质资源调查项目：调查数据记录2982条，总数据量23.9吉字节 时间：2006～2017年 数据类型/格式：报告类数据、表格类数据、图片类数据、基础地理空间数据、录像录音等多媒体数据	国家农业科学数据共享中心作物科学数据分中心	中国农业科学院作物科学研究所	http://crop.agridata.cn/A010117.asp	离线共享，联系方式010-62186693
中国作物种质资源数据库[12]	粮、棉、油、菜、果、糖、烟、茶、桑、牧草、绿肥等作物的野生、地方、选育、引进种质资源和遗传材料信息，包括种质考察、引种、保存、监测、繁种、更新、分发、鉴定、评价和利用数据，作物品种系谱、区试、示范和审定数据，以及作物指纹图谱和DNA序列数据 数据类型/格式：表格 时间：1986年至今	曹永生、方沩	中国农业科学院作物科学研究所信息研究室	http://www.cgris.net/query/croplist.php	公开
作物遗传资源特性评价鉴定数据库[8]	180种作物（78个科、256个属、810个种或亚种）、35万份种质的特性评价和鉴定的数据信息，包括基本情况描述、农艺性状、品质、抗逆、抗病虫等信息，数据量：2吉字节 时间：2007年 数据类型/格式：表格	国家农业科学数据共享中心作物科学数据分中心	中国农业科学院作物科学研究所	http://crop.agridata.cn/A010102.asp	公开

续表

数据集名称	性质/内容	版权归属及贡献者	维护机构	来源/网址	可获取性
国家水稻数据中心[13]	水稻的优异种质、突变体、分子标记、基因和数量性状座位、本体系统、品种和系谱等。 时间：1983 年至今	中国水稻研究所	中国水稻研究所	http://www.ricedata.cn/index.htm	公开
模式植物功能基因数据库[14]	模式植物的功能基因名称、核酸序列、蛋白质序列 时间：2008 年 数据类型/格式：表格	国家及农业部各种科研项目	中国农业科学院生物技术研究所	http://www.agridata.cn/data/datacontent.aspx?data_par=10480502014062700003	公开
粮食作物功能基因数据库[14]	主要粮食作物的功能基因名称、核酸序列、蛋白质序列 时间：2008 年 数据类型/格式：表格	国家及农业部各种科研项目	中国农业科学院生物技术研究所	http://www.agridata.cn/data/datacontent.aspx?data_par=10480502014062700002	公开
农业用微生物功能基因数据库[14]	农业用微生物的功能基因名称、核酸序列、蛋白质序列 时间：2008 年 数据类型/格式：表格	国家及农业部各种科研项目	中国农业科学院生物技术研究所	http://www.agridata.cn/data/datacontent.aspx?data_par=10490512014062700003	公开
品质改良转基因农作物数据库[15]	国内外有关品质改良转基因农作物种类、转入基因的基因符号、基因名称、基因来源、是否克隆及功能等。 时间：2006 年 数据类型/格式：表格	国家及农业部各种科研项目	中国农业科学院生物技术研究所	http://www.agridata.cn/data/datacontent.aspx?data_par=10500522014062700005	公开

续表

数据集名称	性质/内容	版权归属及贡献者	维护机构	来源/网址	可获取性
抗虫、病害胁迫转基因作物数据库[15]	国内外有关转基因农作物种类、转入基因的基因符号、基因名称、基因来源、是否克隆及功能等 时间：2008 年 数据类型/格式：表格	国家及农业部各种科研项目	中国农业科学院生物技术研究所	http://www.agridata.cn/data/datacontent.aspx?data_par=10500522014062700003	公开
抗非生物逆境胁迫转基因作物数据库[15]	国内外有关抗非生物逆境胁迫转基因农作物种类、转入基因的基因符号、基因名称、基因来源、是否克隆及功能等 时间：2008 年 数据类型/格式：表格	国家及农业部各种科研项目	中国农业科学院生物技术研究所	http://www.agridata.cn/data/datacontent.aspx?data_par=10500522014062700005	公开
转基因抗虫作物数据库[15]	转基因抗虫农作物名称、作物种类、抗性类别、外源基因名称、靶标对象、安全评价阶段、相关研究动态等 时间：2008 年 数据类型/格式：表格	国家及农业部各种科研项目	中国农业科学院生物技术研究所	http://www.agridata.cn/data/datacontent.aspx?data_par=10500522014062700002	公开
转基因抗病作物数据库[15]	转基因抗病农作物名称、作物种类、抗性类别、外源基因名称、靶标对象、安全评价阶段、相关研究动态等 时间：2008 年 数据类型/格式：表格	国家及农业部各种科研项目	中国农业科学院生物技术研究所	http://www.agridata.cn/data/datacontent.aspx?data_par=10500522014062700001	公开

续表

数据集名称	性质/内容	版权归属及贡献者	维护机构	来源/网址	可获取性
草地气象观测数据库①	呼伦贝尔站、锡林浩特站、民丰站、沙坡头站、阿拉善站、奈曼站、长岭站、乌鲁木齐谢家沟站、铁卜加站、天祝站、甘德站、玛曲站、富蕴站等13个草地野外台站及其所在县1961～1998年旬气象数据，包括蒸散总量、平均气温、极端高温、极端低温、平均湿度、降水量、平均风速、蒸发量、日照时数、地表温度、日照率、总辐射等 时间：1961～1998年 数据类型/格式：表格	农业部各类项目	中国农业科学院农业资源与农业区划研究所	http://grassland.agridata.cn/view.c?method=metaData&id=26	注册访问
草地土壤观测数据库①	呼伦贝尔站、锡林浩特站、民丰站、沙坡头站、阿拉善站、奈曼站、长岭站、乌鲁木齐谢家沟站、铁卜加站、天祝站、甘德站、玛曲站、富蕴站等13个草地野外台站1980年以来的土壤观测数据。包括土壤采样地点、样方号、经度、纬度、海拔、调查时间、调查人、土壤类型、植被名称、采样深度、质量含水量、孔隙度总量、土壤容重等指标 时间：1980～2005年 数据类型/格式：表格	农业部各类项目	中国农业科学院农业资源与农业区划研究所	http://grassland.agridata.cn/listview.c?method=browseDataB5&id=27	注册访问
草地资源分布数据库①	30个省份（不包括重庆）总人口、土地面积、人工草地可利用面积、草地可利用面积、天然草地理论载畜量、牧区天然草地面积、半牧区天然草地面积、农林区天然草地面积、北方退化草地面积、北方严重退化草地面积、退化草地占草地总面积百分比以及17种主要草地类型在各省的面积等 时间：2005年 数据类型/格式：表格	农业部各类项目	中国农业科学院农业资源与农业区划研究所	http://grassland.agridata.cn/view.c?method=metaData&id=32	注册访问

续表

数据集名称	性质/内容	版权归属及贡献者	维护机构	来源/网址	可获取性
草地资源图象数据库[①]	内蒙古、宁夏、甘肃、青海、西藏、新疆进行野外调查所拍摄和收集到的有关草地资源的图像数据。包括13个草地类型、40多个草地群系组的植被景观照片、群落样方尺度照片，以及不同草地类型在沙化、退化、过牧等不同干扰演替状况下的照片 时间：2000～2007年 数据类型/格式：图像	农业部各类项目	中国农业科学院农业资源与农业区划研究所	http://grassland.agridata.cn/view.c?method=metaData&id=33	注册访问
草地资源特性数据库[①]	17个草地类型及其亚类的草地面积、草地可利用面积、产草量、载畜能力、理论载畜量等 时间：2005年 数据类型/格式：表格	农业部各类项目	中国农业科学院农业资源与农业区划研究所	http://grassland.agridata.cn/view.c?method=metaData&id=31	注册访问
牧草物候数据库[①]	不同种植地区的各种牧草的物候数据，即全生育期天数、出苗期天数、营养生长期天数、生殖生长期天数、枯黄时间、多年生草种返青时间、适用播种期、出苗期、营养生长期、生殖生长期和成熟期等信息 时间：2007年 数据类型/格式：表格	农业部各类项目	中国农业科学院农业资源与农业区划研究所	http://grassland.agridata.cn/viewMucao.c?method=metaData&id=57	注册访问
草原区饲草监测信息库[①]	中国北方草原区饲草饲料的统计数据。包括行政区名称、行政区代码、调查时间、人工草地面积、人工草地产量、饲料产量、饲料引进量等 时间：2007年 数据类型/格式：表格	张保辉	中国农业科学院农业资源与农业区划研究所	http://grassland.agridata.cn/view.c?method=metaDataCdzyfbsjkfs&id=71	注册访问

续表

数据集名称	性质/内容	版权归属及贡献者	维护机构	来源/网址	可获取性
草地植被观测数据库[①]	呼伦贝尔站、锡林浩特站、民丰站、沙坡头站、阿拉善站、奈曼站、长岭站、乌鲁木齐谢家沟站、铁卜加站、天祝站、甘德站、玛曲站、富蕴站等13个草地野外台站1980年以来的植被观测数据。包括植物样方采样地点、经度、纬度、海拔、调查时间、调查人、生殖苗平均高度、叶层平均高度、灌木层高、群落总盖度、绿色鲜重、 立枯鲜重、绿色干重、立枯干重、凋落物干重、根系深度、根鲜重、根干重等指标 时间：1980～2005年 数据类型/格式：表格	农业部各类项目	中国农业科学院农业资源与农业区划研究所	http://grassland.agridata.cn/listview.c?method=browseDataB6&id=28	注册访问
草地动物观测数据库[①]	呼伦贝尔站、锡林浩特站、民丰站、沙坡头站、阿拉善站、奈曼站、长岭站、乌鲁木齐谢家沟站、铁卜加站、天祝站、甘德站、玛曲站、富蕴站等13个草地野外台站1975年以来的草地蝗虫、啮齿动物、家畜等动物调查数据。包括草地蝗虫和啮齿动物动物名称、拉丁名、调查地点、调查时间、调查人、捕获方法、捕获时间、捕获总数、生境描述、家畜类型、繁殖特性、体重、图片、视频等数据等 时间：1975～2005年 数据类型/格式：表格	农业部各类项目	中国农业科学院农业资源与农业区划研究所	http://grassland.agridata.cn/listview.c?method=browseDataCddw&id=29	注册访问
20世纪60年代草地调查数据库[①]	20世纪60年代不同学者开展的草地资源野外调查数据。包括采集地点所在的省县乡名、采集时间、草地主要优势物种、群落总体和分种盖度、高度、鲜重、干重等数据 时间：1960～1969年 数据类型/格式：表格	农业部各类项目	中国农业科学院农业资源与农业区划研究所	http://grassland.agridata.cn/listview.c?method=browseDataB60&id=79	注册访问

续表

数据集名称	性质/内容	版权归属及贡献者	维护机构	来源/网址	可获取性
20世纪70年代 草地调查[1]	20 世纪 70 年代不同学者开展的草地资源野外调查数据。包括采集地点所在的省县乡名、采集时间、草地主要优势物种、群落总体和分种盖度、高度、鲜重、干重等数据 时间：1970～1979 年 数据类型/格式：表格	农业部各类项目	中国农业科学院农业资源与农业区划研究所	http://grassland.agridata.cn/view.c?method=metaData&id=80	注册访问
20 世纪 80 年代草地调查数据库[1]	20世纪80年代不同学者开展的草地资源野外调查数据和第一次草地普查的部分数据。包括采集地点所在的省县乡名、经纬度与海拔、采集时间、草地群落总体和样方分种盖度、高度、鲜重、干重等数据 时间：1980～1989 年 数据类型/格式：表格	农业部各类项目	中国农业科学院农业资源与农业区划研究所	http://grassland.agridata.cn/view.c?method=view&did=81	注册访问
20 世纪 90 年代草地调查数据库[1]	20 世纪 90 年代不同学者开展的草地资源野外调查数据。包括采集地点所在的省县乡名、经纬度与海拔、采集时间、草地群落总体和样方分种盖度、高度、鲜重、干重等数据 时间：1990～1999 年 数据类型/格式：表格	农业部各类项目	中国农业科学院农业资源与农业区划研究所	http://grassland.agridata.cn/view.c?method=view&did=8	注册访问
21 世纪 00 年代草地调查数据库[1]	北方 13 省开展的草地资源野外调查数据。包括采集地点所在的省县乡名、经纬度与海拔、采集时间、草地群落总体和样方分种盖度、高度、鲜重、干重等数据 时间：2002～2007 年 数据类型/格式：表格	农业部各类项目	中国农业科学院农业资源与农业区划研究所	http://grassland.agridata.cn/view.c?method=metaData&id=9	注册访问

续表

数据集名称	性质/内容	版权归属及贡献者	维护机构	来源/网址	可获取性
中国饲料养分数据库[16]	矿物质与维生素、氨基酸含量、饲料有效能值、饲料仿生有效能值、饲料脂肪酸含量、饲料代谢能、饲料矿物元素生物学效价、饲料矿物元素添加剂等 时间：2001～2017 年 数据类型/格式：表格	农业部各类项目	中国农业科学院北京畜牧兽医研究所、中国饲料数据库情报网中心	http://www.chinafeeddata.org.cn/page/ResGroupFrm.cbs?groupstring=cfdb	公开
动物营养需要量数据库[16]	各类畜禽的营养需要浓度和营养日需要量 时间：1998～2012 年 数据类型/格式：表格	农业部各类项目	中国农业科学院北京畜牧兽医研究所、中国饲料数据库情报网中心	http://www.chinafeeddata.org.cn/page/AllResSchFrm.cbs	公开
畜禽遗传资源状况数据库[17]	中国各类畜禽的引种指南、遗传资源状况、品种、解剖多媒体和图谱数据 时间：2003 数据类型/格式：表格，多媒体	农业部各类项目	中国农业科学院北京畜牧兽医研究所、中国饲料数据库情报网中心	http://219.238.162.188/page/AllResSchFrm.cbs	公开
中国畜产品生产数据库[16]	中国各省（市、自治区）畜产品生产情况，包括产量、产量增长率、地区分布等数据 时间：1973～2007 年 数据类型/格式：表格	国家及农业部各种科研项目	中国农业科学院农业信息研究所	http://www.agridata.cn/data/datacontent.aspx?data_par=12590612014062700001	公开

续表

数据集名称	性质/内容	版权归属及贡献者	维护机构	来源/网址	可获取性
渔业生物资源野外调查数据库[9]	黄渤海、东海和南海的鱼类、甲壳类和软体类海洋生物资源动态监测数据，包括调查船名、航次、海区、网型、采样水深、网获重量、网获数量、体长、体重等。内陆鱼类（长江）、内陆虾蟹类的动态监测数据，包括鱼类体长体重的范围和均值、日单船产量的具体信息，虾蟹类的测定数量、测定重量、壳长均值、壳宽均值、体重均值、最大最小壳长、最大最小壳宽、最大最小体重等数据 时间：1997～2005 年 更新频率：年	中国水产科学研究院	中国水产科学研究院	http://fishery.agridata.cn/grade2.asp?cataid=03	协议用户数据
渔业生态环境野外调查数据库[9]	海洋和内陆河流的水质，浮游植物数量、分布及种类构成的监测数据，浮游动物数量、分布及种类构成数据库，MODIS 遥感反演海洋表面温度图，海洋表层叶绿素图，重大污染事件、海冰、蓝藻和浒苔数据 调查数据：时间 1997～2005 年，频率每年 遥感产品：时间 2005～2016 年，空间分辨率 1 千米	中国水产科学研究院	中国水产科学研究院	http://fishery.agridata.cn/grade2.asp?cataid=04	协议用户数据
渔业捕捞产量数据库[9]	海洋和淡水捕捞中各种捕捞方式、海区、各种生物类别的捕捞产量数据、生物类别、水面类型、品种名称、统计年份、常量单位等 时间：2004～2006 年 更新频率：年	中国水产科学研究院、渔业信息研究中心	中国水产科学研究院	http://fishery.agridata.cn/grade2.asp?cataid=06	开放
水产养殖数据库[9]	水产苗种产量、淡水养殖产量和面积、海水养殖产量和面积、中国典型流域水产养殖水质环境 时间：2005～2006 年 更新频率：年	中国水产科学研究院	中国水产科学研究院	http://fishery.agridata.cn/grade2.asp?cataid=05	开放

续表

数据集名称	性质/内容	版权归属及贡献者	维护机构	来源/网址	可获取性
渔业总产值统计数据库[19]	中国水产业各省份的渔业总产值，包括地区、统计年份、统计项目（渔业总产值、海水产品产值、内陆产品产值、水产加工产值、修造业产值、制造业产值、建筑业产、制服务业产值）、数量单位及总产值等数据 时间：2004～2015 年 更新频率：年	中国水产科学研究院渔业信息研究中心	中国水产科学研究院	http://fishery.agridata.cn/grade3.asp?st=ysj&id=A040368	开放
中国海洋站准实时数据集[20]	中国海洋站数据涵盖了自 1999 年 5 月以来，13 个海洋站的各种准实时数据，包括海洋气象、波浪、温度和盐度。并经过解码、格式检查、代码转换、标准化、自动质量控制、可视化检查、校准等处理、形成标准化数据集。其中，质量控制包括范围检验、非法码检验、相关性检验、季节性检验、站代码检验和可视化图形检验等，该数据每月更新一次 时间：1999～2019 年 更新频率：月度 数据类型/格式：ASCII	国家海洋信息中心	国家海洋信息中心	http://mds.nmdis.org.cn/pages/dataViewDetail.html?type=1&did=85a03937ae9f45e08c1cc353eda78034&dataSetId=4-1	注册访问
波浪和风场延时数据集[20]	中国四个海洋站自 1996 年 1 月以来的数据，并经过解码、格式检查、代码转换、标准化、自动质量控制、可视化检查、校准等处理、形成标准化数据集 时间：1996～2019 年 更新频率：月度 数据类型/格式：ASCII	国家海洋信息中心	国家海洋信息中心	http://mds.nmdis.org.cn/pages/dataViewDetail.html?type=1&did=c51fc3dbbcd74b5d8aa8ac50fcf070fa&dataSetId=6	注册访问

续表

数据集名称	性质/内容	版权归属及贡献者	维护机构	来源/网址	可获取性
温度和盐度延时数据集[20]	中国四个海洋站自 1996 年 1 月以来的数据，并经过解码、格式检查、代码转换、标准化、自动质量控制、可视化检查、校准等处理、形成标准化数据集 时间：1996～2019 年 更新频率：月度 数据类型/格式：ASCII	国家海洋信息中心	国家海洋信息中心	http://mds.nmdis.org.cn/pages/dataViewDetail.html?type=1&id=c51fc3dbbcd74b5d8aa8ac50fcf070fa&dataSetId=9	注册访问
中国月平均水位延时数据集[20]	中国六个海洋站自 2000 年 1 月以来的数据，并经过解码、格式检查、代码转换、标准化、自动质量控制、可视化检查、校准等处理，形成标准化数据集 时间：2000～2019 年 更新频率：月度 数据类型/格式：ASCII	国家海洋信息中心	国家海洋信息中心	http://mds.nmdis.org.cn/pages/dataViewDetail.html?type=1&id=c51fc3dbbcd74b5d8aa8ac50fcf070fa&dataSetId=5	注册访问
海岸带与海洋浮游生态、生产和观测数据库（Coastal and Oceanic Plankton Ecology, Production, and Observations Database, COPEPOD）海洋生物数据集[20]	数据集区域为全球。西经–180.0 度，东经 180.0 度，南纬–78.5 度，北纬 89.0 度 数据起始时间为：1913 年 8 月 30 日～2013 年 8 月 29 日 数据类型/格式：表格	国家海洋信息中心	国家海洋信息中心	http://mds.nmdis.org.cn/pages/dataViewDetail.html?type=1&id=b6b092e47fe5456ab0ae2af6b69e5a8b&dataSetId=59	注册访问

续表

数据集名称	性质/内容	版权归属及贡献者	维护机构	来源/网址	可获取性
全国居民家庭消费农产品数量数据库[⑦]	1990 年以来，中国居民不同收入的家庭，全年人均购买主要农产品的数量 时间：1990～2004 年 数据类型/格式：表格	中国农业科学院农业信息研究所	中国农业科学院农业信息研究所	http://www.agridata.cn/data/datacontent.aspx?data_par=12610642014062700001	公开
玉米国际贸易数据集[㉑]	2000 年以来全球主要玉米进出口国的情况，包括进出口量、进出口额等数据 时间：2000～2016 年 数据类型/格式：表格	Comtrade	国家农业科学数据共享中心	http://www.agridata.cn/data/datacontent.aspx?data_par=03160172018101000003	公开
世界农畜产品生产量排名数据库[㉒]	依据联合国粮农组织统计数据库提供的数据，收录历年世界各农畜产品生产量排名前 20 名的国家及其生产量 时间：2001～2007 年 数据类型/格式：表格	中国农业科学院农业信息研究所	中国农业科学院农业信息研究所	http://www.agridata.cn/data/datacontent.aspx?data_par=12660662014062700002	公开
世界农畜产品贸易量排名数据库[㉒]	依据联合国粮农组织统计数据库提供的数据，收录历年世界农产品贸易量排名前 20 名的国家及其贸易量 时间：1999～2006 年 数据类型/格式：表格	中国农业科学院农业信息研究所	中国农业科学院农业信息研究所	http://www.agridata.cn/data/datacontent.aspx?data_par=12660662014062700001	公开

续表

数据集名称	性质/内容	版权归属及贡献者	维护机构	来源/网址	可获取性
牧草产品进出口数据库①	中国北方牧草产品进出口数据。包括牧草种子进口额、牧草种子出口额、牧草种子进口量、牧草种子出口量、牧草产品进口额、牧草产品出口额、牧草产品进口量、牧草产品出口量 时间：2006 年 数据类型/格式：表格	农业部各类项目	中国农业科学院农业资源与农业区划研究所	http://grassland.agridata.cn/viewCaoye.c?method=metaData&id=78	注册访问
世界草业经济数据库①	1979 年以来世界各国草业经济相关数据库：包括马存栏、驴存栏、水牛存栏、骆驼存栏、猪存栏、山羊存栏、绵羊存栏、鸭存栏、鸡存栏等 时间：1979～2006 年 数据类型/格式：表格	农业部各类项目	中国农业科学院农业资源与农业区划研究所	http://grassland.agridata.cn/viewCaoye.c?method=metaData&id=40	注册访问
中国县级草业经济数据库①	北方 13 个省 1980 年以来的县级有关草业经济数据库。数据包括年末大畜存栏数、年末牛存栏数、年末羊存栏数、出栏猪数、肉类总产量、猪牛羊肉产量、禽兔肉总量、牛奶产量、年末猪存栏、绵羊毛量、禽蛋产量、年末奶牛存栏、山年末羊存栏、年末奶山羊存栏、年末绵羊存栏、猪存栏数、马驴骡肉产量等指标 时间：1980～2006 年 数据类型/格式：表格	农业部各类项目	中国农业科学院农业资源与农业区划研究所	http://grassland.agridata.cn/listviewCaoye.c?method=browseDataP02&id=39	注册访问

续表

数据集名称	性质/内容	版权归属及贡献者	维护机构	来源/网址	可获取性
中国省级草业经济数据库[①]	1988 年以来各省有关草业经济数据库。数据包括大牲畜年底头数，服役数，牛、乳牛、马、驴、骡、骆驼、肉猪出拦头数，猪年底头数，羊年底头数，山羊、绵羊、肉类产量，猪牛羊肉、猪肉、牛肉、羊肉、禽肉、兔肉、奶类、牛奶、绵羊毛、细羊毛、半细羊毛、山羊毛、羊绒、禽蛋、蜂蜜等指标 时间：1988～2005 年 数据类型/格式：表格	农业部各类项目	中国农业科学院农业资源与农业区划研究所	http://grassland.agridata.cn/listviewCaoye.c?method=browseDataP01&id=38	公开
畜牧经济数据库[⑬]	全国畜产品及饲料集市价格、出售自宰畜禽产量、畜禽年末存栏量等 时间：2001～2002 年 数据类型/格式：表格	农业部各类项目	中国农业科学院北京畜牧兽医研究所、中国饲料数据库情报网中心	http://219.238.162.188/page/AllResSchFrm.cbs	公开

① 国家农业科学数据中心.2019. 草地与草业数据分中心. http://grassland.agridata.cn.[2019]。

② 国家农业科学数据中心.2019. 全国农田生态环境数据库. http://www.agridata.cn/data/dataList.aspx?search_par=&&firstSubject_par=7&&secondSubject_ par=36. [2019]。

③ 国家农业科学数据中心.2019. 全国数字土壤数据库. http://www.agridata.cn/data/dataList.aspx?firstSubject_par=7&&secondSubject_par=34.[2019]。

④ 国家地球系统科学数据中心. 2019. 农业资源. http://www.geodata.cn/data/index.html?publisherGuid=126744287495931&categoryId=53.[2019]。

⑤ 国家农业科学数据中心.2019. 区划科学数据分中心. http://region.agridata.cn.[2019]。

⑥ 国家农业科学数据中心.2019. 区划科学数据分中心. http://region.agridata.cn.[2019]。

⑦ 国家统计局.2019. 普查数据. http://www.stats.gov.cn/tjsj/pcsj/.[2019]。

⑧ 国家农业科学数据中心. 2019. 全国农业经济统计数据库. http://www.agridata.cn/data/dataList.aspx?firstSubject_par=12&&secondSubject_par=61.[2019]。

⑨ 国家农业科学数据中心. 2019. 作物科学数据分中心. http://crop.agridata.cn.[2019]。

⑩ 国家农业科学数据中心. 2019. 全国灌溉试验数据库. http://www.agridata.cn/data/dataList.aspx?firstSubject_par=7&&secondSubject_par=33.[2019]。

⑪ 国家生态系统观测研究网络. 2019. 国家生态系统观测研究网络科技资源服务系统. http://www.cnern.org.cn/index.jsp [2019]。

⑫ 中国农业科学院作物科学研究所.2019. 中国作物种质信息网.http://www.cgris.net/.[2019]。

⑬ 中国水稻研究所.2019. 国家水稻数据中心. http://www.ricedata.cn/index.htm.[2019]。

⑭ 国家农业科学数据中心. 2019. 植物基因组数据库.http://www.agridata.cn/data/dataList.aspx?firstSubject_par=10&&secondSubject_par=48. [2019]。

⑮ 国家农业科学数据中心. 2019. 农作物转基因数据库. http://www.agridata.cn/data/dataList.aspx?firstSubject_par=10&&secondSubject_par=50.[2019]。

⑯ 中国农业科学院北京畜牧兽医研究所.2019. 中国饲料数据库. http://www.chinafeeddata.org.cn/.[2019]。

⑰ 国家农业科学数据中心.2019. 动物科学与动物医学数据分中心. http://219.238.162.188/.[2019]。

⑱ 国家农业科学数据中心.2019. 全国畜牧业生产数据库. http://www.agridata.cn/data/dataList.aspx?firstSubject_par=12&&secondSubject_par=59.[2019]。

⑲ 国家农业科学数据中心.2019. 渔业科学数据分中心. http://fishery.agridata.cn/.[2019]。

⑳ 国家海洋信息中心. 2019. 国家海洋科学数据中心. http://mds.nmdis.org.cn/.[2019]。

㉑ 国家农业科学数据中心.2019. 农业科技专题数据库. http://www.agridata.cn/data/dataList.aspx?firstSubject_par=3&&secondSubject_par=16.[2019]。

㉒ 国家农业科学数据中心.2019. 国外农业生产统计数据库. http://www.agridata.cn/data/dataList.aspx?firstSubject_par=12&&secondSubject_par= 66.[2019]。

学科分中心（分别为水分、土壤、大气、生物和水体）和 42 个生态环境定位监测站组成（刘海江等，2014），统一标准的监测从 1998 年开始，经过 4 年的运行于 2002 年开始对原监测指标体系和操作规范进行修改、讨论和论证（吴冬秀和张彤，2005），制定了一系列水文、土壤、气候和生物要素监测标准方法，建立了数据管理、质控和集成分析系统。监测数据实现了开放共享（刘海江等，2014）。国家农业科学数据中心由 8 个分中心组成，包括总中心、作物分中心、动物分中心、草业分中心、渔业水产分中心、区划分中心、热带作物分中心和农业科技基础分中心（王剑等，2013），是国内农业各学科最全面的数据库。国家农业科学数据中心制定了农业科学数据共享管理办法、农业科学数据检查与质量控制管理办法、农业科学数据汇交管理办法等四个农业科学数据共享管理办法，数据制作、数据组织、数据管理和共享的标准规范 10 余个，以及农业专业领域的标准规范 50 余个，保证农业科学数据资源整合与共享（刘茜，2016）。国家农业科学数据中心提供数据下载或数据打印服务，对于数据量很大的一些数据集，不便于直接在线服务的，可以先通过网络在线发布数据目录。数据集本身则通过其他介质，如光盘、磁带等提供离线共享服务（孟宪学，2004）。

农牧渔业数据库具有庞大的数据量，囊括全国性的监测和统计数据，具有几十年的数据积累，但作为大多数数据库依托的国家农业科学数据中心（www.agridata.cn），数据的更新存在不足，长时间序列数据多更新至 2004～2007 年，近十年的相关数据未得到更新。部分数据库持续更新，如国家农业科学数据共享中心——区划科学数据分中心、国家生态系统观测研究网络——台站子网数据集，数据库中包含的数据相对庞杂，对数据的分类相对欠缺，但数据库的检索功能完备。

本次评估着重对农牧渔业数据的时间质量进行分析评估，由于国家水产种质资源平台和国家农业科学数据共享中心——渔业与水产科学数据分中心的数据共享状态不详，并未纳入统计范围。全部数据集中年限为 1 年的数据集最多占 1/3，其次是 20～50 年和 10 年以内的数据，均超过 10 个数据集，而 50 年以上的数据集数量最少（图 14–2）。农业数据集的时间跨度多为 1 年，占一半的比例，而其他年限的数据集分布相对均匀，且各时间跨度均有分布，但均不超过 5 个（图 14–2）。牧业数据集的时间跨度不超过 50 年，只有 11～20 年跨度的数据集数量较少，其他时间跨度的数据集数量则均在 5 个左右

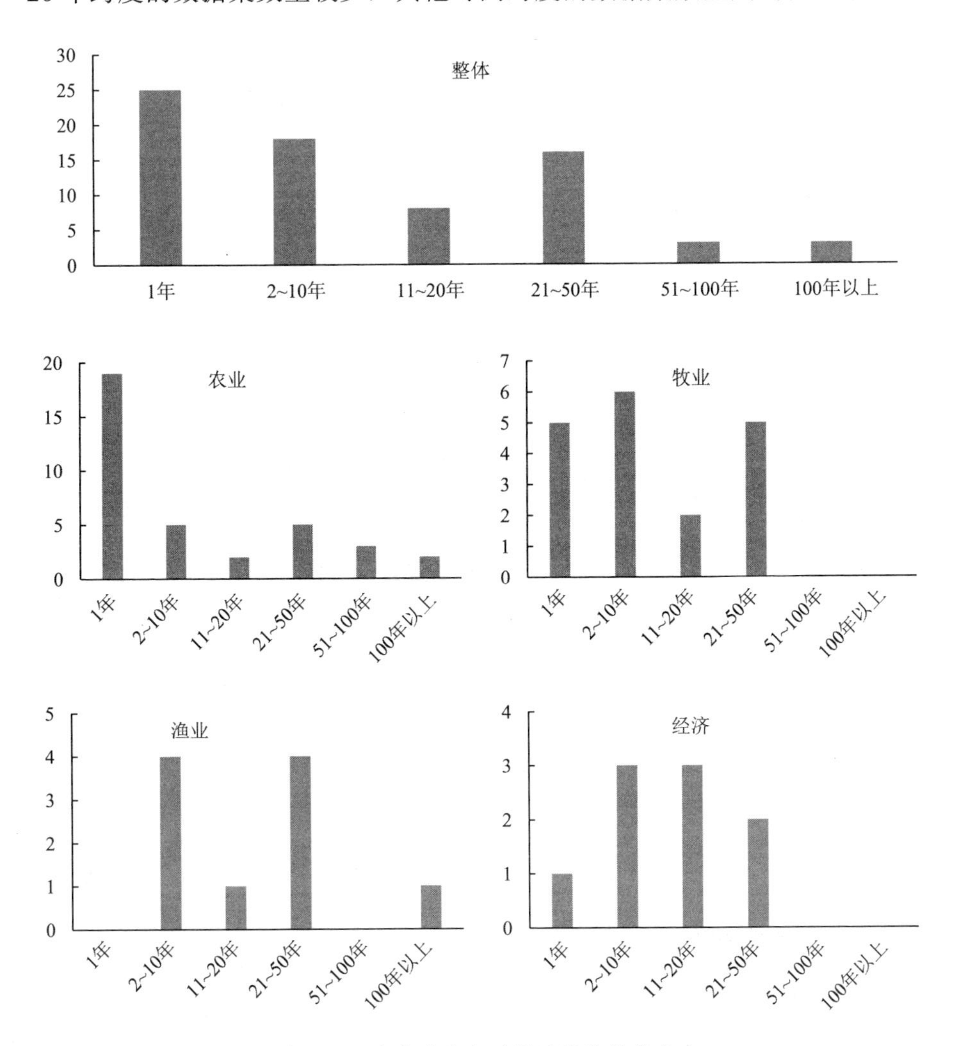

图 14–2　农牧渔业各时间跨度数据集分布

（图 14–2）。渔业数据集的时间跨度相对较长，2～10 年跨度和 21～50 年跨度的数据集均有 4 个，百年以上跨度的数据集有 1 个（图 14–2）。经济数据集的时间跨度也不超过 50 年，主要以不超过 10 年和不超过 20 年的数据集为主（图 14–2）。

全部数据集中，一半以上的数据始于 2000 年以前，其中以建国之后开始积累的数据集为主，仅有 1%的数据集开始于建国以前，近一半的数据集则开始于 2001～2012 年，没有数据集开始于 2013 年以后（图 14–3）。农业数据集中近 2/3 始于 2001～2012 年期间，其他数据集则始于建国之后。牧业数据集的情况与农业数据集刚好相反，近 2/3 始于建国之后，其他数据集则始于 2001～2012 年期间。仅有渔业数据集中有 10%起始于建国前，而 60%的数据集则始于建国之后，其他数据集则始于 2001～2012 年。经济数据集中 2/3 始于建国后，其他数据集则始于 2001～2012 年（图 14–3）。

全部数据集中，近 2/3 的数据集结束于 2001～2012 年期间，仅有 9%的数据集结束于 2000 年以前，而有 25%的数据集结束于 2013 年之后，没有数据集结束于建国以前（图 14–4）。农业数据集中近 3/4 结束于 2001～2012 年期间，仅有 6%的数据集结束于 2000 年以前，而有 22%的数据集结束于 2013 年之后。牧业数据集中 2/3 结束于 2001～2012 年期间，而有 28%的数据集结束于 2000 年以前，仅有 5%的数据集结束于 2013 年之后。渔业数据集有 20%结束于 2001～2012 年期间，其他结束于 2013 年之后。经济数据集仅有 11%的数据集结束于 2013 年之后，其他则结束于 2001～2012 年期间（图 14–4）。

数据集整体表现为从上世纪 50 年代数量整体增加，2010s 的数据集数量与 2000s 持平，对未来的预估数据集数量相对较少（图 14–5）。农业数据集的数量从 1940s 逐步增加，至 1980s～1990s 进入平台期，2000s 数据集的数量增加一倍有余，2010s 数据集数量较少，而仅有农业数据集中包含了 2020 年之后的预估数据（图 14–5）。牧业数据集的数量从 1950s 开始逐步增加，至 1970s～1990s 进入平台期，2000s 数据集数量增加 50%以上，而 2010s 数据集数量仅有 2 个。渔业数据集 1919s～1980s 仅有 1 个，1990s～2010s 数据集的数量增加至 7 个。经济数据集数量从 1970s～2000s 持续增加，而 2010s 数据集数量仅有 1 个（图 14–5）。

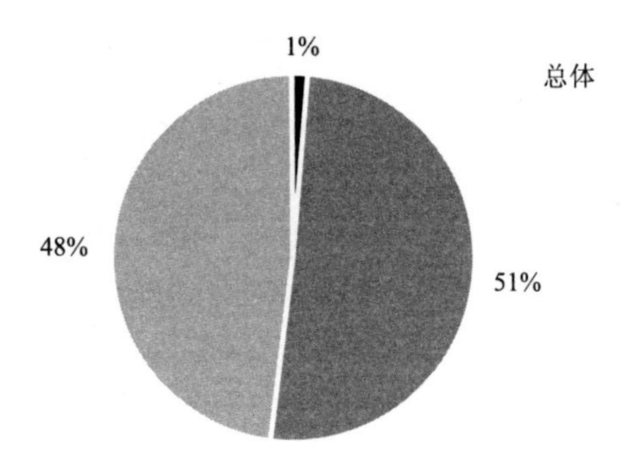

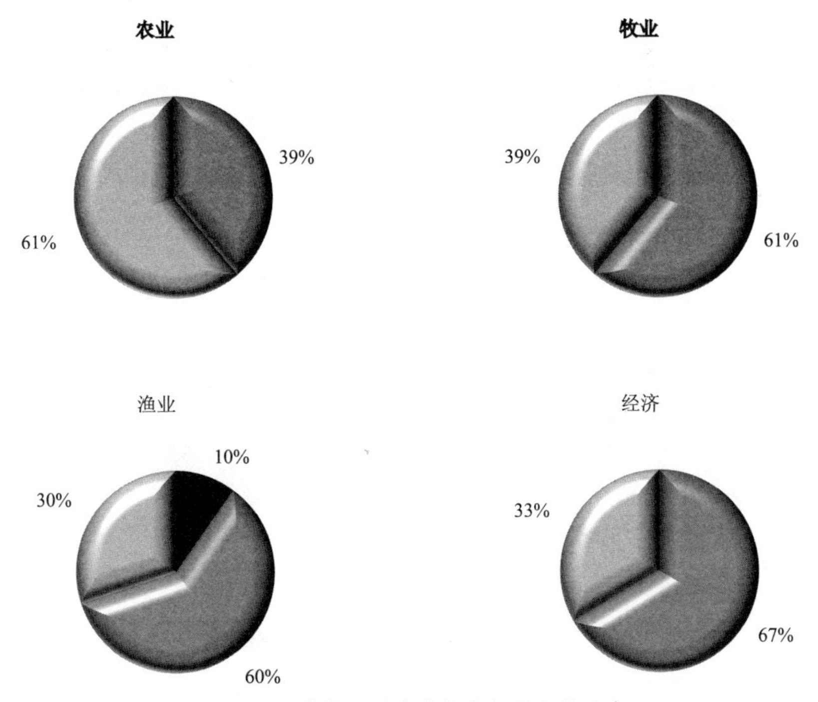

图 14–3　农牧渔业各数据集起始年份分布

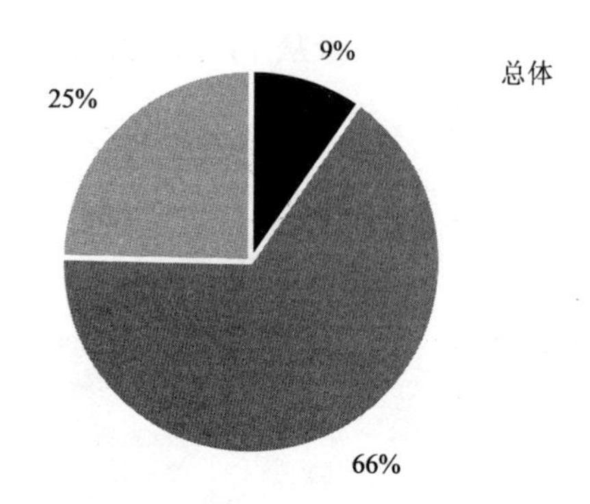

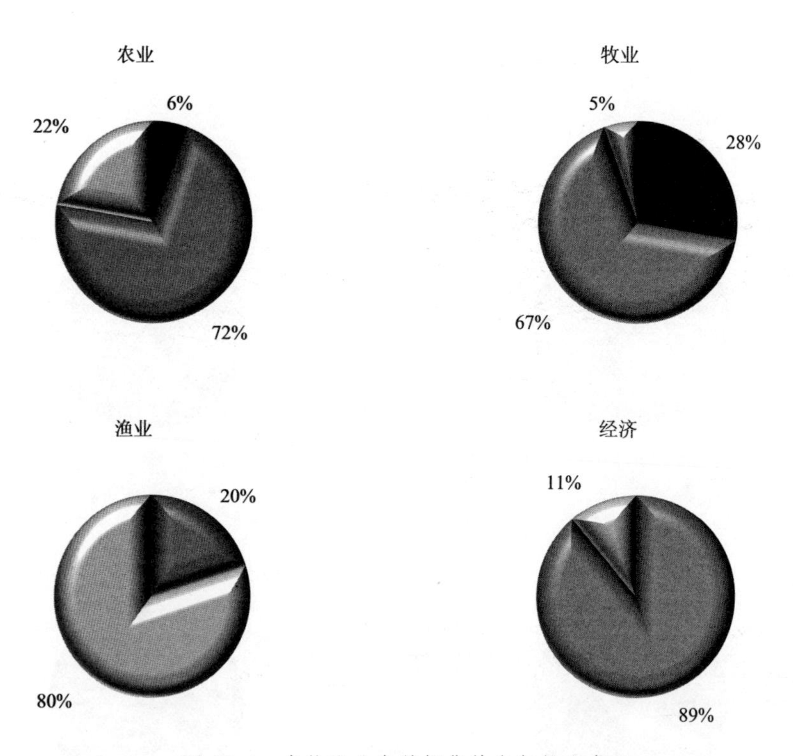

图 14–4　农牧渔业各数据集结束年份分布

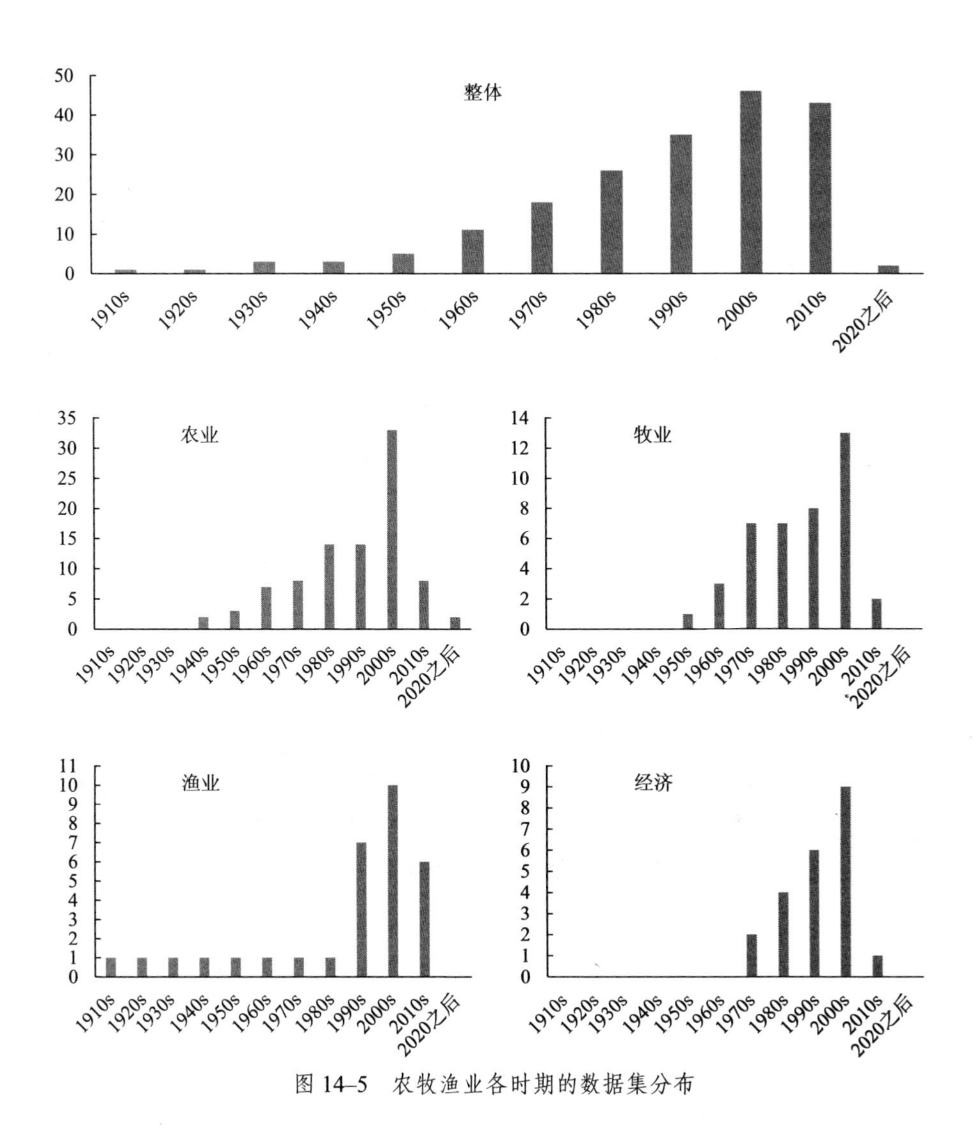

图 14–5　农牧渔业各时期的数据集分布

三、数据服务状况

总体而言，公开的数据集占一半的比例，40%的数据集需要注册后提出申请，经管理员审核后可以下载，9%的数据集处于离线状态，需要与数据管理员联系，多为存储空间较大的数据（图 14–6）。农业数据集中 2/3 为公开共

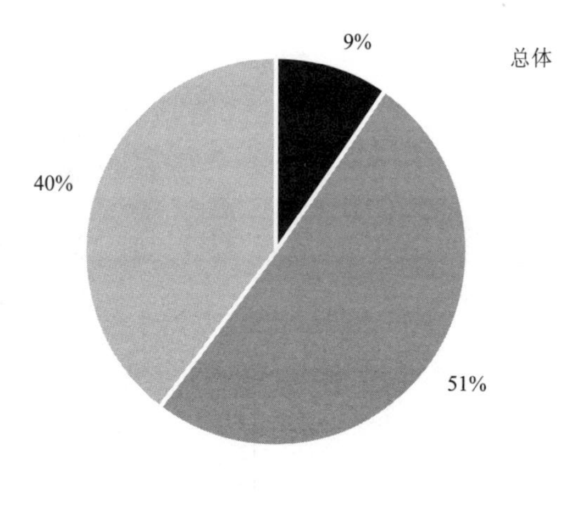

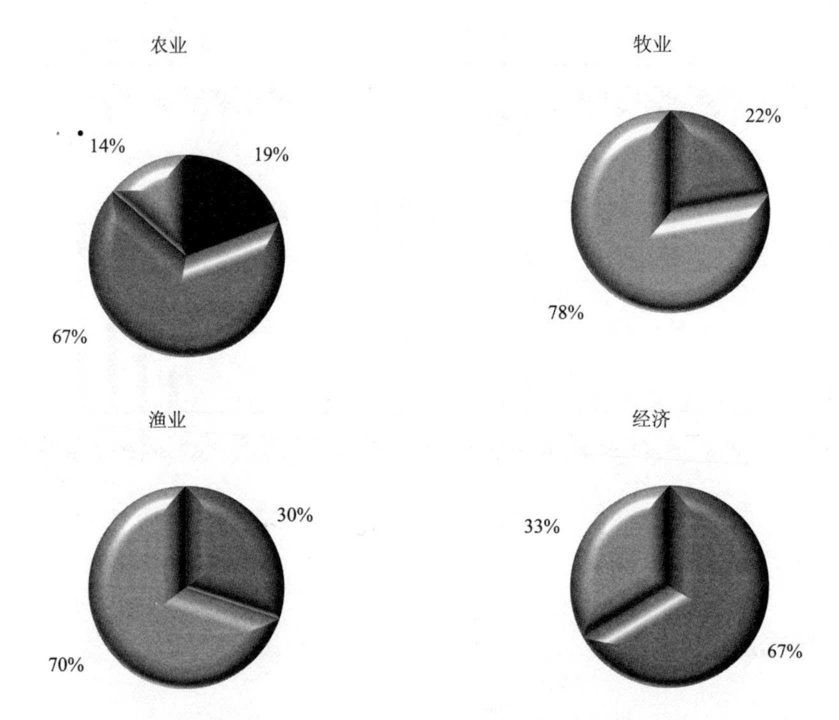

图 14–6　农牧渔业各时期的数据集分布情况

享数据，14%需要注册，仅有农业数据集存在离线数据，比例为 19%。牧业数据集中有近 4/5 需要注册，22%的数据集公开。渔业数据集中 70%需要注册，其他数据集为公开。经济数据集中 2/3 为公开，1/3 需要注册（图 14–6）。

国家农业科学数据中心作为农牧渔业数据集最为集中的数据平台，2014 年前每年的数据增长量不足 100 吉字节，而 2015 年之后每年的数据增长量均高于 1 太字节。这部分数据量尚未计入高分辨率影像数据。高分辨率影像数据的增长情况为 2016 年 2.9 太字节，2017 年 456.2 太字节。图 14–7 中可以看出国家农业科学数据中心农业各学科数据的新增情况。

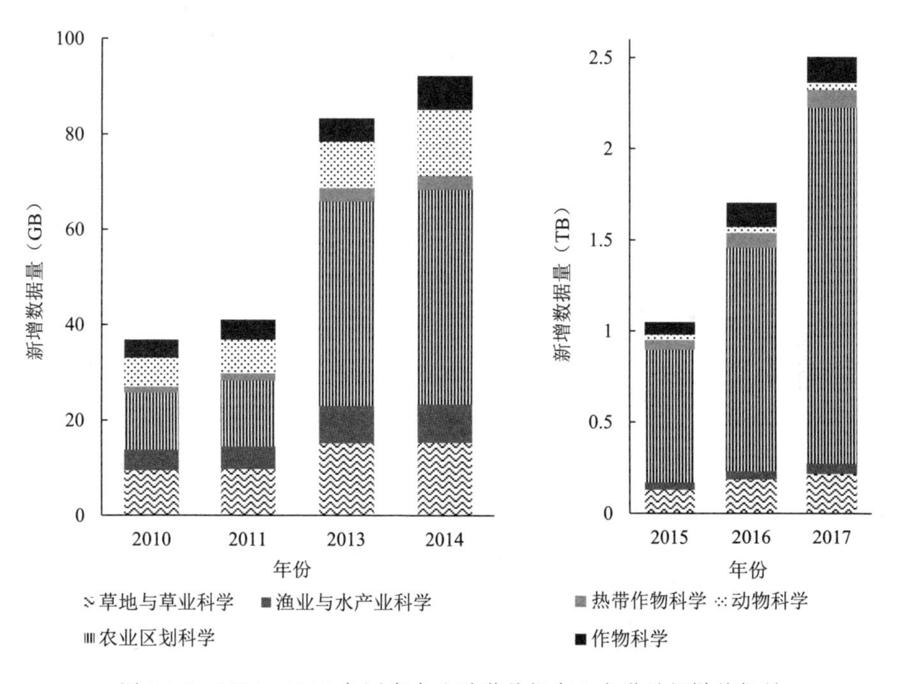

图 14–7　2010～2017 年国家农业科学数据中心各学科新增数据量

国家农业科学数据中心的资源总量 370 840.04 吉字节，总下载量 1 685 吉字节，总访问量 2 342 005 次，注册科研团体 1 302 个，中外联盟 18 个，注册用户 26 010 人。2010 年后，国家农业科学数据中心的新增数据量、访问量、注册用户和服务量均逐步增长。注册用户在 2012 年增长最快；服务企业数量在 2013 和 2014 年增长最多；访问量则是在 2015 年增加最多；服务科研项目量从 2010 年持续增加（图 14–8）。

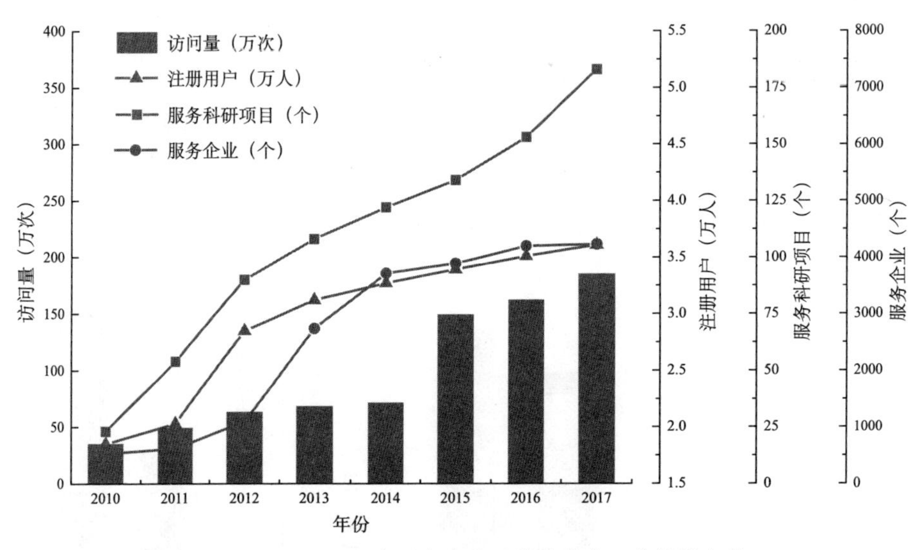

图 14–8 2010～2017 年国家农业科学数据中心数据服务情况

国家农业科学数据中心在科技支撑和社会效益方面均提供了相应服务。通过跟踪国家重大科技计划，如“973”计划、“863”计划等，国家农业科学数据中心为部分项目的论证、立项、执行等各环节提供了数据支撑服务。在已开展的水稻、玉米、小麦、大豆、油菜、棉花、柑橘、苹果、生猪、奶牛等 10 个产业技术体系建设中，农业科学数据共享中心为水稻、玉米、小麦、大豆、油菜、棉花、柑橘等产业研究建立了专题数据集，为相关产业体系的建设提供了重要的数据支撑（刘茜，2016）。

四、其他需要说明/评估的内容

农牧渔业数据库尚存在维护更新上的不足，如前文所述国家农业科学数据中心中的数据库，多更新至数据中心成立后的近几年，尽管部分数据库的元数据指出每年更新，但大部分数据库并没有新数据补充。另外，国家农业科学数据中心中的部分数据库储存在分中心服务器上，由于服务器维护的问题，渔业与水产分中心（fishery.agridata.cn）无法进行在线访问，仅能通过国家农业科学数据中心网站检索到分中心的数据库及内容介绍，但无法进行数据访问和下载。

参考文献

许世卫、王东杰、李哲敏："大数据推动农业现代化应用研究"，《中国农业科学》，2015 年第 17 期。

曹永生、方沩："国家农作物种质资源平台的建立和应用"，《生物多样性》，2010 年第 5 期。

刘海江、孙聪、齐杨："国内外生态环境观测研究台站网络发展概况"，《中国环境监测》，2014 年第 5 期。

吴冬秀、张彤："中国生态系统研究网络（CERN）及其生物监测"，《生物学通报》，2005 年第 5 期。

王剑、王健、周国民等："基于链接分析的农业科学数据中心网站群的评价与分析"，《农业图书情报学刊》，2013 年第 1 期。

刘茜："农业科学数据共享初探"，《中国科技资源导刊》，2016 年第 4 期。

孟宪学："国家农业科学数据中心的设计与建设研究"，《农业图书情报学刊》，2004 年第 12 期。

第四篇

气候变化未来预估科学数据

气候变化带来了海平面上升、水圈循环变化、海洋酸化、极端天气和气候事件频率和（或者）强度增加、土壤退化、生物多样性和淡水资源减少、国民经济和人民生命财产损失等经济社会与环境问题。预估未来气候变化及其影响具有重要的科学意义和实际应用价值。本部分从温度降水数据、海平面数据两类气候变化未来预估数据切入，从科学数据情况、数据质量情况、数据服务情况和建议几方面，全面、系统地评估了中国气候变化数据的现状及其总体保障情况。评估结果显示：1. 温度降水数据。通过评估参与 CMIP5 及 CMIP6 模式的降水温度预估数据发现，21 世纪中叶及末期中国平均气温明显上升，其中 21 世纪末期中国大部分地区气温增幅超过 2 摄氏度。未来暖昼指数日最高气温、暖夜指数、热暖夜日数等暖的极端事件都呈现增长趋势，而霜冻日数等冷的事件有减少趋势。对比观测降水，中国的模式能合理再现全球年平均降水及热带降水年循环模态的基本分布特征。通过中国科学院大气物理研究所（Institute of Atmospheric Physics/Chinese Academy of Sciences, IAP-CAS）数据节点及二进制卷积码（Binary Convolutional Code, BCC）数据节点等共享方式，模式数据得到了广泛应用，为科研人员及业务人员进行相关研究提供了数据基础。此外，不同模式对降水温度模拟差别很大，存在很大不确定性，这就需要通过完善模式物理过程描述、提高模式分辨率等方式提高模式模拟性能，提供更为合理的温度降水数据。2. 海平面数据。目前，中国还没有相关机构发布未来的海平面预估数据集。但有一些科研机构参加了国际耦合模式比较计划（Coupled Model Intercomparison Project, CMIP），并提交了未来气候预测的模式输出结果，其中包含了海平面的未来预测数据。中国模式的海平面预估数据产品分辨率相对略低，高分辨率模式的研发有所滞后。整体来看，中国在海平面预估数据服务方面还有较大的提升空间，今后还需加强数值模式的技术研发，进一步公开海平面相关的观测和预测数据。

第十五章　温度降水数据

气候系统模式是气候模拟及未来预估的重要工具（IPCC, 2013）。世界气候研究计划（World Climate Research Programme, WCRP）组织了一系列耦合模式比较计划（Coupled Model Intercomparison Project, CMIP），其结果为联合国政府间气候变化专门委员会（Intergovernmental Panel on Climate Change, IPCC）评估报告提供数据支撑。这些气候模拟及预估结果为理解气候系统的变化规律、预估其未来变化提供了极为重要的数据支持。

国际上，气候变化未来预估的气温降水资料主要也是 WCRP 的 CMIP 模式数据（Taylor *et al*., 2012; Eyring *et al*., 2016），现由地球系统网格联盟（Earth System Grid Federation, ESGF）统一部署的全球多个数据节点存放。用户可以通过网站注册，选择合适的数据节点免费下载数据。中国有 5 个地球系统模式参加第五次耦合模式比较计划（CMIP5），而参加 CMIP6 的模式增加到 13 个。中国科学院大气物理研究所（Institute of Atmospheric Physics/Chinese Academy of Sciences IAP/CAS）的数据节点（网址：http://esg.lasg.ac.cn/thredds）及国家气候中心（National Climate Center, NCC）的二进制卷积码（Binary Convolutional Code, BCC）数据节点（http://cmip.bcc.cma.cn）存储了多套 CMIP5 和 CMIP6 模式结果，其中主要为月平均温度降水数据集，另有部分逐日、6 小时和 3 小时温度降水数据，为相关科研人员及业务人员提供数据处理及下载服务。基于这些不断丰富的预估数据，对中国未来不同气候变化情景下的气温降水及极端事件等特征有了更为深入全面的认识。

气候变化是气候状态长时期变化，体现为不同时期温度降水等气候要素的差异性变化。本章评估了参与 CMIP5 及 CMIP6 模式的降水温度数据。结果表明，21 世纪中叶及末期中国平均气温明显上升，其中 21 世纪末期中国大部分地区气温增幅超过 2 摄氏度。未来暖昼指数日最高气温、暖夜指数、热暖夜日数等暖的极端事件都呈现增长趋势，而霜冻日数等冷的事件有减少趋势。对比观测降水，中国的模式能合理再现全球年平均降水及热带降水年循环模态的基本分布特征。通过 IAP-CAS 数据节点及 BCC 数据节点等共享方式，模式数据得到了广泛应用，为科研人员及业务人员进行相关研究提供了数据基础。此外，不同模式对降水温度模拟差别很大，存在很大不确定性，这就需要通过完善模式物理过程描述、提高模式分辨率等方式提高模式的模拟性能，提供更为合理的温度降水数据。

一、科学数据情况

参加第五次耦合模式比较计划（CMIP5）的地球系统模式总计约 42 个，所完成的模拟和预估试验包括 20 世纪历史气候模拟、未来气候变化预估、过去千年气候模拟、20 世纪气候变化归因模拟等（Zhou *et al.*, 2014; 周天军等, 2014）。这些模拟和预估的数据包括月平均和逐日的气候要素资料。

CMIP6 中提供气候变化未来预估温度降水数据的是未来排放情景气候变化预估试验（Scenario Model Intercomparison Project, Scenario MIP）。试验采用建立在共享社会经济路径（Shared Socioeconomic Pathways, SSPs）和典型浓度路径（Representative Concentration Pathways, RCPs）基础上的新情景，对于每种排放情景，各模式都将做百年时间尺度的预估试验。在 CMIP6 中已经有来自 14 个机构/组织的 19 个模式提供了气候变化未来预估的温度降水数据，涉及 SSP119、SSP126、SSP245、SSP370、SSP434、SSP460、SSP534-over、

SPP585 等 8 种情景，总的试验数量达到了 622 个。资料的时间分辨率包括 1 小时、3 小时、6 小时、日、月等，其中，日和月尺度资料最多。此外，还提供了其他温度降水相关资料，如极端温度、对流降水、降雪等。这些模式为研究气候变化及预估未来气候提供了重要工具。

随着中国地球系统模式研发力量的不断壮大，共有 9 家模式研发机构、13 个地球系统模式版本参加了 CMIP6 比较计划（周天军等，2019）。此外，国家气候中心将 21 个全球气候模式历史试验和 3 种（RCP2.6，RCP4.5，RCP8.5）未来预估情景试验（2006 年 1 月～2100 年 12 月）的数据统一插值到 1 度×1 度分辨率，使用简单算术平均的方法，制作了一套中国区域（东经 60～149 度，北纬 0.5～69.5 度）气候变化数据集，其中包括：地表气温、降水量、最高气温、最低气温的月平均场，数据时段为 1901 年 1 月～2100 年 12 月，详细介绍见（中国地区气候变化预估数据集使用说明 V3.0, 2012）。该数据集的发布为更好地开展中国区域气候变化研究提供了数据支撑。

目前国内外主要的 CMIP5 及 CMIP6 模式温度降水数据见表 15–1、表 15–2。此外，IAP-CAS 数据节点和 BCC 数据节点将陆续发布和收集更多的 CMIP6 模式结果。

二、数据的质量情况

中国科学院大气物理研究所的 IAP-CAS 数据节点及国家气候中心的 BCC 数据节点主要存储参加 IPCC 第五次和第六次评估报告的国内外知名地球系统模式结果，其中，中国科学院大气物理研究所的 CAS-ESM2、FGOALS-f3 和 FGOALS-g3 模式，国家气候中心的 BCC-CSM2 和 BCC-ESM1 模式，中国气象科学研究院的 CAMS-CSM1，南京信息工程大学的 NESM3 模式温度降水数据齐全。其他模式结果月平均温度降水数据较多，另有部分逐日、6 小时和 3 小时数据。数据集时间范围 1850～2100 年。

表 15–1　来源于中国机构的地球系统模式温度降水数据

数据集名称	性质/内容	版权归属及贡献者	维护机构	数据集来源/网址	可获取性
BCC-CSM2-MR 参加 CMIP6 计划数据[①]	使用 BCC-CSM2-MR 模式开展了 CMIP6 核心（Diagnostic, Evaluation and Characterization of Klima, DECK）试验、历史（Historical）试验和 6 个子计划试验。DECK 试验包括工业革命前参照试验（pre-industrial control simulation, piControl），4 倍二氧化碳突增试验（Simulation Forced by An Abrupt Quadrupling of CO_2, Abrupt 4xCO_2），二氧化碳浓度每年增加 1%强迫试验（Simulation Forced by a 1%yr−1 CO_2 Increase, 1pctCO_2），大气模式比较试验（Historical Atmospheric Model Intercomparison Project, AMIP）。其他 6 个子计划试验如下： （1）情景模式比较计划（Scenario Model Intercomparison Project, Scenario MIP）：SSP5-8.5，SSP3-7.0，SSP2-4.5，SSP1-2.6 （2）耦合气候碳循环比较计划（Carbon Cycle Feedback, and the Understanding of Changes in Carbon Fluxes and Stores, C4MIP）：esm-piContro，esm-hist，1pctCO_2-bgc，esm-ssp585，1pctCO_2-rad （3）检测归因模式比较计划（Detection and Attribution Model Intercomparison Project, DAMIP）：hist-nat，histGHG，histaer （4）全球季风模式比较计划（Global Monsoons Model Intercomparison Project, GMMIP)：hist-nat，histGHG，histaer	国家气候中心	国家气候中心	http://cmip.bcc.cma.cn	注册用户开放下载

续表

数据集名称	性质/内容	版权归属及贡献者	维护机构	数据集来源/网址	可获取性
BCC-CSM2-MR 参加 CMIP6 计划数据[①]	（5）LUMIP：hist-nolu，land-nolu，esm-ssp585-ssp126Lu，ssp370-ssp126Lu，ssp126-ssp370Lu，deforest-globe （6）年代际气候预测计划（Decadal Climate Prediction Project, DCPP）：dcppA-hindcast 大气分量模式开展的云反馈模式比较计划（Cloud Feedback Model Intercomparison Project, CFMIP），包括 amip-p4k，amip-future4K，amip-m4K，amip-4xCO_2 试验，陆面分量模式开展的陆面、雪和土壤湿度模式比较计划（Land Surface, Snow and Soil Moisture, LS3MIP），包括 Land-Hist，Land-Hist-princeton 试验 数据包括：按照 CMIP6 计划要求的各圈层要素月平均数据，部分试验和要素提供日平均、6 小时和 3 小时数据 制作时间：2019 年 3 月 数据类型/格式：nc 网络通用数据格式（network Common Data Format, NetCDF）	国家气候中心	国家气候中心	http://cmip.bcc.cma.cn	注册用户开放下载
BCC-CSM2-HR 参加 CMIP6 计划数据[②]	使用 BCC-CSM2-HR 模式开展的高分辨率模式比较试验（High-Resolution Model Intercomparison Project, HighResMIP）：highresSST-present，control-1950，hist-1950。数据包括：按照 CMIP6 计划要求的各圈层要素月平均数据，部分试验和要素提供日平均、6 小时和 3 小时数据 数据类型/格式：nc	国家气候中心	国家气候中心		—

续表

数据集名称	性质/内容	版权归属及贡献者	维护机构	数据集来源/网址	可获取性
BCC-ESM1 参加 CMIP6 计划数据[3]	使用 BCC-ESM1 开展的气溶胶和化学模式比较试验（Aerosols and Chemistry Model Intercomparison Project, AerChemMIP）：hist-piNTCF，histSST，histSST-piNTCF，histSST-piCH4，ssp370，ssp370-lowNTCF，ssp370SST，ssp370SST-lowNTCF，piClim-control，piClim-NTCF，piClim-CH_4。数据包括：按照 CMIP6 计划要求的各圈层要素月平均数据，部分试验和要素提供日平均、6 小时和 3 小时数据 制作时间：2019 年 7 月 数据类型/格式：nc	国家气候中心	国家气候中心	http://cmip.bcc.cma.cn	注册用户开放下载
CAMS-CSM 参加 CMIP6 计划数据[4]	ScenarioMIP 计划的 SSP5-8.5，SSP3-7.0，SSP2-4.5，SSP1-2.6，SSP1-1.9 试验数据，包括 85 年（2015～2099 年）积分，2 个成员 制作时间：2019 年 6 月 数据类型/格式：nc	中国气象科学研究院	中国气象科学研究院	https://esgf-data.dkrz.de/search/cmip6/； https://esgf-node.llnl.gov/search/cmip6	注册获取
CAS-ESM2-0 参加 CMIP6 计划数据[5]	使用 CAS-ESM2-0 模式参加 CMIP6 的数据包括：DECK 试验包含 4 组试验：（1）大气模式比较计划（AMIP）；（2）工业革命前参照试验（piControl）；（3）4 倍 CO_2 突增试验（abrupt-4xCO_2）；（4） CO_2 浓度每年增加 1% 模拟（1pct CO_2）。（5）历史（Historical）试验采用基于观测的 CMIP6 外强迫进行模拟 制作时间：2020 年 3 月 数据类型/格式：nc	中国科学院大气物理研究所	中国科学院大气物理研究所	http://esg.lasg.ac.cn/thredds	注册获取

续表

数据集名称	性质/内容	版权归属及贡献者	维护机构	数据集来源/网址	可获取性
FGOALS-f3-L 模式参与 CMIP6 实验数据集[6]	使用低分辨率模式 FGOALS-f3-L 模式参加 CMIP6 必须要做的 DECK 试验。其中 DECK 试验包含 4 组试验：（1）大气模式比较计划（AMIP，1979～2014 年），三个集合成员；（2）工业革命前参照试验（piControl，至少模拟 500 年），一个集合成员；（3）4 倍 CO_2 突增试验（abrupt-4xCO_2，至少模拟 150 年），三个集合成员；（4）CO_2 浓度每年增加 1%模拟（1pctCO_2，至少模拟 150 年），三个集合成员。历史（Historical）试验采用基于观测的 CMIP6 外强迫进行模拟（1850～2014 年），三个集合成员除了上述必做试验，FGOALS-f3-L 还将做下面 5 种 CMIP6 模式比较子计划（MIPS）：（1）全球季风模式比较计划（GMMIP）；（2）海洋模式比较计划（OMIP）；（3）古气候模拟比较计划（PMIP）；（4）北极放大效应比较计划（PAMIP）；（5）情景模式比较计划（ScenarioMIP） 数据集包括：按照 CMIP6 计划要求的各圈层要素月平均数据，部分试验和要素提供日平均、6 小时和 3 小时数据 制作时间：2019 年 10 月 数据类型/格式：nc	中国科学院大气物理研究所	中国科学院大气物理研究所	http://esg.lasg.ac.cn/thredds	注册获取
FGOALS-f3-H 模式参与 CMIP6 实验数据集[7]	使用高分辨率模式 FGOALS-f3-H 模式参加 CMIP6 高分辨率比较计划试验（HighResMIP） 数据集包括：月平均和日平均数据 制作时间：2019 年 12 月 数据类型/格式：nc	中国科学院大气物理研究所	中国科学院大气物理研究所	http://esg.lasg.ac.cn/thredds	注册获取

续表

数据集名称	性质/内容	版权归属及贡献者	维护机构	数据集来源/网址	可获取性
FGOALS-g3 模式参与 CMIP6 实验数据集（1850～2100 年）[8]	使用 FGOALS-g3 模式参加 CMIP6 的数据包括：DECK 试验包含 4 组试验：（1）大气模式比较计划（AMIP）；（2）工业革命前参照试验（piControl）；（3）4 倍 CO_2 突增试验（abrupt-4xCO_2）；（4）CO_2 浓度每年增加 1% 模拟（1pctCO_2）。（5）Historical 试验采用基于观测的 CMIP6 外强迫进行模拟 除了上述必做试验，FGOALS-g3 还将做下面 6 种 CMIP6 模式比较子计划（MIPS）：（1）全球季风模式比较计划（GMMIP）；（2）古气候模拟比较计划（PMIP）；（3）情景模式比较计划（ScenarioMIP）。（4）检测归因模式比较计划（DAMIP）；（5）通量距平强迫模式比较计划（FAFMIP）；（6）陆面、雪和土壤湿度模式比较计划（LS3MIP） 数据集包括：按照 CMIP6 计划要求的各圈层要素月平均数据，部分试验和要素提供日平均、6 小时和 3 小时数据 制作时间：2019 年 8 月 数据类型/格式：nc	中国科学院大气物理研究所	中国科学院大气物理研究所	http://esg.lasg.ac.cn/thredds	注册获取
NESM3 参加 CMIP6 计划数据[9]	使用 NESM3 模式参加 CMIP6 的数据包括：DECK 试验包含 4 组试验：（1）大气模式比较计划（AMIP）；（2）工业革命前参照试验（piControl）；（3）4 倍 CO_2 突增试验（abrupt-4xCO_2）；（4）CO_2 浓度每年增加 1%模拟（1pctCO_2）；（5）Historical 试验。除了上述必做试验，NESM3 还将做下面 2 种 CMIP6 模式比较子计划（MIPS）：（1）古气候模拟比较计划（PMIP）；（2）情景模式比较计划（ScenarioMIP） 制作时间：2019 年 7 月 数据类型/格式：nc	南京信息工程大学	南京信息工程大学	http://esg.lasg.ac.cn/thredds	注册获取

续表

数据集名称	性质/内容	版权归属及贡献者	维护机构	数据集来源/网址	可获取性
BCC-CSM1.1 参加 CMIP5 计划数据[10]	使用 BCC-CSM1.1 开展的 piControl，historical，rcp85，rcp45，rcp26，rcp60，historicalGhg，historicalNat，midHolocene，past1000，1pctCO_2，abrupt4xCO_2，esmControl，esmHistorical，esmrcp85，esmFixClim1，esmFixClim2，esmFdbk1，esmFdbk2，1960～2006 年逐年 decadalXXXX 试验，1960 年、1975 年、1980 年、1985 年、1990 年进行初始化的无火山强迫的年代际预测试验，noVolcXXXX，以及 volcIn2010 试验数据。包括：按 CMIP5 计划要求输出的各圈层要素月平均数据，部分试验和要素提供日平均、6 小时和 3 小时数据。 大气分量模式开展的 AMIP，amip4K，amip4xCO_2，amipFuture，sstClim，sstClim4xCO_2，sstClimAerosol，sstClimSulfate 试验数据，包括：月平均数据，部分试验提供日平均、6 小时和 3 小时数据 制作时间：2011 年 7 月 数据类型/格式：nc	国家气候中心	国家气候中心	ftp://esgf.bcccsm.ncc-cma.net:6022/	开放下载
BCC-CSM1.1 米参加 CMIP5 计划数据[11]	使用 BCC-CSM1.1m 开展的 piControl，historical，rcp85，rcp45，rcp26，rcp60，1pctCO_2，abrupt4x CO_2，esmControl，esmHistorical，esmrcp85 试验数据。包括：月平均数据，部分试验提供日平均、6 小时和 3 小时数据 制作时间：2011 年 7 月 数据类型/格式：nc	国家气候中心	国家气候中心	ftp://esgf.bcccsm.ncc-cma.net:6022/	开放下载

续表

数据集名称	性质/内容	版权归属及贡献者	维护机构	数据集来源/网址	可获取性
BNU-ESM 模式参与CMIP5实验的温度数据集（1850～2100年）[12]	数据集包括了参与 CMIP5 实验（1pctCO_2, abrupt4xCO_2, amip, esmControl, esmHistorical, esmrcp85, historical, piControl, rcp26, sstClim, sstClim4xCO_2）的地表温度、近地面温度、地表最高温、地表最低温、大气温度、海表面温度、海水温度、海冰表面温度、降水等数据 制作时间：2012 年 10 月 数据类型/格式：nc	北京师范大学	北京师范大学	https://esgf-node.llnl.gov	注册获取
FGOALS-s2 模式参与CMIP5实验的温度数据集（1850～2100年）[13]	数据集包括参与 CMIP5 实验（1pctCO_2, decadal1960, ecadal1975, decadal1990, decadal2005, historical, rcp45, sstClim4xCO_2, abrupt4xCO_2, decadal1965, decadal1980, decadal1995, esmHistorical，midHolocene, rcp85, sstClim Aerosol, amip, decadal1970, decadal1985, decadal2000, esmrcp85, piControl, sstClim, sstClimSulfate）的地表温度、近地面温度、地表最高温、地表最低温、17 层大气温度、海表面温度、海洋向下 30 层（0～5243 米）温度、海冰表面温度、降水等数据 制作时间：2011 年 09 月 数据类型/格式：nc	中国科学院大气物理研究所大气科学和地球流体力学国家重点实验室	中国科学院大气物理研究所大气科学和地球流体力学国家重点实验室	http://esg.lasg.ac.cn/thredds	注册获取
FGOALS-g2 模式参与CMIP5实验的温度数据集（1850～2100年）[14]	数据集包括了参与 CMIP5 实验（1pctCO_2, amip4K, aqua4xCO_2, decadal1965, historical, historicalMisc, piControl, rcp85, abrupt4xCO_2, amip4xCO_2, aquaControl, decadal1970, historical1, historicalNat, rcp26, amip, aqua4K, decadal1960, decadal1980, historicalGHG, midHolocene，rcp45）的地表温度、近地面温度、地表最高温、地表最低温、17 层大气温度、海表温度、海洋向下 30 层（0～5243 米）温度、海冰表面温度、降水等数据 制作时间：2011 年 09 月 数据类型/格式：nc	中国科学院大气物理研究所	中国科学院大气物理研究所	http://esg.lasg.ac.cn/thredds	注册获取

续表

数据集名称	性质/内容	版权归属及贡献者	维护机构	数据集来源/网址	可获取性
FIO-ESM 模式参与 CMIP5 实验的温度数据集（1850～2005 年）[15]	数据集包括了参与 CMIP5 实验（historical）的大气温度、近地面温度、降水等数据 制作时间：2012 年 3 月 数据类型/格式：nc	中国青岛第一海洋研究所	中国青岛第一海洋研究所	https://esgf-node.llnl.gov	注册获取

① 国家气候中心，2019. BCC-CSM2-MR 模式数据. http://cmip.bcc.cma.cn [2019-3-1]。
② 国家气候中心，2019. BCC-CSM2-HR 模式数据. http://cmip.bcc.cma.cn [2019-12-1]。
③ 国家气候中心，2019. BCC-ESM1 模式数据. http://cmip.bcc.cma.cn [2019-7-1]。
④ 中国气象科学研究院，2019. CAMS-CSM 模式数据. https://esgf-node.llnl.gov/search/cmip6 [2019-6-1]。
⑤ 中国科学院大气物理研究所，2019. CAS-ESM2-0 模式数据. http://esg.lasg.ac.cn/thredds [2020-3-1]。
⑥ 中国科学院大气物理研究所，2019. FGOALS-f3-L 模式数据. http://esg.lasg.ac.cn/thredds [2019-10-1]。
⑦ 中国科学院大气物理研究所，2019. FGOALS-f3-H 模式数据. http://esg.lasg.ac.cn/thredds [2019-12-1]。
⑧ 中国科学院大气物理研究所，2019. FGOALS-g3 模式数据. http://esg.lasg.ac.cn/thredds [2019-8-1]。
⑨ 南京信息工程大学，2019. NESM3 模式数据. http://esg.lasg.ac.cn/thredds [2019-7-1]。
⑩ 国家气候中心，2012. BCC-CSM1.1 模式数据. http://cmip.bcc.cma.cn [2012-9-1]。
⑪ 国家气候中心，2012. BCC-CSM1.1m 模式数据. http://cmip.bcc.cma.cn [2012-11-1]。
⑫ 北京师范大学，2012. BNU-ESM 模式温度降水数据. https://esgf-node.llnl.gov [2012-10-1]。
⑬ 中国科学院大气物理研究所，2011. FGOALS-s2 模式数据. http://esg.lasg.ac.cn/thredds [2011-10-1]。
⑭ 中国科学院大气物理研究所，2019. FGOALS-g2 模式数据. http://esg.lasg.ac.cn/thredds [2011-10-1]。
⑮ 中国青岛第一海洋研究所，2012. FIO-ESM 模式温度降水数据. https://esgf-node.llnl.gov [2012-4-1]。

表 15–2　来源于国际机构的地球系统模式温度降水数据

数据集名称	性质/内容	版权归属及贡献者	维护机构	数据集来源/网址	可获取性
ACCESS1.0 和 ACCESS1.3 模式参入 CMIP5 实验的温度数据集（1850～2008 年）①	数据集包括了参与 CMIP5 实验（historical，amip）的大气温度、近地面温度、近地面最高温、近地面最低温、降水等数据 制作时间：2012 年 10 月 数据类型/格式：nc	澳大利亚联邦科学与工业研究组织和澳大利亚气象局	澳大利亚联邦科学与工业研究组织和澳大利亚气象局	https://esgf-node.llnl.gov	注册获取
CanCM4 和 CanESM2 模式参与 CMIP5 实验的温度数据集（1850～2100 年）②	数据集包括了参与 CMIP5 实验（historicalGHG，historicalMisc，historical，rcp26，rcp45，rcp85，sstClim4xCO_2）的地表温度、近地面温度、地表最高温、地表最低温、大气温度、降水等数据 制作时间：2012 年 10 月 数据类型/格式：nc	加拿大气候模型和分析中心	加拿大气候模型和分析中心	https://esgf-node.llnl.gov	注册获取
CCSM4 和 CESM 模式参与 CMIP5 实验的温度数据集（1850～2100 年）③	数据集包括了参与 CMIP5 实验（historicalGHG，historicalMisc，historical，rcp26，rcp45，rcp85，sstClim4xCO_2）的地表温度、近地面温度、地表最高温、地表最低温、大气温度、降水等数据 制作时间：2012 年 10 月 数据类型/格式：nc	美国国家大气研究中心	美国国家大气研究中心	https://esgf-node.llnl.gov	注册获取
CSIRO-Mk3-6-0 模式参与 CMIP5 实验的温度数据集（1850～2005 年）④	数据集包括了参与 CMIP5 实验（amip，historicalAA，historical）的大气温度、近地面温度、近地面最高温、近地面最低温、降水等数据 制作时间：2011 年 7 月 数据类型/格式：nc	欧洲地中海气候变化中心	欧洲地中海气候变化中心	https://esgf-node.llnl.gov	注册获取

续表

数据集名称	性质/内容	版权归属及贡献者	维护机构	数据集来源/网址	可获取性
EC-EARTH 模式参与 CMIP5 实验的温度数据集（1850～2005 年）⑤	数据集包括了参与 CMIP5 实验（decadal2005，historical）的大气温度、近地面温度、近地面最高温、近地面最低温、降水等数据 制作时间：2012 年 1 月 数据类型/格式：nc	荷兰皇家气象研究所	荷兰皇家气象研究所	https://esgf-node.llnl.gov	注册获取
GFDL-CM2.1, GFDL-CM3, GFDL-ESM2G, GFDL-ESM2M, GFDL-HIRAM-C360 模式参与 CMIP5 实验的温度数据集（1850～2100 年）⑥	数据集包括了参与 CMIP5 实验（amip，historical，rcp45，rcp85）的大气温度、近地面温度、近地面最高温、近地面最低温、降水等数据 制作时间：2012 年 5 月 数据类型/格式：nc	美国普林斯顿大学地球流体力学实验室	美国普林斯顿大学地球流体力学实验室	https://esgf-node.llnl.gov	注册获取
HadCM3，HadGEM2-AO，HadGEM2-CC，HadGEM2-ES 模式参与 CMIP5 实验的温度数据集（1850～2035 年）⑦	数据集包括了参与 CMIP5 实验（historical，sstClimSulfate，sstClimAerosol，decadal2005，rcp45）的大气温度、近地面温度、近地面最高温、近地面最低温、降水等数据 制作时间：2011 年 7 月 数据类型/格式：nc	英国气象局哈德利中心	英国气象局哈德利中心	https://esgf-node.llnl.gov	注册获取
IPSL-CM5A-LR，IPSL-CM5A-MR，IPSL-CM5B-LR 模式参与 CMIP5 实验的温度数据集（1979～2029 年）⑧	数据集包括了参与 CMIP5 实验（historical，sstClimSulfate，sstClimAerosol）的大气温度、近地面温度、近地面最高温、近地面最低温、降水等数据 制作时间：2011 年 2 月 数据类型/格式：nc	法国皮埃尔·西蒙·拉普拉斯研究所	法国皮埃尔·西蒙·拉普拉斯研究所	https://esgf-node.llnl.gov	注册获取

续表

数据集名称	性质/内容	版权归属及贡献者	维护机构	数据集来源/网址	可获取性
MIROC4h，MIROC5，MIROC-ESM-CHEM 模式参与 CMIP5 实验的温度数据集（1850～2100 年）[⑨]	数据集包括了参与 CMIP5 实验（amip,historical, decadal2005, piControl, rcp45, rcp85）的大气温度、近地面温度、近地面最高温、近地面最低温、海温、降水等数据 制作时间：2011 年 11 月 数据类型/格式：nc	日本神奈川海洋地球科学技术厅、日本东京大学大气与海洋研究所、日本茨城县国立环境研究所、日本茨城县环境研究所、日本千叶东京大学大气与海洋研究所	日本神奈川海洋地球科学技术厅，日本东京大学大气与海洋研究所，日本茨城县国立环境研究所，日本茨城县环境研究所，日本千叶东京大学大气与海洋研究所	https://esgf-node.llnl.gov	注册获取
MPI-ESM-LR，MPI-ESM-MR，MPI-ESM-P 模式参与 CMIP5 实验的温度数据集（1850～2100 年）[⑩]	数据集包括了参与 CMIP5 实验（amip, historical, decadal2005, piControl, rcp45, rcp85）的大气温度、近地面温度、近地面最高温、近地面最低温、海温和海表温、降水等数据 制作时间：2012 年 2 月 数据类型/格式：nc	马克斯·普朗克气象研究所	马克斯·普朗克气象研究所	https://esgf-node.llnl.gov	注册获取
NorESM1 模式参与 CMIP5 实验的温度数据集（1850～2005 年）[⑪]	数据集包括了参与 CMIP5 实验（historical）的海水温度和海表温度、降水等数据 制作时间：2012 年 2 月 数据类型/格式：nc	挪威气候中心	挪威气候中心	https://esgf-node.llnl.gov	注册获取
MRI-AGCM3-2H 模式参与 CMIP5 实验的温度数据集（1979～2008 年）[⑫]	数据集包括参与 CMIP5 实验（amip）的大气温度、近地面大气最高温度、降水等数据 制作时间：2011 年 8 月 数据类型/格式：nc	日本筑波气象研究所	日本筑波气象研究所	https://esgf-node.llnl.gov	注册获取

① 澳大利亚联邦科学与工业研究组织和澳大利亚气象局，2012. ACCESS 模式温度数据. https://esgf-node.llnl.gov [2012-10-1]。

② 加拿大气候模型和分析中心，2012. CanCM4 和 CanESM2 模式温度数据. https://esgf-node.llnl.gov [2012-10-1]。

③ 美国国家大气研究中心，2012. CCSM4 和 CESM 模式温度数据. https://esgf-node.llnl.gov [2012-10-1]。

④ 欧洲地中海气候变化中心，2011. CSIRO-Mk3-6-0 模式温度数据. https://esgf-node.llnl.gov [2011-9-1]。

⑤ 荷兰皇家气象研究所，2012. EC-EARTH 模式温度数据. https://esgf-node.llnl.gov [2012-1-1]。

⑥ 美国普林斯顿大学地球流体力学实验室，2012. GFDL-CM2.1, GFDL-CM3, GFDL-ESM2G, GFDL-ESM2M, GFDL-HIRAM-C360 模式温度数据. https://esgf-node.llnl.gov [2012-5-1]。

⑦ 英国气象局哈德利中心，2011. HadCM3, HadGEM2-AO, HadGEM2-CC, HadGEM2-ES 模式温度数据. https://esgf-node.llnl.gov [2011-7-1]。

⑧ 法国皮埃尔·西蒙·拉普拉斯研究所，2011. IPSL-CM5A-LR, IPSL-CM5A-MR, IPSL-CM5B-LR 模式温度数据. https://esgf-node.llnl.gov [2011-2-1]。

⑨ 日本神奈川海洋地球科学技术厅等机构，2012. MIROC4h, MIROC5, MIROC-ESM-CHEM 模式温度数据. https://esgf-node.llnl.gov [2012-11-1]。

⑩ 马克斯·普朗克气象研究所，2012. MPI-ESM-LR, MPI-ESM-MR, MPI-ESM-P 模式温度数据. https://esgf-node.llnl.gov [2012-2-1]。

⑪ 挪威气候中心，2012. NorESM1 模式温度数据. https://esgf-node.llnl.gov [2012-4-1]。

⑫ 日本筑波气象研究所，2011. MRI-AGCM3-2H 模式温度数据. https://esgf-node.llnl.gov [2011-81]。

IPCC 第五次评估报告指出，相对于 1850～1900 年，除低排放情景 RCP2.6 外，21 世纪末（2081～2100 年）全球表面气温升高可能超过 1.5 摄氏度。在 RCP6.0 及 RCP8.5 排放情景下，温度升高甚至可能超过 2 摄氏度，并且除 RCP2.6 情景外，2100 年后仍将继续变暖（IPCC, 2013）。与历史时期（1986～2005 年）相比，CMIP5 模式模拟的 21 世纪末全球平均温度上升 0.3～1.7 摄氏度（RCP2.6），1.1～2.6 摄氏度 （RCP4.5），1.4～3.1 摄氏度（RCP6.0），及 2.6～4.8 摄氏度（RCP8.5）。

CMIP5 模式对中国历史平均气温气候态空间分布及其线性变化趋势有较好的模拟能力（程志刚等，2015; 郭彦等，2013），且多个模式几何平均的模拟效果要优于大多数单个模式（张艳武等，2016）。

图 15–1 给出了参与 CMIP5 及 CMIP6 的多个模式 RCP4.5 情景及 SSP245 下模拟的中国平均气温相对于气候态的差值序列。采用的多个 CMIP5 模式及中国分区定义具体可参见参考文献（Qin and Xie，2017）；采用的 CMIP6 模式见表 15–2。可以看出，在 21 世纪中叶及末期中国平均气温明显上升，其中 21 世纪末期中国大部分地区气温增幅超过 2 摄氏度。整体而言，相对于中国南方地区，中国西北、东北地区及青藏高原地区 21 世纪中叶及末期增温更为剧烈。相对于 21 世纪中叶，21 世纪末中国四个分区的升温趋势略有减缓。此外，不同模式对温度变化的模拟差别很大，存在很大的不确定性。周天军等（2014）指出，由于 CMIP5 没有严格限制模式准入条件，使得参与 CMIP5 的模式性能参差不齐。因此，在分析未来情景中国气温可能变化时，可考虑采用性能相对较好的模式。

近年来，极端天气气候事件频发，其对经济、人类安全及自然环境造成巨大破坏，引起人们广泛关注。相对于平均气候，极端天气频率及强度的时空变异性更强，从而更难以监测并揭示其可能的机理（Qin and Xie, 2016,

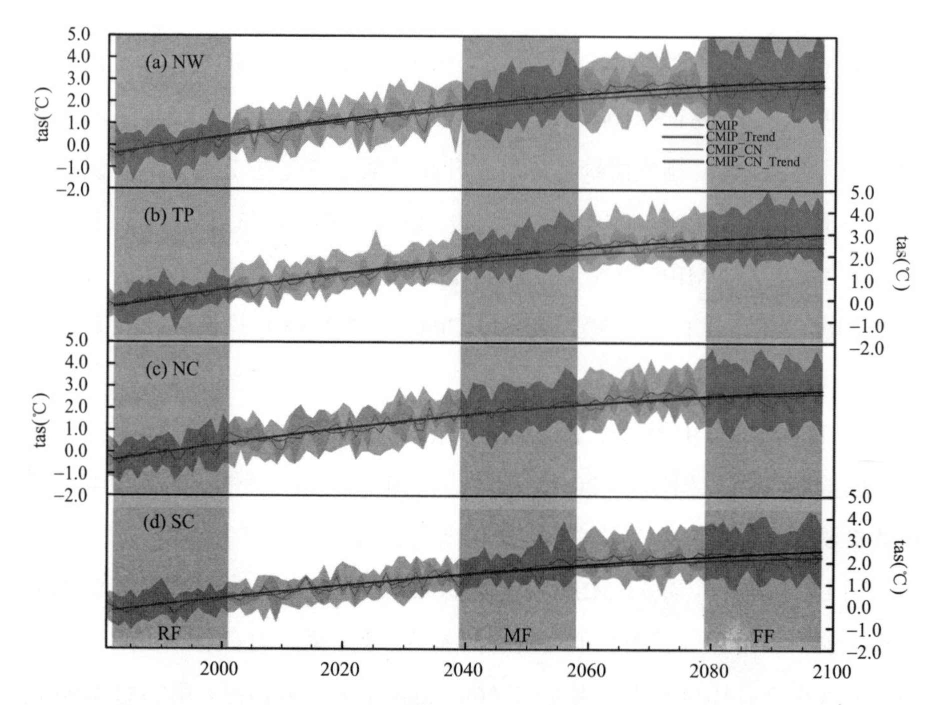

图 15-1　RCP 4.5 及 SSP245 下，中国西北地区（a）、青藏高原（b）、华北地区（c）、华南地区（d）未来气温相对于历史时期（1982～2001 年）的变化

注：绿色为 CMIP5 多模式结果，蓝色为 CMIP5 中国多模式结果，红色为 CMIP6 中国多模式结果。

2017; Wang *et al.*, 2017b）。随着全球温度上升，大部分区域极端暖事件将增多，极端冷事件将减少（IPCC, 2013）。西尔曼等（2013a）系统评估了 CMIP5 模式模拟过去极端天气事件的能力。通过对比观测数据发现，CMIP5 模式能够很好的模拟极端气温事件及其变化趋势。在此基础上，西尔曼等（2013b）进一步利用 CMIP5 多模式结果研究了全球及区域尺度未来极端气候变化，发现相对于基于日最大温度的极端气温事件，基于日最小温度的极端气温事件未来变化更为明显，并且高排放情景下极端气温事件比低排放情景变化更为明显。

目前有很多工作利用 CMIP5 模式研究了中国地区的极端气温事件。CMIP5 多模式集合可以合理地模拟中国的历史极端气温事件（Xu *et al.*,

2018)。图 15–2 是利用 17 个 CMIP5 模式得到的 RCP4.5 情景中国过去及未来极端气温事件的变化，采用的是气候变化检测和指标专家组（ETCCDI）定义的极端事件指标(Zhang *et al.*, 2011)。未来全球变暖背景下，日最高气温 TXx、暖夜日数 TR 等暖的极端事件都呈现增长趋势，而霜冻日数 FD 等冷的事件则呈现减少趋势。相对于 21 世纪中叶，21 世纪末期的 TXx 增幅更为显著，有些地方甚至超过 3 摄氏度。21 世纪末中国西北地区、青藏高原、华南大部分地区霜冻日数减少超过了 20 天。即使是在低排放情景 RCP2.6 下，中国未来极端气温事件仍然非常严重，暖的极端气温事件大幅增加，冷的极端气温事件降低（Chen *et al.*, 2016）。此外，在高排放情景 RCP8.5 下，相对于暖的极端气温事件，冷的极端气温事件对全球变暖更为敏感（Wang *et al.*, 2017a）。

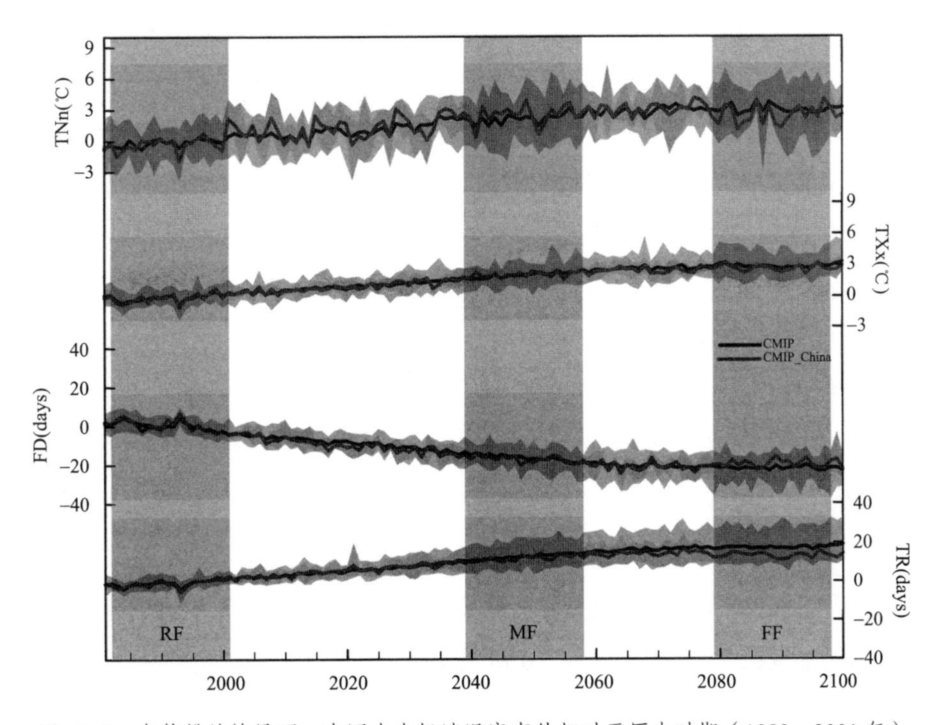

图 15–2 中等排放情景下，中国未来极端温度事件相对于历史时期（1982～2001 年）的变化

注：红色为中国模式的模拟结果。

参加CMIP5计划的两个模式BCC-CSM1.1和BCC-CSM1.1m对全球和中国地表气温的历史演变均具有较好的模拟能力（Xin *et al.*, 2013a）。在1861～2005年，BCC-CSM1.1模拟的全球平均温度与观测的相关系数达到0.88，是20个模式中最高的。两个模式模拟的中国地表气温与观测的相关系数分别达到0.5和0.55，在20个模式中分别位于第四和第三位。

BCC_CSM1.1和BCC_CSM1.1m两个模式均能合理再现全球年平均降水的基本分布特征，也能较合理地再现热带降水年循环模态的基本分布特征，尤其是季风模态中降水与环流关于赤道反对称的特征，能够较合理再现春秋非对称模态与热带海洋表面温度（SST）年循环之间的关系（张莉等，2013）。

基于CMIP5多模式的中国地区气候变化预估数据集进行历史气候模拟评估和未来预估的分析结果表明：相对于1961～2005年观测资料，CMIP5全球气候模式能够很好地模拟出中国年平均温度的地理分布特征，但是模拟值偏低，中国地区平均温度的偏差约为–0.9摄氏度。青藏高原、四川盆地等地区模拟值偏低，可达到–3.0摄氏度；在东部高山地区，模拟值多偏高（图略）。对于降水，模式能够模拟出中国年均降水从东南向西北地区递减的空间分布特征。西部地区降水明显偏多，尤其是青藏高原地区、四川盆地和西南地区；而在东南沿海季风区降水模拟偏少（图略）。

对于RCP情景下的预估结果表明，中国区域平均温度将持续上升，2030年前增温幅度、变化趋势差异较小，2030年以后不同RCP情景表现出不同的变化特征。RCP2.6情景下，2050年以前温度持续上升，2050年以后温度增加趋势不明显，表现出一定的下降趋势；RCP4.5情景下，2070年以前温度持续上升，2070年以后温度增加趋势变缓慢；RCP8.5情景下温度将持续上升，增温幅度在21世纪末达到5.0摄氏度以上（图15–3）。

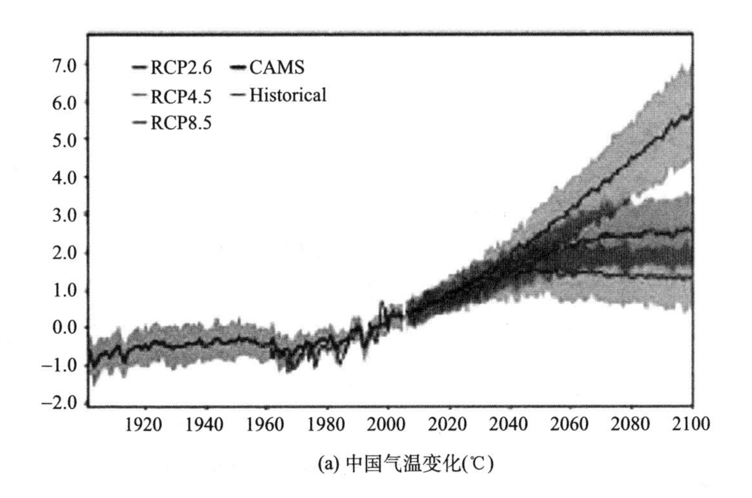

(a) 中国气温变化(℃)

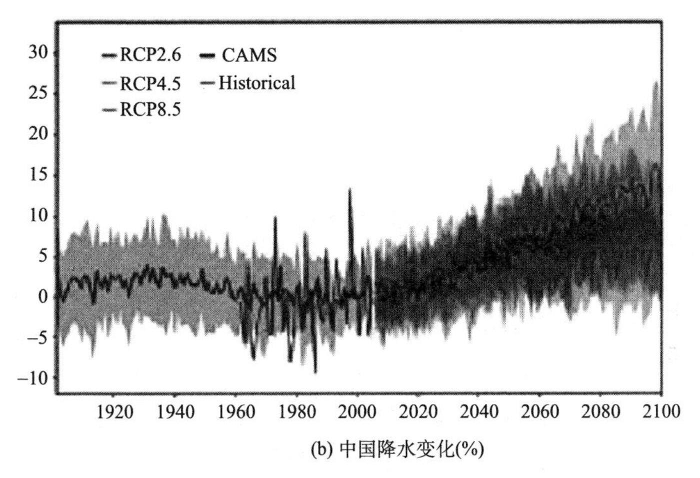

(b) 中国降水变化(%)

图 15–3　RCP 情景下预估的中国温度降水变化（相对于 1986～2005 年）

图 15–4 为 CAMS-CSM 模式的 Historical 试验和 ScenarioMIP 试验模拟的全球平均表面温度异常时间序列。可以看到，模式成功再现了自工业革命以来的全球平均温度变化，特别是自 20 世纪 70 年代末以来的全球表面温度的快速上升趋势。和观测相比，模式的增温稍弱，因为部分源于模式模拟的皮纳图博（Pinatubo）火山降温效应偏强，这可能与 CMIP6 采用的平流层气溶胶强迫有关。

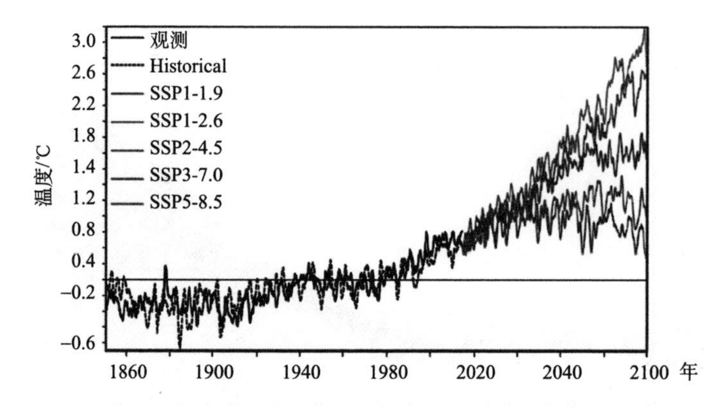

图 15–4 观测和 CAMS-CSM 模拟的全球平均表面温度异常时间序列
（气候态取 1960～1990 年平均）

三、数据服务状况

目前由地球系统网格联盟（Earth System Grid Federation, ESGF）统一部署的全球多个数据节点存放 CMIP 模式数据。用户可以通过网站注册，选择通过合适的数据节点免费下载数据。国内数据节点主要包括中国科学院大气物理研究所的 IAP-CAS 数据节点、国家气候中心的 BCC 数据节点及中国气象科学研究院等单位的数据节点。IAP-CAS 数据节点（网址：http://esg.lasg.ac.cn/thredds）存储空间 1PB，存储多套 CMIP5 模式结果（ACCESS1.0、BNU-ESM、CanESM2、CESM1-BGC、CESM1-CAM5-1-FV2、CESM1-WACCM、CSIRO-Mk3.6.0、FIO-ESM、GFDL-CM3、GFDL-ESM2M、GISS-E2-R、HadCM3、HadGEM2-CC、IPSL-CM5A-LR、IPSL-CM5B-LR、MIROC5、MPI-ESM-LR、MPI-ESM-P、ACCESS1.3、CanCM4、CCSM4、CESM1-CAM5、CESM1-FASTCHEM、CMCC-CM、EC-EARTH、GFDL-CM2.1、GFDL-ESM2G、GFDL-HIRAM-C360、GISS-E2-R-CC、HadGEM2-AO、HadGEM2-ES、IPSL-CM5A-MR、MIROC4h、MIROC-ESM-CHEM、MPI-ESM-

MR、MRI-AGCM3-2H、NorESM1-ME）和 CMIP6 模式结果。经中国科技网网络管理系统统计（图 15–5），2012 年 1 月～2018 年 12 月总计 7 年的 IAP-CAS 数据节点数据下载量达到约 414 太字节。此外，IAP-CAS 数据节点将陆续发布参与 CMIP6 模式比较计划的 CAS-ESM2、FGOALS-g3（唐彦丽等，2019）、FGOALS-f3（He *et al.*, 2019）、NESM3 等模式结果，并将收集其他 CMIP6 模式模拟结果，为相关科研人员及业务人员提供数据处理及下载服务。

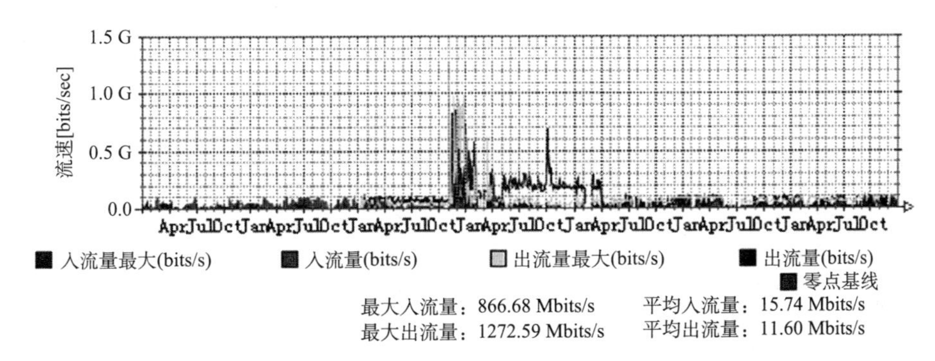

图 15–5　IAP-CAS 数据节点数据下载上传流量图

国家气候中心研发的 BCC_CSM1.1、BCC_CSM1.1m 两个耦合模式参加了国际耦合模式比较计划第五阶段（CMIP5）和政府间气候变化专门委员会第五次评估报告（IPCC AR5）的多模式比较工作。模式数据得到了广泛的下载应用。截至 2018 年 9 月 13 日，基于 CMIP5 计划模式数据发表的文章中，423 篇文章使用了 BCC_CSM1.1 模式结果，位居第 12 名，192 篇文章使用了 BCC_CSM1.1m 模式的结果，位居第 32 名（表 15–3）。目前，BCC 参加 CMIP5 计划的数据以匿名的方式向外提供服务，网址为 ftp://esgf.bcccsm.ncc-cma.net:6022。

截至 2019 年 10 月，国家气候中心参加 CMIP6 计划的三个模式共完成了 42 组既定试验。试验数据均已在 BCC 数据节点（http://cmip.bcc.cma.cn）发布，可通过 CMIP6 数据发布网站（https://esgf-node.llnl.gov/search/cmip6）注

表 15–3　CMIP5 计划模式数据引用情况一览

排名	模式名称	引用次数	排名	模式名称	引用次数
1	IPSL-CM5A-LR	549	35	EC-EARTH	187
2	MPI-ESM-LR	533	36	CESM-BGC	184
3	CanESM2	523	37	MIROC4h	166
4	HadGEM2-ES	519	38	HadGEM2-AO	152
5	MRI-CGCM3	513	39	FIO-ESM	151
6	NorESM1-M	496	40	CMCC-CMS	148
7	CNRM-CM5	491	41	CMCC-CESM	145
8	CCSM4	483	42	CanCM4	143
9	MIROC5	470	43	HadGEM2-A	132
10	MIROC-ESM	456	44	CESM1-WACCM	128
11	CSIRO-Mk3.6.0	446	45	MRI-ESM1	121
12	BCC-CSM1.1	423	46	CESM1-FASTCHEM	119
13	GFDL-ESM2M	412	47	GFDL-CM2.1	117
14	INM-CM4	391	48	CanAM4	116
15	GISS-E2-R	390	49	GISS-E2-H-CC	116
16	IPSL-CM5A-MR	381	50	GISS-E2-R-CC	111
17	GFDL-ESM2G	378	51	CESM1-CAM5.1.FV2	110
18	GFDL-CM3	367	52	MRI-AGCM3.2S	102
19	HadGEM2-CC	358	53	MRI-AGCM3.2H	99
20	MIROC-ESM-CHEM	333	54	MPI-ESM-HR	95
21	MPI-ESM-MR	296	55	GFDL-HIRAM-C180	94
22	GISS-E2-H	281	56	FGOALS-gl	92
23	ACCESS1.0	262	57	GFDL-HIRAM-C360	92
24	IPSL-CM5B-LR	261	58	CNRM-CM5-2	90
25	FGOALS-g2	245	59	MIROC4m	90
26	NorESM1-ME	228	60	GISS-E2CS-R	87
27	BNU-ESM	227	61	GISS-E2CS-H	86
28	FGOALS-s2	227	62	HiGEM1.2	83
29	HadCM3	223	63	HadCM3Q	82
30	ACCESS1.3	208	64	GEOS-5	81
31	CESM1-CAM5	197	65	CFSv2-2011	81
32	BCC-CSM1.1-m	192	66	NICAM.09	79
33	CMCC-CM	191	67	CCSM4-RSMAS	79
34	MPI-ESM-P	191	68	BESM-OA2.3	75

注：引自 https://cmip-publications.llnl.gov/?type=model，截至 2018 年 9 月 13 日。

册用户后下载。其中，各子计划的数据量分别为：AerChemMIP（2.7 太字节）、CMIP（28.9 太字节），C4MIP（7.4 太字节）、CFMIP（41 太字节）、DAMIP（6.5 太字节）、GMMIP（2.5 太字节）、LS3MIP（12 吉字节）、 LUMIP（2 太字节）、ScenarioMIP（26 太字节），共计约 117T。另外，HighResMIP 和 DCPP 两个子计划试验正在开展中，预计 2020 年完成数据的发布。

参考文献

Chen, Y.D., J.F. Li and Q. Zhang, 2016. Changes in site-scale temperature extremes over China during 2071-2100 in CMIP5 simulations. *Journal of Geophysical Research: Atmospheres,*121(6):2732～2749.

Eyring, V., S. Bony and G.A. Meehl, *et al*., 2016. Overview of the Coupled Model Intercomparison Project Phase 6 (CMIP6) experimental design and organization. *Geoscientific Model Development*, 9(5):1937～1958.

He, B., Coauthors, 2019. CAS FGOALS-f3-L Model Datasets for CMIP6 Historical Atmospheric Model Intercomparison Project Simulation. *Advances in Atmospheric Science,*36(8):771～778.

IPCC, Climate change 2013. *The physical science basis*. Cambridge University Press, Cambridge.

O'Neill, B.C., C. Tebaldi and D.P. van Vuuren, *et al*., 2016.The Scenario Model Intercomparison Project (ScenarioMIP) for CMIP6. *Geosci. Model Dev*,9:3461～3482.

Qin, P.H., Z.H. Xie, 2016. Detecting changes in future precipitation extremes over eight river basins in China using RegCM4 downscaling. *Journal of Geophysical Research: Atmospheres,*121(12):6802～6821.

Qin, P.H., Z.H. Xie, 2017. Precipitation extremes in the dry and wet regions of China and their connections with the sea surface temperature in the eastern tropical Pacific Ocean. *Journal of Geophysical Research: Atmospheres*,122.

Sillmann, J., V.V. Kharin and X. Zhang, *et al*., 2013a. Climate extremes indices in the CMIP5 multimodel ensemble: Part 1. Model evaluation in the present climate. *Journal of Geophysical Research: Atmospheres*,118(4):1716～1733.

Sillmann, J., V.V. Kharin and F.W. Zwiers, *et al*., 2013b. Climate extremes indices in the CMIP5 multimodel ensemble: Part 2. Future climate projections. *Journal of Geophysical Research: Atmospheres,*118(6):2473～2493.

Taylor, K.E., R.J. Stouffer and G.A. Meehl, 2012. An Overview of CMIP5 and the Experiment Design. *Bulletin of the American Meteorological Society*,93(4):485～498.

Wang, X.X., D.B. Jiang and X.M. Lang, 2017a. Future extreme climate changes linked to global warming intensity. *Science Bulletin*,62(24):1673～1680.

Wang, Y.J., B.T. Zhou and D.H. Qin, *et al.*, 2017b. Changes in Mean and Extreme Temperature and Precipitation over the Arid Region of Northwestern China: Observation and Projection. *Advances in Atmospheric Science,*34(3):289～305.

Xin, X.G., T.W. Wu, J. Zhang., 2013. Introduction of CMIP5 experiments carried out with the climate system models of Beijing Climate Center. *Advances in Climate Change Research*,4(1):41～49.

Xu, Y., X.J. Gao and F. Giorgi, *et al.*, 2018. Projected Changes in Temperature and Precipitation Extremes over China as Measured by 50-yr Return Values and Periods Based on a CMIP5 Ensemble. *Advances in Atmospheric Science*,35(4):376～388.

Zhang, X.B., L. Alexander and G.C. Hegerl, *et al.*, 2011. Indices for monitoring changes in extremes based on daily temperature and precipitation data. *WIREs Climate Change*,2(6):851～870.

Zhou, T.J., X.L. Chen and L. Dong, *et al.*, 2014. Chinese contribution to CMIP5: An overview of five Chinese models' performances. *Journal of Meteorology Research*,28(4):481～509.

程志刚、张渊萌、徐影："基于 CMIP5 模式集合预估 21 世纪中国气候带变迁趋势"，《气候变化研究进展》，2015 年第 11 卷第 2 期。

郭彦、董文杰、任福民等："CMIP5 模式对中国年平均气温模拟及其与 CMIP3 模式的比较"，《气候变化研究进展》，2013 年第 9 卷第 3 期。

国家气候中心："中国地区气候变化预估数据集 V3.0 使用说明"，2012 年 12 月。

唐彦丽、俞永强、李立娟等："FGOALS-g 模式及其参与 CMIP6 的方案"，《气候变化研究进展》，2019 年第 15 卷第 5 期。

张莉、吴统文、辛晓歌等："BCC_CSM 模式对热带降水年循环模态的模拟"，《大气科学》，2013 年第 37 卷第 5 期。

张艳武、张莉、徐影："CMIP5 模式对中国地区气温模拟能力评估与预估"，《气候变化研究进展》，2016 年第 12 卷第 1 期。

赵宗慈、罗勇、黄建斌："CMIP6 的设计"，《气候变化研究进展》，2016 年第 12 卷第 3 期。

周天军、邹立维："IPCC 第五次评估报告全球和区域气候预估图集评述"，《气候变化研究进展》，2014 年第 10 卷第 2 期。

周天军、邹立维、陈晓龙："第六次国际耦合模式比较计划（CMIP6）评述"，《气候变化研究进展》，2019 年第 15 卷第 5 期。

第十六章　海平面数据

自 20 世纪 80 年代以来，气候变化与海平面上升逐渐成为国内外科学研究的热点问题。在卫星测高技术出现前，验潮站数据是分析和预测海平面变化的主要数据。利用长序列验潮站数据和卫星观测数据重构海平面历史数据序列，可用于认识和分析海平面长期变化趋势。基于对过去和现在的气候与海平面变化的认知，采用数值模拟的方式计算获得的海平面预估结果是研究和预测未来海平面变化的重要数据，如国际耦合模式比较计划（Coupled Model Intercomparison Project, CMIP）的海平面预估数据等。

本章在收集和整理国内外海平面相关公开数据的基础上，通过对比分析，重点从数据的种类、分辨率、可获取性等方面，评估了中国气候变化未来预估方面海平面科学数据的质量和服务情况，为提高海平面等气候变化未来预估方面的科学数据建设能力提供参考。评估结果显示：中国海平面观测预测及数据管理体系逐步完善。目前中国已建立了基于验潮站和卫星的海平面观测网络，形成了完善的海平面观测数据质控技术体系，以及均一化的海平面数据集，能够合理反映全球、中国近海及沿海的海平面时空变化特征。基于优选的地球系统模式对中国近海的集合预测，以及考虑地面沉降的中国沿海相对海平面上升预测较为成熟。相关海平面数据服务范围不断扩大，业务支撑能力逐步提升，海平面历史变化和未来预测数据在沿海防灾减灾、气候变化研究等领域得到广泛应用。

一、科学数据情况

中国的海平面观测历史可追溯至 1860 年，20 世纪初开始系统的海平面观测，21 世纪以来观测能力得到迅速提升。随着海洋防灾减灾工作的深入，海平面观测站点逐步增加，站点布局日趋合理，并在海洋站安装全球导航卫星系统（Global Navigation Satellite System, GNSS）设备监测地面沉降等。至 2019 年，中国海平面观测站网共有 100 余个海洋站，较完整的观测资料序列自 1942 年开始，积累了 2 000 余站年的观测资料。重要的长期验潮站包括塘沽、烟台、青岛、吴淞、厦门和广州等，站点空间分布较为均匀，长期海平面观测站点代表性较好。此外，在开展相关评估分析工作时除使用了国家海洋观测站网中的资料外，也使用了地方和其他部委的相关站点资料。

全球海平面观测系统（Global Sea Level Observing System, GLOSS）是联合国教科文组织（United Nations Educational, Scientific and Cultural Organization, UNESCO）下属的政府间海洋学委员会（Intergovernmental Oceanographic Commission, IOC）于 1985 年设立的，目标是构建高质量的全球海平面观测网络，并为科研和业务化工作提供支撑。目前 GLOSS 网络有 1 500 多个站点，其中核心网（The GLOSS Core Network, GCN）包括约 300 个站点。中国于 1985 年加入 GLOSS，是该组织的创始成员国之一，目前有六个长期海平面观测站加入该系统。20 世纪 90 年代起，GLOSS 还与 GNSS 合作开展验潮站地面垂直运动的连续观测，提高海平面观测的准确性（UNESCO/IOC，2012）。

卫星高度计观测解决了验潮站分布的地域局限，扩大了数据采集的区域，可以获取全球多达 90%的无冰海洋的海面高度数据。卫星测高技术自 20 世纪 60 年代被正式提出之后，美国就开始研制测高卫星，并于 1973 年 5 月成功发射了第一颗原理实验性测高卫星 Skylab。至今，世界上已相继实施了十几项卫星测高计划。国际上的 Seasat、Geosat、ERS-1、TOPEX/Poseidon、ERS-2、Jason-1、Envisat、Jason-2 等测高卫星相继成功发射，并于 1992 年开始向全球提供连续厘米级的海平面观测产品。中国于 2011 年发射了第一颗海洋动力环境卫星 HY-2A，2018 年成功发射了 HY-2B，实现了对海面高度场、风场、浪场等重要海洋参数的连续观测。目前，由法国哥白尼海洋环境监测服务提供近实时全球海平面多卫星融合网格化海平面异常数据，该产品融合了 Jason-3、HY-2A（海洋二号）、T/P 等 11 套卫星高度计观测数据，其中 HY-2A 卫星于2012年11月被纳入欧洲多任务融合系统。该产品数据时间范围为1993 年 1 月至今，空间分辨率为 0.25 度×0.25 度（Chambers *et al.,*2017）。

一些学者利用长序列验潮站数据和卫星观测数据，重构了全球平均海平面的网格化历史数据序列，对认识和分析海平面的历史长期趋势变化发挥了重要作用。被广泛使用的成果包括：1. 通过数据融合技术合并了卫星高度计观测的静态空间模式和验潮站的时间信息，得到全球海平面变化曲线（Church, 2011; Ray, 2011）；2. 将各单独验潮站的速率叠加得到的区域海平面变化曲线进行平均，得到全球海平面变化的重构曲线（Wenzel, 2010；Calafat, 2014；Jevrejeva, 2014）；3. 集成分析验潮站数据与模式模拟结果得到海洋动力学、冰川均衡调整、冰体融化和其他因子的空间图谱，用于分析计算全球海平面变化速率（Hay, 2015）；4. 还有研究者提出了一种考虑海洋体积再分配、陆地垂直运动局地观测和测量基准变化等因素的全球海平面重构方法。该方法基于面积加权平均技术和校正技术，通过剔除验潮站数据的水准变化以及分区域平均，消除验潮站数据的区域性变化，得到较为真实的全球海平面变化（Dangendorf, 2017）。

随着对海平面上升机理认识的深入和计算机技术的发展，海平面数值预测方面取得了长足的进展，很多关于海面高度的研究都是采取模式结果与观测结果相结合的分析方法。早期的海面高度变化数值模拟，单纯利用海洋模式将海气边界层的动量、热通量和淡水通量以强迫场的形式加到海洋中，而目前的研究主要使用海气耦合模式进行数值模拟。

近年来，中国一些科研机构参加了世界气候研究计划（World Climate Research Programme, WCRP）组织实施的国际耦合模式比较计划（CMIP），并提交未来气候预测的模式输出结果，其中包含了海平面未来预测数据（O'Neill *et al.*, 2014）。CMIP 计划制定于 1995 年，是支撑历次政府间气候变化专门委员会（Intergovernmental Panel on Climate Change, IPCC）科学评估报告编写的重要数据来源。CMIP 计划实施以来发展迅速，主要经历了六个阶段，目前可以获取的海平面预估数据主要来自于 2013 年起实施的 CMIP5（Zhou *et al.*, 2014）和 2017 年起实施的 CMIP6（赵宗慈等，2016）。

中国学者利用 CMIP5 模式结果进行集合预测，根据不同温室气体排放情景典型浓度路径（Representative Concentration Pathways, RCPs）情景下（Taylor *et al.*, 2012）未来动力海平面和全球平均比容海平面变化的模拟数据，考虑格陵兰冰盖融化、南极冰盖融化、冰川冰帽融化、陆地水等质量贡献（Slangen *et al.*, 2012；Slangen *et al.*, 2014；Carson *et al.*, 2015），刻画了中国近海及各海区海平面在 21 世纪的变化趋势，并计算得到未来相对 1986～2005 年平均值的上升值。此外，考虑气候变暖情景的中国近海海平面半经验预测方法（李响等，2011），以及考虑地面沉降的中国沿海相对海平面上升预测方法（王慧等，2018）得了进一步发展，并应用于海平面预测产品制作。

来源于中国机构的海平面数据基本信息及数据源见表 16–1，来源于国外机构的数据产品基本信息及数据源见表 16–2。

二、数据的质量情况

海平面观测资料的质量直接影响海洋与气候分析的准确性，同时也影响海洋与气候变化监测和预测工作的业务质量与研究水平的提高。为保证海平面观测资料的准确性，已形成从数据源到数据序列产品的完备的质量控制和

表 16–1　来源于中国机构的海平面数据分布情况

数据集名称	性质/内容	版权归属及贡献者	维护机构	数据集来源/网址	可获取性
中国海平面逐时观测数据[①]	中国月平均水位延时数据格式是美国信息交换标准代码（American Standard Code for Information Interchange, ASCII）格式。包括自 2000 年 1 月以来的数据，并经过解码、格式检查、代码转换、标准化、自动质量控制、可视化检查、校准等处理，形成标准化数据集。其中，质量控制包括范围检验、非法码检验、相关性检验、季节性检验、站代码检验和可视化图形检验等，该数据每月更新一次。	国家海洋信息中心	国家海洋信息中心	国家海洋科学数据共享服务平台（http://mds.nmdis.org.cn/）	注册访问
海洋二号 B 卫星数据产品[②]	海洋二号 B 卫星（HY-2B）主要观测要素包括：海面风场、海面高度、有效波高、重力场、大洋环流和海面温度；观测范围：全球连续观测，实时观测区域为东经 100～150 度、南纬 5 度～北纬 50 度。	国家卫星海洋应用中心	国家卫星海洋应用中心	中国海洋卫星数据服务系统（http://osdds.nsoas.org.cn/）	注册访问
海平面数据产品[③]	海洋站数据。中国 13 个海洋台站海平面数据，采用 ASCII（字符）格式。1999 年 5 月至今，数据每月更新一次。气候变化统计产品。海平面和气候变化月报，每月更新一次。	全球海洋和海洋气候资料中心/中国中心	国家海洋信息中心	全球海洋和海洋气候资料中心服务系统（http:// www.cmoc-china.cn/）	注册访问
中国海平面预测数据[④]	中国全海域、各海区及各省（自治区、直辖市）沿海海平面预测数据产品，1997～2019 年，气候变化统计产品，中国海平面公报，每年更新一次。	国家海洋信息中心	国家海洋信息中心	国家海洋科学数据共享服务平台（http://mds.nmdis.org.cn/）	注册访问
中国海平面集合预估数据[⑤]	基于 CMIP5 中 21 个模式的中国近海，以及渤黄海、东海、南海未来海平面变化集合预估产品，时间范围为 2006～2100 年	国家海洋信息中心	国家海洋信息中心	国家海洋科学数据共享服务平台（http://mds.nmdis.org.cn/）	注册访问

续表

数据集名称	性质/内容	版权归属及贡献者	维护机构	数据集来源/网址	可获取性
CMIP5海平面预估数据⑥	CMIP5 提供全球 28 个模式海平面预估模拟结果，其中包含中国 4 家科研机构的 5 个模式模拟结果。海平面预估数据的未来预测 RCP 情景时间范围为2006～2300 年。	国家气候中心、中科院大气物理所、北京师范大学、自然资源部第一海洋研究所	国际耦合模式比较计划（CMIP）	https://esgf-node.llnl.gov/projects/cmip5	注册访问
CMIP6海平面预估数据⑦	CMIP6 提供全球 100 余个模式模拟结果，其中包含中国 9 家科研机构的 13 个模式模拟结果。海平面预估数据的未来预测 SSP 情景时间范围为 2015～2300 年。	国家气候中心、北京师范大学、中科院大气物理所、自然资源部第一海洋研究所等 9 家机构	国际耦合模式比较计划（CMIP）	https://esgf-node.llnl.gov/projects/cmip6	注册访问

① 国家海洋信息中心，2019. 中国海平面逐时观测数据. http://mds.nmdis.org.cn [2019-11-21]。
② 国家卫星海洋应用中心, 2019. 海洋二号 B 卫星数据产品. http://osdds.nsoas.org.cn [2019-11-21]。
③ COMC/China, 2019. 海平面数据产品. http://www.cmoc-china.cn/ [2019-11-21]。
④ 国家海洋信息中心，2019. 中国海平面预测数据. http://mds.nmdis.org.cn/ [2019-10-21]。
⑤ 国家海洋信息中心，2019. 中国海平面集合预估数据. http://mds.nmdis.org.cn/ [2019-12-03]。
⑥ Coupled Model Intercomparison Project, 2015. CMIP5 海平面预估数据. https://esgf-node.llnl.gov/projects/cmip5/ [2019-11-21]。
⑦ Coupled Model Intercomparison Project, 2019. CMIP6 海平面预估数据. https://esgf-node.llnl.gov/projects/cmip6/ [2019-11-21]。

表 16–2　来源于国际机构的海平面数据分布情况

数据集名称	性质/内容	版权归属及贡献者	维护机构	数据集来源/网址	可获取性
海面高度数据产品[①]	卫星高度计融合海面高度产品，覆盖全球区域，此外还提供某些特定地区的产品：欧洲、地中海、黑海、墨西哥湾和西南印度洋。空间分辨率有 0.125 度×0.125 度、0.25 度×0.25 度、2 度×2 度。可用于全球和区域海平面的长期变化，季节变化和气候研究。	法国卫星海洋存档数据中心（Archiving Validation and Interpolation of Satellite Oceanographic Data, AVISO）	AVISO	https://www.aviso.altimetry.fr/es/data/products/sea-surface-height-products.html	注册访问
全球海平面观测数据[②]	全球约 1500 多个站点的潮位观测数据，其中核心网（GLOSS Core Network, GCN）包括约 300 个站点。数据实时更新。	政府间海洋学委员会（Intergovernmental Oceanographic Commission, IOC）	平均海平面永久服务（Permanent Service for Mean Sea Level, PSMSL）	https://www.gloss-sealevel.org	注册访问
CMIP5 海平面预估数据[③]	CMIP5 提供全球 28 个模式海平面预估模拟结果。海平面预估数据的未来预测 RCP 情景时间范围为 2006～2300 年。	国际耦合模式比较计划（CMIP）	国际耦合模式比较计划（CMIP）	https://esgf-node.llnl.gov/projects/cmip5	注册访问
CMIP6 海平面预估数据[④]	CMIP6 提供全球 30 多家科研机构的 100 余个模式模拟结果。海平面预估数据的未来预测 SSP 情景时间范围为 2015～2300 年。	国际耦合模式比较计划（CMIP）	国际耦合模式比较计划（CMIP）	https://esgf-node.llnl.gov/projects/cmip6	注册访问

① Archiving Validation and Interpolation of Satellite Oceanographic Data(AVISO), 2019. 海面高度数据产品. https://www.aviso.altimetry.fr/es/data/products/sea-surface-height-products.html[2019-11-21]。

② Global Sea Level Observing System (GLOSS), 2019. 全球海平面观测数据. https://www.gloss-sealevel.org/real-time-data-delivery [2019-11-21]。

③ Coupled Model Intercomparison Project, 2015. CMIP5 海平面预估数据. https://esgf-node.llnl.gov/projects/cmip5/ [2019-11-21]。

④ Coupled Model Intercomparison Project, 2019. CMIP6 海平面预估数据. https://esgf-node.llnl.gov/projects/cmip6/ [2019-11-21]。

资料核定体系。利用常规质控方法检验数据质量，通过业务化核定因站址变迁、环境改变、仪器更换、水尺变动和观测手段改变等引起的资料均一性问题，从源头查找数据异常的原因，开展数据的均一化订正，定期开展全国海洋站水准测量，形成连续稳定、基准统一的海平面序列数据集。订正后的海平面月均及年均资料序列能够科学反映海平面变化的长期趋势、周期性波动、季节变化特征等，以及局地区域的海平面变化特征，对于研究中国沿海以及西太的海平面及气候变化有着重要的意义（王慧等，2013）。

海平面预测数据方面，CMIP5 综合了数十种海气耦合模式对过去、未来气候及海平面变化进行模拟。模拟结果在一定程度上有相似性，但在很多方面也存在较大的差异，这反映了模式中存在着系统不确定性（周天军等，2014a）。参加 CMIP5 的模式输出海平面预估数据的水平分辨率状况见表 16–3，其中中国有五个气候系统模式参与了 CMIP5 的长期模拟试验、短期模拟试验。这五个模式在模拟气候系统平均态、从季节内振荡到厄尔尼诺—南方涛动（El Niño–Southern Oscillation, ENSO）年际变率、全球和东亚季风、以温度变化为主要特征的 20 世纪气候演变、主要的大气遥相关型等方面，都显示出较为合理的性能。其针对不同温室气体排放情景模拟的未来海平面预估数据，可为研究海平面变化提供数据参考（周天军等，2014b）。

对 CMIP5 模式模拟的海平面变化预测数据进行了检验与评估，通过对此 1993～2016 年验潮站观测数据以及卫星高度计数据，在 28 组模式中筛选出了 9 组对中国近海海平面变化状况模拟较好的模式，见表 16–3。

表 16–3 CMIP5 输出海平面预估结果的模式情况

序号	模式名称	所属科研机构	所属国家	分辨率	中国近海模拟结果较好
1	ACCESS1-0	联邦科学与工业研究组织—澳洲气象局	澳大利亚	0.6 度×1.0 度	✓
2	ACCESS1-3			0.6 度×1.0 度	
3	BCC_CSM1.1	国这气候中心	中国	0.8 度×1.0 度	
4	BCC_CSM1.1(m)	国家气候中心	中国	0.8 度×1.0 度	
5	BNU-ESM	北京师范大学	中国	0.9 度×1.0 度	

续表

序号	模式名称	所属科研机构	所属国家	分辨率	中国近海模拟结果较好
6	CanESM2	加拿大气候模拟和分析中心	加拿大	0.9 度×1.4 度	✓
7	CCSM4	国家大气研究中心	美国	0.6 度×0.9 度	
8	CNRM-CM5	国家气象研究中心	法国	0.6 度×1.0 度	✓
9	CSIRO-Mk3-6-0	联邦科学与工业研究组织—昆士兰州气候变化中心	澳大利亚	1.9 度×0.9 度	
10	FGOALS-g2	大气科学和地球流体力学数值模拟国家重点实验室	中国	0.9 度×1.0 度	
11	FGOALS-s2	大气科学和地球流体力学数值模拟国家重点实验室	中国	0.9 度×1.0 度	
12	GFDL-CM3	国家海洋大气管理局地球流体力学实验室	美国	0.9 度×1.0 度	✓
13	GFDL-ESM2G			0.9 度×1.0 度	
14	GFDL-ESM2M			0.9 度×1.0 度	
15	GISS-E2-R	美国宇航局戈达德太空研究所	美国	1.0 度×1.3 度	
16	HadGEM2-ES	英国气象局哈德莱中心	英国	0.9 度×1.0 度	✓
17	INMCM4	计算数学研究所	俄罗斯	0.5 度×1.0 度	✓
18	IPSL-CM5A-LR	皮埃尔·西蒙·拉普拉斯学院	法国	1.2 度×2.0 度	
19	IPSL-CM5A-MR			1.2 度×2.0 度	
20	MIROC5	大气海洋研究所、海洋科学技术中心、国家环境研究所等	日本	0.8 度×1.4 度	
21	MIROC-ESM			0.7 度×1.2 度	✓
22	MIROC-ESM-CHEM			0.7 度×1.2 度	✓
23	MPI-ESM-LR	马普气象研究所	德国	0.8 度×1.4 度	
24	MPI-ESM-MR			0.8 度×1.4 度	
25	MRI-CGCM3	日本气象局气象研究所	日本	0.5 度×1.0 度	
26	NorESM1-M	挪威气候中心	挪威	0.5 度×1.1 度	✓
27	NorESM1-ME			0.5 度×1.1 度	
28	FIO-ESM	自然资源部第一海洋研究所	中国	0.9 度×1.0 度	

CMIP6 阶段的执行期为 2017～2020 年，目前正在开展的 CMIP6 计划中，全球共有超过 30 个研究团队的 70 多个模式参加（Eyring, *et al.*， 2014；周天军等，2019）。中国大陆共有 8 家科研机构参与，在研的气候/地球系统模式已经达到 10 个。截至 2019 年 9 月只有部分机构上传了海平面预估模拟结

果，目前还不能有效判断这些数据的质量情况。

三、数据服务状况

目前，自然资源部已经建立了较为完善的中国海平面观测和预测数据服务体系。海平面的台站观测数据和卫星遥感数据可在相应的网站注册下载。同时，每年发布《中国海平面公报》，公布中国沿海各海区和各沿海省市未来30年的海平面上升幅度预测结果（自然资源部，1989～2019年）。海平面历史变化和未来预测数据能够合理反映全球、中国近海及沿海的海平面时空变化特征，在沿海防灾减灾、气候变化研究等领域得到广泛应用。

中国一些科研机构制作的海平面模式预估数据集可在CMIP官方网站及相应节点注册下载，建议这些科研机构将其最新的CMIP6海平面变化模式预估结果发布到国内的相应网站上，并进一步提升产品的服务能力。

参考文献

Calafat, F. M., D. P. Chambers and M. N. Tsimplis, 2014. On the ability of global sea level reconstructions to determine trends and variability. *J Geophys Res*, 119.

Carson, M., A. Kohl, D. Stammer, *et al.*, 2015. Coastal sea level changes,observed and projected during the 20th and 21st century. Climate Dynamics.

Chambers D. P., A. Cazenave, N. Champollion, *et al.*, 2017. Evaluation of the Global Mean Sea Level Budget between 1993 and 2014. *Surv. Geophys*, 38(1).

Church, J. A., N. J. White, 2011. Sea-Level Rise from the Late 19th to the Early 21st Century. *Surveys in Geophysics*, 32(4).

Dangendorf, S., M. Marcos, G.Wöppelmann, *et al.*, 2017. Reassessment of 20th century global mean sea level rise. *Proceedings of the National Academy of Sciences of the United States of America*, 114(23).

Eyring, V., S. Bony, G. A.Meehl, *et al.*, 2016. Overview of the Coupled Model Intercomparison Project Phase 6 (CMIP6) experimental design and organization. *Geoscientific Model Development*, 9(5).

Hay, C. C., E. Morrow, R. E. Kopp, and J. X. Mitrovica, 2015. Probabilistic reanalysis of twentieth-century sea-level rise. *Nature*, 517(7535).

Jevrejeva, S., J. Moore, A. Grinsted, A, *et al*., 2014. Trends and acceleration in global and regional sea-levels since 1807. *Global and Planetary Change*, 113.

O'Neill, B. C., C. Tebaldi, D. P. van Vuuren, *et al*., 2016. The Scenario Model Intercomparison Project (ScenarioMIP) for CMIP6. Geosci. Model Dev., 9.

Ray, R. D., and B. C. Douglas, 2011. Experiments in reconstructing twentieth-century sea-levels. *Progress in Oceanography*, 91(4).

Slangen, A. B. A., C. A. Katsman, R. S. W. van de Wal, *et al*., 2012. Towards regional projections of twenty-first century sea-level change based on IPCC SRES scenarios. Clim. Dyn., 38.

Slangen, A. B. A., M. Carson, C. A. Katsman, R. S. W. van de Wal, *et al*., 2014. Projectingtwenty-firstcenturyregional sea-level changes. Clim. Chang., 124(1～2).

Taylor, K. E., R. J. Stouffer, and G. A. Meehl, 2012. An Overview of CMIP5 and the Experiment Design. Bulletin of the American Meteorological Society, 93.

UNESCO/IOC, 2012. Global Sea-Level Observing System (GLOSS) Implementation Plan-2012.

Wenzel, M., J. Schröeter, 2010. Reconstruction of regional mean sea level anomalies from tide gauges using neural networks. *J Geophys Res*., 115.

Zhou, T. J., 2014. Chinese contribution to CMIP5: An overview of five Chinese models' performances. Journal of Meteorology Research, 28(4).

李响、张建立、高志刚："中国近海海平面变化半经验预测方法研究"，《海洋通报》，2011年。

王慧、刘秋林、李欢："海平面变化研究进展"，《海洋信息》，2018年。

王慧、刘克修、范文静："渤海西部海平面资料均一性订正及变化特征"，《海洋通报》，2013年。

赵宗慈、罗勇、黄建斌："CMIP6的设计"，《气候变化研究进展》，2016年。

周天军、邹立维、吴波："中国地球气候系统模式研究进展：CMIP计划实施近20年回顾"，《气象学报》，2014a年。

周天军、邹立维："IPCC第五次评估报告全球和区域气候预估图集评述"，《气候变化研究进展》，2014b年。

周天军、邹立维、陈晓龙："第六次国际耦合模式比较计划（CMIP6）评述"，《气候变化研究进展》，2019年。

自然资源部（原国家海洋局）："中国海平面公报"，1989～2019年。

第五篇

气候变化相关经济社会数据

最近几十年来，气候变化通过极端天气给国民经济和人民生命财产造成了严重的损失，带来了一系列重大的环境和社会问题。为遏制气候变化的严峻趋势，世界各国先后承诺于本世纪中叶前后实现碳中和。本部分从经济社会科学数据、能源数据、温室气体排放三类经济和社会数据切入，从科学数据情况、数据的质量情况、数据的服务情况和建议几方面，全面、系统地评估了中国应对气候变化与实现碳中和的数据现状及其总体保障情况。评估结果显示：①经济社会科学数据。中国应对气候变化与实现碳中和相关经济社会科学数据主要以国家统计局和其他政府职能部门发布的中、宏观数据为主，以企业和其他科研院所、机构发布的特色数据或微观数据为辅，覆盖的时间周期长，涉及的经济变量丰富，已经形成了一定的数据基础。现有中国经济社会科学数据质量存在差异，主要体现在数据统计口径不一致、核算方法不统一、覆盖期间有差异、变量设计和分类法不一致等方面。其中官方发布的数据质量较高但数据颗粒度较大。企业和科研机构发布的特色数据质量差异大但数据颗粒度较小。现有数据服务建设不足，多数数据集需要烦琐的获取操作，同时存在部分特色数据集获取难度大、成本高等情况。未来要提高中国经济社会科学数据的统计质量，规范指标设计和统计方法，扩大数据开放，倡议整合经济社会通用数据集并提高数据的时效性、扩大数据的覆盖面。此外，随着互联网技术的快速发展和互联网经济的不断壮大，有必要考虑互联网经济和行为框架下的气候变化影响，因此建议开放和共享相关经济统计数据和指标，夯实研究中国问题的数据基础。②能源数据。中国应对气候变化与实现碳中和相关能源数据主要以国家统计局发布为主，其他政府机构、行业协会、大型企业辅之。不同层面数据因统计口径和核算方法不一致，数据质量存在差异和不一致情况。未来能源数据建设应着重提高数据覆盖面和数据质量，并加强数据的系统性、可比性、及时性和开放性。③温室气体排放数据。中国温室气体排放数据工作起步较晚，但发展迅速，已建立起中国的核算体系和数据库体系。国际相关数据库提供了包括中国在内的多个国家和地区长达 50 年的时间序列数据，包括世界资源研究所数据库、国际能源署数据库、世界银行数据库、联合国气候变化框架公约数据库、美国能源信息管理局数据库、美国能源部数据库、欧盟联合研究中心和荷兰环境评估机构组成的数据库、欧洲环保署数据库。国内近期新建立起中国排放数据核算数据库及中国高分辨率碳排放清单，温室气体种类及排放源尚需完善和补充。在遥感数据方面，中国于 2016 年发射了碳卫星（TanSat），目前官方已提供一级数据产品，相关机构基于卫星观测数据建立卫星反演碳数据库的工作还在进行中。建议在数据基础能力建设方面继续加大力度，集中优势力量，完善系统、科学的 CO_2 及其他温室气体排放及排放因子数据库及卫星反演碳浓度数据库，并通过多来源、高时空分辨率的数据相互印证，为国内科学研究及国际气候变化谈判提供强有力的支撑。

第十七章　经济社会科学数据

随着应对气候变化以及实现碳中和逐渐成为全社会共同关注的重大问题，针对气候变化、适应性方案以及碳中和进程对经济、社会潜在影响的评估变得尤为重要。科学的评估需要以大量的经济、社会和其他相关维度的信息、数据为基础。在经济和社会研究领域，一大批活跃的国内外组织机构、企业、研究者贡献了诸多极具价值的数据集。其中，国外数据源和国内数据源在不同尺度、不同分析对象和研究问题上相互配合，为形成综合性、事实化的评估提供了坚实的基础。

目前，气候变化对经济、社会可能产生的影响囊括了气候变化风险（自然灾害等）评估、适应和减缓方案评估、不同情景下的气候变化成本收益计算、气候变化不确定性的测算和气候变化影响的周期性预测、从微观到宏观的各项经济分析等；碳中和进程则可能对现有的能源体系、产业结构、生产生活方式等经济社会的各方面产生深远影响。这些都需要高质量的数据输入来提供支撑，如经济社会发展综合维度的数据、特定经济部门的发展数据、创新和技术发展数据、微观层面的统计数据和国家间社会经济数据等。本章主要从经济、社会、科技、外贸和微观统计五个层面，区分国内、国外不同来源，评估有关气候变化与碳中和相关的经济社会数据集，并且比较了不同数据之间存在的时间跨度、统计周期、统计对象和数据口径等误差，以及在使用数据集的过程中需要了解的数据特性和注意事项等，以期为提高中国气候变化与碳中和相关的经济社会数据的建设和推广提供参考。评估结果显示：①中国经济社会科学数据主要以国家统计局和其他政府职能部门发布的中、宏观数据为主，以企业和其他科研院所、机构发布的特色数据或微观数据为辅，覆盖的时间周期长、涉及的经济变量丰富，已经形成了一定的数据基础。②现有中国经济社会科学数据质量存在差异，主要体现在数据统计口径不一致、核算方法不统一、覆盖期间有差异、变量设计和分类法不一致等方面。其中官方发布的数据质量较高但数据颗粒度较大；企业和科研机构发布的特色数据的数据颗粒度较小，但质量差异大。③现有数据服务建设不足，多数数据集需要烦琐的数据获取操作程序，同时存在部分特色数据集获取难度大、成本高等情况。④未来要提高中国经济社会科学数据的统计质量，规范指标设计和统计方法，扩大数据开放，倡议整合经济社会通用数据集并提高数据的时效性、扩大数据的覆盖面。此外，随着互联网技术的快速发展和互联网经济的不断壮大，有必要考虑在互联网经济和行为框架下的气候变化影响，因此，建议开放和共享相关经济统计数据和指标，夯实研究中国问题的数据基础。

一、数据的总体情况

经济社会科学领域的研究长期以来处于活跃状态，在全球范围内不同领域、不同规模、不同应用的多种优秀数据库不断涌现，组成了内容丰富的经济社会科学数据大类（表 17–1，表 17–2）。按照数据库的主要功能和数据内容，本部分先按国外来源和国内来源将数据集分为两个板块，板块内的经济社会科学数据具体可分为五类：①经济社会综合数据；②产业数据；③技术专利数据；④微观统计数据；⑤外贸数据。目前，与气候变化直接相关的具有特色、形成规模、系统完整的经济社会数据集和数据库尚未形成。以下是相关数据库的整体概况：

表 17–1　来源于国际机构的经济社会科学数据分布情况

数据大类	名称	数据主体	版权归属及贡献者	数据集来源/网址	可获取性
综合数据库	全球贸易分析项目（Global Trade Analysis Project, GTAP）数据库[①]	包含以下几种数据： 140 个地区和 57 个产业部门； 2004～2011 年的宏观数据； 2011 年的双边商品交易数据； 2007～2011 年的贸易保护数据； 1995～2013 年的新的时间序列双边贸易数据； 2004 年、2007 年和 2011 年双边服务贸易数据； 2004 年、2007 年和 2011 年 经济合作与发展组织（Organisation for Economic Co-operation and Development, OECD）国家国内补贴数据； 关税税率的分解； 各类劳动力技能数据	美国普渡大学	https://www.gtap.agecon.purdue.edu	付费
	世界银行公开数据[②]	包含以下几种数据： 1960～2017 年世界发展指标年度数据； 不同地区和时期的调查数据/普查数据； 不同年度和地区的金融发展数据	世界银行	https://data.worldbank.org.cn	公开
	Eora 全球投入产出表数据库[③]	包含四类数据： 189 个国家的投入产出数据（1990～2013 年）； 排放卫星账户数据库； 人口经济数据库； 碳足迹数据库	KGM & Associates	http://worldmrio.com	公开
	全球投入产出表数据库[④]	包含 2013 年和 2016 年发布的不同版本的世界投入产出数据以及社会经济账户、环境账户等	全球投入产出表项目组	http://www.wiod.org/home	公开

续表

数据大类	名称	数据主体	版权归属及贡献者	数据集来源/网址	可获取性
综合数据库	联合国贸易和发展会议统计数据库[⑤]	包含九类数据： 国际货物和服务贸易数据； 经济统计数据； 外商直接投资数据； 外部金融资源数据（移民汇款）； 人口数据； 长期商品价格数据； 信息经济数据； 创意经济数据； 海运数据。 覆盖几乎全世界全部国家和地区，最早的时间序列数据可追溯到 1948 年	联合国贸易和发展会议	http://unctadstat.unctad.org/wds/ReportFolders/reportFolders.aspx?sCS_ChosenLang=en	公开
	世界综合贸易解决方案数据库[⑥]	包含来自联合国贸易统计数据库、联合国贸易和发展会议、世界贸易组织、世界银行等机构和数据库的整合数据	世界银行	https://wits.worldbank.org	公开
	世界贸易组织贸易和关税数据库[⑦]	包含货物贸易、服务贸易、关税、非关税措施和全球价值链等多个数据集	世界贸易组织	https://www.wto.org/english/res_e/statis_e/statis_e.htm	公开
人口数据	全球贸易分析项目（Global Trade Analysis Project, GTAP）数据库[⑧]	各类劳动力技能数据	美国普渡大学	https://www.gtap.agecon.purdue.edu	付费
技术数据库	世界专利统计数据库[⑨]	包括专利、商标、工业设计和实用新兴专利数据，大部分数据从 1980 开始收录；PCT、马德里和海牙数据库系统中的数据收录自 2004 年	世界知识产权组织	https://www3.wipo.int/ipstats/index.htm	公开

续表

数据大类	名称	数据主体	版权归属及贡献者	数据集来源/网址	可获取性
总体经济数据库	联合贸易数据库[⑩]	包含几类数据： 国际货物贸易历史数据； 国际货物贸易年度统计数据； 国际服务贸易年度统计数据； 国际旅游统计数据等	联合国	https://comtrade.un.org	公开

① 美国普渡大学全球贸易分析中心, 2019. GTAP 10 Data Base. https://www.gtap.agecon.purdue.edu/databases/v10/index.aspx [2019-9-12]。

② 世界银行公开数据, 2019, World Bank Open Data. https://data.worldbank.org/ [2019-9-11]。

③ KGM & Associates Pty. Ltd., 2019. The Eora Global Supply Chain Database. https://worldmrio.com/ [2019-9-11]。

④ 欧盟世界投入产出数据库项目, 2016. World Input Output Database, 2016 Release. http://www.wiod.org/release16 [2019-9-11]。

⑤ 联合国贸易和发展会议, 2019. UNCRADSTAT. https://unctadstat.unctad.org/wds/ReportFolders/reportFolders.aspx?sCS_ChosenLang=en [2019-9-12]。

⑥ 世界银行, 2019. World Integrated Trade Solution. https://wits.worldbank.org/ [2019-9-11]。

⑦ 世界贸易组织, 2019. Trade and tariff data. https://www.wto.org/english/res_e/statis_e/statis_e.htm [2019-9-11]。

⑧ 美国普渡大学全球贸易分析中心, 2019. GTAP 10 Data Base. https://www.gtap.agecon.purdue.edu/databases/v10/index.aspx [2019-9-12]。

⑨ 世界知识产权组织, 2019. IP and technology databases. https://www.wipo.int/reference/en/ [2019-9-12]。

⑩ 联合国经济和社会事务统计司, 2019. UN Comtrade Database. https://comtrade.un.org/ [2019-9-11]。

表 17–2　来源于中国机构的经济社会科学数据分布情况

数据大类	名称	数据主体	版权归属及贡献者	数据集来源/网址	可获取性
综合数据库	国家统计局国家数据[1]	包含六种数据： 年度数据； 季度数据； 月度数据； 普查数据； 地区数据； 部门数据	中国国家统计局	http://data.stats.gov.cn	公开
	司尔亚司数据信息有限公司数据库[2]	包含不同时期的全球数据库和世界趋势数据库：全球数据库中包含各国国家水平上的关键经济指标，包括18个宏观经济指标和14个行业指标；世界趋势数据库中包含经济基准数据和可供预测的全球经济监测和东盟经济监测数据	司而亚司数据信息有限公司	https://www.ceicdata.com/en	付费
	万得数据库（Wind资讯）[3]	包含两大类数据： 金融数据（包括股票、债券、商品、外汇、基金、指数等）； 宏观经济数据	万得信息技术股份有限公司	http://www.wind.com.cn/Default.aspx	付费

续表

数据大类	名称	数据主体	版权归属及贡献者	数据集来源/网址	可获取性
综合数据库	中国经济与社会发展统计数据库[④]	包含七种数据： 统计年鉴（包括中央级、省级、地方级、行业等）； 进度数据； 年度数据； 行业数据； 国际数据； 地区数据； 部门产业发展数据	中国知网	http://data.cnki.net	付费
人口数据	中国家庭追踪调查[⑤]	包含2010年、2011年、2012年、2014年、2016年的调查数据（包括初访和追访）	北京大学	http://www.isss.pku.edu.cn/cfps	公开
	中国健康与养老追踪调查[⑥]	包含2011年、2012年、2013年、2014年、2015年的调查数据	北京大学	http://charls.pku.edu.cn/zh-CN/page/about/CHARLS	公开
	中国营养与健康调查[⑦]	包含1989年、1991年、1993年、1997年、2000年、2004年、2006年、2009年、2011年、2015年的追踪调查数据	中国疾病预防控制中心营养与食品安全所、北卡罗来纳大学人口中心	https://www.cpc.unc.edu/projects/china/data	公开
	中国综合社会调查[⑧]	包含2003年、2005年、2006年、2008年、2010年、2011年、2012年、2013年、2015年的调查数据	中国人民大学中国调查与数据中心	http://cnsda.ruc.edu.cn/index.php?r=projects/index	公开
技术数据库	专利检索及分析数据库[⑨]	包含申请人、发明人、区域、专利内容、引证关系、所属分类等信息的专利数据；中国的专利数据包括1985年9月10日～2018年9月14日	国家知识产权局	http://www.pss-system.gov.cn/sipopublicsearch/portal/uiIndex.shtml	部分付费

续表

数据大类	名称	数据主体	版权归属及贡献者	数据集来源/网址	可获取性
总体经济数据库	投入产出表数据库⑩	包含中国1990年、1992年、1995年、1997年、2000年、2002年、2005年、2007年、2010年和2012年投入产出表	国家统计局、中国投入产出学会	http://www.stats.gov.cn/ztjc/tjzdgg/trccxh/zlxz/trccb/201701/t20170113_1453448.html	公开
产业经济数据库	中国工业企业数据库⑪	1995～2010年和2011～2013年（规模口径调整后）规模以上工业企业的经营数据，包含超过194个指标值	国家统计局（通过商业公司购买获取权限）	http://data.stats.gov.cn	付费
	中经网产业数据库⑫	包含宏观、农业、石油、煤炭、电力等24个行业的经济统计数据，统计频度分别是月度、季度和年度	中经网数据有限公司	http://cyk.cei.cn/aspx/Default.aspx	付费
	中宏产业数据库⑬	包含第一、二、三产业和综合性产业共71个产业部门的年度和月度数据	中宏智库（北京）经济咨询中心	http://mcin.macrochina.com.cn/MacroCy/login.html	付费

① 中国国家统计局, 2019. 国家统计局国家数据. http://data.stats.gov.cn/ [2019-9-11]。

② 司而亚司数据信息有限公司, 2019. CEIC 数据库. https://www.ceicdata.com/en [2019-9-11]。

③ 万得信息技术股份有限公司, 2019. 万得数据库（Wind 资讯）. https://www.wind.com.cn/ [2019-9-12]。

④ 中国知网, 2019. 中国经济与社会发展统计数据库.http://tongji.cnki.net/Kns55/brief/result.aspx. [2019-9-11]。

⑤ 北京大学中国社会科学调查中心, 2019. 中国家庭追踪调查. http://www.isss.pku.edu.cn/cfps/wdzx/sjwd/index.htm [2019-9-11]。

⑥ 北京大学, 2019. 中国健康与养老追踪调查. http://charls.pku.edu.cn/pages/data/111/zh-cn.html [2019-9-11]。

⑦ 中国疾病预防控制中心营养与食品安全所，北卡罗来纳大学人口中心, 2019. 中国营养与健康调查. https://www.cpc.unc.edu/projects/china [2019-9-12]。

⑧ 中国人民大学中国调查与数据中心, 2019. 中国综合社会调查. http://www.cnsda.org/ [2019-9-11]。

⑨ 国家知识产权局, 2019. 专利检索及分析数据库. http://www.pss-system.gov.cn [2019-9-11]。

⑩ 中国国家统计局，中国投入产出学会. 2019. 投入产出表数据库. http://www.stats.gov.cn/ ztjc/tjzdgg/trccxh/zlxz/trccb/201701/ t20170113_1453448.html [2019-9-11]。

⑪ 中国国家统计局, 2019. 中国工业企业数据库. http://microdata.stats.gov.cn/ [2019-9-11]。

⑫ 中经网数据有限公司, 2019. 中经网产业数据库. http://cyk.cei.cn/ [2019-9-12]。

⑬ 中宏智库（北京）经济咨询中心, 2019. http://mcin.macrochina.cn/MacroCy/login.html [2019-9-12]。

二、数据的质量情况

（一）经济社会综合数据

随着我国应对气候变化问题工作的推进，社会各界普遍关注气候变化对经济社会可能产生的一系列影响，现有利用宏观经济、投入产出等数据的成果逐渐丰富，因此本章主要整理部分重要的经济社会相关综合数据：

1. 国外部分：一为世界发展指标（World Development Indicators）数据库。世界发展指标数据库由世界银行整理发布，收录了包括 217 个经济体在内，从 1960～2017 年的多项指标，数据时间序列为主，涵盖了包括农业和食品安全、气候变化、经济增长、教育、环境和自然资源、能源和提取物等主题的指标数据。数据库按季度更新，提供多种格式的数据输出和接口获取，完全开放。数据库拥有较好的完整性和可比性。二为联合国贸易与发展会议（United Nations Conference on Trade and Development, UNCTAD）数据库。联合国贸易与发展会议数据库中收录了国际货物和服务贸易数据、经济统计数据、外商直接投资数据、外部金融资源数据（移民汇款）、人口数据、长期商品价格数据、信息经济数据、创意经济数据和海运数据共九大类 150 多项细分指标的数据集，数据集涵盖几乎全球所有国家和地区。大部分数据具有较长的统计频度且部分可追溯到 1948 年。数据开放获取，部分经济数据统计基期明确且可比，数据覆盖面广、完整性高。三为世界投入产出数据库（World Input-Output Database）。世界投入产出数据库是研究世界投入产出问题中应用极为广泛的数据库。数据库提供 2013 年和 2016 年发布的两个版本的投入产出数据，其区别在于不同的行业部门口径。其中，2013 年和 2016 年版本均包含社会经济账户部分数据，而环境账户数据仅包含在 2013 年版本中。2013 年版本数据集中包含 40 个经济体 35 个产业部门（ISIC Rev. 3），并采用 1993 年 SNA 体系编制。2016 年版本数据集中包含 43 个经济体 56 个产业部门（ISIC

Rev. 4）并采用 2008 年 SNA 体系编制。数据库提供开放获取，完整性程度高。四为 Eora 全球供应链数据库（Eora Global Supply Chain Database）。Eora 全球供应链数据库是一个全球多区域投入产出平衡表项目，数据库包含 190 个国家 15 909 个产业部门，数据统计跨度为 1990～2015 年，另外包含 2 720 条涵盖温室气体排放、劳动力投入、空气污染、能源使用、水资源投入、土地利用等环境指标的数据。数据库提供独立的国家投入产出表（Individual Country IO Tables）、标准化后的、包含卫星账户的 26 个部门全球多区域投入产出表（Eora26）和完全表（Full Eora）三项数据集。数据库完全开放，完整性高。

2. 国内部分：一为国家统计局数据库。国家统计局数据库是应用最为广泛的数据库之一，涵盖了一系列月度、季度、年度、普查、部门和中国统计年鉴等不同跨度的数据。数据指标包括国民经济核算、人口、就业、投资、贸易、能源、财政和分部门的各类数据。此外，国家统计局还提供普查数据，包括：第五次、第六次人口普查数据，第一、二、三次经济普查数据，第一、二、三次农业普查数据，第二次 R&D 资源清查，第三次工业普查，第一次三产普查等。国家统计局数据库是综合类数据中开放获取、支持多种格式输出且覆盖面广、规整性高的重要数据库。二为投入产出表数据库。由国家统计局与中国投入产出学会发布的《中国投入产出表》数据是国民经济核算和分析领域中最为重要的数据来源之一。其中，既包括 1990 年、1992 年、1995 年、1997 年、2000 年、2002 年、2005 年、2007 年、2010 年、2012 和 2015 年的中国投入产出表数据（其中，细分了不同产业部门分类数量的投入产出表），还包括 1987～2012 年间每五年发布的中国区域（地区）投入产出表。投入产出表数据集不仅是应用于宏观经济分析的重要基础，同时也是研究与行业发展和经济增长相关碳排放和气候变化问题的重要工具（陈诗一，2009）。中国投入产出数据可开放获取且完整性高，而区域间投入产出数据由国家统计局国民经济核算司编制发布，存在发布时间固定、完整性高的特点。三为中国经济与社会发展统计数据库。《中国经济与社会发展统计数据库》是由中国知网运营和发布，收录了中国 1 200 种曾出版的统计年鉴（资料）等，目前仍在连续出版的统计年鉴约有 150 种。其统计数据包括了国民经济核算、固定资产投资、人口与人力资源、人民生活与物价等各个领域的统计资料，收录年限最早可追溯到 1949 年。数据库支持多种格式的输出，更新周期约为两周工作日，数据库未提供开放获取权限，数据完整性高、性能优良。四为万得资讯（Wind）数据库。万得（Wind）资讯是以金融财经数据为核心的数据服务提供商。数据库内容涵盖股票、基金、债券、外汇、保险、期货、金融衍生品和现货交易等领域。数据按照其记录周期定期更新且频率较高。数据库提供终端工具访问、检索和获取数据，但数据库不提供开放获取，并且数据集可以通过多种格式和接口进行输出，因此，数据及时性强，且完整性高。五为 CEIC 数据库。CEIC 数据库由司而亚司数据信息有限公司发布，提供来自全球数据库、金砖五国数据库、世界趋势数据库和中国数据库的数据。其中，中国数据库包含超过 335 000 条的宏观经济、行业和地区数据。CEIC 数据库未提供公开获取权限，数据库较为完整、应用范围较为广泛。

（二）产业数据

1. 中国工业企业数据库：中国工业企业数据库是每年由国家统计局及其下属机构统计汇总全国所有规模以上工业企业上报统计部门的原始报表得到的数据样本，长期以来该数据库一直是国内学术研究使用最多的数据库之一。数据涵盖 1996～2013 年间全部规模以上工业企业（自 2011 年起，“规模以上”统计口径发生调整）的一系列经营指标数据，数据连续性、完整性和应用性较好。但是由于数据是企业上报的原始报表，因此可能存在诸多数据问题如系统误差、统计口径变动、关键指标缺失和虚假数据等（陈林，2018）。该数据库未提供公开获取数据的渠道。

2. 中经网产业数据库：中经网产业数据库由中国经济信息网运营，数据内容涵盖宏观、农业、煤炭、石油、电子、汽车等 24 个重点产业部门，并按照行业相关的生产、需求、外贸、价格、投资、效益等方面的进度和年度经济统计数据编制。数据库按其统计周期更新，数据完整性一般，不提供数据开放获取服务。

3. 中宏产业数据库：中宏产业数据库提供各行业固定资产投资、龙头企业情况、产品产量、进出口情况、主要财务指标等数据。年度数据的统计来源主要是各年度统计年鉴。数据库中月度数据一般为次月 30 日更新，年度一般为次年 6 月份更新，修订时间按各专题年鉴出版时间不同。数据库中数据样本连续可比、完整性较高，不提供开放获取服务。

（三）技术专利数据

减缓技术和适应技术是应对气候变化问题的两大技术抓手。随着节能减排领域技术创新的不断加快，相关专利数据已经成为分析气候变化问题与经济社会发展关联的重要视角（王班班等，2016）。本章重点梳理技术专利相关数据库，为后续有关节能减排技术相关研究提供一定的参考。

1. 国外部分：世界知识产权组织数据库由世界知识产权组织发布。数据库中包括从 PCT、马德里和海牙数据库中收录的专利等数据。收录的数据种类涵盖了专利、商标、工业设计和实用新型专利等，其中大部分数据可追溯至 1980 年，由 PCT、马德里和海牙数据库收录的数据可追溯至 2004 年。数据统计频度可分为年度、季度和月度。数据库提供开放获取，并支持良好的格式输出，完整性高、应用性强，并提供相关的检索和分析服务。

2. 国内部分：中国专利全文数据库由中国知网整理并发布，其中收录了从 1985 年至今的中国专利（共收录 2 100 万条）和 1970 年至今的国外专利（共收录 9 300 万条）。收录专利数据种类包括发明专利、外观设计和实用新型三个类型。数据字段包括申请号、申请日、公开号、公开日、专利名称、摘要、分类号、申请人、发明人、优先权等，并且可以通过上述字段进行检索。数据库中中国专利的更新周期为双周，国外专利按月更新。数据库不提供开放获取，可以通过多种方式输出数据结果。数据库完整性高、应用性强。

（四）人口数据

企业是工业经济的主体单位，居民是商品和服务消费的重要主体，因此关注微观主体问题同样是研究气候变化问题的一个重要视角。已有相关研究开始将宏观数据与微观数据相结合（张志强，2017），为气候变化和环境问题的相关研究提供更为丰富的结论。

1. 中国家庭追踪调查（China Family Panel Studies, CFPS）数据库：中国家庭追踪调查是由北京大学社会科学调查中（ISSS）实施的追踪调查项目。数据库中收录了 2010 年、2011 年、2012 年、2013 年、2014 年、2015 采集自 25 个省/市/自治区 16 000 个家庭户中的全部家庭成员的样本数据，数据主要关注中国居民的经济与非经济福利，涵盖了经济活动、教育成果、家庭关系和家庭动态、人口迁移、健康在内的多项研究主题。数据库包含社区问卷、家庭问卷、成人问卷和少儿问卷四种主体问卷。数据样本连续性强，数据覆盖范围广，具有很好的完整性。

2. 中国健康与养老追踪调查（China Health and Retirement Longitudinal Study, CHARLS）数据库：中国健康与养老追踪调查由北京大学国家发展研究院主持、北京大学中国社会科学调查中心与北京大学团委共同执行的大型跨学科调查项目，其涵盖了 2011 年、2013 年、2014 年和 2015 年在中国 28 个省、150 个县、450 个社区进行的调查访问数据。数据样本覆盖了 1.24 万户家庭中的 2.3 万名受访者。数据库包括受访者个人基本信息、家庭结构和经济支持、健康状况等一系列情况。数据库支持数据开放获取且能够以特定的格式进行输出。数据库具有较强的完整性和可比性。

3. 中国营养与健康调查（China Health and Nutrition Survey, CHNS）数据库：中国营养与健康调查数据库由中国疾控中心营养与食品安全所和北卡罗来纳大学人口中心联合主持并发布，数据库包含 1989 年、1991 年、1993 年、

1997 年、2000 年、2004 年、2006 年、2009 年、2011 年和 2015 年的追踪调查家庭/个人数据，数据内容涵盖了包括健康学、营养学、人口学、经济学和公共政策在内的多个领域内容，并且包括社区调查、家庭户调查、个人调查、健康调查、营养和体质测验以及食品市场调查及健康和计划生育调查等多种调查方式。除社区数据外的数据集均向社会开放，社区数据在签署保密协议的基础上可以公开获取。该数据库属于追踪调查数据，结构严密、内容丰富、完整性好。

4. 中国综合社会调查（Chinese General Social Survey）数据库：中国综合社会调查开始于 2003 年，由中国人民大学中国调查与数据中心负责执行，数据库包含 2003 年、2005 年、2006 年、2008 年、2010 年、2011 年、2012 年、2013 年的追踪调查数据。数据内容涵盖社会变迁、健康、家庭和教育等研究主题，提供社会、社区、家庭和个人多个层次的调查数据，并且数据可以按 STATA 和 SPSS 数据格式输出。数据库面向社会开放获取，数据完整性高。

（五）外贸数据

中国加入 WTO 以来，对外贸易供给快速增长，维持中国经济高速运转所需的能源几乎全部转化成了产品和服务，并且除去用作固定投资和国内消费的部分，作为“世界加工厂”，快速增长的外贸顺差同样也驱动了中国能源消费的快速增长（陈迎等，2008）。因此，有必要从中国贸易发展的视角关注其与气候变化的潜在关系，以下部分整理了包含中国在内的外贸统计数据来源：

1. 全球贸易分析项目（Global Trade Analysis Project, GTAP）数据库：全球贸易分析项目数据库是一个由普渡大学主导、全球多个研究机构和个人合作贡献的数据项目。项目不仅记录了从基期以来每年在世界各国间货物和服务贸易的流动量，还包含了双边贸易、交通部门和贸易保护等经济数据

（Walmsley *et al*., 2012）。数据包含三个基准年份：2004 年、2007 年和 2011 年。GTAP 数据库未提供数据开放获取服务，其良好的规整性为应用 CGE 等模型进行分析提供了良好的基础。

2. 联合国商品贸易（United Nations Commotidy Trade, UNCT）统计数据库：联合国商品贸易统计数据库是依托联合国的专司商品贸易统计的更为全面及详细的商品贸易数据库。数据库提供数据开放查询获取服务，并提供多种数据输出格式和行业编码，涵盖包括中国在内的 176 个国家和地区。数据每年更新，商品部门和种类分类较细，是商品贸易方面性能可靠且数据完整的数据库。

3. 世界贸易组织贸易和关税数据库（World Trade Organization Trade and Tariff Data）：世界贸易组织贸易和关税数据库提供了包括经济和贸易政策在内的多种数据集，涵盖货物贸易、服务贸易、关税、非关税措施、全球价值链（Global Value Chains）等多个数据集。其中商品贸易统计数据，包含从 1948 年、1980 年、2000 年开始的不同类型的进出口贸易统计年度或季度数据；服务贸易统计数据，包含从 2011 年开始的不同国家和地区、按收支平衡表划分的服务贸易年度数据。数据库还提供 WTO 成员国 HS2-8 分位商品关税数据。数据库中的数据可公开获取，并且在贸易和关税领域具有良好的规范性和完整性。

4. 世界综合贸易解决方案数据库（World Integrated Trade Solutions）：世界银行通过与联合国贸易与发展会议的合作，并且与国际贸易中心、联合国统计司和世界贸易组织磋商之后，在 UNCOMTRADE、UNCTAD 贸易分析信息系统、世界贸易组织汇总数据库、世界银行、国际商务中心和达特茅斯大学塔克商学院全球特惠贸易协定数据库等基础上，提供贸易和关税数据的获取和检索服务。数据库提供了汇总后的多种数据集，特色在于提供了关税和非关税措施以及对于其他经济发展指标的数据整合，整合后的数据集覆盖面较广，数据完整性较高。

三、数据服务状况

上述经济社会科学数据库中大部分数据库完全公开，部分综合、人口、产业数据库非公开，并且需要购买获取权限。上述数据库中的大部分数据均在学术界得到广泛的应用，数据服务效果较好。表 17–3 是上述数据库的开放服务状况概览：

表 17–3　经济社会科学数据服务状况

数据大类	名称	完整情况	开放政策
综合数据库、人口数据	全球贸易分析项目数据库	较完整	付费：230～5940 美元
	世界银行公开数据	较完整	公开
综合数据库	Eora 投入产出表数据库	较完整	公开
	世界投入产出表和基础数据库	较完整	公开
	联合国贸易和发展会议统计数据库	较完整	公开
	国家统计局国家数据	较完整	公开
	司尔亚司数据信息有限公司数据库	较完整	付费
	万得数据库	较完整	付费
	中国经济与社会发展统计数据库	较完整	非公开
	世界综合贸易解决方案数据库	较完整	公开
	世界贸易组织贸易和关税数据库	较完整	公开
人口数据	中国家庭追踪调查	较完整	公开
	中国健康与养老追踪调查	较完整	公开
	中国营养与健康调查	较完整	公开
	中国综合社会调查	较完整	公开
技术数据库	专利检索及分析数据库	较完整	部分公开
	世界专利统计数据库	较完整	公开
总体经济数据库	联合国贸易和发展会议贸易数据库	较完整	公开
	投入产出表数据库	较完整	公开
产业经济数据库	中国工业企业数据库	一般完整	付费
	中经网产业数据库	一般完整	付费
	中宏产业数据库	一般完整	付费

参考文献

Walmsley, T., A. Aguiar and B. Narayanan, 2012. Introduction to the global trade analysis project and the GTAP Data Base (No. 3965). Center for Global Trade Analysis, Department of Agricultural Economics, Purdue University.

陈林："中国工业企业数据库的使用问题再探"，《经济评论》，2018 年 6 月。

陈诗一："能源消耗、二氧化碳排放与中国工业的可持续发展"，《经济研究》，2009 年第 4 期。

陈迎、潘家华、谢来辉："中国外贸进出口商品中的内涵能源及其政策含义"，《经济研究》，2008 年第 7 期。

王班班、齐绍洲："市场型和命令型政策工具的节能减排技术创新效应——基于中国工业行业专利数据的实证"，《中国工业经济》，2016 年第 6 期。

张志强："环境规制提高了中国城市环境质量吗?——基于拟自然实验的证据"，《产业经济研究》，2017 年第 3 期。

第十八章　能源数据

温室气体主要来自化石能源燃烧产生的二氧化碳。能源数据是核算碳排放与实现碳中和的基础性数据。本章综合评估了气候变化与碳中和相关的中国能源数据的可获得性及其质量，介绍了全国、地方和部分行业的能源数据以及国外的能源数据，以期为提高中国能源数据建设能力提供参考。评估结果显示：①中国气候变化与碳中和相关能源数据主要以国家统计局发布为主，其他政府机构、行业协会、大型企业辅之。②不同层面数据因统计口径和核算方法不一致，数据质量存在差异和不一致情况。③建议未来能源数据建设着重提高数据覆盖面和数据质量，并加强数据的系统性、可比性、及时性和开放性。

一、科学数据情况

中国气候变化相关能源数据日趋丰富、完整、可靠、规范。国家统计局是权威的全国能源数据发布机构，其他政府机构、行业协会组织提供部分特定领域的能源数据。上世纪 80 年代，国家统计局设立了专门的能源统计机构，并编制了《能源统计工作手册》。2008 年，顺应能源发展特别是节能减排工作需要，国家统计局设立了能源统计司（从工业交通统计司分离出来）。《能源统计报表制度》是国家能源统计的基本制度。发布的能源类型除了通常的原煤、焦炭、原油、成品油等，还有煤矸石、高炉煤气、转炉煤气、石脑油、润滑油、石蜡、溶剂油、石油沥青、石油焦等细分产品。能源数据的发布也日趋及时、快速。

（一）全国能源数据

全国性的权威且比较齐全的能源建设、生产、消费数据主要是由国家统计局发布。国家发展改革委、国家能源局、能源领域行业协会、大型能源企业等机构会发布部分领域的全国性能源数据。自然资源部、农业农村部、住房和城乡建设部、海关总署、煤矿安监局等部门也会发布一些特定领域的全国性能源数据（表 18–1）。

国家统计局发布的年度全国性能源数据及能源平衡表主要体现在历年出版的《中国能源统计年鉴》上。一些重要的、综合性能源数据体现在历年的《中国统计年鉴》《中国统计摘要》《统计公报》《单位 GDP 能耗指标公报》，以及国家统计局的国家统计数据库中。此外，在特殊年份或特定统计资料中，也发布过一些能源统计数据，例如《新中国六十年统计资料汇编》《新中国六十五年统计资料汇编》《中国工业交通能源 50 年统计资料汇编》《中国经济普查年鉴》等，但这些资料（或其中的能源数据）的发布还没有形成惯例，或者其中一部分直接在国家统计局国家数据栏目中在线持续更新，不再专门发布纸质版或光盘版。国家统计局发布的月度能源数据主要是煤炭、石油、天然气、电力等建设（固定资产投资）和生产数据。国家统计局的能源数据主要是在各部门提供、规模企业直报、抽样调查等多源数据基础上整理加工形成。经过多年的努力和积累，国家统计局的能源统计工作日趋完善，数据发布进度更快、频率更高、内容更细。

国家发展改革委和国家能源局也发布年度和月度的能源生产和建设数据，其中有些数据直接来自国家统计局。发展改革委和能源局在一些公报等文件中，会发布一些零星的关键性能源数据，例如单位国内生产总值能源消

表 18–1 主要的全国性能源数据来源

数据集名称	性质/内容	版权归属及贡献者	维护机构	数据集来源/网址	可获取性
中国能源统计年鉴[①]	全面反映 1978 年以来中国能源建设、生产、消费、供需平衡的权威性资料书。每年出版一册。共分为 7 个篇章：1.综合；2.能源建设；3.能源生产；4.能源消费；5.全国能源平衡表；6.地区能源平衡表；7.香港、澳门特别行政区能源数据；附录内容为台湾省及有关国家和地区能源数据、主要统计指标解释以及各种能源折标准煤参考系数	国家统计局能源统计司	国家统计局能源统计司	出版物 中国统计出版社	公开
国家统计局“国家数据”库[②]	2000 年以来全国能源建设、生产、消费、供需平衡主要数据。持续在线更新	国家统计局	国家统计局	http://data.stats.gov.cn	公开
中国农村能源年鉴[③]	综合反映中国农村能源发展进程和成就的资料性工具书。不定期出版，目前已出版《中国农村能源年鉴 1997 年、1998～1999 年、2000～2008 年、2009～2013 年》四卷	农业部科技教育司、农业部农业生态与资源保护总站	农业农村部	出版物 中国农业出版社	公开
能源数据[④]	涵盖能源与经济、一次能源供应、电力、新能源和可再生能源、能源消费、能源效率与节能、能源贸易、能源科技、能源与环境等信息。每年发行一册	王庆一	王庆一		公开、免费
中国电力年鉴[⑤]	在国家能源局领导和中国电力企业联合会支持下，由国家电网公司、中国南方电网有限责任公司、中国华能集团公司、中国大唐集团公司、中国华电集团公司、中国国电集团公司、中国电力投资集团公司等共同组织编写。每年出版一册。覆盖全国及各地区电源电网建设，电力生产等信息	《中国电力年鉴》编委会	《中国电力年鉴》编委会	中国电力出版社	公开
中国煤炭工业年鉴[⑥]	覆盖全国主要煤炭企业的建设生产销售等经营数据。每年出版一册。因机构调整等原因，近年暂停出版	应急管理部信息研究院	应急管理部信息研究院	中国煤炭工业出版社	公开
中国核能年鉴[⑦]	中国核能行业发展历程和情况。2009 年起，每年出版一册	中国核能行业协会	中国核能行业协会	中国原子能出版社	公开

续表

数据集名称	性质/内容	版权归属及贡献者	维护机构	数据集来源/网址	可获取性
中国新能源与可再生能源年鉴[⑧]	反映中国新能源产业的发展现状、发展规划等信息，包括太阳能、风能、生物质能、地热能、海洋能、氢能与燃料电池、新能源汽车、新技术的推广及应用、太阳能、风能、生物质能、地热能、海洋能、氢能与燃料电池、新能源汽车等信息	中国可再生能源协会	中国可再生能源协会	中国可再生能源协会	公开
中国能源数据手册[⑨]	根据《中国能源统计年鉴》以及中国诸多部门和行业协会发布的能源数据编辑而成，以 Excel 和 Access 形式呈现，使用方便。每隔若干年更新一期。最新一版是 2016 年出版	美国能源部劳伦斯伯克利国家实验室中国能源组	美国能源部劳伦斯伯克利国家实验室中国能源组	https://china.lbl.gov/china-energy-databook	公开、免费
能源经济数据平台[⑩]	根据国内外政府机构、国际组织、行业协会等公开的数据信息编辑汇成的能源平衡表数据库（全国和各省级地区历年能源平衡表）、非化石能源消费数据库、工业分行业终端能源消费数据库、世界能源消费数据库、能源市场数据库（国际原油价格等），以及该中心的居民用能调研数据、全国县级区域家庭用能类型数据等，不定期更新完善	北京理工大学能源与环境政策研究中心	北京理工大学能源与环境政策研究中心	http://inems2.bit.edu.cn/Home/Menu	公开免费

① 国家统计局能源统计司，中国能源统计年鉴 2018.北京：中国统计出版社。

② 国家统计局. 2019. “国家数据”库.http://data.stats.gov.cn/.2019-11-25。

③ 农业部科技教育司，中国农村能源年鉴 2009～2013.北京：中国农业出版社。

④ 王庆一，2018 能源数据.北京：绿色创新发展中心。

⑤ 《中国电力年鉴》编辑，中国电力年鉴 2018.北京：中国电力出版社。

⑥ 应急管理部信息研究院，中国煤炭工业年鉴 2018.北京：中国煤炭工业出版社。

⑦ 中国核能行业协会，中国核能年鉴 2017.北京：中国原子能出版社。

⑧ 中国可再生能源协会，中国新能源与可再生能源年鉴 2015.北京：中国可再生能源协会。

⑨ David Fridley, Hongyou Lu, Nina Khanna, Angela Xu, Aimee Zhu Edited. China Energy Databook Version 9.0. Lawrence Berkeley National Laboratory: China Energy Group。

⑩ 北京理工大学能源与环境政策研究中心. 能源经济数据平台. http://inems2.bit.edu.cn/Home/Menu。

耗量降速，全国发电设备累计平均利用小时，光伏、水电、风电、核电等电源新增生产能力。国家能源局还发布有关电力监管等方面的数据信息。实际上，早期的《中国能源统计年鉴》是由国家统计局工业交通统计司（原）、国家发改委能源局（原）等共同发布的。国家节能中心建立了重点用能单位能耗在线监测系统，采集了大量企业甚至车间设备层面的用能数据。

自然资源部主要发布各类能源资源储量、资源量及其区域分布数据。农业农村部发布部分农村居民生产和消费数据，例如农村小水电发电量，柴草、秸秆、沼气等农村可再生能源消费量。这些数据发布在《中国农村能源年鉴》等资料中。住房和城乡建设部主要采集和发布一些公共设施、公共建筑方面的数据，包括城镇燃气及其管网、城镇供热、城乡液化气供应等公用事业数据，体现在《中国城乡建设统计年鉴》等资料中。海关总署主要发布分能源品种的能源进出口数量和金额、货源地和目的地等数据。煤矿安全生产和监督管理局（应急管理部信息研究院）主要发布与煤炭生产有关的数据，体现在其出版的《中国煤炭工业年鉴》中。

中国电力企业联合会、中国石油和化学工业联合会、国家电网公司、中国石油集团等行业协会或中央能源企业会发布一些全国性行业快报数据，并出版一些年度统计资料，如《中国电力年鉴》《中国石油石化工程建设年鉴》《中国石油天然气集团公司年鉴》《中国石油化工集团公司年鉴》等，覆盖了相应能源品种的设备运营、固定资产投资、产量、行业或企业主要财务指标等数据。这些主要是与生产相关的数据，一般没有完整口径的消费数据。能源学者王庆一先生综合各方面的数据资料，持续编辑了《能源数据》，这是一本很好的能源数据手册。一些研究机构根据研究需要，也采集并整理了相关能源数据并提供免费在线下载，如北京理工大学能源与环境政策研究中心的能源经济数据平台。

一些商业性企业或机构，根据统计部门、行业协会等发布的数据，汇集成统计数据库，其中包括能源数据。例如，中经网数据有限公司的“中经网统计数据库”，万得信息技术股份有限公司（Wind）的“万得数据库”，北京国网信息有限公司的“国研网统计数据库”，司尔亚司数据信息有限公司（CEIC）的“中国统计数据库”，北京康凯信息咨询有限责任公司（数据中华）的产品库数据，北京华通人商用信息有限公司（ACMR）的统计数据库等。这些数据库大多是商业性收费型的。

上述全国性能源统计数据未包括香港、澳门特别行政区和台湾省数据。根据《香港特别行政区基本法》和《澳门特别行政区基本法》，香港、澳门与内地是相对独立的统计区域。

（二）地区能源数据

2006年以来，省级地区均加强和改进了能源统计工作。各地区都编制了本地区的能源平衡表，主要发布在各省级地区的《统计年鉴》。国家统计局发布的《中国能源统计年鉴》也涵盖了各省级地区的能源平衡表。省级地区能源平衡表包括30种商品能源：原煤、洗精煤、其他洗煤、型煤、煤矸石、焦炭、焦炉煤气、高炉煤气、转炉煤气、其他煤气、其他焦化产品、原油、汽油、煤油、柴油、燃料油、石脑油、润滑油、石蜡、溶剂油、石油沥青、石油焦、液化石油气、炼厂干气、其他石油制品、天然气、液化天然气、热力、电力、其他能源等；项目分类包括六大类：可供本地区消费的能源量、加工转换投入（–）产出（+）量、损失量、终端消费量、平衡差额、消费总量，以及29个小类。能源计量方式包括标准量和实物量两类（国家统计局，2017）。也有部分地区发布了本地区全口径或者规模以上工业口径的比较详细的分行业大类、分主要品种的能源消费数据。这些数据一般体现在各地区统计年鉴中。也有个别地区发布了专门的能源统计年鉴，例如上海统计局在部分年份出版了《上海能源统计年鉴》。由于地方统计能力、重复计算等原因，各地区的能源汇总数据往往要大于国家统计局核算的全国能源总量数据。

（三）国外机构发布的中国能源数据

1. 发布机构：联合国统计署（United Nations Statistics Division, UNSD）、国际能源署（International Energy Agency, IEA）、世界银行、BP石油公司、世界资源研究所、美国能源部能源信息署（Energy Information Administration, EIA）、日本能源经济研究所、美国能源部伯克利国家实验室等国际组织、国外政府部门、国外研究机构等会发布世界各国的能源生产和消费数据，其中关于中国的数据实际上主要是来自中国国家统计局（National Bureau of Statistics of China, NBS）发布的数据，只是根据数据口径、换算标准等做了一些调整，或者根据数据质量判断做了人为修订。不同机构对能源品种的划分有所不同。联合国按照能源物理形态将能源划分为固体燃料、液体燃料等；对于煤炭，各机构对其进行细分的标准不同。IEA每年都要发布全球各国（或地区）分行业分能源品种的生产和消费（能源流）实物量和热当量数据，其中，发布的中国能源数据在很大程度上是依据NBS和部分行业协会公布的数据资料，以及IEA的部分主观经验估计编制而成的。伯克利国家实验室中国研究室发布的《中国能源数据手册》（电子版）是根据《中国能源统计年鉴》及部分其他数据源的汇集而成的数据库，使用方便。

2. 一次能源的界定及其总量核算方法：尽管从概念上，一次能源与二次能源有比较明确的定义。但在实际统计中，还需对各类一次能源的具体形式及核算方法进行界定。例如，核能或核电、水能（动能）或水电、风能（动能）或风电，如何计算它们的能源量，这都需要严格界定。煤炭（各类原煤）、原油、天然气等化石能源被归入一次能源，NBS与IEA对此分类基本没有差异，并以这些能源的实际含热量作为折标系数依据。但在界定其他非化石能源时，NBS与IEA的划分有所不同。在能源总量核算方面，对于水电、风电等可再生电力的处理，NBS通常是采用发电煤耗法，即要生产同样数量的电力，如果用煤炭发电，相当于需要消耗的煤炭数量，发电效率按全社会平均的煤炭发电效率计（尽管 NBS 也会公布热当量法下的总量数据，但较少引用）。对于核能，NBS 以核能的发电量即核电作为一次能源，换算成标准量时与水电的处理方法类似，通常采用发电煤耗法；IEA 则以核反应堆产生的蒸汽的实际含热量估算一次能量；但在无法估算的情况下，则根据核电产量反推核热蒸汽量（按照 33%的热效率估算，类似于核热当量）。如果核反应堆产生的部分蒸汽用作了其他用途，则需对核热量数据进行相应调整。对于地热能，目前 NBS 未将其纳入能源消费总量中。IEA 根据地热用途计算其一次能量，如果用于发电，则依据发电效率反推；如果用于制热，则依据制热效率反推。在发电效率或制热效率未知的情况下，发电效率按 10%计，制热效率按 50%估算。由于 NBS 与 IEA 在核算核电（核热）、水电、风电等方面数据采用了不同的折标系数，这样也就导致了能源总量、能源结构方面的数据差异。这对于法国、巴西等核电或水电产量较多的国家的计算结果有很大影响。另外，需要说明的是，在 IEA 出版的能源统计资料或世界能源展望中，通常用一次能源供应或需求量（Total Primary Energy Supply/Demand, TPES/TPED）来表示能源消费总量，二者基本是一致的（差异主要体现在能源平衡表中的库存变化量和平衡误差项）。

二、数据的质量情况

能源数据的质量直接关系到碳排放核算数据的质量。随着经验积累、科技进步、财力增加，中国的能源数据质量得到了显著提升，数据内容更加细化、发布频率更加密集、发布渠道更加多样。另一方面，根据节能减排工作的实践需要，能源数据质量还有很大的提升空间，特别是在地区和行业层面。

（一）数据量与分布

首先，在指标颗粒度上，宏观数据较为完善，微观数据较为少见。目前公布的能源数据基本包括了能源生产与消费的基本信息。例如，国家统计局数据和IEA数据都将能源数据按生产和消费两大类划分，基本实现了分品种和分部门。但是部分重要数据较为欠缺，例如，能源价格作为一个重要指标，目前较为分散、获得性差，缺乏统一的机构按时发布。虽然一些部门和行业协会可以补充相关能源数据，如农业农村部发布农村生物质能数据。但是这类数据指标或相关报告在时间上不连续，某些年份缺失，或者某个指标缺失。另一方面，缺乏企业和居民层面的微观调查数据。微观调查数据往往涉及较大的人力、财力和物力的投入，相关的调查还比较少。微观层面的能源消费数据对于研究和理解企业与居民的节能减排具有重要价值。虽然部分学者或研究机构开展过类似调查，但是数据在抽样、样本代表性、指标设计和数据共享性上还存在较大的局限性。

在数据的时间尺度上，大部分数据是按年度发布，季度或月度数据较少。例如，能源价格充分反映了市场的供需变化关系，月度或季度变动明显，仅年份的统计数据减少了研究意义。气候变化是一个长期性研究问题，较早年份能源数据缺失也不利于开展气候影响与气候适应研究。

在指标的空间层面上，能源供给与消费在全国层面上较为翔实，但是分省层面上的分行业、分品种能源数据仍较为缺乏，分城市、分县更为少见。《中国能源统计年鉴》提供了全国层面的分行业能源消费量，但是省份层面上的数据局限于能源平衡表上的相关信息。尽管部分省份提供了细致的分行业大类、分主要品种的能源消费数据，但仍为少数。

从能源品种来看，电力数据质量最高、也最及时，其次是天然气和石油数据。煤炭数据质量最差。这从能源平衡表中的平衡项中也可以反映出来。中国煤炭企业众多且分散，煤炭运输和利用方式多样，煤炭用户层次多且计量不准确，煤炭利用效率参差不齐，企业出于税收规避和产业政策规避等动机。这些均导致了煤炭数据质量偏低。火力发电、冶金炼焦用煤数据相对可靠，居民家庭用煤数据质量差，迄今北方农村居民用煤数据仍然无法准确获取。

（二）数据可比性

各机构之间数据可比性较差。数据口径的差异是导致可比性差的主要原因。例如，国家统计部门发布的能源生产和消费数据口径一般不包括农村传统生物质能。这些数据主要由农业农村部门单独发布。数据口径主要是依据资源禀赋、现实工作需要、数据搜集整理的难易程度来确定的。其本身可能并没有严格的优劣之分，但实际应用或者科学研究中，如果不加以注意或者区分（特别是在国际比较中），则可能出现信息混淆，导致不恰当的比较或结论，甚至导致没有科学意义的争议。

数据口径差异通常是NBS与IEA发布的中国能源消费总量数据不一致的主要原因。二者的能源总量数据口径差异主要体现在是否包括农村生物质能源。IEA 发布的数据包括传统生物质能等（绝大部分是固体生物质能，以及少量太阳能光热、沼气、生物柴油、生物汽油等）。NBS 发布的中国能源生产和消费总量数据不包括传统生物质能源、太阳能光热等非商品能。根据近年来 IEA 发布的中国能源数据的修订方向来看，以往 IEA 发布的中国传统生物质能源消费量偏高。

在能源消费的部门划分方面，NBS 与 IEA 的数据存在口径差异，主要体现在交通用能和终端用能方面。依据 NBS 的数据口径，居民私人交通用能被列入“居民消费”，政府和公共事业部门的交通用能被列入“其他部门”用能，仅有交通运营单位的用能才列入“交通、仓储及邮电通信业”用能。依据 IEA 的数据口径，上述三项均列入了交通部门用能。随着中国私人交通需求的不断增长，NBS 和 IEA 关于中国交通部门用能方面的数据差异正逐渐增大。IEA 与 NBS 对“终端能源”的界定也有所不同。在 IEA 的终端能源消费数据不包括煤炭开采和洗选、油气开采、电力生产、炼油炼焦、能源贮运等能源部门。这些部门的用能列入能源加工转换用能和能源部门生产自用能，不列入终端用能。NBS 发布的终端消费的数据口径则包括煤炭开采、煤炭洗选、油气开采、电力生产、炼油炼焦等部门没有直接用于加工转换的生产自用能量（例如办公照明）。此外，在 IEA 发布的统计数据中，行业（Industry）是指第二产业（包括建筑业），且用作原料的能源单独列出，不作为终端用能。但 NBS 发布的统计资料，用作原料的能源列入终端用能。

（三）数据修正

为提高数据质量，后期矫正也极为重要。为兼顾数据的及时性和准确性，与国内生产总值（Gross Domestic Product, GDP）等经济指标数据类似，能源数据往往也会有初步核算到最终核实的过程。这已成为各国统计部门和有关国际组织统计部门的惯例。在经济普查年份，或者统计方法修正、统计口径调整、分类标准变动的年份，还会对历史数据进行相应修订。国家统计局通常在次年 2 月份的统计公报中公布中国一次能源总量初步核算数据，到隔年的《中国能源统计年鉴》再发布核实数据。

第一次全国经济普查后，国家统计局上调了 1999～2004 年全国煤炭产量、能源生产和消费总量数据，发布在 2006 年出版的《中国能源统计年鉴 2005》；第二次全国经济普查后，再次上调了 1996～2008 年能源数据，发布在 2010 年出版的《中国能源统计年鉴 2009》；第三次全国经济普查后，修订了 2000～2013 年能源数据，发布在 2015 年的《中国能源统计年鉴 2014》。目前统计部门正在根据第四次全国经济普查资料修订 2018 年及往年份数据。根据目前发布的个别最新修订结果，2018 年的煤炭产量数据由之前发布的 36.8 亿吨修正为 37.0 亿吨。

前三次全国经济普查后，国家统计局均未对 1995 年及以往年份的能源数据进行修订。尽管 1995～1996 年中国的能源生产和消费总量大体能够衔接上，但分部门能耗数据存在跳跃性。例如，依据 2010 年出版的《中国能源统计年鉴 2009》，第一产业的用能总量由 1995 年的 5 505 亿吨标准煤减少到 1996

年的 3 689 亿吨标准煤，减少了 33%；建筑业用能总量增长了 49%，交通运输、仓储和邮政业用能总量增长了 71%，居民生活用能减少了 7%。不仅是分行业总量方面，在各类能源品种消费量方面，数据也衔接不上。因此，在使用有关时间序列数据时应予注意。

三、数据服务状况

在发布时间上，各机构发布能源数据的时间有所不同。能源数据的采集、整理和校对往往需要较长时间。NBS、IEA 和 EIA 作为政府机构或国际组织，其发布的比较详细的分行业能源数据通常要间隔 1 年甚至 2 年以上时间。国家统计局一般在次年年末发布上一年的统计数据。IEA 在 2019 年 9 月份发布 2017 年的详细数据，并发布 2016 年及以往年份的修订数据。世界银行等机构的能源数据主要来自 IEA，因此其能源数据发布时间相对更晚。BP 石油公司是商业企业，为了追求时效性和商业宣传性，一般在每年 6 月份发布上年数据（不分行业），例如 2019 年 6 月份发布 2018 年各类能源总量数据。

在数据开放政策上，NBS 和 IEA 提供加总的统计数据，如全国的能源数据。国家统计局提供的能源数据更为翔实，主要包括了分省能源数据。IEA 只提供国家层面的能源数据。

在数据下载使用上，NBS 数据提供各个年份的电子版数据。国外一些机构发布的能源数据大多数比较方便用户使用，以 Excel 或者数据库形式呈现，甚至可以在线订制、提供应用程序接口。同时，以上数据库都具有公开免费的特点（除了 IEA 在发布之初会收取一定的费用）。一些行业协会提供的能源数据并不是全部公开，部分需要付费，且缺少电子版。

在服务效果上，NBS 经过多年的积累，发布的数据具有可靠性高、指标连续、发布及时、使用便捷等特点，是相关学术研究的重要数据来源渠道。另一方面，国家统计部门是权威的能源数据来源，其他数据库大多基于此构建相关指标和数据库。地方统计部门因人力、财力等多重因素，地区能源数据服务相对滞后。

结合能源工作和应对气候变化工作的需要，未来中国还需进一步完善能源统计口径，加强居民用能统计，开展微观企业和居民家庭用能专项调查并及时发布数据，健全能源在线数据库。将生物质能发电、太阳能光热等新能源纳入到能源生产和消费统计体系中，按照发热量和用途对原煤进一步细分，将交通用能从“交通运输、仓储和邮政业”中分离出来，组织力量开展全国主要行业用能企业和城乡居民能源消费专项调查，丰富便于社会各界人员获取能源数据的开放式在线数据库。

参考文献

Liao H., C. Wang and Y. Liu, *et al.*, 2019. Revision on China's energy data by sector and fuel type at provincial level. *Energy Efficiency*, 2019,12(4): 849～861.

廖华、伍敬文：“家庭生活用能调查方案的国际比较及启示”，《北京理工大学学报（社会科学版）》，2019 年第 21 卷 5 期。

廖华、魏一鸣：“能源经济与政策研究中的数据问题”，《技术经济与管理研究》，2011 年第 4 期。

第十九章　温室气体排放数据

1992 年，为了将全球大气温室气体浓度维持在一个稳定的水平，联合国大会通过了《联合国气候变化框架公约》（United Nations Framework Convention on ClimateChange, UNFCCC），要求各参加国制定温室气体排放清单，发达国家成员需采取限制温室气体排放的措施。1997 年，UNFCCC 的参加国制定了《京都议定书》，对温室气体的减排目标及减排量提出了进一步的补充要求。2020 年 10 月，《京都议定书多哈修正案》正式生效。修正案中将三氟化氮列入《京都议定书》附件 A 中的温室气体列表，同时对《京都议定书》附件 B 进行更新，列出了缔约国在第二个承诺期（2013～2020 年）内的排放限值与减排目标。为了便于各缔约国更好地履行《联合国气候变化框架公约》及《京都议定书》责任，以及实现全球碳中和的愿景，辅助制定缓解气候变化的措施，准确评估国家温室气体减排效果，核算各国温室气体排放并形成数据集是必不可少的。

目前，对于温室气体排放情况的估算主要有两种途径，一种是根据原料的使用量或产品的产出量计算获得温室气体的排放量并编制温室气体排放清单，自下向上核算人为源的碳排放量；另一种通过卫星遥感进行反演获得温室气体排放通量或浓度，从而可以在较高的时间、空间分辨率的条件下分析温室气体的时空变化。两种方式获得的数据可以进行交叉验证，提高数据的准确性与可靠性。本部分收集了国内及国际多个温室气体排放数据集，并将其划分为排放清单数据集及遥感数据集。通过比较其时间、空间分辨率、数据覆盖范围、涵盖温室气体种类及排放源、数据可获得性等评估了中国气候变化相关温室气体排放数据的质量和服务情况，以期为提高中国气候变化相关温室气体排放数据建设能力提供参考。

在温室气体排放数据库的建设方面，国际相关数据库提供了包括中国在内的多个国家和地区长达 50 年的时间序列数据，包括世界资源研究所数据库、国际能源署数据库、世界银行数据库、联合国气候变化框架公约数据库、美国能源信息管理局数据库、美国能源部数据库、欧盟联合研究中心和荷兰环境评估机构联合构建的数据库、欧洲环保署数据库。而国内则刚刚建立起中国碳核算数据库及中国高分辨率碳排放清单。温室气体种类及排放源尚需完善和补充。在遥感数据方面，中国于 2016 年发射了碳卫星（TanSat），然而目前官方只提供了一级数据产品，并没有相关机构收集卫星观测数据，并由此建立卫星反演碳数据库。建议国家在数据基础方面加大力度，集中优势力量，完善系统、科学的 CO_2 与其他温室气体排放的排放因子数据库与卫星反演碳浓度数据库，并通过多来源、高时空分辨率数据的相互印证，为国内的科学研究及支持国际气候变化谈判提供强有力的支撑。

一、科学数据情况

（一）排放清单数据集

相较于遥感数据，由统计数据进行计算并编制温室气体排放清单的方法使用更为广泛，世界资源研究所（World Resources Institute, WRI）、国际能源署（International Energy Agency, IEA）、世界银行（World Bank, WB）、联合国气候变化框架公约、美国能源部（United States Department of Energy, USDE）、欧盟委员会联合研究中心（Joint Research Centre, JRC）和荷兰环境评估署（Netherlands Environmental Assessment Agency, NEAA）、美国能源信息署

（United States Energy Information Administration, EIA）、英国石油公司（BP p.l.c., BP）、全球碳项目（Global Carbon Project, GCP）等机构的数据库都具有长时间序列、包含各地区各排放源的温室气体排放数据集（表 19–1），为相关的研究分析提供坚实的数据基础及参照。

《京都议定书多哈修正案》中给出的人类排放的温室气体主要有七种，即二氧化碳（CO_2）、甲烷（CH_4）、氧化亚氮（N_2O）、氢氟碳化物（HFCs）、全氟化物（PFCs）、六氟化硫（SF_6）和三氟化氮（NF_3）。《京都议定书》的附件 A 中还给出了温室气体排放的五大源，包括能源（能源工业及各工业部门的燃料燃烧及燃料逸散性排放）、工业（各工业生产过程）、溶剂和其他产品的使用、农业（农业林草及其他土地利用）及废弃物源。各数据集对于 CO_2、CH_4 排放量的统计最为齐全，其他温室气体多不作统计或以二氧化碳当量的形式一并核算和统计。此外，除 EIA、BP、GCP，其余组织提供的数据集均包括 HFCs、PFCs、SF_6 等含氟气体（F-gases）。各数据集统计的含氟气体种类不同。在排放源层面，各数据库统计的排放源中最为齐全的是石油、天然气、煤炭等化石燃料燃烧带来的温室气体排放，其次是工业过程源和农业源，对于废弃物及其他源的统计与核算较少。除 IEA、DOE 和中国碳核算数据库（China Emission Accounts and Datasets, CEADs）外，其余数据库还提供了燃料的非能源使用带来的温室气体排放数据。目前，UNFCCC、WB、全球大气排放和研究数据库（Emissions Database for Global Atmospheric Research, EDGAR）及环境系统科学数据基础设施虚拟生态系统（Environmental Systems Science Data Infrastructure for a Virtual Ecosystem, ESS-DIVE）的数据由于其覆盖排放源广、包含的温室气体种类齐全，在各类研究中被广泛使用。

WRI 温室气体数据集：WRI 的气候观察（Climate Watch）收集了气候分析指标工具（Climate Analysis Indicators Tool, CAIT）、德国波茨坦气候影响研究所（Potsdam Institute for Climate Impact Research, PIK）、UNFCCC 附录一（UNFCCC Annex Ⅰ）、UNFCCC 非附录一国家（UNFCCC Non-Annex Ⅰ）

及 GCP 五个数据源中的 CO_2、CH_4、N_2O 及 F-gases 排放量数据，并以二氧化碳当量（CO_2-eq）的形式进行统计。五个数据源的时间序列各不相同，总体上涵盖了 1850～2018 年的温室气体排放数据。该数据集可以根据各国家及地区、温室气体排放源、温室气体种类对温室气体排放量、单位生产总值排放量、人均排放量等指标进行统计和筛选。

IEA 温室气体数据集：IEA 的温室气体数据根据政府间气候变化专门委员会（Intergovernmental Panel on Climate Change, IPCC）所编制的 2006 版指南中的方法一，采用自身统计的能源平衡表及排放因子库计算了 1990～2016 年能源相关的 CO_2 排放量，单位为 CO_2-eq。数据库包含了能源工业（电力行业）、制造业、建筑业、交通运输等部门共 47 种产品、41 条产品线的化石燃料燃烧导致的能源相关温室气体排放信息。除 CO_2 以外的其他温室气体及农业源、工业源、废弃物等排放源数据来自于 EDGAR。

DOE 温室气体数据集：美国橡树岭国家实验室 CO_2 信息分析中心（Carbon Dioxide Information Analysis Center, CDIAC）编制的数据库已于 2017 年停止运营，并于 2018 年将数据迁移至 DOE 的 ESS-DIVE。其数据来自于各研究组织的研究结果，不仅包括根据 IPCC 方法计算的碳排放数据，还有通过卫星反演得到的地表温室气体浓度数据。排放源包括固态、气态、液态燃料燃烧、水泥生产及燃料气体逸散。

JRC&PBL 温室气体数据集：JRC&PBL 温室气体数据集 EDGAR 包括了欧洲委员会 24 个成员国 1970～2012 年的 CO_2、CH_4、N_2O 排放量及 2000～2010 年的 21 种含氟气体排放量。其能源数据来源于 IEA，农业源数据来源于联合国粮农组织，其他数据来源包括 OECD 等相关研究。统计的温室气体排放源根据 IPCC（IPCC 2003）分类，包括电力行业、石油化工行业、航空业、道路交通、运输业、航运业、化工业、非金属矿物开采业、钢铁业、非铁金属业、燃料的非能源使用、溶剂和产品的使用、制造业及建筑业中的燃烧过程源、化石燃料开采过程源、农业及畜禽养殖源、农业废弃物燃烧源、固体废弃物源（燃烧和填埋）、废水处置源、化石燃料及来自 NO_x 与 NH_3 的间接排放。

WB 温室气体数据集：WB 统计了全球各国 1960～2018 年的 CO_2 排放量及 1970～2012 年的 HFCs、PFCs、SF_6 排放量数据，并以 CO_2-eq（二氧化碳当量）进行统计，同时还提供了农业源甲烷、燃烧源甲烷、农业源一氧化二氮及六氟化硫等温室气体的排放清单数据。其数据来源于 CDIAC（数据已迁移至 DOE 的 ESS-DIVE 数据集）及 EDGAR，同时中国的《环境统计年鉴》中世界各国温室气体排放量统计数据也来源于 WB。

UNFCCC 温室气体数据集：UNFCCC 收集了《联合国气候变化框架公约》（简称《公约》）附录一所列的 45 个缔约方 1990 年、1995 年、2000 年、2005 年、2010 年、2016 年、2017 年的温室气体排放数据，包括 CO_2、CH_4、N_2O、HFCs、PFCs、SF_6、NF_3 的年排放量，均以 CO_2-eq 表示；非附件一所列的 153 个缔约方也有不同程度的参与。其中不同国家不同温室气体的基准年略有不同，一般为 1990 年。UNFCCC 数据来源于各国政府和相关机构。附件一所列缔约方温室气体排放数据来自各国每年按规定提交的国家温室气体排放清单；非附件一所列缔约方的排放数据来自各国的温室气体国家清单报告。UNFCCC 采用 IPCC 指南的基准方法和部门方法估算各部门及排放源的多种温室气体排放量。2018 年，45 个附件一缔约方均对 1990 年的温室气体排放量进行了重新计算，以提高排放量数据的质量并确保时间序列的一致性。

EIA 温室气体数据集：EIA 收集的温室气体排放数据的时间序列为美国 1949～2011 年 CO_2 的年排放量、2017～2019 年 CO_2 月排放量，以及 1980～2009 年 CH_4 和 N_2O 的年排放量。EIA 分别统计煤炭、天然气、石油、生物质等不同种类的燃料燃烧及非能源使用造成的 CO_2 排放量，能源、废弃物、农业、工业等不同来源的 CH_4 和 N_2O 的排放量。根据张志强等的评估（张志强等，2008），EIA 数据主要来自于各国的统计报告、会议和机构报告、公开出版物等，采用能源平衡表和 IPCC 基准方法进行 CO_2 排放量计算。

BP 温室气体数据集：BP 收集的温室气体数据集包括了 2008～2018 年 72 个国家和地区石油、燃气及煤炭燃烧及非能源使用过程的 CO_2 排放量。排放因子来源于 IPCC 与 IEA。由于排放量不包括任何其他种类的温室气体及排放源，因此小于各国的官方数据。

欧洲环保署（European Environment Agency, EEA）温室气体数据集：EEA 收集欧盟 28 个成员国 1990～2017 年的温室气体排放量，单位为二氧化碳当量（CO_2-eq），数据基于欧盟向 UNFCCC 提交的温室气体清单。统计的排放源包括能源、制造业和建筑业、工业流程、运输、住宅和商业、农业、废弃物、森林及土地利用变化、国际航空航运。

GCP 数据集：GCP 是未来地球（Future Earth）的全球研究项目，也是世界气候研究计划（World Climate Research Programme）的研究伙伴。GCP 主要通过全球碳收支（Global Carbon Budget）报告每年公布全球最新碳排放数据及评估方法，这个报告主要统计二氧化碳（CO_2）、甲烷（CH_4）和氧化亚氮（N_2O）三大类温室气体的大气浓度变化并建立数据库。报告不但从能源、工业、土地利用等不同领域和来源统计温室气体排放，而且从全球大气、海洋和陆地生物圈等对碳平衡进行评估。

近年来，中国也逐步建立起了温室气体排放清单并形成数据库，具体情况见表 19–2。中国温室气体排放数据集由于核算的温室气体种类、排放源以及采用的排放因子等因素有所差异，使得核算结果有所不同。在国内外研究中，排放源层面多关注能源相关的 CO_2 排放量及特定领域的其他温室气体排放量核算，如农业源的 CH_4 及 N_2O，集成电路制造业的 HFCs 及 PFCs。核算方法通常为利用统计数据及国际通用的排放因子库对 CO_2 排放量进行宏观性的计算，而对 CH_4、N_2O 及 F-gases 方面的统计相对比较匮乏。在研究层面，温室气体排放相关的研究主要聚焦于某类排放源排放的上、下游驱动因素上，并根据国内实际情况做出情景预测，从而为未来的低碳发展提供科学、可行的政策建议。

表 19–1 国际温室气体排放量数据集

数据集名称	所属机构	年份	温室气体种类	尺度	排放源	可获得性	数据集来源/网址
气候观察（Climate Watch）[①]	世界资源研究所（WRI）	1850～2018年	CO_2、CH_4、N_2O、F-gases	全球各国年度数据	能源、工业、农业、废弃物	公开	https://www.climatewatchdata.org/ghg-emissions
来自燃料燃烧的二氧化碳排放量（CO_2 Emissions from Fuel Combustion）[②]	国际能源署（IEA）	1971～2015年	CO_2、CH_4、N_2O、HFCs、PFCs、SF_6、NF_3	全球各国年度、月度数据	能源、工业、农业、废弃物	部分需购买	https://www.iea.org/statistics
世界银行公开数据（World Bank Open Data）[③]	世界银行（WB）	1960～2012年	CO_2、CH_4、N_2O、HFCs、PFCs、SF_6	全球252个国家数据	能源、工业（水泥）	公开	https://data.worldbank.org
温室气体清单数据（Greenhouse gas inventory data）[④]	联合国气候变化框架公约（UNFCCC）	1990年、1995年、2000年、2005年、2010年、2015～2017年	CO_2、CH_4、N_2O、HFCs、PFCs、SF_6、NF_3	《京都议定书》附录Ⅰ国家的年度数据	能源、工业、废弃物、农业及其他	公开	https://di.unfccc.int/time_series
美国能源相关二氧化碳排放量（U.S. Energy-Related Carbon Dioxide Emissions）[⑤]	美国能源信息管理局（EIA）	1949～2011年、2017～2019年、1980～2009年	CO_2、CH_4、N_2O	美国年排放量、月排放量	能源	公开	https://www.eia.gov/totalenergy/data/annual/index.php
环境系统科学数据基础设施虚拟生态系统（ESS-DIVE）[⑥]	美国能源部（DOE）	1751～2014年	CO_2、CH4、F-gases	全球各国年度数据	能源、工业（水泥）、农业	公开，需要VPN	http://ess-dive.lbl.gov
全球大气排放和研究数据库（Emission database for Global Atmospheric Research，EDGAR）[⑦]	欧洲委员会联合研究中心（JRC）和荷兰环境评估机构（PBL）	1970～2012年、2000～2010年	CO_2、CH_4、N_2O CO_2、CH_4、N_2O、F-gases	全球各国年度数据	能源、工业、农业、废弃物	公开	https://edgar.jrc.ec.europa.eu/

续表

数据集名称	所属机构	年份	温室气体种类	尺度	排放源	可获得性	数据集来源/网址
BP 世界能源统计回顾（BP Statistical Review of World Energy）[8]	英国石油公司（BP）	2008～2018年	CO_2	72 个国家和地区	能源	公开	https://www.bp.com/en/global/corporate/energy-economics/statistical-review-of-world-energy.html
按部门划分的温室气体排放量（GHG emissions by aggregated sector）[9]	欧洲环保署（EEA）	1990～2015年	CO_2、CH_4、N_2O、F-gases	欧盟 28 国	能源、工业、农业、废弃物及其他	公开	https://www.eea.europa.eu//publications
全球碳项目（GCP）[10]	全球碳项目（GCP）	2007～2019年	CO_2、CH_4、N_2O	全球各年度数据	能源、农业、废弃物、工业	公开	https://www.globalcarbonproject.ong/index.htm

① 世界资源研究所，2019，Climate Watch. https://www.climatewatchdata.org/ghg-emissions [2019-11-02]。

② 国际能源署，2019，CO_2 Emissions from Fuel Combustion. https://www.iea.org/statistics [2019-11-02]。

③ 世界银行，2019，World Bank Open Data. https://data.worldbank.org [2019-11-02]。

④ 联合国气候变化框架公约，2019，Greenhouse gas inventory data. https://di.unfccc.int/time_series [2019-11-02]。

⑤ 美国能源信息管理局，2019，U.S. Energy-Related Carbon Dioxide Emissions，https://www.eia.gov/totalenergy/data/annual/index.php [2019-11-02]。

⑥ 美国能源部，2019，Environmental Systems Science Data Infrastructure for a Virtual Ecosystem (ESS-DIVE). http://ess-dive.lbl.gov/ [2019-11-02]。

⑦ 欧盟联合研究中心和荷兰环境评估机构，2019，Emission database for Global Atmospheric Research. https://edgar.jrc.ec.europa.eu/ [2019-11-02]。

⑧ 英国石油公司，2019，BP Statistical Review of World Energy. https://www.bp.com/en/global/corporate/energy-economics/statistical- review-of-world-energy.html [2019-11-02]。

⑨ 欧洲环保署，2019，GHG emissions by aggregated sector. https://www.eea.europa.eu//publications [2019-11-02]。

⑩ 全球碳项目，2019，Global Carbon Project,(GCP). https://www.globalcarbon project.org/index.htm [2019-11-02]。

CEADs 数据集：CEADs 是由英国研究理事会、牛顿基金、中国国家自然科学基金委员会和中国科学院资助的研究成果，包含了中国除港澳台、西藏地区以外，30 个省份 1997～2015 年 17 种化石燃料燃烧过程及水泥工业相关的 CO_2 排放量。其采用的排放因子来自于自身的排放因子库。自 2012 年以来 CEADs 团队联合国内外 20 余家研究机构开展了针对中国能源消费和水泥的二氧化碳排放量的核算。相关研究成果及基础数据已多次上报国家相关部门，为国家气候变化更新报告提供了支撑。目前 CEADs 数据库提供的碳排放数据能够细化至地级市尺度。碳排放核算方法以能源平衡表和工业分部门能源消费量为基础，清单具有相同的统计口径和格式（分为 17 种化石能源、47 个社会部门及 9 种工业过程）。这种核算方法使得城市与城市、城市与国家/省区的排放清单可进行比较及交叉检验，为中国提供了更加透明、可靠的城市尺度的碳排放核算结果。

中国高分辨率排放数据库（China High Resolution Emission Database, CHRED）：CHRED 由环境保护部环境规划院气候变化与环境政策研究中心主办，包含了中国除港澳台地区以外 31 个省份 2007～2015 年的能源燃烧、化石燃料的非能源使用及工业源 CO_2、CH_4、N_2O 及 F-gases 排放量，并具备 1 千米×1 千米的高分辨率网格。研究团队包括来自 76 个组织的 137 名成员，研究结果可互相校验。

除此之外，中国作为《联合国气候变化框架公约》（UNFCCC）非附件一缔约方，具有定期向 UNFCCC 报告本国温室气体排放清单及应对气候变化规划措施的义务。截至目前，中国分别于 2004 年、2016 年及 2018 年向 UNFCCC 提交了三次国家温室气体排放清单，分别为《中华人民共和国气候变化初始国家信息通报》《中华人民共和国气候变化第二次国家信息通报》《中华人民共和国气候变化第三次国家信息通报》。除此之外，中国从 2014 年开始每两年提交更新报告，内容包括更新的国家温室气体排放清单、减缓行动、需求和接受的资源。至今中国已分别于 2017 年和 2019 年向 UNFCCC 提交了两次更新报告。历次信息通报及更新报告中，中国的温室气体排放量见表 19–3。历次报告包括了各部门的温室气体排放量，含土地利用、土地利用变化和林业（Land Use, Land-use Change and Forestry, LULUCF）部分的国家排放总量及不含土地利用、土地利用变化和林业部分的国家排放总量。与第二次国家信息通报相比，第三次国家信息通报中的温室气体排放清单进一步扩大了报告范围，例如在能源活动领域新增了能源工业甲烷排放、制造业和建筑业及其他行业甲烷与氧化亚氮排放，同时回算了 2005 年国家温室气体排放清单。报告的完整性、一致性和与其他国家的可比性有较大提高。

还需指出的是，2019 年 5 月《IPCC 2006 年国家温室气体清单指南 2019 修订版》的发布对国家、省和城市等各级温室气体清单的标准化、规范化和一体化提供了更详细的依据，特别是在基于卫星遥感监测大气浓度反演温室气体排放方面提供了科学的依据和方法，可以进一步提升和提高中国在温室气体数据和清单方面的核算和建设能力，为避免和减少由于清单方法体系不一致导致的减排政策误判和人力、物力资源的浪费。

表 19–2　中国温室气体排放量数据库

数据集名称	所属机构	年份	温室气体种类	尺度	排放源	可获得性	数据集来源/网址
中国碳核算数据库（CEADs）①	CEADs	2000 ～ 2015 年	CO_2	中国	能源、工业（水泥）	注册后下载	http://www.ceads.net/
		1997 ～ 2015 年	CO_2	中国 30 个省市（除港澳台及西藏）			
中国高分辨率碳排放数据库（CHRED）②	环境保护部环境规划院气候变化与环境政策研究中心	2007 ～ 2015 年	CO_2、CH_4、N_2O、F-gases	中国 31 个省市（除港澳台），305 个城市	能源、工业	在线平台	http://www.cityghg.com/index.html

① CEADs，2019，中国碳核算数据库. http://www.ceads.net/ [2019-11-02]。

② 环境保护部环境规划院气候变化与环境政策研究中心，2019，中国高分辨率碳排放数据库. http://www.cityghg.com/index.html [2019-11-02]。

表 19–3　中国历次信息通报及更新报告温室气体排放量

来源	清单年份	温室气体排放量*（亿吨二氧化碳当量）						
		能源活动	工业生产	农业活动	废弃物处理	土地利用、土地利用变化和林业	总量（包括土地利用变化和森林）	总量（不包括土地利用变化和森林）
中华人民共和国气候变化初始国家信息通报	1994	30.08	2.83	6.05	1.62	–4.07	36.50	40.57
中华人民共和国气候变化第二次国家信息通报	2005	57.69	7.68	8.20	1.11	–4.21	70.46	74.67
中华人民共和国气候变化第三次国家信息通报	2005**	62.43	8.71	7.88	1.13	–7.66	72.49	80.15
中华人民共和国气候变化第三次国家信息通报	2010	82.83	13.01	8.28	1.32	–9.93	95.51	105.44
中华人民共和国气候变化第一次两年更新报告	2012	93.37	14.63	9.38	1.58	–5.76	113.20	118.96
中华人民共和国气候变化第二次两年更新报告	2014	95.59	17.18	8.30	1.95	–11.15	111.86	123.01

* 温室气体类型包含：CO_2,CH_4,N_2O,HFCs,PCFs，全球增温潜势值采用《IPCC 第二次评估报告》中 100 年时间尺度下的数值。

** 2018 年提交的报告中，采用与 2010 年相同的编制方法及更新后的活动水平数据对 2005 年的温室气体排放清单进行回算。

随着分析尺度的逐渐细化，近年来中国学者对温室气体的研究主要集中于碳排放的区域差异方面。王安静等（2017）借助投入产出表，用多区域投入产出模型测算了各省份各行业的 CO_2 排放量以及省间的碳转移量，发现东部沿海、南部沿海以及京津地区的净碳转出量最大，西北地区的净碳转入量最大。杨青林等（2017）利用 GIS 和空间自相关分析方法研究中国城市的碳排放空间分布特征，得到以下结论：城市的碳排放量与城市的国内生产总值间有着正向的线性关系。空间分布上东部地区的碳排放量高于西部地区，同时形成了东北、京津冀、成一渝经济圈、长三角等高碳排放集聚区。与此同时，由于《巴黎协定》后续实施细则对发展中国家温室气体排放清单时间序列一致性方面的要求显著增强，中国学者也陆续对以往清单年份开展重算。马翠梅等（2019）使用第三次全国经济普查的活动水平数据及更新后的 IPCC 清单指南中的方法对 2005 年国家温室气体排放量进行重算，得到的结果为 80.15 亿吨二氧化碳当量（不包括土地利用变更和森林），相比重算前增加了 6.6%。

通过比较国内与国际温室气体数据库中中国的 CO_2 历史排放数据（表 19–4），可以看出 EIA、IEA、WRI 等以能源相关 CO_2 排放量为主的数据库排放量低于 EDGAR、WB 等包含了 IPCC 分类多个排放源、多种温室气体的数据库中的排放量。中国的 CEADs 数据库由于包含了能源相关排放及水泥制造过程的排放，使得其排放量处于中间水平。

表 19–4 中国 CO_2 排放历史数据整理（单位：Mt）

年份	CEADs	EIA	IEA	WRI	EDGAR	WB
1995	—	2 809	2 887	2 802	3 304	3 320
2000	3 214	3 163	3 087	3 062	3 632	3 405
2005	5 509	5 738	5 358	5 551	6 175	5 896
2010	8 425	8 111	7 707	8 219	8 987	8 776
2015	9 780	—	9 041	—	10 642	—

从更长远的时间尺度看来（图 19–1），WB 自 1960 年起、EDGAR 自 1970 年起、IEA 自 1971 年起、WRI 自 1990 年起便对中国的 CO_2 排放量进行了统计。而中国的 CEADs 数据库统计的是自 2000 年起的 CO_2 排放量，起步较晚。但是在数据的整体趋势上具有一致性，在 1960～2000 年持续增长，2000～2012 年增长趋势加快，并于 2012 年达到了 100 亿吨左右的排放量。2012 年以后，中国的 CO_2 排放量增长趋势放缓。中国 CEADs 统计的排放量有所下降。

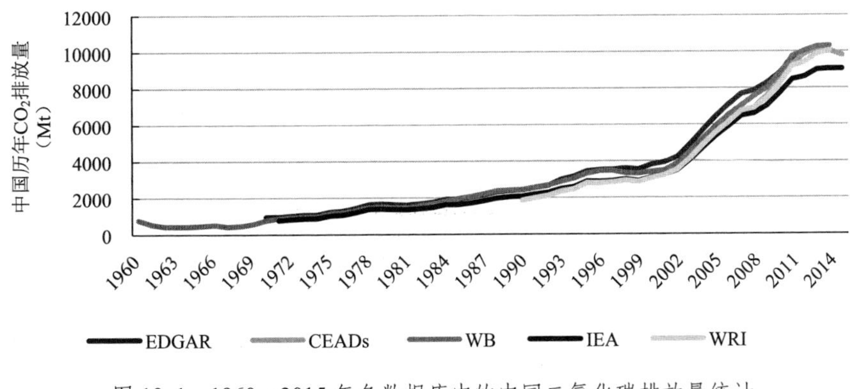

图 19–1　1960～2015 年各数据库中的中国二氧化碳排放量统计

由于 CO_2 排放量与各国的能源消费总量、经济发展规模、产业结构、人口数量等因素之间存在较强的相关性，因此，上述国际机构中也通过各类指标对 CO_2 排放提供了更详细的数据表征，主要指标包括单位 GDP 的 CO_2 排放量、人均 CO_2 排放量、单位能耗 CO_2 排放量等，反映了能源利用效率及碳减排技术水平。在这方面，中国的碳排放数据集中尚未纳入相关指标，而 IEA 和 WB 对此类指标有着较长时间序列的数据。由于 WB 的碳排放核算包括更多的温室气体种类及排放源，使得 WB 与 CO_2 相关的统一排放指标（如单位 GDP 二氧化碳排放量）数据整体高于 IEA 的数据。

（二）遥感数据集

卫星遥感数据主要来自于搭载了傅里叶变换光谱仪（Fourier Transform Spectrometer, FTS）、二氧化碳光谱仪（Carbon Dioxide Spectrometer, CDS）、成像光栅光谱仪（Imaging grating spectrometer）等温室气体传感器的卫星。目前全球共有四颗碳观测卫星，其参数及产品信息见表 19–5。EOS-Aqua、ENVISAT-1、SCISAT-1、METOP、风云三号、高分五号等卫星上搭载的传感器也可用于观测 CO_2、CH_4、N_2O 等温室气体。其中 GOSAT 官方（https://data2.gosat.nies.go.jp）提供了 13 类产品，分别是 2009～2019 年的 1

级、2级及4级数据，包括全球CO_2、CH_4月平均柱浓度、通量、全球分布等。根据产品类型的差异，不同数据更新滞后约一个月到四年不等。GOSAT-2官方（https://prdct.gosat-2.nies.go.jp/en）提供了186类产品，分别是2019～2022年的1级、2级及4级数据。美国国家航空航天局官方（https://earthdata.nasa.gov）提供了OCO-2的12类产品，分别是2014～2017年的1、2、3级数据。中国国家卫星气象中心（http://www.nsmc.org.cn/NSMC/Home/Index.html）提供了TanSat卫星2017年2月至今的10类1级产品的数据。部分产品涉及2018年及以后的数据连续性较差。此外，欧洲航天局的对流层排放监测互联网服务（http://www.temis.nl/index.php）综合了多个卫星的监测结果，并提供了自己的反演数据产品及可视化服务。

表19–5 全球碳观测卫星信息概览

卫星名称	传感器名称	信息发布组织	温室气体种类	投用时间	重访周期	传感器空间分辨率	可获得性
GOSAT[①]	FTS	日本宇宙航空研究开发机构	CO_2、CH_4	2009	3天	10.5千米直径	注册登录后下载
GOSAT-2[②]	FTS-2	日本宇宙航空研究开发机构	CO_2、CH_4	2019	6天	9.7千米直径	注册登录后下载
OCO-2[③]	光栅成像光谱仪	美国国家航空航天局	CO_2	2014	16天	2.25千米×1.29千米	注册登录后下载
TanSat[④]	CDS	中国国家卫星气象中心	CO_2	2016	16天	2千米×2千米	注册登录后下载

① 日本宇宙航空研究开发机构，2019，GOSAT产品集. https://data2.gosat.nies.go.jp/GosatDataArchiveService/usr/download/DownloadPage/view [2019-11-02]。

② 日本宇宙航空研究开发机构，2019，GOSAT-2产品集. https://prdct.gosat-2.nies.go.jp/en/ [2019-11-02]。

③ 美国国家航空航天局，2019，OCO-2数据集. https://disc.gsfc.nasa.gov/datasets? keywords=oco-2&page=1 [2019-11-02]。

④ 中国国家卫星气象中心，2022，TANSAT L1 DATA. http://satellite.nsmc.org.cn/portalsite/Data/DataView.aspx?SatelliteType=2&SatelliteCode=TANSAT [2021-01-15]。

基于诸多卫星的遥感观测数据，对温室气体排放情况进行反演的研究也较为丰富。然而，对于遥感数据进一步解析后构建的综合性数据库较少。美国能源部数据库 ESS-DIVE 中接收了来自美国橡树岭国家实验室 CO_2 信息分析中心的数据，收集汇总了全球及部分地区卫星观测的 CO_2、CH_4 浓度数据。各类数据最新更新年份为 2013 年。

二、数据的质量状况

（一）排放清单数据集

各数据集中，UNFCCC 的数据来源为《京都议定书》协议国政府提交的温室气体评估报告，且为官方数据。WB、WRI 及 IEA 中提供的数据在国际各界认可度很高。在温室气体相关研究中，EDGAR 及 ESS-DIVE 的前身 CDIAC 中的数据应用较为广泛。中国的两个碳排放数据集为相对较新的研究成果，均已发表在高影响力的国际期刊中。除 IEA 外，各机构提供的数据集均可以从网上免费下载。

从收集的国际温室气体排放量数据集来看，各国际组织及欧美国家均收集了较长时间序列的数据。从包含的排放源来看，英国石油公司及美国能源信息管理局的数据库仅包含能源相关的温室气体排放量。世界银行及美国能源部的数据库中除能源外，还计算了部分工业及农业的温室气体排放量；其余各数据库中包含的排放源种类较多，覆盖面较广。从温室气体种类而言，各数据库以二氧化碳排放量或 CO_2-eq 为主要统计指标，其次为甲烷，其余温室气体不纳入数据库范围或时间序列较短。从空间尺度而言，EEA 统计的为欧盟地区数据，EIA 统计的为美国地区数据，其余均涵盖了全球多个地区和国家。总体而言，对于中国地区的研究，WRI、WB、UNFCCC、JRC&PBL、DOE 提供的数据更具有综合参考价值，IEA 提供的能源相关排放量数据更为精确。

（二）国内外温室气体排放因子数据库

温室气体数据库的排放量数据大多来源于排放因子法的计算结果及相关文献的研究结果。选择合适的排放因子对于宏观的温室气体排放量核算至关重要，目前有关温室气体排放因子的数据库见表 19–6。其中使用最为广泛的是 UNFCCC 使用的政府间气候变化专门委员会（IPCC）排放因子数据库，其包括能源、工业、农业、废弃物处置等温室气体的排放因子，并于 2019 年修订。IPCC 提供的排放因子库在国际上应用最为广泛，除 IPCC 自身提供的排放因子外还汇总了文献调研及研究团队提供的排放因子，并已汇总至其排放因子数据库软件中，可供使用者查询参考。EEA 的排放因子数据库来源于其排放清单编制指南。其包含的温室气体种类最为齐全，相较于 IPCC，其排放因子更为本地化，是具有欧洲代表性的排放因子数据库。IEA 提供的各类能源的排放因子库，需要购买后下载。

近年来，中国 CEADs 团队对中国煤炭煤质进行采样及测定，结果表明，中国产的 16 种煤的平均热值低于 IPCC 清单指南中的默认值。单位热值含碳量与 IPCC 缺省值接近，煤炭的平均氧化率低于 IPCC 的推荐值（Liu *et al*., 2015，刘竹等，2018）。沈镭研究员等对全国范围内水泥生产线进行实测，得到了碳排放因子及相关系数。结果表明由于中国水泥熟料含量较低，水泥行业的排放因子比 IPCC 的推荐值低近 45%（Shen *et al*., 2014，沈镭等，2016）。CEADs 团队将各研究实测结果汇总并建立了相应的具有中国地域特征的排放因子库。CEADs 的排放因子库中，煤炭与水泥生产的排放因子低于 IPCC 的默认值。油品的排放因子与 IPCC 的默认值无差异。天然气的排放因子略高于 IPCC 默认值。

表 19–6 国内外温室气体排放因子库

来源	更新时间	说明
政府间气候变化专门委员会（IPCC）①	2019	多部门的 CO_2、CH_4、N_2O 排放因子
国际能源署（IEA）②	2018	能源相关排放因子
欧洲环保署（EEA）③	2019	多部门的 CO_2、CO、CH_4、N_2O、F-gases 的计算方法及排放因子
中国碳核算数据库（CEADs）④	2019	能源、水泥生产相关排放因子

① 政府间气候变化专门委员会，2019，IPCC Emission Factors database. https://www.ipcc.ch/data/ [2019-11-02]。

② 国际能源署，2019，Emission factors 2018. http://data.iea.org/payment/products/122-emissions-factors-2018-edition.aspx [2019-11-02]。

③ 欧洲环保署，2019，EMEP/CORINAIR Emission Inventory Guidebook-2007. https://www.eea.europa.eu//publications/EMEPCORINAIR5 [2019-11-02]。

④ CEADs，2019，Fossil fuels and emission factors. https://www.nature.com/articles/sdata2017201 [2019-11-02]。

三、数据服务状况

目前，由于 GOSAT 与 OCO-2 发射较早且数据可获得性较好，相关研究较多。除了基础数据外，信息发布组织提供了官方的反演产品，常常作为国内研究的比较基准。孟晓阳等研究表明 GOSAT 全球大气遥感产品与地基站点观测结果一致性较好，可以比较精确地对全球大气 CO_2 浓度进行大范围实时监测（孟晓阳等, 2018）。莫露等基于 OCO-2 研究二氧化碳时空分布影响因素，并对比了 OCO-2、GOSAT 的数据。结果表明两者显著相关，可以进行数据同化（莫露等, 2019）。由于 TanSat 发射较晚，对其数据的研究目前较少。王鼎益等（2018）通过初步研究得到一种二氧化碳柱浓度的反演算法，其结果与国家卫星气象中心、GOSAT 和 OCO-2 的结果基本一致（王鼎益等, 2018）。

TanSat 的发射升空为研究者提供了一个新的数据源。合理使用 TanSat 提供的遥感数据，进一步开发反演模型，得到较为准确的数据产品也将成为目前碳排放量研究中数据相互印证的重要一环。同时，汇总国内各研究机构不同算法下的反演结果，构建相应的数据集可以为不同层次、不同需求的科学研究提供基础服务。

参考文献

IPCC, 2003. *Revised 1996 IPCC Guidelines for National Greenhouse Gas Inventories*. Intergovermentall Panel On Climate Change.

Xu, W.Q., B. Wan and T.Y. Zhu, *et al*., 2016. CO_2 Emissions from China ' s Iron and Steel Industry. *Journal of Cleaner Production*,139:1504～1511.

刘竹、关大博、魏伟：“中国二氧化碳排放数据核算”，《中国科学：地球科学》，2018年第48卷第7期。

孟晓阳、张兴赢、周敏强等：“GOSAT卫星二氧化碳遥感产品的验证与分析”，《气象》，2018年第44卷第10期。

张志强、曲建升、曾静静：“国际主要温室气体排放数据集比较分析研究”，《地球科学进展》，2008年第23卷第1期。

杨青林、赵荣钦、邢月等：“中国城市碳排放的空间分布特征研究”，《环境经济研究》，2017年第2卷第1期。

王安静、冯宗宪、孟渤：“中国30省份的碳排放测算以及碳转移研究”，《数量经济技术经济研究》，2017年第8期。

王鼎益、刘冬冬：“碳卫星高光谱数据CO_2柱浓度反演初步研究”，《三峡生态环境监测》，2018年第3卷第4期。

莫露、张熠、巫兆聪：“基于OCO-2数据的CO_2浓度时空变化及影响因素分析——以中国东北地区为例”，高分辨率对地观测学术联盟.第六届高分辨率对地观测学术年会论文集（上），2019年。

马翠梅、王田：“国家温室气体清单时间序列一致性和2005年清单重算研究”，《气候变化研究进展》，2019年。

第六篇

气候变化科学数据服务现状与建议

基于本报告前文五个部分对各领域气候变化科学数据的分析，我们基本可以了解气候变化关键方向上的科学数据的存储、质量和服务等情况。为更好地揭示气候变化科学数据总体分布和服务情况，本部分从气候变化科学数据的分布情况、服务情况进一步评估现有数据的服务能力，并基于对服务现状的评估分析，提出进一步加强气候变化科学数据保障能力的建议。

基于对本报告所收集的518个气候变化科学数据集/系统的量化分析，发现现有气候变化科学数据的分布具有以下特点：气候变化驱动因素科学数据占20%，气候变化事实科学数据占24%，气候变化影响与适应科学数据占40%，气候变化未来预估科学数据占6%，气候变化相关社会经济数据占10%。在518个数据集中，有390个来自国内各机构，128个来自国际机构及其他国家。在国内机构维护的390条数据中，中国科学院各院所占32%，其他依次为各部委直属机构、农科院/林科院/工程院、地方机构、高校与其他机构；气候变化科学数据的涉及学科较多，既包括自然科学数据，也包括经济社会数据。现有数据中地理学、畜牧学与水产学、大气科学、海洋科学等学科的数据占主体地位。

通过对现有气候变化科学数据的服务状况的评估，可以发现中国已积累较大规模的气候变化科学数据。可公开获取或可注册访问的气候变化科学数据占现有数据的多数。中国气候变化科学数据已形成较长的时间序列。数据的空间覆盖率、数据精度等方面也不断提高。科学数据开放共享广为科研人员及各种利益相关者所认同，但由于数据口径、数据类型、数据处理方法等方面的差异，导致不同类型气候变化科学数据的应用状况也不尽相同。

基于当前国家碳中和战略对相关科学数据的紧迫需求，本部分对碳中和工作所急需的碳排放核算数据、碳汇监测数据、碳市场数据和碳足迹数据的服务状况进行了分析，并建议相关领域科技工作者加强面向碳中和的科学数据积累与数据体系建设。

中国气候变化科学数据的建设和服务工作还在统计口径、核算方法方面存在不统一的问题。另外，针对碳达峰碳中和等重要国家战略或科学工程的专门需求的数据资源尚未形成体系。现有数据的质量参差不齐，数据共享的限制条件较多、共享资源不足。为了提高中国气候变化领域的科学数据保障能力，本报告提出了完善气候变化科学数据体系、加强支撑碳达峰碳中和战略的数据资源建设、持续提升气候变化数据质量及推动气候变化数据共享等四个方面的建议。

第二十章　气候变化科学数据分布情况

本章从气候变化科学数据的主要类型、主题分布、学科分布、机构分布、地域分布和文献和期刊数据出版六方面，对收集到的国内外机构维护的 518 个气候变化科学数据集进行了量化分析。主要结论如下：①在 518 个气候变化科学数据集中，从主题分布角度出发，分析报告收集到的气候变化科学数据，发现气候变化驱动因素科学数据占 20%，气候变化事实科学数据占 24%，气候变化影响与适应科学数据占 40%，气候变化未来预估科学数据占 6%，气候变化相关社会经济数据占 10%。②不同领域的气候变化科学数据的地域分布各具特点。③本报告共收集到 518 条气候变化科学相关的数据集/库，其中有 390 条来自国内各机构，128 条来自国际机构及其他国家。国内各机构维护的 390 条数据中，中国科学院各院所占 32%，其他依次为各部委直属机构、农科院/林科院/工程院、地方机构、高校与其他机构（联合网络、企业、期刊等）。国际机构及其他各国维护的 128 条数据中，主要分布在美国、欧洲国家、日本与一些国际组织中。④气候变化科学数据分布广泛，既包括自然科学数据（如温度、降水、海平面等数据），也包括社会科学数据（如能源数据与温室气体排放数据）。报告收集的数据，主要涉及的一级学科类别包括：地理学（46%）、畜牧学与水产学（14%）、大气科学（11%）、生物学（10%），其余还涉及一部分的医学（5%）、应用经济学（4%）、天文学（4%）、海洋科学（4%）与林学数据（2%）。⑤《地球系统科学数据》（*Earth System Science*

Data，*ESSD*）、《科学数据》（*Scientific Data*，*SD*）、《地球科学数据期刊》（*Geosicence Data Journal*，*GDJ*）、《地球大数据期刊》（*Big Earth Data*，*BED*）、《中国科学数据》《全球变化数据学报》等期刊允许将数据作为科学论文的附件或作为可引用的数据集合与期刊等一起出版。爱思唯尔（Elsevier）等出版机构，要求作者将发表论文相关的原始数据上传至公开的数据仓储，推进了气候变化相关数据的存储、共享和再利用。

一、气候变化科学数据的主要类型

全球气候变化研究对象是气候系统和人类活动。气候变化科学数据涵盖气候系统和人类活动的方方面面。气候系统由大气圈、水圈、冰冻圈、岩石圈和生物圈构成。气候变化是上述各圈层相互作用的结果。本报告所指的气候变化科学数据，从主题来讲包括 5 大类 20 个小类（图 20–1）：①气候变化驱动因素科学数据，包括 4 个小类，分别为天文、土地利用与土地覆盖、大气温室气体和气溶胶数据；②气候变化事实科学数据，包括 5 个小类，分别为气候观测数据（温度、降水等）、古气候数据、海洋科学数据、冰冻圈科学数据和生态系统科学数据；③气候变化影响与适应科学数据，包括 5 个小类，分别为人口健康科学数据与环境质量相关关系数据、水文与水资源科学数据、气候变化相关灾害影响科学数据（含基础设施）、林业科学数据和农牧渔业科学数据；④气候变化未来预估科学数据，包括 2 个小类，分别为温度降水数据和海平面数据；⑤气候变化相关经济社会数据，包括 3 个小类，分别为经济社会科学数据、能源数据和温室气体排放数据。

报告收集到的气候变化科学数据共有 518 条，数据类型包括年鉴、书籍、文献、图形、影像、遥感、观测、标本、记录新闻资讯等。其中气候变化驱动因素数据、气候变化事实数据和气候变化影响与适应数据各占 20%、24% 与 40%，其余气候变化社会经济数据和气候变化未来预估数据分别占 10%与

6%（图 20–2）。

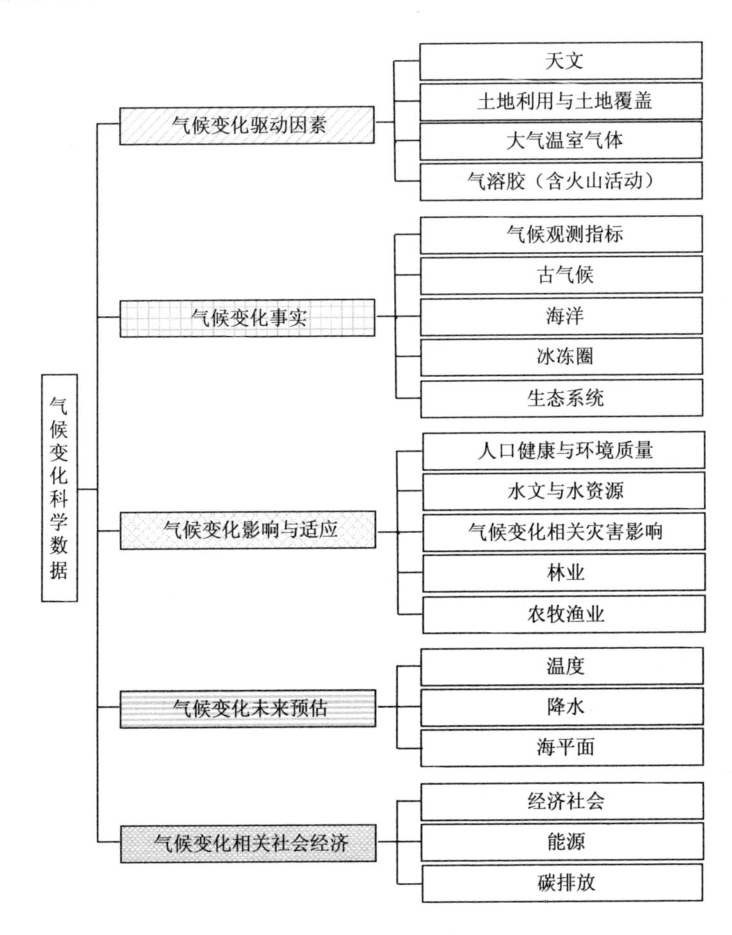

图 20–1　气候变化科学数据的主题类型

二、气候变化科学数据的学科分布

气候变化科学数据涵盖气候系统与人类活动的方方面面，既包括自然科学数据，也包括社会科学数据。报告收集的数据，主要涉及的一级学科类别包括：地理学（46%）、畜牧学与水产学（14%）、大气科学（11%）、生物学

（10%），其余还涉及一部分的医学（5%）、应用经济学（4%）、天文学（4%）、海洋科学（4%）与林学数据（2%）（图 20–3）。这些学科分布特征反映了气候变化相关科学研究长期积累的数据分布情况，也表征着复杂的地球系统和经济社会的现象与关系，体现了气候变化科学多学科交叉研究的特点。

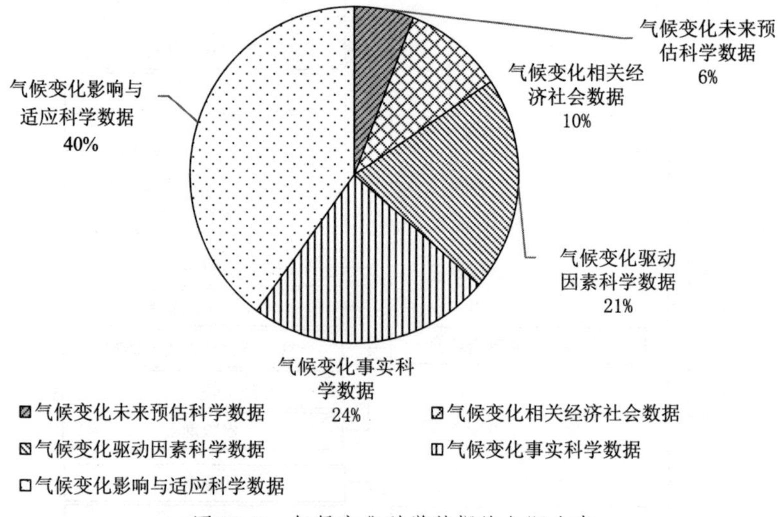

图 20–2　气候变化科学数据的主题分布

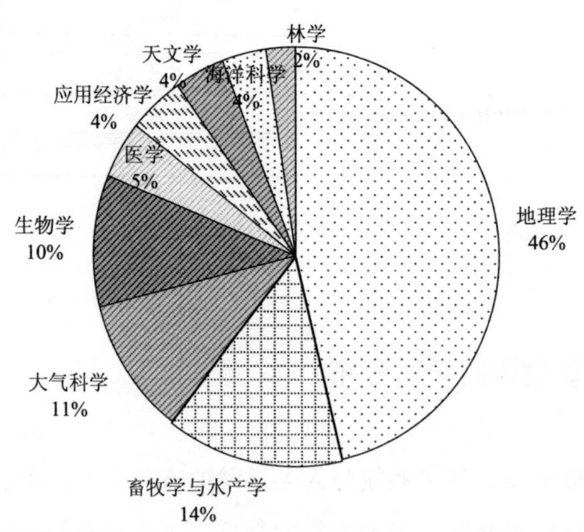

图 20–3　气候变化科学数据的学科分布

三、气候变化科学数据的机构分布

本报告共收集到 518 条气候变化科学相关的数据集/库，其中有 390 条来自国内各机构，128 条来自国际机构及其他国家，如图 20–4 所示：

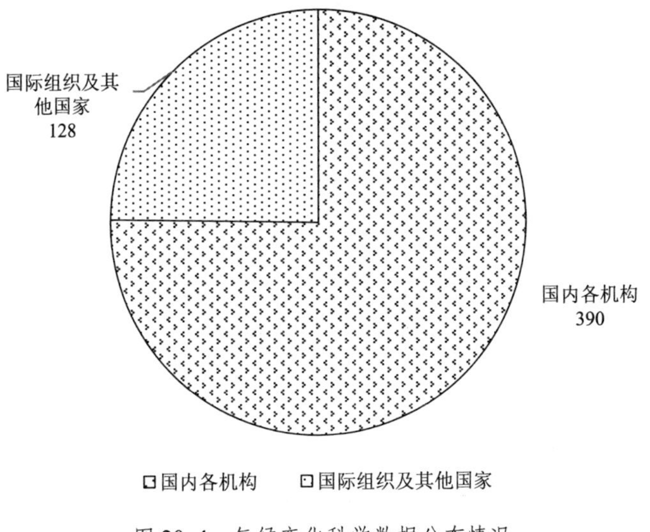

图 20–4　气候变化科学数据分布情况

国内各机构维护的 390 条数据中，中国科学院各院所占 32%，其他依次为各部委直属机构、农科院/林科院/工程院、地方机构、高校与其他机构（联合网络、企业、期刊等）。如图 20–5 所示：

国际机构及其他各国维护的 128 条数据中，主要分布在美国、欧洲国家、日本与一些国际组织中，如图 20–6 所示：

四、气候变化科学数据的地域分布

气候变化科学数据根据采集来源，主要可分为观测数据、统计数据、遥感数据和再分析数据等。遥感数据、再分析数据基本以全球和全国尺度为主；观测数据以观测站点为主；统计数据则以分省或重要城市统计数据为主。利用本报告中收集到的所有数据集进行分析，不同要素的关键数据集和分布地域见表 20–1。

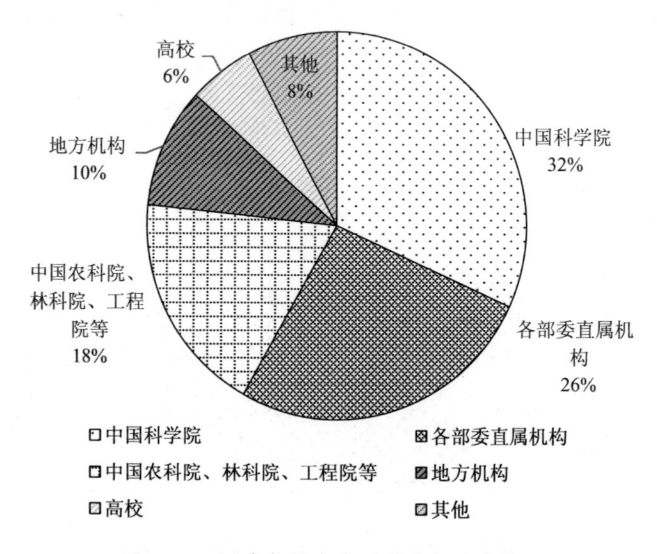

图 20–5 国内气候变化科学数据分布情况

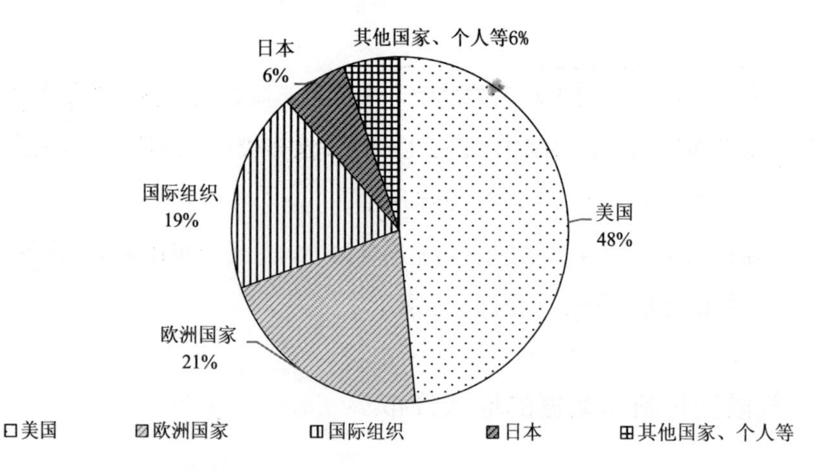

图 20–6 国际组织及其他国家关于中国的气候变化科学数据分布情况

表 20–1　气候变化 20 大类数据的主要数据集和地域分布

数据类型	主要数据产品	主要分布地域
天文	太阳射电频谱数据（数据覆盖范围为 1994～2014 年）； 太阳射电频谱天文数据库（1999～2015 年）； 太阳总辐射（Total Solar Irradiance, TSI）重构数据； 太阳黑子（Sunspot Number, SSN）； 毫米射电频谱天文数据库； 近地天体望远镜数据库； 太阳光谱数据库； TSI； 总和分光谱太阳辐射（Total and Spectral Solar Irradiance Sensor，TSIS）； 太阳黑子数和太阳黑子周期长度数据； 光度太阳黑子指数（Photometric Sunspot Index, PSI）； 近地太阳风、等离子体、能量质子通量及地磁和太阳活动指数； 第六次耦合模式比较计划（The sixth phase The Coupled Model Intercomparison Project, CMIP6）太阳强迫数据； 太阳白斑数据（Solar White Light Faculae）； 地球自转速度/日长（length of day）； 极移和日长数据； 有效大气角动量函数（Effective Atmospheric Angular Momentum Functions, AAM）； 地球磁场数据库（磁场强度、磁倾角、磁偏角）； 古地磁信息档案计划数据库（Palaeomagnetic Information Archive, PALEOMAGIA）； 地球磁场模型数据库； 月球等离子体参数（主要为月球上的太阳风）数据库	全球

续表

数据类型	主要数据产品	主要分布地域
土地利用与土地覆盖	更精细的观测和监测—全球土地覆盖数据集（Finer Resolution Observation and Monitoring of Global Land Cover, FROM-GLC）； 在全球未来气候变化情景典型浓度路径（Representative Concentration Pathways, RCPs）之一 RCP4.5 下，模拟得到的全球未来土地覆盖数据集（FROM-GLC-Simulation4.5）； 第一次全国地理国情普查数据； 第二次全国土地调查主要数据； 中国国土资源统计数据； 中国土地利用数据集（National Land Cover Database, NLCD）； 中国土地覆盖产品（ChinaCover）； 基于“高分 1 号”卫星数据的土地利用数据集； 中国 1980 年代 100 万土地利用数据； 全球 30 米土地覆盖数据产品（Globe Land 30）； 中国 1：100 万植被数据集； 基于多源数据融合方法的中国 1 公里土地覆盖图； 中国地区土地覆盖综合数据集； 土地资源数据库； 1990～2010 年中国西北地区土地覆被数据集； 全球 30 米粮食安全分析数据—农田分布数据（Global Food Security-support Analysis Data at 30 m - Cropland Extent, GFSAD30CE）； 全球环境历史数据集（History Database of the Global Environment,HYDE）； 全球城乡人口数据集（Global Rural-Urban Mapping Project, GRUMP）； 陆地卫星数据集（LandScan）； 全球城市分布和密度； 全球城市变化数据集； 全球城市分布数据集（Global Urban Land）； 全球人类聚居和定居程度数据集（Global Human Built-up And Settlement Extent, HBASE）；	主要以全球数据和中国数据为主

续表

数据类型	主要数据产品	主要分布地域
土地利用与土地覆盖	全球城市数据集（Global Man-made Impervious Surface, GMI）； 全球城市足迹数据集（Global Urban Footprint, GUF）； 亚洲人造地表覆盖； 全球森林变化数据集； 陆地卫星森林覆盖数据； 全球森林分布图； 森林数据集（Forest Data Layer）； 全球多卫星水体数据集（Global Inundation Extent from Multi-Satellites）； 全球 250 米水体数据库（Global Raster Water Mask at 250 meter Spatial Resolution）； 全球水体数据集（Global Water Bodies Database, GLOWABO）； 全球 3 弧秒水体图（Global 3 arc-second Water Body Map G3WBM）； 全球土地覆盖设施—内陆地表水数据集（Global Land Cover Facility-Inland surface Water data, GLCF GIW）； 全球地表水数据集（Global Surface Water Data）； 全球 500 米每日地表水变化数据集（500m Resolution Daily Global Surface Water Change Database）； 全球 500 米 8 天水质分类图（500m 8-day Water Classification Maps）； 美国马里兰大学的全球土地覆盖数据集； 国际地圈—生物圈计划的全球 1 千米土地覆盖数据集（IGBP-DIS global 1 km land cover datase, IGBP DISCove）； 2000 年全球土地覆盖数据产品（Global Land Cover 2000, GLC2000）； 中分辨率成像光谱仪 2000 年的土地覆盖数据产品； 欧空局全球陆地覆盖数据（ESA GlobCover）； 气候变化倡议土地覆盖产（Climate Change Initiative Land Cover, CCI-LC）	主要以全球数据和中国数据为主

续表

数据类型	主要数据产品	主要分布地域
大气温室气体	青海瓦里关全球大气本底站温室气体观测数据集； 中国背景地区阜康温室气体数据集（2017年）； 中国背景地区阜康温室气体浓度数据集（2006～2014年）； 中国背景地区贡嘎山温室气体数据集（2017年）； 中国背景地区贡嘎山温室气体浓度数据集（2006～2014年）； 中国背景地区长白山温室气体数据集（2017年）； 中国背景地区长白山温室气体浓度数据集（2006～2014年）； 中国背景地区鼎湖山温室气体浓度数据集（2017年）； 中国背景地区鼎湖山温室气体浓度数据集（2006～2014年）； 中国背景地区兴隆温室气体数据集（2009～2014年）； 北京上甸子区域大气本底站温室气体观测数据集； 北京上甸子全球区域大气本底站	青海瓦里关、北京上甸子、阜康、贡嘎山、长白山、鼎湖山、兴隆
气溶胶	中国气溶胶遥感观测网（CARSNET）气溶胶光学、微物理和辐射特性数据集（2003年至今）； 中国典型区域太阳—天空辐射计观测网（SONET）气溶胶数据集（因站而异，最早始于2010年3月）； 中国典型城市细颗粒物化学组分数据集（2003年和2013年）； FY-3A 中分辨率光谱成像仪（The MEdium-Resolution Spectral Imager, MERSI）陆上气溶胶日、旬、月产品 （2009年至今）； FY-3A MERSI 海上气溶胶日、旬、月产品 （2009年至今）； FY-3C 可见光红外扫描辐射计（Visible and Infrared Scanning Radiometer,VIRR）VIRR 海洋气溶胶日产品 （2014年至今）； 全球气溶胶地基遥感观测光学辐射特性数据集（1993年至今）； MODIS 全球陆地、海洋气溶胶二级产品（2000年至今）； MODIS 全球陆地、海洋逐日、8天、月气溶胶三级产品 （2000年至今）； MISR 全球陆地、海洋日、月、季、年气溶胶三级产品（2000年至今）； CALIPSO 全球气溶胶层、垂直廓线二级产品（2006年至今）；	$PM_{2.5}$ 数据主要分布于全国14个主要城市；气溶胶遥感数据和再分析数据主要分布于全球陆地和海洋。火山数据主要为全球分布

续表

数据类型	主要数据产品	主要分布地域
气溶胶	CALIPSO 全球气溶胶垂直廓线三级产品 （2006～2016 年）； HIMAWARI-8 东亚气溶胶三级产品（2015 年至今）； MERRA 全球气溶胶再分析产品（1979～2016 年）； MERRA-2 全球气溶胶再分析产品（1980 年至今）； CAMS 全球气溶胶再分析产品（2003～2017 年）； JRAero 全球气溶胶再分析产品（2011～2015 年）； 加拿大达尔豪斯大学（Dalhousie University）全球 PM2.5 综合数据集（2000～2017 年）； 全国火山流动观测数据集（2006 年至今）； 全球火山位置数据库； 全球重大火山爆发数据库； 全球火山活动计划（GVP）数据库	$PM_{2.5}$ 数据主要分布于全国 14 个主要城市；气溶胶遥感数据和再分析数据主要分布于全球陆地和海洋。火山数据主要为全球分布
气候观测数据	中国国家级地面气象站均一化气温月值\日值数据集 （V1.0）； 中国国家级地面气象站均一化降水数据集（V1.0）； 中国国家级地面气象站均一化相对湿度月值\日值数据集（V1.0）； 中国国家级地面气象站均一化风速月值数据集（V1.0）； 中国国家级地面气象站均一化气压月值数据集（V1.0）； 全球土地数据同化系统（Global Land Data Assimilation System, GLDAS）； 中国气象局 40 年全球陆面再分析数据集（China Meteorological Administration 40-year global land surface RAanalysis dataset, CMA-RA/Land）； 网格气候研究单位时间序列 2.1（Climatic Research Unit Timeseries 2.1, CRU TS2.1）； 全球降水气候学计划（Global Precipitation Climatology Project, GPCP）； Sheffield 大气驱动数据； 中国气象局陆面数据同化系统（The China Meteorological Administration Land Data Assimilation System, CLDAS）； 中国气象局陆面长期资料同化系统（The China Meteorological Administration Land Long-term Data Assimilation System, CLDAS-L）；	以全球尺度为主

续表

数据类型	主要数据产品	主要分布地域
气候观测数据	中国西部陆面数据同化产品； 中国区域地面气象要素驱动数据集； 美国国家环境预报中心的第一套再分析数据（NCEP/NCAR Reanalysis 1, NCEP1）； 欧洲中期数值预报中心（European Centre for Medium-Range Weather Forecasts, ECMWF）的15年（1979～1993年）全球大气再分析（15 year data set of ECMWF Interim ReAnalysis, ERA-15）； 国家环境预测中心/能源部第二套再分析数据（National Centers for Environmental Prediction/Department of Energy, NCEP/DOE）再分析（1979年至今）； ECMWF的40年再分析数据集（40 year data set of ECMWF Interim ReAnalysis, ERA-40）（1958～2001年）； 第一套日本再分析数据集（25 year data set of Japanese ReAnalysis, JRA-25）（1979年至今）； 全球大气再分析数据集（Global Atmospheric Reanalysis, ERA-Interim）； 美国国家环境预报中心的气候预测系统再分析数据（Climate Forecast System ReAnalysis, CFSR）； 美国国家航空航天局的用于研究和应用的近代再分析数据集（Modern-Era Retrospective analysis for Research and Applications, MERRA）（1979年至今）； 日本气象厅的第二套日本再分析数据集（55 year data set of Japanese ReAnalysis, JRA-55）（1958～2012年）； ECMWF发布的最新一代再分析（ERA5）； 中国全球大气再分析数据集（CMA's Global Atmospheric ReAnalysis, CRA-40）	以全球尺度为主
古气候数据	NOAA古气候数据库； PANGAEA数据库； 东亚古环境科学数据库； 国家地球系统科学数据中心； 寒区旱区科学数据中心	NCEI提供全球古气候、古环境代用指标数据的共享服务。东亚古环境科学数据库以中国大陆为中心、具体以黄土高原、青藏高原和内陆干旱区为重点的东亚区域

续表

数据类型	主要数据产品	主要分布地域
海洋科学数据	国家海洋科学数据中心共享服务平台； 中国海洋信息网； 国家海洋卫星应用中心； 中国海洋预报网； 中国 Argo 实时资料中心数据库； 中国气象局热带气旋资料中心； 海洋科学大数据中心； 国家地球系统科学数据共享服务平台（南海及其邻近海区科学数据中心）； 海岸带资源环境科学数据库； 物理海洋教育部重点实验室海洋数据中心； 国家综合地球观测数据共享平台； 国家气象信息中心； 中国气象数据网	海洋水文、气象、化学、地球物理、海底地形、以及其他统计数据、船舶站观测、海洋热含量、Argo 网格化产品、海洋表层流等，基本都以全球尺度为主；再分析产品主要以渤海、东营近海、威海近海为主； 中国尺度的数据有中国热带气旋灾害数据、南海及邻近海区多种海洋数据；覆盖印度洋区域则有大量实测及同化数据
冰冻圈科学数据	中国第二次冰川编目数据集（V1.0）； 乌鲁木齐河源 1 号冰川 2018 年物质平衡数据； 2015～2016 年乌鲁木齐河源 1 号冰川表面运动速度和末端变化数据； 祁连山老虎沟 12 号冰川 4200 米 2013 年气象数据； 乌鲁木齐河源 1 号冰川 2007～2012 年、2014 年水文点逐日降水量； 2014 年中国北极黄河站考察 Austre Lovénbree 冰川温度观测数据； 青藏高原及周边地区典型冰川变化数据集（2005～2016 年）； 青藏高原新绘制冻土分布图（2017 年）； 青藏高原冻土制图数据集； 2016 年青藏高原西大滩泵站多年冻土地温数据； 2016 年青藏高原两道河（China05）多年冻土活动层数据； 2016 年青藏高原唐古拉多年冻土气象数据； 中国雪深长时间序列数据集（1979～2016 年）；	冰川、积雪和动土都以全国尺度为主；青藏高原和新疆地区（1 号冰川、阿尔泰）覆盖有更加高分辨率的动土、积雪数据，特别是在西大滩、两道河、唐古拉具有常年观测数据，此外还有中国北极考察加拿大海盆地和北极阿拉斯加巴罗站观测数据；泛第三极大数据系统整合青藏高原科学数据中心后将空间尺度从第三极向西、向北扩展，涵盖青藏高原、帕米尔、兴都库什、伊朗高原、高加索、喀尔巴阡等山脉的欧亚

续表

数据类型	主要数据产品	主要分布地域
冰冻圈科学数据	阿尔泰山库威积雪站喀依尔综合观测场气象—积雪—冻土—风吹雪数据集（2017～2019 年）； 青藏高原逐日无云 MODIS 积雪面积比例数据集（2000～2015 年）； 北极阿拉斯加巴罗站冰冻圈监测数据—2017 年海冰厚度（4 月～6 月）； 2016 年中国北极考察加拿大海盆地区海冰物质平衡数据（300234010962190）； 2000～2018 年青海湖湖冰物候特征数据集	高地及其环境影响区
生态系统科学数据	全国 250 米分辨率植被地上生物量； 森林生态系统生物量及其器官分配； 基于资源清查资料的中国森林碳储量； 生态系统长期监测数据集； 森林草本层生物量调查数据； 森林灌木层生物量调查数据； 灌丛生物量汇总数据； 草地各样地生物量数据； 2010s 中国陆地生态系统碳密度数据集； 中国森林生态系统碳储量—生物量方程； 全国森林资源清查数据； ChinaFLUX 典型生态系统 2003～2010 年碳水通量及常规气象数据集； 中国区域陆地生态系统碳氮水通量及其辅助参数观测专题数据集； 生态系统净碳交换（Net Ecosystem Carbon Exchange, NEE）； 对氮添加响应的数据集（更新至 2009 年）； 生态系统 NEE 对增温和降水响应数据集（更新至 2011 年）； 生态系统 NEE 对增温响应数据集（更新至 2013 年）； 草原生态系统 NEE 对增温响应数据集（更新至 2019 年）； 中国地区长时间序列全球清查模拟和制图（Global Inventory Modeling and Mapping Studies，GIMMS）植被指数数据集（1981～2006 年）； 中国地区长时间序列 SPOT_Vegetation 植被指数数据集（1998～2007 年）；	站点观测数据基本以全国尺度为主，ChinaFLUX 已经拥有 71 个台站（网），分布于全国各地。遥感产品有全球的 GLASS 系列遥感产品和 LAI、FPAR 产品；黑河流域有丰富的生态观测数据、物候数据和遥感产品

续表

数据类型	主要数据产品	主要分布地域
生态系统科学数据	中国地区长时间序列 AVHRR_PathFinder 植被指数数据集（1981～2001 年）； 0.05 度中国 MODIS-NDVI16 天合成数据（2001～2009 年）； 中国月度植被指数空间分布数据集（1998～2018 年）； 黑河流域 30 米/月合成植被指数数据集（2011～2014 年）； 全球陆表特征参量（Global Land Surface Satellite, GLASS）； 产品—植被覆盖度 FVC_modis（0.05 度）（2000～2015 年）； GLASS 产品—叶面积指数 LAI_avhrr（0.05 度）（1981～2017 年）； 中国生态系统研究网络生态系统长期监测数据集—物候相关数据 2003～2015 年 CERN 植物物候观测数据集； 中国物候观测网（Chinese Phenological Observation Network, CPON）物候数据集； 黑河生态水文遥感试验：黑河流域植被物候数据集； 中国典型陆地生态系统大气氮湿沉降数据集（2013～2018 年）； 中国大气无机氮湿沉降时空格局数据集（1996～2015 年）； 中国森林生态系统的大气酸和营养元素沉降数据集（1991～2015 年）； 中国农业大学的氮沉降全国监测网络（2010～2015 年）； 中国生物物种名录； 中国生物多样性红色名录； 国家标本资源共享平台（National Specimen Information Infrastructure, NSII）（2000～2011 年）； 物种 2000 中国节点； 中国数字植物标本馆； 中国自然保护区标本资源共享平台； 中国森林生物多样性监测网络； 全球生物多样性信息网络中国科学院节点； 中国植物主题数据库； 中国动物主题数据库； 生物多样性科学数据中心；	站点观测数据基本以全国尺度为主，ChinaFLUX 已经拥有 71 个台站（网），分布于全国各地。遥感产品有全球的 GLASS 系列遥感产品和 LAI、FPAR 产品；黑河流域有丰富的生态观测数据、物候数据和遥感产品

续表

数据类型	主要数据产品	主要分布地域
生态系统科学数据	国家重要野生植物种质资源库； 中国西南野生生物种质资源库； 国家青藏高原科学数据中心； 国家林业和草原科学数据中心； 国家园艺种质资源库； 国家基因组科学数据中心； 国家家养动物种质资源平台； 国家水生生物种质资源库； 国家动物标本资源库； Asia Flux 数据集中国子集； FLUXNET2015 数据集中国子集； 全球 10 天归一化植被指数数据集（Global 10-daily Normalized Difference Vegetation Index）（2016 年至今）； MODIS 叶面积指数和植被光合有效辐射吸收比率数据集(2000～2017 年)(MODIS Leaf Area Index And Fraction of Photosynthetically Active Radiation Absorbed By Vegetation Product）（2000～2017 年））； MODIS 叶面积指数/植被光合有效辐射吸收比率数据(MODIS Leaf Area Index/FPAR)(2000～2017 年）； 全球 10 天合成叶面积指数（Global 10-daily Leaf Area Index）（2016 年至今）； MODIS/Terra16 天合成 L3 级 250m 正弦投影植被指数数据集（MODIS/Terra Vegetation Indices 16-Day L3 Global 250m SIN Grid V006）（2000 年至今）； 东亚酸沉降网络氮沉降观测数据（2000～2018 年）	站点观测数据基本以全国尺度为主，ChinaFLUX 已经拥有 71 个台站（网），分布于全国各地。遥感产品有全球的 GLASS 系列遥感产品和 LAI、FPAR 产品；黑河流域有丰富的生态观测数据、物候数据和遥感产品

续表

数据类型	主要数据产品	主要分布地域
人口健康科学数据	中国2010年人口普查资料； 中国统计年鉴； 法定报告传染病数据库； 全国疾病监测系统死因监测数据； 中国卫生健康统计年鉴（中国卫生和计划生育统计年鉴）； 中国人心理状况数据库； 全球健康观测资料库； 中国居民营养与健康状况监测； 城市疾病逐日死亡数据； 各地区住院数据； 各地区门诊和急症就诊数据； 北京、南京、兰州疾病数据集； 内蒙古各地区死亡资料； 宁夏各地区死亡数据； 江苏省健康影响评估数据； 重庆市人群疾病负担数据； 山东省心理疾病患者资料； 上海鼻出血发病数据； 实时空气质量城市和站点资料； 空气质量历史数据； 各地区空气质量监测数据； 城市空气质量状况月报； 空气质量数据	人口健康数据以统计年鉴为主，基本以中国省、市统计数据为主；还有针对特定疾病问题，对北京、南京、上海等地区建立了专题数据库
水文资源科学数据	水文年鉴； 水资源公报； 河流泥沙公报；	在全国水资源、供水量等数据集的基础上，对九大流域、特别是黄河、长江、黑河、雅鲁藏布江、

续表

数据类型	主要数据产品	主要分布地域
水文资源科学数据	中国水旱灾害公报； 水情年报； 地下水动态月报； 全国水资源总量、供水总量数据集（2006～2015 年）； 水资源数据库； 中国九大流域片； 中国三级流域产水模数； 资源科学数据； 黑河生态水文遥感试验：水文气象观测网数据集； 黑河流域张掖盆地关键水文变量的模拟结果数据集； 黑河流域 1981～2013 年高分辨率地下水埋深、土壤湿度、蒸散发模拟数据； 黑河流域 1981～2013 年 30 弧秒分辨率月尺度地表水及地下水灌溉量数据集； 长江中下游主要水文站日均流量数据集； 长江中下游主要水文站日均水位数据集； 长江中下游降水蒸发站日均蒸发量数据集； 黄河流域近 2000 年来旱涝灾害水文气候数据资料； 黄河中游水土保持径流泥沙测验资料； 黄河下游地区 0.024 度逐月潜在蒸散量数据（1901～2012 年）； 黄河中游历年逐日平均流量统计测验资料（1954～1979 年）； 黄河中游历年雨量站逐日降水量统计测验资料（1954～1979 年）； 黄河流域 100 年来逐月降水频率数据； 黄河流域 100 年来逐月降雨量数据； 雅鲁藏布江年楚河江孜水文站水文特征值（1956～2000 年）； 雅鲁藏布江主要水文站径流年际变化特征值 （1956～2000 年）； 黄河流域主要水文站月蒸发量数据集； 黄河流域主要水文站逐日平均流量数据集；	三江平原等地区有更为详细的观测数据。遥感产品主要为蒸散发和土壤水分，其空间分辨率以全球和全国尺度为主，黑河流域有丰富的观测和遥感数据

续表

数据类型	主要数据产品	主要分布地域
水文资源科学数据	黄河流域三门峡水库区水文实验资料数据集（1956～1990 年）； 黄河干支流各主要断面水量、沙量计算成果数据集（1919～1960 年）； 黄河流域主要水文站逐日降水量数据集； 三江平原水资源数据源（1956～1984 年）； 全球蒸散数据产品（MODIS Global Evapotranspiration Project, MOD16）； 先进超高分辨率辐射产品（Advanced Very High Resolution Radiometer, AVHRR）； 全球陆地蒸发阿姆斯特丹模型（Global Land Evaporation Amsterdam Model, GLEAM）； 每月全球观察驱动的蒸散发数据产品（Monthly Global Observation-driven Penman）； 社区大气生物圈土地交换数据产品（The Community Atmosphere Biosphere Land Exchange, CABLE）； 全球陆地数据同化系统 2.0 版（Global Land Data Assimilation System Version 2.0，GLDAS V2.0）； 全球陆地数据同化系统 2.1 版（Global Land Data Assimilation System Version 2.1, GLDAS V2.1）； 现代回顾性分析研究与应用项目第二版数据产品（Modern-Era Retrospective Analysis for Research and Applications Version 2, MERRA-2）； 气候预测系统再分析（Climate Forecast System Reanalysis, CFSR）； 主动、被动组合气候变化倡议土壤水分产品数据集（Active, Passive and Combined CCI Soil Moisture product datasets, ECV soil moisture）； 全球大气再分析数据集（Global Atmospheric Reanalysis, ERA-Interim）； 黑龙江流域水文资料； 辽河流域水文资料； 海河流域水文资料； 黄河流域水文资料； 淮河流域水文资料； 长江流域水文资料； 浙闽台河流水文资料； 珠江流域水文资料；	在全国水资源、供水量等数据集的基础上，对九大流域、特别是黄河、长江、黑河、雅鲁藏布江、三江平原等地区有更为详细的观测数据。遥感产品主要为蒸散发和土壤水分，其空间分辨率以全球和全国尺度为主，黑河流域有丰富的观测和遥感数据

续表

数据类型	主要数据产品	主要分布地域
水文资源科学数据	藏南滇西河流水文资料； 内陆河湖水文资料； 中国水资源公报； 北京市水资源公报； 天津市水资源公报； 上海市水资源公报； 重庆市水资源公报； 河北省水资源公报； 河南省水资源公报； 云南省水资源公报； 辽宁省水资源公报； 湖南省水资源公报； 安徽省水资源公报； 山东省水资源公报； 江苏省水资源公报； 浙江省水资源公报； 江西省水资源公报； 湖北省水资源公报； 广西壮族自治区水资源公报； 新疆维吾尔族自治区水资源公报； 甘肃省水资源公报； 山西省水资源公报； 内蒙古自治区水资源公报； 陕西省水资源公报； 吉林省水资源公报； 福建省水资源公报；	在全国水资源、供水量等数据集的基础上，对九大流域、特别是黄河、长江、黑河、雅鲁藏布江、三江平原等地区有更为详细的观测数据。遥感产品主要为蒸散发和土壤水分，其空间分辨率以全球和全国尺度为主，黑河流域有丰富的观测和遥感数据

续表

数据类型	主要数据产品	主要分布地域
水文资源科学数据	贵州省水资源公报； 广东省水资源公报； 四川省水资源公报； 青海省水资源公报； 海南省水资源公报； 宁夏回族自治区水资源公报； 松辽流域水资源公报； 海河流域水资源公报； 黄河流域水资源公报； 淮河流域水资源公报； 长江流域及西南诸河水资源公报； 珠江片水资源公报； 太湖流域及东南诸河水资源公报	在全国水资源、供水量等数据集的基础上，对九大流域、特别是黄河、长江、黑河、雅鲁藏布江、三江平原等地区有更为详细的观测数据。遥感产品主要为蒸散发和土壤水分，其空间分辨率以全球和全国尺度为主，黑河流域有丰富的观测和遥感数据
气候变化相关灾害影响科学数据	中国干旱灾害数据集（1949～1999 年）（停止更新）； 中国暴雨洪涝灾害数据集（1949～1999 年）（停止更新）； 中国热带气旋灾害数据集（1949～1999 年）（停止更新）； 区域性干旱事件监测产品（1961～2013 年）（定期更新）； 自然灾害数据库（2001 ～2014 年）（定期更新）； 重大自然灾害数据子库（1949～1998 年）（停止更新）； 中国气象局兰州干旱气象研究所干旱专业数据库； 地质灾害点空间分布数据库； 气候灾害统计分析； 中国水旱灾害公报（2012～2017 年）； 全国洪涝灾情综述（2012～2017 年）； 全国干旱灾情综述（2017 年）； 西北太平洋热带气旋气候图集（1981～2010 年）；	主要以国家气象局发布的全国范围的数据

续表

数据类型	主要数据产品	主要分布地域
气候变化相关灾害影响科学数据	中国统计年鉴（2012～2018 年）； 各省市统计年鉴（2012～2018 年）	主要以国家气象局发布的全国范围的数据
林业科学数据	国家森林资源清查； 国家森林生态系统观测研究网络数据集； 全球生物多样性信息网络中国科学院节点； 森林生物多样性数据集； 中国物候观测网； 森林物候数据集； 归一化差异植被指数和增强型植被指数； 树木年轮数据库； 中国林业统计年鉴； 中国统计年鉴； 国家林业和草原科学数据中心	形成了全球尺度和国家尺度的森林生态系统和生物多样性观测网络
农牧渔业科学数据	气象数据库（6 要素逐旬月年）； 气候数据库（13 要素）； 基于温室气体排放情景典型浓度路径（Representative Concentration Pathways, RCPs）的中国高分辨率未来气候情景数据集； 经过统计降尺度的耦合模式比较计划第五阶段（Coupled Model Intercomparison Project Phase 5, CMIP5）未来气候情景数据集； 土壤养分数据库； 土壤类型数据库； 土壤元素背景值数据库； 中国中等精度数字土壤属性数据库； 中国低精度数字土壤属性数据库；	主要以全国范围的统计数据和相关观测站的数据为主

续表

数据类型	主要数据产品	主要分布地域
农牧渔业科学数据	中国公里网格农田光温生产潜力数据集； 国家农业科学数据共享中心——区划科学数据分中心； 农业普查数据集； 0.5 度全球农业化肥施用和生产逐年数据集； 中国县域农业产业结构数据库； 作物生产数据库（1981～2005 年）； 中国粮食生产情况数据库； 作物物种分布数据库； 作物品质数据库； 作物病虫害数据库； 灌溉效率数据库； 作物缺水量数据库； 主要作物需水量数据库； 参考作物需水量数据库； 国家生态系统观测研究网络——台站子网数据集； 种质资源考察专题数据库； 中国作物种质资源数据库； 作物遗传资源特性评价鉴定数据库； 国家水稻数据中心； 模式植物功能基因数据库； 粮食作物功能基因数据库； 农业用微生物功能基因数据库； 品质改良转基因农作物数据库； 抗虫、病害胁迫转基因作物数据库； 抗非生物逆境胁迫转基因作物数据库； 转基因抗虫作物数据库；	主要以全国范围的统计数据和相关观测站的数据为主

续表

数据类型	主要数据产品	主要分布地域
农牧渔业科学数据	转基因抗病作物数据库； 草地气象观测数据库； 草地土壤观测数据库； 草地资源分布数据库； 草地资源图象数据库； 草地资源特性数据库； 牧草物候数据库； 草原区饲草监测信息库； 草地植被观测数据库； 草地动物观测数据库； 1960 年代草地调查数据库； 1970 年代草地调查； 1980 年代草地调查数据库； 1990 年代草地调查数据库； 2000 年代草地调查数据库； 中国饲料养分数据库； 动物营养需要量数据库； 畜禽遗传资源状况数据库； 中国畜产品生产数据库； 渔业生物资源野外调查数据库； 渔业生态环境野外调查数据库； 渔业捕捞产量数据库； 水产养殖数据库； 渔业总产值统计数据库； 中国海洋站准实时数据集； 波浪和风场延时数据集；	主要以全国范围的统计数据和相关观测站的数据为主

续表

数据类型	主要数据产品	主要分布地域
农牧渔业科学数据	温度和盐度延时数据集； 中国月平均水位延时数据集； 海岸带与海洋浮游生态、生产和观测数据库（Coastal and Oceanic Plankton Ecology, Production, and Observations Database, COPEPOD）海洋生物数据集； 全国居民家庭消费农产品数量数据库； 玉米国际贸易数据集； 世界农畜产品生产量排名数据库； 世界农畜产品贸易量排名数据库； 牧草产品进出口数据库； 世界草业经济数据库； 中国县级草业经济数据库； 中国省级草业经济数据库； 畜牧经济数据库	主要以全国范围的统计数据和相关观测站的数据为主
温度降水数据	BCC-CSM2-MR 参加 CMIP6 计划数据； BCC-CSM2-HR 参加 CMIP6 计划数据； BCC-ESM1 参加 CMIP6 计划数据； CAMS-CSM 参加 CMIP6 计划数据； CAS-ESM2-0 参加 CMIP6 计划数据； FGOALS-f3-L 模式参与 CMIP6 实验数据集； FGOALS-f3-H 模式参与 CMIP6 实验数据集； FGOALS-g3 模式参与 CMIP6 实验数据集（1850～2100 年）； NESM3 参加 CMIP6 计划数据； BCC-CSM1.1 参加 CMIP5 计划数据； BCC-CSM1.1 米参加 CMIP5 计划数据； BNU-ESM 模式参与 CMIP5 实验的温度数据集（1850～2100 年）； FGOALS-s2 模式参与 CMIP5 实验的温度数据集（1850～2100 年）；	以全球尺度为主

续表

数据类型	主要数据产品	主要分布地域
温度降水数据	FGOALS-g2 模式参与 CMIP5 实验的温度数据集（1850～2100 年）； FIO-ESM 模式参与 CMIP5 实验的温度数据集（1850～2005 年）； ACCESS1.0 和 ACCESS1.3 模式参入 CMIP5 实验的温度数据集（1850～2008 年）； CanCM4 和 CanESM2 模式参与 CMIP5 实验的温度数据集（1850～2100 年）； CCSM4 和 CESM 模式参与 CMIP5 实验的温度数据集（1850～2100 年）； CSIRO-Mk3-6-0 模式参与 CMIP5 实验的温度数据集（1850～2005 年）； EC-EARTH 模式参与 CMIP5 实验的温度数据集（1850～2005 年）； GFDL-CM2.1, GFDL-CM3, GFDL-ESM2G, GFDL-ESM2M, GFDL-HIRAM-C360 模式参与 CMIP5 实验的温度数据集（1850～2100 年）； HadCM3， HadGEM2-AO， HadGEM2-CC， HadGEM2-ES 模式参与 CMIP5 实验的温度数据集（1850～2035 年）； IPSL-CM5A-LR， IPSL-CM5A-MR，IPSL-CM5B-LR 模式参与 CMIP5 实验的温度数据集（1979～2029 年）； MIROC4h， MIROC5， MIROC-ESM-CHEM 模式参与 CMIP5 实验的温度数据集（1850～2100 年）； MPI-ESM-LR， MPI-ESM-MR， MPI-ESM-P 模式参与 CMIP5 实验的温度数据集（1850～2100 年）； NorESM1 模式参与 CMIP5 实验的温度数据集（1850～2005 年）； MRI-AGCM3-2H 模式参与 CMIP5 实验的温度数据集（1979～2008 年）；	以全球尺度为主
海平面数据	中国海平面逐时观测数据； 海洋二号 B 卫星数据产品； 海平面数据产品； 中国海平面预测数据； 中国海平面集合预估数据； CMIP5 海平面预估数据； CMIP6 海平面预估数据； 海面高度数据产品； 全球海平面观测数据；	以全球尺度为主，以及覆盖与我国近海区域

续表

数据类型	主要数据产品	主要分布地域
海平面数据	CMIP5 海平面预估数据； CMIP6 海平面预估数据	以全球尺度为主，以及覆盖于中国近海区域
经济社会科学数据	全球贸易分析项目（Global Trade Analysis Project, GTAP）数据库； 世界银行公开数据； Eora 全球投入产出表数据库； 全球投入产出表数据库； 联合国贸易和发展会议统计数据库； 世界综合贸易解决方案数据库； 世界贸易组织贸易和关税数据库； 全球贸易分析项目（Global Trade Analysis Project, GTAP）数据库； 世界专利统计数据库； 联合贸易数据库； 国家统计局国家数据； 司尔亚司数据信息有限公司数据库； 万得数据库（Wind 资讯）； 中国经济与社会发展统计数据库； 中国家庭追踪调查； 中国健康与养老追踪调查； 中国营养与健康调查； 中国综合社会调查； 专利检索及分析数据库； 投入产出表数据库； 中国工业企业数据库； 中经网产业数据库； 中宏产业数据库	主要以国家层面数据为主，并有全球的经济相关数据

续表

数据类型	主要数据产品	主要分布地域
能源数据	中国能源统计年鉴； 国家统计局“国家数据”库； 中国农村能源年鉴； 能源数据； 中国电力年鉴； 中国煤炭工业年鉴； 中国核能年鉴； 中国新能源与可再生能源年鉴； 中国能源数据手册； 能源经济数据平台	以中国统计年鉴数据为主
温室气体排放数据	气候观察（Climate Watch）； 来自燃料燃烧的二氧化碳排放量（CO_2 Emissions from Fuel Combustion）； 世界银行公开数据（World Bank Open Data）； 温室气体清单数据（Greenhouse Gas Inventory Data）； 美国能源相关二氧化碳排放量（U.S. Energy-Related Carbon Dioxide Emissions）； 环境系统科学数据基础设施虚拟生态系统（ESS-DIVE）； 全球大气排放和研究数据库（Emission database for Global Atmospheric Research，EDGAR）； 英国石油公司（BP p.l.c., BP）世界能源统计回顾（Statistical Review of World Energy）； 按部门划分的温室气体排放量（GHG Emissions by Aggregated Sector）； 全球碳项目（Global Carbon Project , GCP）； 中国碳核算数据库（Carbon Emission Accounts and Datasets, CEADs）； 中国高分辨率碳排放数据库（China High Resolution Emission Database, CHRED）； 中华人民共和国气候变化初始国家信息通报； 中华人民共和国气候变化第二次国家信息通报； 中华人民共和国气候变化第三次国家信息通报； 中华人民共和国气候变化第三次国家信息通报；	全球各国国家数据为主

续表

数据类型	主要数据产品	主要分布地域
温室气体排放数据	中华人民共和国气候变化第一次两年更新报告； 中华人民共和国气候变化第二次两年更新报告； 政府间气候变化专门委员会（Intergovernmental Panel on Climate Change, IPCC）温室气体排放因子库； 国际能源署（International Energy Agency , IEA）温室气体排放因子库； 欧洲环保署（European Environment Agency , EEA）温室气体排放因子库； 中国碳核算数据库温室气体排放因子库	全球各国国家数据为主

土地利用与覆盖产品主要以全球和全国尺度遥感数据及其分类数据产品为主，表现为土地覆盖、城市、森林和水体分类数据。由于土地覆盖等数据都可以直接从遥感产品解译而来，所以产生了多套全球和全国数据集，基本满足了现阶段的气候变化研究。

气候变化相关的海洋数据主要有验潮站数据资料和卫星高度计数据，主要分布于黄海和南海区域。海洋局、交通部和水利部先后在中国的沿岸和岛屿建立了一些验潮站。中国已拥有约 70 个长期验潮站，其中约有 48 个长期验潮站的资料可用于海平面研究。

海岸带作为陆地和海洋的交接地带，是陆地系统与海洋系统相连接、交叉和复合的地理单元。海岸带数据在空间上主要集中在经济相对较发达的地区，如珠三角、长三角以及京津冀地区。

冰冻圈数据方面，冰川和积雪数据非常丰富。2014 年 12 月，中国科学院西北生态环境资源研究院发布了《中国第二次冰川编目》，是对中国和周边地区冰川现状的最新、最全面的调查数据。根据编目，约 90%面积的冰川分布于新疆和西藏，同时雅鲁藏布江和塔里木河流域的冰川分别占全国冰川总面积的 30%和 34%。全国尺度的积雪遥感产品非常丰富。积雪观测数据集和全国积雪产品比较完善。其中，青藏高原和新疆地区的积雪产品更加完善和丰富。

气溶胶数据主要由气溶胶化学组分数据、气溶胶光学、微物理和辐射特性数据、火山喷发历史数据构成。在中国主要的 14 个城市，分布有 $PM_{2.5}$ 质量浓度、有机碳和元素碳、无机水溶性离子组分、元素组分数据库。全国约存在 80 多个站点的气溶胶观测数据。在全球尺度，有丰富的再分析数据和遥感数据。火山数据主要为全国火山流动观测数据集、全球火山位置空间数据、大火山爆发数据、火山活动数据库。

在全国尺度已建成一批灾害数据库，14 个主要灾害数据库都提供了全国尺度的数据下载。统计年鉴数据、地方志和洪灾受灾县等数据，都以各大流域和不同级别的行政区划方式来管理和分布。地表水的年水量、年径流深等数据以分省区划和分流域为主。另外，晋西离石王家沟的羊道沟，则作为典型小流域洞穴系统水流提供相关研究数据；雅鲁藏布江提供了主要水文站径流年际变化特征值。福建省的数据更加完整和丰富，包括多年平均径流深、径流系数、蒸发量以及各种大中小型水利工程的分布。

中国是世界上水土流失最严重的国家之一。中国为此建立了全国水土保持监测管理信息系统、中国土壤侵蚀空间分布数据、分省土地适宜类统计表数据库、水土流失普查数据。中国水利统计年鉴、中国统计年鉴等统计年鉴都提供了全国尺度的统计数据，另外，安徽、江西、河南等统计数据记录了中国的水土流失及其治理情况。荒漠化数据除了全国数据外，还有新疆荒漠化数据、塔里木河干流盐渍化数据、东北沙漠化数据、疏勒河、塔里木河、青海湖沙地分布数据，以及针对黄土高原的水土流失区粮食情况数据集。

中国湖泊科学数据分布基本以全国和典型湖泊为主。太湖、巢湖、鄱阳湖等重点湖泊流域，分布有高质量的环境卫星影像数据。针对中亚五国地区和青藏高原地区，有不同类型的专题湖泊分布数据集，如东北平原与山地湖区、蒙新高原湖区面积、云贵高原湖区面积、青藏高原湖泊、松花江流域、三江源地区。此外珠穆朗玛峰还有三个典型的冰川湖泊数据集。

生态系统数据中，生产力与生物量数据最为关键。CERN 监测数据库集成和发布了中国典型生态系统共 38 个生态站观测数据集，以及分布于全国 1 266 个成熟林地的森林生物量和叶面积指数数据。此外，还有贡嘎山观测站监测的生物数据、盐亭站生物环境监测数据、南海海洋生物数据库、生态环境数据库。物候观测数据分布于中国各地木本植物观测区，以及基于 MODIS 的全国物候产品和中国农业物候数据。其他地区如黑河流域、云南元江干热河谷也有详细的物候观测数据。中国陆地生态系统碳循环科研信息化环境平台提供了非常完备的碳循环数据。中国生物多样性信息中心提供了全国尺度的大量多样性数据。此外，上海市鸟类资源数据库比较完备。

农林牧渔业数据集多以表格形势呈现，记录了中国区域内的农业资源数据，如作物信息、种植方式和台站监测等农业相关数据，还提供了其他作物种植资源和基因数据。这些数据基本都集成在国家农业科学数据共享中心中。

土地利用与土地覆盖是比较关键的数据。现有全国尺度的不同土壤类型、沙漠、土壤侵蚀、冰川、湿地、湖泊、草地、森林及 1 千米格网空间数据库，建立了完备的县、市、省、国家四级土地调查数据库。黄土高原具有特色的黄土高原水土保持统计数据库和黄土高原土壤地球化学数据集。杭嘉湖地区、长江三角洲地区、太湖流域、上海、江苏、安徽、浙江地区提供了高精度土地利用数据。

中国各城市数据、贸易数据和工业数据主要收录在中国城市数据库和中国统计数据库中，基本以全国尺度为主。

其中，国家地球系统科学数据中心、国家对地观测科学数据中心、国家极地科学数据中心和国家青藏高原科学数据中心存贮了大量全国尺度的气候变化数据，极大地支持了气候变化研究。

总的来说，在全球尺度和全国尺度上，有丰富的数据来支持气候变化研究，而且大量的数据集在不断更新，数据精度和质量不断提高。

五、文献和期刊数据出版

盘古（PANGAEA）是早期关注文献数据出版的机构。它允许将数据作为科学论文的补充或作为可引用的数据集合与期刊等一起出版。数据期刊还包括《地球系统科学数据》（*ESSD*）、《科学数据》（*Scientific Data*）、《地球科学数据期刊》（*Geosicence Data Journal*）等。东亚古环境科学数据库收录文献作者提供的数据，或者将发表 5 年以上的文献的图件进行数字化。此外，Elsevier 等出版机构，要求作者将发表论文相关的原始数据上传至公开的数据仓储。《科学数据》等数据期刊的快速发展，推进了气候变化相关数据的存储、共享和再利用。

中国气候变化文献数据也随着开放科学，逐步建立起来。全球变化科学研究数据出版系统对全球变化研究中的数据进行了保存和共享，并在此基础上形成了《全球变化数据学报》。全球变化科学研究数据出版系统是中国数据期刊的旗舰平台，专门发表全球变化相关的数据论文。截至 2019 年，共有 59 家学术期刊编辑部参加了该数据出版系统的合作伙伴计划。同时，该数据平台集成到中国地理资源期刊网，成了地理资源环境新型出版的典范。

《中国科学数据》创刊于 2017 年初，是中国首个专门的数据期刊，并积极推进数据论文发表，分别针对中国生物多样研究、高亚洲研究、减灾研究历史数据集、面向应急管理的数据应用、青藏高原雪、冰和环境数据集、海南资源环境遥感产品数据集等专刊。通过数据论文的形式，推动了数据集的版权保护和数据共享。2018 年，《中国科学数据》发布“中国区域陆地生态系统碳氮水通量及其辅助参数观测专题数据集”，2019 年，专门为《中国科学数据》存储期刊数据的平台科学数据银行（Science Data Bank, SDB）准备面向更多的科技期刊来保存论文数据。促进了 ChinaFLUX 数据产品的共享。

《地球大数据》创办于 2017 年 12 月，是面向地学交叉学科的开放获取（Open Access, OA）期刊。该期刊是全球地球科学和全球变化领域首个大数据期刊，旨在为从事地球大数据的采集、管理、处理、分析和可视化研究的学者搭建一流的国际学术交流平台，同时也促进了中国数据科学走向了世界前沿。目前《地球大数据》向作者推荐了 30 余个国际数据仓储，用于保存论文数据。

此外，资源环境期刊集群平台，建立了专门为期刊论文存储数据的数据仓储，推动了期刊数据的保存。

第二十一章　气候变化科学数据服务情况

科学研究离不开科学数据的支持。信息技术的发展推动了科学数据的开放和共享。气候变化是目前全球普遍关注的热点问题，具有多尺度、全方位、多层次的特点，涉及多个学科和多个部门，因此，气候变化的科学活动需要更多更广泛的数据开放和共享。本章将对气候变化科学数据的存储、质量和应用情况进行总体概述，并且对气候变化科学数据的发展趋势进行讨论。结果显示，目前，中国已经积累了越来越多的气候变化方面的数据，为深入系统的科学研究提供了宝贵的数据资源。中国可公开获取以及注册访问的气候变化科学数据最多，其余依次为协议共享、付费获取、部分公开和无法获取的数据。经过多年不断的努力，中国气候变化科学数据已形成较长的时间序列。数据的空间覆盖率、数据精度等方面不断提高。目前，科学数据开放共享已广为科研人员及各种利益相关者所认同，但由于数据口径、数据类型、数据处理方法等方面的差异，导致不同类型气候变化科学数据的应用状况也不尽相同。

王昕等（2016）认为全球气候变化研究是一门涉及多时空尺度、多学科交叉融合的复杂科学。它不仅包括观测、模拟、预估相关科学研究，还涉及海量科学数据存储、分析和决策等多种技术开发。目前中国气候变化研究已形成多学科参与，多时空尺度、多种研究方法和技术手段融合的集成研究态势，积累了丰富的科学数据。除了小部分仍保留有传统的纸质记录方式外，绝大部分数据都在建或已建成较完善的数据库。由于数据来源不同，数据类型表现为野外观测监测数据、社会调研数据、遥感影像数据、统计数据等多种形式。目前，大部分科学数据都可通过注册或申请公开获取。随着中国对地观测技术的不断提高以及气候变化研究的深入，相关数据储量将越来越大，存储类型也会越来越丰富。

一、气候变化科学数据的存储情况

（一）基本情况

1. 国内数据存储情况

大数据时代需要对海量数据进行挖掘和应用，必然离不开数据的存储和共享。目前，中国各大数据网站提供的气候变化科学数据无论是数据类型、存储格式、数据安全，还是数据共享等方面还不尽相同。

气候变化驱动因素科学数据方面，中国科学院国家天文台提供的有关太阳射电频谱数据，以灵活的图像传输系统（Flexible Image Transport System, FITS）格式在网上公开共享。同时，中国科学院紫金山天文台等网站公开向用户提供毫米射电频谱、太阳光谱等数据。中国科学院地理科学与资源研究所联合多家单位完成了 1990 年、1995 年、2000 年、2005 年、2010 年和 2015 年中国多期土地利用数据集（National Land Cover Database, NLCD）。中国科学院遥感所等单位完成了 2000、2010 年中国空间分辨率为 30 米的土地利用/土地覆盖数据。此外，中国科学院生产的 NLCD-China 产品为森林监测以及动态变化分析提供了数据来源。中国温室气体排放数据主要来自中国发展和改革委员会向《联合国气候变化框架公约》（United Nations Framework Convention on Climate Change, UNFCCC）缔约方大会呈报的三次国家信息通报、中国碳排放数据库（Carbon Emission Accounts and Datasets, CEADs）和国内学者的研究结果。其中，科学技术部国家冰川冻土沙漠科学数据中心提

供了 CO_2、CH_4 等 txt 格式的观测数据。普通用户可注册访问。关于气溶胶数据，中国科学院气溶胶化学与物理重点实验室、中国科学院地球环境研究所提供了中国城市 $PM_{2.5}$ 方面的数据，时间分辨率为日，并以 xlsx 数据形式存储。用户可以在网上注册访问。同时，中国气象局探测中心、中国气象科学研究院、国家卫星气象中心等网站也提供了一些中国气溶胶光学辐射特征数据。

气候变化事实科学数据方面，中国气象科学数据中心/中国气象数据网是面向国内和全球用户开放共享的权威气象数据资源服务平台。它整合了中国近 50 年积累的气象观测资料以及部分历史资料，包括国家基本气象台站的观测数据、气候背景数据等。东亚古环境科学数据库依托中国科学院地球环境研究所，提供了以中国大陆为中心，以黄土高原、青藏高原和内陆干旱区为重点的东亚区域原始环境数据。用户所需数据可以在网上注册下载。中国科学院海洋研究所提供了海洋专项数据库和浮标数据库，采样间隔为 10 分钟。用户通过申请可获得数据下载权限。中国气象局上海台风研究所公开向用户提供了热带气旋的路径、登陆和降水数据。国家地球系统科学数据共享服务平台提供了有关南海及邻近海区的科学数据。此外，中国科学院寒区旱区环境与工程研究所大数据中心提供了冰冻圈相关多项观测数据。中国科学院青藏高原研究所泛第三极大数据系统提供有更详细的冻土分布资料。上述两种数据注册后可访问下载。关于生态系统科学数据，中国科学院遥感应用研究所提供了中国 250 米分辨率植被地上生物量数据，以 TIF 的格式进行存储。生态系统长期监测数据集由中国生态系统研究网络（Chinese Ecosystem Research Network, CERN）综合研究中心提供。该数据采用 oracle 数据库内部的存储方式，可通过协议共享在网站上下载。此外，国家林业和草原局、中国科学院地理科学与资源研究所等网站也提供相关数据。

气候变化影响与适应科学数据方面，人口健康科学数据是进行气候变化、公共健康以及环境污染与健康等研究的基础资料。目前，中国已建成一些人口健康数据库，其中与气候变化密切相关的面板数据可以从中国（地方）统计年鉴、中国（地方）卫生健康统计年鉴、人口普查资料、法定报告传染病数据库、全国疾病监测系统死因监测网络报告数据库、中国居民心理状况数据库中查询。这些数据通常直接公开或者注册后可访问。患者详细的个案数据可以从中国（地方）疾病预防控制中心、各地方医院或卫生中心获得，但这些数据一般是医院内部数据，不可公开访问。水文与水资源科学数据存储方式多样。纸质数据记录和计算机水文数据库是两种主要的数据存储形式，比如水文年鉴就是其中一种典型的纸质数据记录方式。气候变化相关灾害影响科学数据主要来自中国气象局国家气象信息中心公布的中国气象灾害数据集。中国气象灾害数据集包括受灾地区、雨涝程度、降雨量、死亡人数、受伤人数、倒塌房屋、直接经济损失、灾情描述和重大暴雨洪涝数据，通常发布在中国气象局网站上，必须进行教育科研实名注册才能使用。林业科学数据主要由全国森林资源清查数据构成。截至 2019 年，通过 3S（Remote Sensing, Geographic Information System and Global Navigation Satellite System）技术中国已经完成九次全国森林资源清查。第九次全国森林资源清查成果——《中国森林资源报告（2014～2018 年）》公布了中国森林的面积、覆盖率及蓄积量等科学数据。同时，国家林业和草原局及各省地级林业部门网站也分别提供了国家及地级森林资源数据。农牧渔业的科学数据包含了影响农业生产的气候、土壤等要素数据以及作物、农畜产品经济信息等，是开展气候变化对农牧渔业影响以及农牧渔业对气候变化适应研究的重要资料。中国农业科学院农业环境与可持续发展研究所提供了矢量和栅格格式的土壤和作物数据。这些数据库对外公开，可以免费下载使用。

与气候变化相关的经济社会科学数据涉及面较广，包括经济发展与减缓技术数据，各类与能源消费、碳排放有关的数据。目前，与气候变化相关的具有特色、形成规模、系统完整的经济社会科学数据集和数据库尚未形成。气候变化相关经济社会科学数据主要分散于经济社会综合数据、产业数据、技术专利数据、微观统计数据、外贸数据等现有的社会经济数据库中。比如，国家统计局发布的各类国家统计数据、中国知网统计的中国经济与社会发展统计数据库、中国家庭追踪调查数据、中国健康与养老追踪调查数据、中国营养与健康调查数据、中国综合社会调查数据以及国家知识产权局发布的专利检索及分析数据库、国家统计局发布的投入产出表数据库、国家统计局发布的中国工业企业数据库、中经网数据有限公司发布的中经网产业数据库等。

2. 国内外数据存储差异

国外气候变化的相关观测和研究起步较早，积累了大量有价值的科学数据。随着全球化、信息化时代的到来，在相关国际组织和机构的推动下，一些重要的全球性数据中心或数据机构逐步形成。其中，存储量大、涉及学科多、共享范围广的主要有世界数据系统（World Data System, WDS，https://www.icsu-wds.org）、全球综合地球观测系统（Global Earth Observation System of Systems, GEOSS，https://www.geoportal.org）、全球生物多样性信息网络（Global Biodiversity Information Facility, GBIF，http://www.gbif.org）等大型国际合作项目或组织主导建立的开放数据库或系统，以及美国国家航空航天局（National Aeronautics and Space Administration, NASA）主持的国家级分布式数据中心群（https://data.nasa.gov）等，都有力地促进了全球气候变化科学数据的存储与共享。

中国气候变化科学数据存储与共享历程开始于 1982 年中国科学院提出的“科学数据库及其信息系统”建设项目。1988 年，中国正式加入了世界数据中心（World Data Center, WDC），命名为 WDC 中国中心。WDC 中国中心设立了海洋、气象、地震、地质、地球物理、空间、天文、冰川冻土、可再生资源与环境九个学科中心，是世界气候变化科学数据的重要组成部分。2001 年，科技部启动“科学数据共享工程”。WDC 的九个中国学科中心相继加入科学数据共享工程，并成了国家科技基础条件平台建设的重要组成部分（王卷乐等，2007）。2019 年，国家科技资源共享服务平台调整优化了地球系统、对地观测、气象、地震、海洋、生态、极地、青藏高原、冰川冻土沙漠等一系列气候变化相关的国家科学数据中心，持续快速推进了中国气候变化相关科学数据的共享与服务。

（二）发展趋势

未来，中国气候变化科学数据的形成与汇交、共享与服务管理将得到进一步的加强和规范。大数据国家战略确立以来，为了进一步加强科学数据的规范化管理，国务院办公厅于 2018 年 3 月出台了《科学数据管理办法》（国办发〔2018〕17 号）。《科学数据管理办法》涉及数据采集汇交、开放共享、数据安全等数据管理的许多方面，推动中国气候变化科学数据共享与服务迈入到了新的发展阶段。按照《科学数据管理办法》要求，利用政府预算资金资助的各级科技计划（专项、基金等）项目所形成的科学数据必须由项目牵头单位汇交到相关科学数据中心，同时，加强统筹布局，在条件好、资源优势明显的科学数据中心基础上，通过优化整合，培养建设国家科学数据中心。《科学数据管理办法》明确提出实行清单管理制度，由主管部门组织编制科学数据资源目录，鼓励科研人员整理形成产权清晰、完整准确、共享价值高的科学数据，在数据共享过程中，原则上数据应对公益性事业及公益性科学研究者无偿提供。因此，未来在保证科学数据安全可控的前提下，共享与服务水平将大幅提升。

为推进科学数据资源的利用和开放共享，中国政府鼓励社会组织和企业开展科学数据市场化增值和有偿服务。鼓励法人单位根据需求，对科学数据进行分析挖掘，形成有价值的科学数据产品，开展增值服务。在市场化运营中，成本是数据中心最关心的问题之一。由于闪存展现出比传统存储形式更显著的成本优势，目前正获得大规模的应用。

二、气候变化科学数据的质量情况

（一）基本情况

1. 国内数据质量情况

科学数据是进行科研活动的基础。科学研究的成效很大程度上依赖于科学数据的质量。目前，国内各大数据网站提供的气候变化科学数据质量主要表现在时空尺度、时空分辨率、数据获取与处理过程、数据共享服务质量等方面。

由于中国对地观测技术的快速进步以及“3S”技术的广泛应用，气候变化科学数据的获取更加便捷、高效，数据应用的时效性也更强。如传统物候观测方法主要为地面观测，即传统人工观测。该方法通常只能针对特定的物种进行观测，时间间隔长，空间尺度小，人力投入大，且不能很好的与气象数据相结合。相比传统人工物候观测方法，应用遥感技术进行的物候监测范围广、尺度大，实现了由点到面的物候观测的转变。此外，运用遥感技术监测森林火灾和病虫害由于具有高时效性、高分辨率等优势，使监测数据能迅速应用于防灾减灾中，大大减少了森林火灾和病虫害等造成的损失。目前，需要完善相关数据库系统建设，推动后续相关科研工作的开展。

在数据尺度方面，部分基础数据由于起始观测时间较早，已形成较长的时间序列。如中国的潮位观测历史可追溯至1860年，系统的验潮站工作始于1964年。较完整的观测资料序列自1942年开始至2018年，中国海平面观测网已拥有100余个海洋站。中国水文数据库的建设工作于20世纪80年代开始筹建。1983年起，水利电力部水文水利调度中心与水利电力部属有关单位协作，进行水文数据库的调查研究和专题试点工作。根据中国国情并借鉴外国经验，采用分布式水文数据库系统，使之成为国家防汛指标系统和工程信息的重要组成部分。中国也存在一些起步较晚的数据库，如国内刚刚建立起的中国排放数据库（http://www.ceads.net），仅拥有近 20 年的分行业、分地区二氧化碳数据。温室气体种类及排放源尚有待完善的空间。还有一些观测数据，由于观测仪器出现故障，存在部分年份数据缺失现象。如中国紫金山天文台太阳射电频谱仪自 1999 年开始运行，相关技术指标在国家同类设备中处于领先地位，但 4.5～7.5 吉赫太阳射电频谱观测数据集（2002～2013 年）由于仪器故障，2008～2009 年数据缺失。社会经济统计数据方面，《中国经济与社会发展统计数据库》是中国最大的官方统计资料库，收录了 1949 年以来中国曾出版发行的多种权威统计资料，覆盖了中国经济社会发展的 32 个领域/行业，囊括了中国所有中央级、省级及其主要地市级统计年鉴和各类统计资料（普查资料、调查资料、历史统计资料汇编等）。目前已形成一个集统计数据资源整合、数据深度挖掘分析及多维度统计指标快捷检索等功能于一体的中国国民经济与社会发展统计数据库。此外，一些数据是依托项目产生的，数据观测时间短，难以形成序列。有些还不可永久访问，影响了数据的使用价值。如一些城市土地利用数据只有几个有限的时间点数据，难以满足长时间序列的全球城市用地动态分析需求。还有一些综合类数据中心，比如国家农业科学数据共享中心（www.agridata.cn），包含了农牧渔业各类数据库，囊括全国性和地方的监测、统计数据、国家及农业部各种科研项目成果数据，具有庞大的数据量，但由于这些数据来源不一致，时间序列不同、标准不同，且缺乏后续更新，较难进行深入、细致的比较研究，影响了数据的深度挖掘和使用价值。

分辨率方面，2010 年以前，由于对高分辨率商业卫星的限制，中高分辨率遥感图像数据获取较难，科学研究主要以较低空间分辨率的数据为主。随着对高分辨率商业卫星的解禁、遥感技术的快速发展以及大量遥感数据的免费共享，遥感数据及相关产品分辨率都得到显著提高。中高分辨率的气候变化科学数据逐渐增多，同时也加速了遥感大数据时代的到来。如土地利用与土地覆盖研究方面，遥感大数据的出现和超性能计算的应用，直接促使了全球土地覆盖产品由千米级向30米级甚至更高分辨率的提升。中国学者在土地利用/覆盖制图上也做了大量努力，一些专题的土地利用产品也不断衍生出来，如形成了高精度城市建成区及其内部不透水地表和植被覆盖组分比例数据产品。但是这些城市用地产品的分辨率大多在500～1000米左右，且只包含1～2个时间点，难以满足长时间序列的全球城市用地动态分析需求。

数据获取与处理过程由专业人员负责。监测方法科学规范，有的还具有严谨的复检过程，数据质量以及稳定性能够保证。如气溶胶质量浓度及化学组分分析数据主要由中国科学院地球环境研究所采样和分析完成。所有样品均采用石英纤维滤膜和沃特曼（Whatman）聚四氟乙烯膜收集。颗粒物质量浓度采用重量分析法，每测试10个样品后进行一次复检。复检方法为任意挑选1个样品进行重复检测。再如冰冻圈科学数据平台依托冰冻圈科学国家重点实验室的8个野外台站，其中包括2个国家站（在2019年6月被科技部评为优秀国家站）。他们依据各自的观测规范和手册进行长期观测，数据质量高，数据获取稳定。

在信息爆炸与大数据时代，科学数据管理水平与共享服务质量的提高尤为迫切与重要，已经成为运用数据挖掘追求科学发现的关键。国务院2015年8月发布的《促进大数据发展的行动纲要》中，明确提出了“积极推动由国家公共财政支持的公益性科研活动获取和产生的科学数据逐步开放共享”的重要目标，因此，科学数据开放共享已上升到国家战略高度。在此背景下，很多科研教育机构相继制定了本机构的数据管理和共享政策，并且开始探索集数据存储、检索、整合、加工等多功能于一体的数据库管理与服务系统。中国海洋科学数据在这一方面做的相对较好。国家海洋科学数据中心共享服务平台整合了九大类实测数据，推出了海洋环境统计分析、实况分析和再分析等各类数据产品，以及海洋经济等专题产品和图集图件，数据总量约15太字节，可按照学科、要素、海区和时空范围等条件检索数据，并提供预览下载、收藏订阅和可视化等服务；也可根据需要，提供定制化的数据推送。具有涵盖要素多、覆盖范围广、分辨率较高、时间尺度大等几大优点，从而满足了高端海洋专家、科研人员和社会公众的多层次需求。

2. 国内外数据质量差异

整体来说，国外的气候观测计划起步早、观测周期长、气候变化相关数据类型齐全、数据获取稳定、数据质量较高。如由联合国教科文组织（United Nations Educational, Scientific and Cultural Organization, UNESCO）下属的政府间海洋学委员会（Intergovernmental Oceanographic Commission, IOC）于 1985 年创立的全球海平面观测系统（Global Sea Level Observing System, GLOSS）。截至 2017 年，全球已拥有近 2 000 个验潮站，其海平面数据的观测可追溯至 18 世纪初。世界数据中心（WDC）比利时皇家天文台（Royal Observatory of Belgium, ROB）太阳影响数据中心（Solar Influences Data analysis Center, SIDC）即 WDC-SILSO 提供的太阳黑子及其相关数据，存储了太阳黑子的总数、逐日逐月逐年的变化、太阳黑子周期长度、周期内最小和最大太阳黑子数月值以及太阳黑子数据存储的类型和格式，在网站上以公开的方式呈现，是国际上普遍应用的太阳黑子数据，被广泛应用于天文、空间物理和地球物理等许多领域。美国国家海洋和大气管理局（National Oceanic and Atmospheric Administration, NOAA）也以公开的方式在其网站上公布了太阳白斑的有效数据。国际工作组 SOLARIS（2012 年更名为 SOLARIS-HEPPA）提供给第六次国际耦合模式比较计划（Coupled Model Intercomparison Project Phase 6, CMIP6）的太阳强迫数据集，目的是阐明太阳对气候的影响。国际地球自转服务（International Earth Rotation Service, IERS）提供的极移、极移振幅和日长数据，综合了国际上多数台站的观测数据，是相对精度最优、最完备、应用范围最广的地球自转参数资料，数据质量高。美国航空航天局（NASA）大气科学数据中心和戈达德太空飞行中心提供了全球气溶胶数据，虽然采用的空间分辨率、气溶胶主要参数各不相同，但是数据集的访问方式多为注册访问。树木年轮作为树干生长量最直接的载体，具有定年准确、时间分辨率高、复本易得等优点，已经被大量用于研究温度、降水、太阳辐射等因子的变化。国际树木年轮数据库（International Tree Ring Data Bank, ITRDB）是世界上最大的树木年轮数据公共档案馆，自 1990 年以来由美国国家海洋和大气管理局（NOAA）古气候学团队和世界古气候学数据中心管理（Grissinomayer *et al.*,1997）。直至 2015 年国际树木年轮数据库（ITRDB）已经包含了六大洲来自 66 个国家的 4 250 个数据集。样本选取多样化，研究人员多，数据更新快。

中国在气候变化某些研究领域，其科学数据也已形成自己的特色。例如，中国气象局热带气旋资料中心数据库在每年热带气旋季节过后根据所收集到的常规和非常规气象观测资料，对当年的热带气旋相关资料进行整编，包含最佳路径、卫星分析、登陆热带气旋和热带气旋风雨等较为全面的热带气旋资料库，与国际上同类资料库相比具有其独特性。目前国际古环境数据共享最具影响力的是美国国家地球物理数据中心（National Geophysical Data Center, NGDC）的古气候资料中心（http://www.ngdc.noaa.gov）。其可提供较为完整的全球古气候、古环境代用指标及其二次分析数据的共享服务，但是由于中国地理位置和研究区域的特殊性，该数据共享中心收集的中国及东亚区域古环境研究数据相对较少，且代用指标单一，分布不均匀。而东亚地区地形复杂，气候多样，是地球各圈层相互作用最剧烈的地区，是研究地球系统科学的天然实验场。因此，建立东亚古环境科学数据集成与共享系统对地球系统科学研究十分必要。为此，在原有古气候与古环境专题数据库基础上，依托中国科学院地球环境研究所，建立的东亚古环境科学数据库（http://paleo-data.ieecas.cn），是国家地球系统科学数据共享平台的重要分支，也是中国目前唯一的一个以古环境数据集成与共享为单元，涵盖不同时间尺度、不同特色研究区域、不同学科门类，集地球系统五大圈层数据服务与专业分析于一体的综合性古环境数据中心。数据库以黄土高原、青藏高原和内陆干旱区为重点，兼顾东亚其他地理单元，通过对现有古气候、古环境及相关实时观测资料的搜集、整理、数字化、集成、模拟以及二次挖掘，以正在进行的相关国家科研项目为基础，建成了以中国大陆为中心的东亚区域古环境科学数据集成与共享平台。古环境科学数据集成与共享系统的建立，能够改善中国古环境，提高地球系统科学研究领域的科研实力，缩小与国际古气候、古环境研究领域的差距，促进国内、国际数据共享交流，提高中国地球系统科学和全球变化研究的国际地位。

经过多年的不断努力，中国气候变化科学数据共享工作在数据内容、数据共享标准规范、数据精度等方面不断提高，与世界差距在不断减小。例如，在《第三次气候变化国家评估报告·数据与方法集》中，海洋科学数据中的海水温度观测数据主要来自 Argo 计划（Array for Real-time Geostrophic Oceanography）获得的数据。数据时间序列比较长，质量可靠，但它不是格点资料。利用卫星遥感技术反演海洋表面温度具有时空分辨率高的特点，已逐渐获得人们的青睐，但是由于利用卫星遥感技术反演海洋表面温度，其精度相对来说比较低，还不能满足气候评估的需要。其他方面的海洋科学数据也存在时间序列短、分辨率低、没有一套完整的观测数据的问题。近年来，针对海洋科学数据的复杂性和地理空间特性，中国通过将数据进行基础信息和空间信息分离，将基础数据和空间数据按照数据库的表空间进行独立存储，再通过表的主键和外键等约束，将基础数据和空间数据进行联合，构建了海洋科学数据的一体化数据库。中国的海洋信息共享工作在数据内容、数据共享标准规范、技术路线上不断扩展、改进、完善，取得了显著成绩，并逐步形成多维空间化、产品多样化、动态可视化、便捷网络化的科学数据服务模式。此外，经过多年的发展，中国科学数据的精确程度已经可以与国外媲美甚至领先于国外。例如，全球气溶胶遥感观测网（Aerosol Robotic Network, AERONET）和中国气溶胶遥感观测网（China Aerosol Remote Sensing Network, CARSNET）所使用的观测仪器采用同样的定标方法，所获得的观测数据采用了同样的反演算法，因此，皆具有较高的精度。气溶胶光学厚度产品的误差小于 0.02。

（二）发展趋势

数据出版作为一种新的数据共享模式，已成为提升科学数据质量和数据安全，深化气候变化等科学数据开放共享与服务的重要途径之一。目前，科学数据开放共享已被广大科研人员和各利益相关方认可。为了保障数据质量，保护知识产权，提高科学数据的有效共享和高效利用，近年来，学术界又提出了数据出版的理念，受到了数据界和出版界的共同关注。数据出版借助出版媒介发布数据，其核心内容是使数据达到可引用和永久可访问的状态。通过引导读者便捷地发现、获取、理解、再分析利用与引用数据，使数据更具发现性、引用性、解释性和重用性（郭华东，2016）。数据出版不仅可以提高数据的可获得性，有助于数据的再次分析，提高科学研究的可重现性，还有助于发现错误和避免造假，为科学家科研贡献和学术声望提供一种新的评价方式，同时还能有效保护数据的知识产权。

区块链技术推动了科学数据共享中知识产权保护和数据安全的发展。传统的气候变化科学数据共享一般通过数据平台或数据中心实现，由数据平台或数据中心进行统一的数据采集、处理、存储和应用，并集中进行共享与服务管理，是一种中心化的数据管理模式。由于数据平台或数据中心有权发布、删除或更新数据，不利于气候变化科学数据的长期共享和永久访问和引用，也不利于保护数据提供者的知识产权。区块链技术有望解决目前气候变化科学数据共享与服务中所面临的这些瓶颈问题。区块链技术通过分布式数据存储、点对点传输、共识机制、加密算法等计算机技术确保了科学数据公开共享过程的可追溯性，保障了数据安全。时间戳可为数据发布者提供时间公证，实现数据确权，使知识产权得到有效保护（Joris，2017）。当前，国家大数据战略刚起步，中国气候变化科学数据共享与服务还不够充分，区块链通过实现气候变化科学数据权限的共享，从技术角度为破解气候变化科学数据共享难题提出了一种新的思路。

三、气候变化科学数据的应用情况

（一）基本情况

1. 国内数据应用情况

目前，科学数据开放共享已广为科研人员及各种利益相关者所认同，但由于数据来源、数据类型、数据共享服务等方面的差异，导致不同数据产品的应用状况也不尽相同。

政府主管部门负责或政府与科研部门合作的一些项目，由于有资金的持续支持，往往能获得长时间序列的数据产品，如气象观测数据、海洋观测数据、全国土地调查、全国森林资源普查等基础数据。这些数据由于时间序列长、连续性好、数据质量有保障，较多已得到国内外用户的广泛应用。如中国不断改进的土地覆盖和土地利用产品已为生态系统结构与功能评价、粮食安全与耕地保护、气候变化模拟与评价等研究提供了重要的数据支撑。全国森林资源普查数据客观、及时地反应了各地森林的生长状况。目前国家林业和草原局及各省地级林业部门网站分别提供了国家及地级森林资源数据，成了指导国家制定林业计划方针、生产单位合理利用森林资源的重要科学依据。

部分数据资源，如水文数据由于开放程度不够，未得到很好的应用。水文年鉴是一种典型的纸质数据存储形式，目前中国水文年鉴中水文资料的共享程度仍较低，在水文机构或高校图书馆中可以查阅到，但在实际中，仅部分数据用户能够获得水文年鉴。同时，在数据使用上，需要将纸质版水文资料重新录入计算机，工作量大，容易出现录入错误。可见，水文年鉴的数据服务水平较低。另外，部分学者采用中国沿海潮位观测数据进行海平面分析研究，但因中国该项数据公开程度较低，应用较少。目前，公开渠道仅可以获取中国沿海六个站位的海平面观测数据。

近年来，随着中国对地观测技术的不断提升以及气候变化研究的深入，相关科学数据来源越来越广泛，数据存量越来越大，气候变化科学数据的应用量也在快速增长。如 2014 年前国家农业科学数据中心每年的数据增长量不足 100 吉字节，而 2015 年之后每年的数据增长量均高于 1 太字节。这部分数据量尚未计入高分辨率影像数据。高分影像的数据增长情况为 2016 年 2.9 太字节，2017 年 456.2 太字节。由此可见，当前中国对数据的需求量越来越大。

2. 国内外数据应用差异

研究表明，欧美等发达国家早在 20 世纪 90 年代就制定了明确的数据共享政策，逐步形成了一批国家级科学数据中心或高水平数据库，在此基础上，通过持续汇聚和整合本国乃至全球科学数据资源，提供社会共享。这类数据一般开放度较高，容易获取，应用也十分广泛。例如，中分辨率成像光谱仪（Moderate Resolution Imaging Spectroradiometer, MODIS）气溶胶光学厚度产品因其较长的历史观测时段、较高的准确性、较宽广的空间覆盖面已经成为运用最为广泛、研究者使用最多的气溶胶光学、微物理和辐射特性空基观测数据集。此外，版权归属于美国国家航空航天局（NASA）的全球气溶胶遥感观测网（AERONET）以及 TOPEX/Poseidon、Jason-1、Jason-2 提供的相关卫星遥感数据均具有数据易获取、使用方便的特点，应用非常广泛。

中国自 1982 年开始实施“科学数据库及其信息系统”建设项目以来，在数据库、数据中心建设及数据共享与服务方面也做了大量的工作，取得了明显的成效。如 2004 年起，中国先后在基础科学、农业林草、海洋、气象、地震、地球系统科学、人口与健康八个领域支持建成了国家科技资源共享服务平台，初步形成了一批资源优势明显的科学数据中心。2014 年，中国科学家研制的首套全球 30 米分辨率地表覆盖数据（GlobeLand30）（陈军等，2014）捐赠给了联合国，并在全球范围内提供共享服务，被国际同行誉为全球对地观测和地理空间数据共享领域的一个里程碑。但相比欧美发达国家对科学数据的开放程度和共享管理，中国还存在一定的差距。例如，长期以来，中国科学数据管理的制度建设较薄弱，在国家科学数据管理制度出台前，许多高价值的科学数据在国内还未得到充分的共享和使用就已流向国外。部分数据统计口径不一致，在实际应用或者科学研究中，如果不加以区分，则可能出现信息混淆，导致不恰当的结论，甚至导致没有科学意义的争议。

（二）发展趋势

新技术为科学研究带来了新的方法论，拓展了科学数据应用的广度，同时也大大提升了基于科学数据的科技创新能力。大数据挖掘为科学研究带来了契机。作为科学研究的新范式，大数据正在催生人们用全新的思维追求科学发现。格雷厄姆·罗等（2008）在国际前沿学术期刊《自然》（*Nature*）于2008年出版的有关大数据的专刊中将大数据定义为规模无法在可容忍的时间内用目前的技术、方法和理论去获取、管理、处理的数据。随着大数据时代到来，一系列重量级的研究相继涌现：基于手机数据的人类行为预测（里桑等，2010）、利用搜索引擎预测流感（金斯堡等，2009）、利用深度学习算法挑战人类思维能力（西尔弗等，2016）等。目前，大数据已经成为行业共识。大数据中的潜在价值已经引起了产业界和学术界的高度关注，并将对国家的发展战略产生深远的影响（黄哲学等，2012）。

大数据的应用越来越广。部分学者设计了云环境下大数据并行分布式分析的体系结构，发现大数据对预测未来温度至关重要（Mahboob *et al.*, 2019）。有学者分析了大数据技术为区域大气污染联防联控带来了突破，并论述了大数据技术在区域大气污染联防联控的应用方向（杨毅，2014）。阿罗诺娃等（2010）认为大数据在生态网络研究方面的应用，可以追溯到国际地球物理年（1957～1958）以及国际生物学计划（International Biological Program, IBP）（1964～1974），当时被称作大科学研究，其目的是收集大量的数据，后来这种研究演变成了现在的国际长期生态研究计划（International Long Term Ecological Research, ILTER）。虽然生态环境大数据的应用研究相对薄弱但未来的发展空间是巨大的，未来生态环境大数据的应用主要应该体现在生态环境资源管理、生态环境动态监测、生态环境评价等方面（赵海凤等，2018）。生态环境领域的研究已经进入信息化时代，利用现代化的数据采集与传输工具，开展数据密集型科学研究来解决错综复杂的生态环境问题，通过对海量数据的整合和分析，创新科学技术，挖掘出更大的数据价值（杨宗喜等，2013）。

但是大数据也面临着众多挑战。首先，大数据的种类繁多，统计标准不尽一致是科学研究的瓶颈。其次，大数据的精度为科学研究带来了许多不确定性。最后，如何从大数据挖掘出有用知识仍然是一个难题（裴韬等，2019）。阿斯特里德（Astrid，2018）认为大数据涉及到个人隐私的问题，建议访问有价值的能源消费数据需得到监管机构的适当指导，以确保个人消费数据的隐私不受侵犯，同时这些数据可供经核实的利益相关者访问。

人工智能（Artificial Intelligence, AI）为科学研究带来了新方案。例如使用人工智能和卫星图像可更好地监测森林砍伐，开发替代钢铁和水泥的低碳排放新材料、监控环境、预测极端天气事件，发现低排放重工业，为行业减排提供解决方案，部署共享的自动驾驶汽车以减少汽车使用量，计算个人的碳足迹寻求低碳生活方案，模拟复杂的气候系统等，帮助我们为未来气候变化减缓与适应做好准备。

参考文献

Aronova, E., K.S. Baker and N. Oreskes., 2010. Big Science and Big Data in Biology: From the International Geophysical Year through the International Biological Program to the Long Term Ecological Research (LTER) Network, 1957-Present. *Historical Studies in the Natural Sciences*,40:183～224.

Astrid, K., 2018. Climate Change, Big Data Revolution and Data Privacy Rights. *Journal of Environmental Law and Practice*,32:1～17.

Gil, Y., M. Greaves and J. Hendler, *et al*., 2014.Amplify scientific discovery with artificial intelligence. *Science*,346:171～172.

Ginsberg, J., M.H. Mohebbi and R.S. Patel, *et al*., 2009. Detecting influenza epidemics using search engine query data. *Nature*,457:1012～1015.

Graham, R.D., D. Goldston and C. Doctorow, *et al.*, 2008. Big data:science in the petabyte era. *Nature* ,455:8～9.

Joris, V.R., 2017. Blockchain for Research. Digital Science Report, https://www.digital-science.com/.

Mahboob, A., A. Mohd., 2019. Weather forecasting using parallel and distributed analytics approaches on big data clouds. *Journal of Statistics and Management Systems*,22:791～799.

Rodríguez, G.A., M. Zanin and R.E. Menasalvas, 2019. Public Health and Epidemiology Informatics: Can Artificial Intelligence Help Future Global Challenges? An Overview of Antimicrobial Resistance and Impact of Climate Change in Disease Epidemiology. *Yearbook of medical informatics*,28:224～231.

Silver, D., A. Huang and C.J. Maddison, *et al.*, 2016. Mastering the game of go with deep neural networks and tree search. *Nature*,529:484～489.

Song, C., Z. Qu and N. Blumm, *et al.*, 2010. Limits of predictability in human mobility. *Science*,327 :1018～1021.

Yu, P.L., R.P. Joy and Y.L. Wan, *et al.*, 2018. Blockchain with Artificial Intelligence to Efficiently Manage Water Use under Climate Change. *Environments*,5:34.

陈军、陈晋、廖安平等："全球 30m 地表覆盖遥感制图的总体技术"，《测绘学报》，2014 年第 6 期。

郭华东："问渠哪得清如许，为有源头活水来——《中国科学数据》发刊词"，《中国科学数据》，2016 年第 1 期。

黄哲学、曹付元、李俊杰等："面向大数据的海云数据系统关键技术研究"，《网络新媒体技术》，2012 年第 6 期。

李禹辰、李非非、李见辉等："生态背景下基于人工智能深度学习的竹类害虫识别方法研究"，《世界竹藤通讯》，2019 年第 3 期。

裴韬、刘亚溪、郭思慧等："地理大数据挖掘的本质"，《地理学报》，2019 年第 3 期。

王卷乐、孙九林："世界数据中心（WDC）中国学科中心数据共享进展"，《中国基础科学》，2007 年第 2 期。

王昕、王国复、黄小猛："科学大数据在全球气候变化研究中的应用"，《气候变化研究进展》，2016 年第 4 期。

杨毅："大数据时代下探索区域大气污染联防联控的新模式"，《科技传播》，2014 年第 11 期。

杨宗喜、唐金荣、周平等："大数据时代下美国地质调查局的科学新观"，《地质通报》，2013 年第 3 期。

赵海凤、李仁强、赵芬等："生态环境大数据发展现状与趋势"，《生态科学》，2018 年第 1 期。

第二十二章　碳中和工作对气候变化科学数据的紧迫需求

碳中和目标实现的标志是碳收支平衡，其科学数据的基础既包括了国家、区域、行业、企业、团体、个体在一定时间内直接或者间接产生的二氧化碳排放量，也包括各类自然碳汇和人工碳汇所吸收、抵消的二氧化碳排放量。碳中和是一个动态平衡的过程，也是一场广泛的经济社会系统性变革，需要针对碳收支平衡的全流程设计政策调控机制，往往涉及多部门多主体。因此从政策机制设计到政策执行再到政策评估调整等各个环节的数据都非常重要。碳中和的数据前提是掌握不同时空尺度上的碳收支动态账本，建立针对不同排放主体和排放过程的碳排放核算体系，在追踪各类活动主体碳足迹的同时，需要准确度量温室气体的排放、减量与吸收。因此，基于各类智能采集设备和天空地海监测网络，构建碳收支的动态平衡数据库，并与宏观尺度上的碳排放统计数据和微观尺度上的碳足迹测算数据集成碳中和数据体系，是一项极为紧迫的任务。此外，碳中和的实现离不开碳市场机制发挥作用，碳市场实时的交易数据对于掌握相关基础信息也十分重要。

一、碳排放核算数据面临的紧迫需求

（一）数据的总体情况

以统计数据为基础进行的碳排放核算为温室气体清单编制提供了基础数据，是碳中和研究的关键环节。依据不同的排放责任界定原则，碳排放核算可从“生产者视角”和“消费者视角”展开（彭水军等，2016）。基于“生产者视角”的排放主要基于政府间气候变化专门委员会（Intergovernmental Panel on Climate Change, IPCC）提供的国家清单编制方法获得，因操作简便、结果直观而广泛应用。然而，在贸易全球化和国际分工的背景下，生产与消费活动在空间上存在不一致性。消费者如果不考虑自身消费所引致的排放，则会对其他国家和地区的资源环境产生影响，导致减排责任公平性的争议。特别是碳排放政策强度在国别区域之间的差异可能会引发碳泄漏，无论是强泄漏——排放密集型行业投资的转移还是弱泄漏——用进口中间品替代本地生产等，都会对碳中和的边界范围产生直接影响。

基于“消费者视角”展开的碳排放核算，其核心思想在于考虑了贸易引致的隐含于商品或服务中的碳排放转移问题，使消费者的环境责任得到充分体现，有利于促进消费模式的低碳化和减排责任分配的公平性（Peters, 2008）。然而，此类核算可能降低生产者追求清洁生产的积极性，阻碍出口产品的低碳化。此外，还有学者认为，基于“生产者视角”和“消费者视角”的排放责任界定原则均不够全面。生产者和消费者责任共担可以实现减排效果最大化。

（二）数据的质量情况

清单因子法是基于“生产者视角”的碳排放核算主流方法，以 IPCC 编制的国家温室气体清单指南最具代表性，通过活动水平与排放因子的乘积来表征碳排放当量。其中，活动水平主要是来自国家相关统计数据、监测遥感、调查资料和排放源普查等。排放因子可以采用 IPCC 默认排放因子、国别排放因子和权威机构的实际测量结果。为避免由于边界不清导致的重复计算问题，通常基于三个范围（Scope）确定核算边界：范围 1 包含企业价值链燃烧过程和化学生产过程产生的直接排放；范围 2 包含企业购买的电力、蒸汽、供暖或制冷产生的间接排放；范围 3 表示范围 2 之外企业价值链产生的一切间接排放，包括企业所购买产品的上游排放、运输排放、使用之后的下游排放等。该方法数据获取方便，计算过程简明，在国家、省份、城市等中宏观区域碳排放核算中最为常用，但缺点在于数据精度不高，尤其是排放因子的选取往往存在较大的主观性，因此运用于中微观尺度时通常需要结合过程分析方法加以修正（张琦峰等, 2018）。此外，根据《IPCC 2006 年国家温室气体清单指南（2019 修订版）》，基于大气浓度反演温室气体排放量，进而验证传统清单核算结果的做法越来越普遍。而现阶段基于大气观测数据和模型算法的碳排放监测研究，因站点设置的局限性，其监测结果也只能粗略地反映各区域碳排放的空间分布状况（Fang *et al*., 2015; Park *et al*., 2021）。重点领域、重点行业和典型企业的碳排放溯源依然较为困难。

基于“消费者视角”的碳排放核算可以从两个不同的方向进行：一是以生命周期评价（Life Cycle Analysis, LCA）为代表的“自下而上”的核算方法；二是是以投入产出分析（Input－Output Analysis, IOA）为代表的“自上而下”的核算方法。

LCA 是典型的基于过程的分析方法，考虑了从原材料开采、生产加工、储运、使用到废弃物处理等全过程的温室气体排放。其方法实质在于核算了系统生命周期内直接和间接的碳排放，该结果通常称为“碳足迹”，以区别于一般的直接碳排放。LCA 的核算精度较高，但在划定系统边界时往往会产生截断误差。在数据上，除了现场调研原材料消耗、能源消耗以及运输等环节数据之外，还需要获取企业运营边界外与产品生产相关的原材料获取、能源生产、运输等过程的碳排放，对数据数量和质量要求较高，主要适用于微观尺度尤其是产品尺度的碳足迹核算。国外的 LCA 研究主要基于瑞士生命周期清单数据库（Ecoinvent）、欧盟生命周期参考数据库（European Reference Life Cycle Database, ERLCD）、德国 GaBi 扩展数据库、美国生命周期清单数据库（U.S. Life Cycle Inventory Database, USLCID）、韩国生命周期清单数据库（Korea Life Cycle Inventory Database, Korea LCID）、日本生命周期评价数据库等数据库开展。国内开展碳足迹研究需要基于中国本土数据库。中国生命周期基础数据库（Chinese Reference Life Cycle Database, CLCD）是国内首个公开发布的中国本地生命周期基础数据库。此外，可供中国本土使用的 LCA 数据库还包括中科院生态环境研究中心（Research Center for Eco-Environmental Sciences, Chinese Academy of Sciences, RCEES CAS）开发的中国生命周期清单数据库、北京工业大学开发的清单数据库、同济大学开发的中国汽车替代燃料生命周期数据库和宝钢开发的企业产品 LCA 数据库等。国外数据库涉及的数据类型大多比较丰富，如 Ecoinvent 3.4 版本包含欧洲及世界多国 13 300 多个单元过程数据集以及相应产品的汇总过程数据集；ELCD 涵盖欧盟 300 多种大宗能源、原材料、运输数据和 440 个过程数据；GaBi 4.0 专业及扩展数据库共有 4 000 多个可用数据。相比之下，国内数据库的数据相对较少，且面临缺乏高效运营和维护手段、数据更新迭代迟缓等问题。

IOA 能够定量刻画复杂产业链中各区域及其行业部门间的投入产出关系，通过环境卫星账户与投入产出表相链接，将不同区域或部门间的经济关系转换为基于碳排放的实物关系，据此表征由最终需求驱动的直接和间接碳排放（Wiedmann & Lenzen, 2018）。全球视角下，中国各行业在全球跨境贸易中的隐含碳排放通常基于全球投入产出数据库核算。目前，较为权威的全球投入产出数据库包括 Eora 全球供应链数据库（Global Supply Chain Database）、EXIOBASE 多区域环境拓展型投入产出数据库（Multi-Regional Environmentally Extended Input-Output Table）、世界投入产出数据库（World Input-Output Database, WIOD）和全球贸易分析模型数据库（Global Trade Analysis Project, GTAP）等。其中，Eora 数据包含数据涵盖 1990～2015 年全球 189 个国家或地区 26 部门数据，同时提供环境卫星账户和各国国内的投入产出数据；EXIOBASE 数据库数据完整度高，部门划分最为详细（163 个部门）；WIOD 数据库以服务欧盟国家为导向，主要包括欧盟及其主要贸易伙伴 56 部门间的投入产出数据；GTAP 数据库涵盖 120 国家和 20 个世界其他地区

65 部门间的投入产出数据。就中国而言，投入产出数据库包括中国投入产出表、各省市投入产出表和中国多区域投入产出表等多个类型。因受编制条件限制，中国的投入产出数据库建设存在一定的时间滞后性。目前，中国投入产出表已更新至 2020 年（非连续年份），涵盖中国 45 部门间的投入产出数据；地区投入产出表方面，除个别省份因为条件不足未编制地区投入产出表外，全国绝大多数省、市、自治区在全国投入产出基本表的编表年份，都同步编制同年度的本地区投入产出基本表，少数省份还编制了本地区的投入产出延长表。中国多区域投入产出表每五年编制一次，目前已涵盖 2002 年、2007 年和 2012 年三个年份。中国碳排放核算数据库（Carbon Emission Accounts & Datasets, CEADs）团队编制的 2012 年和 2015 年中国城市尺度多区域投入产出表是中国现阶段最为精细的多区域投入产出表。此外，将 LCA 与 IOA 相结合构建混合核算模型，可以在一定程度上规避 LCA 方法的截断误差问题和 IOA 方法的集聚偏差问题。但混合方法对数据和建模技术要求较高，运用于现实场景时存在较多限制因素，核算结果面临较大的不确定性（Fange *et al.*, 2017）。

当前，碳排放核算方法和数据缺乏明确的选择依据和技术规范。清单数据库建设尚未体系化和标准化。数据获取缺乏时效性和可比性，对于大尺度区域可适用的现实情景存在诸多制约，同时难以精准针对小尺度区域，导致碳排放核算结果的准确性难以保证。

（三）数据服务状况

从碳排放核算标准来看，不同责任视角各有侧重，但应用单一视角难免片面，亟需提出一套充分考虑经济利益主体和相关环境影响承担者的碳排放责任核算标准，为合理划分各省市、重点领域、重点行业和典型企业的碳排放责任奠定基础。从碳排放核算数据来看，现阶段中国的碳排放核算大多基于宏观统计数据。此类数据通常以年为单位，无法满足实时、动态、精准的碳排放清单数据需求。亟需挖掘大数据等现代信息技术在碳排放核算中的应用潜力，耦合清单因子法、LCA、IOA 和混合核算等多种碳排放核算方法，构建面向不同尺度区域、重点领域、重点行业和典型企业的碳排放核算模型，开发复杂场景的数据清洗及核验算法，降低研究尺度、核算方法和数据来源差异导致的不确定性，提升温室气体清单编制的系统化和标准化水平。

二、碳汇监测数据面临的紧迫需求

（一）数据的总体情况

全球碳汇主要由自然碳汇和人工碳汇两部分构成。其中，自然碳汇主要包括陆地生态系统碳汇和海洋生态系统碳汇。陆地生态系统碳汇主要来自森林碳汇，其占比约为 50%。海洋生态系统碳汇主要来自渔业和沿海生态系统碳汇。人工碳汇主要是通过技术手段对二氧化碳进行捕集、利用与封存（Carbon Capture, Utilization and Storage, CCUS）。根据其作用机理可分为 CCUS、生物能源碳捕集与封存（Bioenergy with Carbon Capture and Storage, BCCS）、直接空气捕集与封存（Direct Air Carbon Capture and Storage, DACCS）等。传统 CCUS 是指通过碳捕捉技术，将工业过程和能源电厂产生的二氧化碳进行捕集、利用和封存。BECCS 是指通过在基于生物质能源的发电厂安装相关设备，进行碳捕集以实现全生命周期的零碳甚至负碳排放。DACCS 是指从大气中直接捕集二氧化碳并进行封存。

IPCC 报告系统梳理了森林碳汇的分类计算方法，并总结了计算过程中不同的参数选择，为估算全球各地森林碳汇提供了基础指南。在此基础上，全球森林景观恢复信息二氧化碳移除数据库（Global Forest Landscape Restoration CO_2 Removals Database, InfoFLR）通过整合全球森林生长的前沿研究，更新了各国人工林和林地、自然再生、农林业、红树林等四类碳汇的年均增长系数，从而为估算森林碳汇提供了更加简单可行的方法。以中国为例，InfoFLR 数据集记录了我国 31 个省、市、自治区（不含港澳台地区）近 60 年的碳汇年均增长系数。此外，由加利福尼亚碳计划组织提供的二氧化碳移除（Carbon Dioxide Removal, CDR）数据库记录了美国、加拿大、英国等国的森林、土壤、生物质、海洋、矿化、直接碳捕集等碳汇项目信息，具体涵盖项目碳汇总量、成本、净排放等数据。与国际研究相比，中国碳汇数据库的建设进程相对缓慢，且重点关注自然碳汇领域。碳汇估算过程主要依赖全国森林清查数据和 IPCC 碳汇估算指南，暂未形成系统、公开的碳汇数据信息平台。国内外主要碳汇数据集的基本信息如表 22–1 所示。

表 22–1　国内外主要碳汇数据集的基本信息

数据集名称	性质/内容	版权归属及贡献者	来源/网址	可获取性
政府间气候变化专门委员会评估报告[①]	全球自然碳汇分类估算方法及参数	政府间气候变化专门委员会	https://www.ipcc-nggip.iges.or.jp/public/gpglulucf/gpglulucf_files/Chp3/Chp3_2_Forest_Land.pdf	公开获取
全球森林景观恢复信息二氧化碳移除数据库[②]	全球 177 个国家省、州等区域尺度自然碳汇年均增长系数	全球森林景观恢复信息（Forest Landscape Restoration, FLR）	https://infoflr.org/what-flr/global-emissions-and-removals-databases	公开获取
二氧化碳移除数据集[③]	美国、加拿大、英国等国的自然、人工碳汇项目数据	碳计划组织	https://carbonplan.org/research/cdr-database	公开获取
全国森林清查数据[④]	中国各省分类森林蓄积量数据	国家林业和草原局	http://forest.ckcest.cn	公开获取

① 政府间气候变化专门委员会评估报告, 2022. https://www.ipccnggip.iges.or.jp/public/gpglulucf/gpglulucf_files/Chp3/Chp3_2_Forest_Land.pdf [2022-01-23]。

② 全球森林景观恢复信息二氧化碳移除数据库, 2022. https://infoflr.org/what-flr/global-emissions-and-removals-databases [2022-01-23]。

③ 二氧化碳移除数据集, 2022. https://carbonplan.org/research/cdr-database [2022-01-23]。

④ 全国森林清查数据, 2022. http://forest.ckcest.cn/ [2022-01-23]。

（二）数据质量情况

以森林碳汇为代表的陆地生态系统碳汇监测技术方法已较为成熟，但大尺度碳汇监测未能大范围展开。关于区域性森林碳汇方面的监测成果相对较少，大多根据固定监测样地代表对区域及全国碳汇量进行推算，基于省级以下的小区域范围内的碳汇量估算存在着较大的误差。海洋碳汇数据更为稀缺，已有渔业碳汇核算方法仅针对少数品种的贝类和藻类养殖，暂未发布统一的渔业碳汇测算标准。而沿海蓝碳即红树林、盐沼和海藻床生态系统的碳汇核算在原理上与陆地林业碳汇较为相似，数据开发有待加强。

在碳中和目标下，中国人工碳汇项目的减排贡献仍然很低。目前已投运或建设中的 CCUS 技术约 40 个，捕集能力 300 万吨/年，但多以石油、煤化工、电力行业小规模的捕集驱油示范为主（蔡博峰等, 2021），无法形成大规模的全流程产业集群效应。在数据质量方面，普遍存在对 CCUS 涉及的地质勘查工作不够细致，封存潜力与适宜性评估体系不够完善，无法获取精准的实际封存量与匹配封存量等问题（孙腾民等, 2021），难以为人工碳汇项目论证提供有力数据支撑。

（三）数据服务状况

国内外对自然碳汇监测已开展大量研究，形成了基础能力、数据质量、支撑能力和服务水平明显提高的自然碳汇监测网络，但由于研究时间不一致、监测方法不统一、研究空间尺度各异等原因，使得研究结果缺乏可比性，面向碳中和的自然碳汇监测网络建设任重道远。在监测技术评估方面，现有研究尚未对自然碳汇监测技术进行深入梳理与分类，缺乏对不同技术间的互补机制进行分析。在监测数据利用方面，多数研究仅在政策建议中泛泛提及调控策略，缺乏高效挖掘、管理和利用数据的经验积累，自然碳汇监测数据集成和共享机制尚未建立。

人工碳汇的监测数据主要服务于技术应用场景的选择，在理论层面应进一步明确碳封存计量方法，完善碳封存适宜性评价体系及指标选取；在应用层面，须因地制宜合理选择技术与装备，既要考虑排放源与储存点的源—汇匹配问题，也要考虑技术部署带来的成本收益问题（Rosa *et al*., 2021），应根据地质环境条件和经济社会发展状况等情况开展 CCUS 潜力评估，为优化技术的空间布局提供基础信息。此外，采取 CCUS 与能效提升、储能、氢能、生态增汇等多技术耦合联用的方式，可以获得效益最大化（余碧莹等, 2021），为碳中和目标实现提供技术支撑。

三、碳市场数据的紧迫需求

（一）数据的总体情况

2011 年，中国正式启动碳排放权交易试点建设。迄今为止，中国已建成深圳、上海、北京、广东、天津、湖北、重庆、四川和福建等九个碳排放权交易试点市场。2021 年 7 月，全国碳排放权交易市场正式上线交易。随着碳市场建设进程的提速，中国碳市场数据库正不断完善，数据质量稳步提升。以湖北碳交易市场为例，其数据库包括配额现货交易记录、配额远期交易记录以及中国核证自愿减排（Chinese Certified Emission Reduction, CCER）项目数据。其中，现货交易数据的时间精度包括每日交易数据、月度交易数据和年度交易数据三类；远期交易数据的时间精度为每日交易数据。碳试点交易数据和全国碳排放权数据均可公开获取。CCER 项目数据储存于中国自愿减排交易信息平台网站。该网站汇总了各审定项目、备案项目、减排量、审定与核证机构的详细文件，时间范围为 2013 年 10 月～2017 年 3 月。

国际上，欧盟碳交易体系（European Union Emission Trading Scheme, EU-ETS）、全球清洁发展机制（Clean Development Mechanism, CDM）项目数据

库、世界银行碳价政策仪表盘数据库是比较有代表性的碳市场数据库。EUTL 记录了欧盟碳排放权交易体系成立以来碳市场参与主体（即控排企业）的交易数据。该数据库由欧盟委员会管理，共涉及 28 个欧盟成员国和 3 个非成员国，涵盖电力、供暖、石油提炼、钢铁、水泥、石灰、玻璃、造纸、航空等行业，记录了企业间碳排放配额的交易日期、交易对象、成交金额等数据。然而，该数据并非实时更新。当前数据库主要包括 2005～2018 年间的企业交易数据。CDM 项目数据库汇总了全球各国 CDM 项目及其详细报告文件，并依据注册日期、所属部门、主办国家等信息对不同项目进行分类。从空间尺度上看，该数据库涵盖了拉丁美洲、亚洲和太平洋地区、欧洲和中亚地区、非洲、中东等地区；从时间尺度上来看，该数据库记录了 2004 年 11 月至今的所有 CDM 项目数据。世界银行碳价政策仪表盘数据库汇总了全球已实施、计划实施和考虑实施的区域、国家和地方碳价记录，具体包括碳定价机制（碳排放交易体系和碳税）的地区分布、各地碳定价机制所覆盖的排放量、已实施碳定价机制的碳价及碳定价收益等数据。国内外主要碳市场数据库的基本信息如表 22–2 所示。

（二）数据的质量情况

碳市场数据的收集方式相对简单，主要依靠各地区碳交易中心的实时监测，数据质量较为可靠。从数据类别来看，各地区碳市场涉及的交易产品不尽相同，碳市场数据库之间存在显著差异。例如，湖北碳排放交易中心提供的数据库记录了配额、CCER 等现货交易数据、远期交易数据和 CCER 签发项目数据；欧盟碳交易市场的交易日志和中国碳市场成交数据库主要记录碳配额现货的交易数据；CDM 项目数据库和中国自愿减排交易信息平台主要记录碳减排量的交易数据；世界银行碳价政策仪表盘数据库主要记录全球不同地区的碳价数据。

表 22–2　国内外主要碳市场数据库的基本信息

数据集名称	性质/内容	版权归属及贡献者	来源/网址	可获取性
欧盟碳交易日志[①]	记录了交易主体对碳排放配额的交易记录；交易记录包括交易日期、交易对象、成交金额等；该数据库为企业级交易数据；时间尺度为 2005～2018 年；	欧盟委员会	https://ec.europa.eu/clima/ets	公开获取
全球清洁发展机制（CDM）项目数据库[②]	CDM 项目类型主要包括风能、水力、生物质能、太阳能、化石燃料转型等；数据记录了包括全球 CDM 项目注册备案数、注册时间、项目分布地区等；空间尺度为国家；时间尺度起于 2004 年 11 月世界上第一个 CDM 项目注册成功	联合国环境规划署	https://cdm.unfccc.int/Projects/projsearch.html	公开获取
世界银行碳价政策仪表盘数据库[③]	该数据库收集了全球已实施、计划实施和考虑实施碳交易国家的碳税（Carbon Tax）和碳排放权交易（Emission Trading Scheme, ETS）	世界银行	https://data.worldbank.org.cn	公开获取
中国碳市场成交数据库[④⑤]	全国碳市场每日、每周、每月成交数据；数据类别包括交易品种、开盘价、最高价、最低价、收盘价、涨跌幅、成交量、成交额、交易方式；数据收录自 2021 年 7 月 16 日	上海环境能源交易所	https://www.cneeex.com	公开获取
	全国碳市场每日成交数据；数据类型包括：交易日期、挂牌协议成交量及大宗协议成交量和两类协议的成交额、成交均价；数据收录自 2021 年 7 月 16 日	天津碳排放权交易所	https://www.chinatcx.com.cn	公开获取
上海碳排放交易数据[④]	上海碳市场每日、月度、年度的成交数据；数据类别包括交易品种、成交量、成交金额、成交日期；数据收录自 2013 年 11 月 26 日	上海环境能源交易所	https://www.cneeex.com	公开获取
北京市碳排放交易数据[⑥]	北京市碳市场每日的成交数据；数据类型包括成交日期、成交量、成交均价、成交额；数据收录自 2013 年 11 月 28 日	北京绿色交易所	https://www.cbeex.com.cn	公开获取

续表

数据集名称	性质/内容	版权归属及贡献者	来源/网址	可获取性
广东碳排放权交易数据[⑦]	广东省碳市场每日、每周的成交数据；日成交数据类别包括品种、开盘价、收盘价、最高价、最低价、涨跌、涨跌幅、成交量、成交金额；周成交数据类型包括本周成交量、总成交金额、本周成交均价、累计成交量、累计成交金额、CCER 本周成交量、CCER 累计成交量；数据收录自 2013 年 12 月 19 日	广州碳排放权交易所	http://www.cnemission.com	公开获取
天津碳交易数据[⑧]	天津碳市场每日的成交数据；数据类别包括交易日期、交易品种、成交量、成交额、成交均价；数据收录自 2013 年 12 月 26 日	天津碳排放权交易所	https://www.chinatcx.com.cn	公开获取
深圳碳交易数据[⑨]	深圳碳市场每日成交数据；数据类型包括：交易日期、开盘价、最高价、最低价、成交均价、收盘价、成交量、成交额；数据收录自 2015 年 5 月 18 日	深圳排放权交易所	http://www.cerx.cn	公开获取
重庆市碳交易数据[⑩]	重庆市碳市场每日成交数据；数据类型包括：交易时间、交易均价、最高价、最低价、跌涨幅、成交数量、成交金额；数据收录自 2016 年 7 月 1 日	重庆市公共资源交易中心	https://www.cqggzy.com	公开获取
湖北碳排放配额交易数据[⑪]	湖北碳市场每日、月度、年度成交数据，包括现货交易数据和远期交易数据；数据类型包括：交易日期、交易价格、跌涨幅、最高价、最低价、成交量、成交额；数据收录自 2017 年 4 月 5 日	湖北碳排放权交易中心	http://www.hbets.cn	公开获取
CCER 交易数据[⑫]	九个试点每日 CCER 交易数据 数据类别包括试点地区、交易日期、成交量、成交额；数据收录自 2017 年 8 月	湖北碳排放权交易中心	http://www.hbets.cn	公开获取
四川碳交易数据[⑬]	四川碳排放权交易每日数据；交易数据包括交易品种、开盘价、买入价、卖出价、成交量、成交额；数据收录自 2018 年 12 月 3 日	四川联合环境交易所	https://www.sceex.com.cn/?language=zh_CN	公开获取

续表

数据集名称	性质/内容	版权归属及贡献者	来源/网址	可获取性
福建碳交易数据⑭	福建省碳配额交易数据；交易数据包括交易日期、收盘价、成交数量、成交额;数据收录自2021年11月9日	海峡股权交易中心	https://carbon.hxee.com.cn	公开获取
中国自愿减排信息交易项目数据⑮	自愿减排审定项目、备案项目、减排量、审定与核证机构	应对气候变化司	http://cdm.ccchina.org.cn/zylist.aspx?clmId=166	公开获取

① 欧盟碳交易日志, 2021. https://ec.europa.eu/clima/ets/ [2021-12-08]。
② 全球清洁发展机制项目数据库, 2021.http://cdm.unfccc.int/Projects/projsearch.html[2021-12-08]。
③ 世界银行，2021. World Bank Open Data. https://data.worldbank.org [2021-05-25]。
④ 上海环境能源交易所, 2021. https://www.cneeex.com/[2021-12-08]。
⑤ 天津碳排放权交易所, 2021. https://www.chinatcx.com.cn/[2021-12-08]。
⑥ 北京绿色交易所, 2021. https://www.cbeex.com.cn/[2021-12-08]。
⑦ 广州碳排放权交易所, 2021. http://www.cnemission.com/[2021-12-08]。
⑧ 天津碳排放权交易所, 2021. https://www.chinatcx.com.cn/[2021-12-08]。
⑨ 深圳排放权交易所, 2021. http://www.cerx.cn/[2021-12-08]。
⑩ 重庆市公共资源交易中心, 2021. https://www.cqggzy.com/[2021-12-08]。
⑪ 湖北碳排放权交易中心, 2021. http://www.hbets.cn/[2021-12-08]。
⑫ 湖北碳排放权交易中心, 2021. http://www.hbets.cn/[2021-06-28]。
⑬ 四川联合环境交易所, 2021. https://www.sceex.com.cn/?language=zh_CN[2021-12-08]。
⑭ 海峡股权交易中心, 2021. https://carbon.hxee.com.cn/[2021-12-08]。
⑮ 中国自愿减排信息交易信息平台, 2021. http://cdm.ccchina.org.cn/zylist.aspx?clmId=166[2017-03-15]。

从空间维度来看，全球 CDM 项目数据、世界银行碳价政策仪表盘数据库和中国碳市场成交数据库主要从国家尺度记录数据。中国各试点省市碳交易中心提供的数据库和中国碳交易网主要记录了省区尺度的碳交易数据；欧盟交易日志记录了欧盟成员国之间企业级的交易数据；中国自愿减排交易信息平台则以项目为对象提供相关的碳交易数据。从时间维度来看，世界银行碳价政策仪表盘数据库主要记录了不同地区年度碳交易数据，而其他数据库均提供了日度、月度和年度的碳交易数据。

（三）数据服务状况

作为全球首个碳交易市场，欧盟碳市场的交易日志记录了 2005～2018 年间企业级的碳交易数据。该数据库面向全球用户免费下载且无需注册。下载数据为可扩展标记语言（Extensible Markup Language, XML）格式（可用 Excel 软件打开）。较长的时间跨度和翔实的交易记录为学术研究提供了宝贵的数据资源。基于该数据库的相关学术成果已发表在《自然通讯》（*Nature Communications*）等国际期刊（Guo *et al*., 2020）。世界银行碳价政策仪表盘数据库同样面向全球用户免费下载且无需注册。除基础数据外，该数据库还提供数据可视化及相应的下载服务。相比之下，全球 CDM 项目数据库要求用户在线注册。该数据库提供电子表格（Excel Spreadsheet, XLS）格式的项目整合数据和各 CDM 项目的详细报告。

随着中国碳市场建设进程的提速，相关数据库正不断完善，数据质量稳步提升。尽管各试点省市的碳交易中心均提供了日度、月度和年度数据的查询服务，但上述数据无法直接下载，一定程度上增加了数据获取的难度。试点省市碳市场数据库的建设进程存在较大差异。其中，湖北碳排放交易中心提供的数据库最为翔实、全面。除基础数据外，该数据库还提供相关数据的可视化服务，并同时简单记录了其他八个试点省市的碳交易数据。各试点省市的碳市场数据库、中国碳市场成交数据库和中国自愿减排交易信息平台之间仍较为独立。碳交易数据缺乏规范统一的综合管理平台。此外，各数据库仅提供了不同时段的成交总量和成交总额，将碳交易数据细化至企业级别将大幅提升数据质量及其学术研究价值。

四、碳足迹数据的紧迫需求

（一）数据的总体情况

国际碳标签认证标准主要分为两种：第一种是 ISO 国际标准，主要包括 ISO 14024、ISO 14021 和 ISO 14025 等。该标准是具有公开的具体计算方法并被广泛使用的产品碳足迹评价标准，且基于 LCA 评估产品或服务在生命周期内的温室气体排放量。第二种是温室气体议定书（Greenhouse Gas Protocol, GHG Protocol），如《商品和服务在生命周期内的温室气体排放评价规范》（PAS 2050）等，为企业提供计算其价值链或产品生命周期温室气体排放的标准化方法。有些国家还开发了具有本土化特征的碳标签认证标准，如日本的 TSQ 0010 标准、韩国的第三类环境声明标准等。

碳足迹数据库是建立碳标签制度的基础与前提。当前，国际上主要通过积累单元过程和全生命周期清单数据的方式建立 LCA 数据库。ISO 14040 和 ISO 14044 标准为全生命周期建模和计算工作提供了基本原则与要求。中国学者综合考虑本国政策目标，兼顾清单数据的可获得性、特征化模型的适应性等因素，建立了本土化的碳足迹数据库，如中国生命周期基础数据库（CLCD）。国内外主要碳足迹数据集如表 22–3 所示。总的来看，中国相关工作仍处于分行业的启动阶段。

（二）数据的质量情况

ISO 环境管理技术委员会于 2006 年 3 月 1 日正式发布了 ISO 14064 标准。该标准旨在提供一套透明且可核查的方法学，帮助组织和机构量化、监测、

表 22–3　国内外主要碳足迹数据集的基本信息

数据集名称	性质/内容	版权归属及贡献者	来源/网址	可获取性
瑞士生命周期清单数据库[①]	涵盖欧洲及世界多国的 13 300 多个单元过程数据集及相应产品的汇总过程数据集，包含各种常见物质的 LCA 清单数据，是国际 LCA 领域使用最广泛的数据库之一也是许多机构指定的基础数据库之一	瑞士 Ecoinvent 中心	http://www.ecoinvent.org	公开获取
欧盟生命周期参考数据库[②]	涵盖欧盟 440 余种大宗能源、原材料、运输的汇总 LCI 数据集，包含各种常见 LCA 清单物质数据，可为在欧生产，使用、废弃的产品的 LCA 研究与分析提供数据支持，是欧盟环境总署和成员国政府机构指定的基础数据库之一	欧盟联合研究中心（European commission’s Joint Research Centre, JRC）、联合欧洲各行业协会	https://simapro.com	公开获取
德国 GaBi 扩展数据库[③]	涵盖 4 000 多个可用的 LCI 数据，其中专业数据库包括各行业常用数据 900 余条扩展数据库包含了有机物、无机物、能源、钢铁、铝、有色金属、贵金属、塑料，涂料、寿命终止、制造业，电子、可再生材料、建筑材料、纺织数据库、美国 LCA 数据库 16 个模块	德国 Thinkstep 公司	http://www.gabi-software.com	公开获取
美国生命周期清单数据库[④]	涵盖 950 多个单元过程数据集及 390 个汇总过程数据集，涉及常用的材料生产、能源生产、运输等过程	美国国家再生能源实验室（National Renewable Energy Laboratory, NREL）	https://www.nrel.gov/lci	公开获取

续表

数据集名称	性质/内容	版权归属及贡献者	来源/网址	可获取性
韩国生命周期清单数据库[5]	涵盖 393 个国内汇总过程数据集，涉及物质及配件的制造、加工、运输、废物处置等过程	韩国环境工业与技术协会（Korea Environmental Industry and Technology Institute, KEITI）	http://www.epd.or.kr	公开获取
中国生命周期基础数据库[6]	涵盖能源、黑色金属、有色金属、非金属、无机化学品、有机化学品、运输和污染治理八个行业，涉及 500 余个过程	四川大学建筑与环境学院和亿科环境科技有限公司	http://www.ike-global.com	公开获取

① 瑞士生命周期清单数据库, 2021. http://www.ecoinvent.org [2021-12-08]。

② 欧盟生命周期参考数据库, 2021. https://simapro.com [2021-12-08]。

③ 德国 GaBi 扩展数据库, 2021. http://www.gabi-software.com [2021-12-08]。

④ 美国生命周期清单数据库, 2022. https://www.nrel.gov/lci/ [2021-12-08]。

⑤ 韩国生命周期清单数据库, 2022. http://www.epd.or.kr [2021-12-08]。

⑥ 中国生命周期基础数据库, 2022. http://www.ike-global.com/ [2021-12-08]。

报告及核查其温室气体排放，并寻求潜在的减排机会。该组织于 2007 年着手制定产品碳足迹评价的国际标准（ISO 14067），分为量化（ISO 14067–1）和沟通（ISO 14067–2）两部分。ISO 14067 标准的颁布，为推动全球范围内使用生命周期评估方法进行产品碳足迹核算、交流与比较，促进低碳采购与消费起到积极的作用。

温室气体议定书初创于 1998 年，旨在发展一套国际公认的温室气体核算和报告标准与工具，助力全球范围内发展低碳经济。GHG 标准可分为五个层面，包括企业组织、产品、项目、地区、政策与目标。其中，企业组织层面包括企业核算与报告标准、企业价值链（范围 3）核算与报告标准；产品层面包括产品生命周期核算、报告标准和项目议定书；项目层面包括土地利用和并网发电项目；地区层面主要指社会规模温室气体排放清单；政策与目标层面包括减排目标政策与行动等。

不同标准下产品碳足迹的核算结果存在显著差异，如依据温室气体议定书和 ISO 14067 核算的碳足迹分别比 PAS 2050 高 61%和 49%(李楠等, 2020)。因此，如何提升碳足迹各标准之间的兼容性，是亟待探讨的一个问题。

（三）数据服务状况

英国碳标签制度涵盖 2 500 种以上的产品，其认证主要基于 PAS 2050 和 GHG Protocol 标准。美国碳标签制度基于 PAS 2050、GHG Protocol 和 ISO 14044 标准。韩国碳足迹的核算标准可分为四类：第一类是 ISO 14040、ISO 14064 和 ISO14025；第二类是 PAS 2050；第三类是环境声明标准；第四类是 GHG Protocol 等其他相关协议标准。日本的产品碳标签基于本土化的 TSQ 0010 标准，该标准详细规范了不同阶段应收集的原始活动数据和次级数据，以及在不同阶段利用收集到的数据进行温室气体排放量计算的公式。

在中国，由中国电子节能技术协会低碳经济专业委员会联合相关产学研单位于 2018 年启动编制了《电器电子产品碳足迹评价通则》《低碳建筑产品碳标签评价规范》《LED 道路照明产品碳足迹评价规范》《微型计算机碳足迹核算技术规范》《移动通信手持机碳足迹核算技术规范》《液晶显示器产品碳足迹评价规范》等 10 余项碳足迹、碳标签评价规范，并于 2018 年 11 月 15 日正式发布了《电器电子产品碳足迹评价通则》和《LED 道路照明产品碳足迹评价规范》两项行业标准。但在电器电子行业以外领域，碳足迹、碳标签标准几乎空白。为进一步促进碳足迹、碳标签的推广应用，在充分借鉴国际标准和数据库建设经验的基础上，应结合产品、产业链和供应链的实际场景，加大碳足迹基础数据库建设投入，探索符合中国实际情况的企业碳足迹模型和评估方法，形成一套可复制可推广的碳标签认证体系。

参考文献

Fang, K., Dong, L. and Ren, J., *et al.*, 2017. Carbon footprints of urban transition: Tracking circular economy promotions in Guiyang, China. Ecological Modelling, 365: 30～44.

Fang, X., Stohl, A. and Yokouchi, Y., *et al.*, 2015. Multiannual top-down estimate of HFC-23 emissions in East Asia. Environmental Science & Technology, 49 (7): 4345～4353.

Guo, J., Gu, F. and Liu, Y., *et al.*, 2020. Assessing the impact of ETS trading profit on emission abatements based on firm-level transactions. Nature Communications, 11(1), 1～8.

Park, S., Western, L. and Saito, T., *et al.*, 2021. A decline in emissions of CFC-11 and related chemicals from eastern China. Nature, 590 (7846): 433～437.

Rosa, L., Sanchez, D. and M. Mazzotti, 2021. Assessment of carbon dioxide removal potential via BECCS in a carbon-neutral Europe. Energy Environmental Science, 14: 3086～3097.

Wiedmann, T.O. and M. Lenzen, 2018. Environmental and social footprints of international trade. Nature Geoscience, 11(5): 314～321.

蔡博峰、李琦、张贤等："中国二氧化碳捕集利用与封存（CCUS）年度报告（2021）——中国 CCUS 路径研究"，生态环境部环境规划院，中国科学院武汉岩土力学研究所，中国 21 世纪议程管理中心，2021 年。

李楠、刘盈、王震："国际标准差异对产品碳足迹核算的影响分析——以胶版印刷纸为例"，《环境科学学报》，2020 年第 40 卷第 2 期。

彭水军、张文城、卫瑞："碳排放的国家责任核算方案"，《经济研究》，2016 年第 3 期。

孙腾民、刘世奇、汪涛："中国二氧化碳地址封存潜力评价研究进展"，《煤炭科学技术》，

2021年。
余碧莹、赵光普、安润颖等："碳中和目标下中国碳排放路径研究"，《北京理工大学学报（社会科学版）》，2021年第23卷第2期。
张琦峰、方恺、徐明等："基于投入产出分析的碳足迹研究进展"，《自然资源学报》，2018年第33卷第4期。

第二十三章　加强气候变化领域科学数据保障能力的建议

气候变化数据体系较庞杂，综观本报告中的19类气候变化科学数据的质量和服务状况可知，中国气候变化科学数据主要存在以下四方面不足：①能源、灾情、经济社会、温室气体排放等气候变化相关科学数据存在统计口径不一致、核算方法不统一、关键指标缺失的问题；②面向碳达峰、碳中和的数据资源未成体系；③各类数据的质量参差不齐；④数据共享的限制条件较多、共享资源不足。本报告针对以上问题，从完善中国气候变化科学数据体系、加强面向双碳工作的数据资源建设、提升气候变化数据质量、推动气候变化数据共享四个方面提出了提高气候变化领域科学数据保障能力的建议。

一、完善气候变化科学数据体系的建议

气候变化研究是一门涉及多时空尺度、多学科交叉融合的复杂科学。它不仅包括观测、模拟、预估的科学研究，还涉及海量科学数据存储、分析和决策服务等多种信息技术要求，其发展依赖于地球观测系统与科学大数据。气候变化科学大数据反映和表征着复杂的地球系统和经济社会现象与关系，具有超高数据维度（张强等，2008；吴国雄等，2014；王昕等，2016）。目前，中国能源、灾情、经济社会、温室气体排放等气候变化相关科学数据存在统计口径不一致、核算方法不统一、关键指标缺失、时空不对应的问题。这影响了气候变化科学研究的突破与发展。因此，建议中国从以下几方面完善气

候变化科学数据体系：

（一）系统梳理、完善气候变化科学数据体系

系统梳理现有气候变化数据集，按指标属性和时间序列建立数据索引目录，实现多重指标的科学分类。综合目前收集到的公开数据库和商业数据库，甄别统计标准，统一科学定义，扩展气候因子指标。

（二）数据集之间的承接和逻辑关联

目前，中国各种来源的自然灾害数据库、人口健康数据集等普遍存在时间段不完全一致或空间范围不完全重合。这不仅为多源信息校正带来了不便，而且对区域规律的分析有一定影响。因此，建议中国建立长效机制，提高数据的时空覆盖率。

（三）再分析数据集的发展和应用

建议中国采取措施，促进气候变化再分析数据集在科学研究、业务开展和国家政策制定等方面发挥作用。比如，发挥气候变化资料在合理应对全球气候变化问题中的作用。

（四）面向未来的气候变化科学交叉数据体系的建立

建议中国把握近年来及今后一段时间内国际全球变化研究新趋势，构建交叉数据平台，扩展用户的种类和数量，使部分气候数据能在全国范围内得到更大程度的共享，被公众和研究机构使用。

二、加强支撑碳达峰、碳中和战略的数据资源建设的建议

碳达峰、碳中和工作是当前中国应对气候变化和实现经济社会体系系统

性变革的中长期战略，对温室气体排放、能源消费、经济社会活动、海洋和生态碳汇等数据的需求极为迫切，但目前还存在数据资源零散、部分关键数据不足、数据保障的系统性不够等问题，亟需建立覆盖全面、更新及时的双碳数据监测和服务体系，以加强对双碳科学研究、技术研发和科学决策的支持保障。主要包括以下方面：

1. 围绕国家碳达峰碳中的“1+N”政策体系总体部署，立足国情实际，加强国家碳中和目标实现背景下开展的数据核算方面的工作，在国家碳达峰碳中和领导小组办公室成立碳排放统计核算工作组基础上，加快建立统一规范的碳排放和碳汇统计核算体系，系统核算面向碳达峰和碳中和的相关数据。

2. 加强收集碳中和相关基础数据。全面收集各关键行业部门如能源、电力、工业、交通、建筑等实现碳中和所涉及到的各类基础数据，系统梳理碳移除、碳资源化利用、自然和人工碳汇及负排放等关键技术的发展成熟度、主要技术特征、成本收益、应用场景等重要数据。

3. 构建替代性能源的降碳潜力评估数据集。构建能源生产和消费领域替代性能源、关键工艺生产过程更新改造和产品更新替代、建筑交通等领域替代性技术、替代性材料、智慧控制系统等具有减碳脱碳潜力的数据集，同时增加温室气体减排的直接、间接、综合健康协同效应评估数据。

4. 加强科技支撑碳排放核算体系建设，提升我国在碳排放定量测算面的国际影响力。开展的源数据融合处理研究，形成从全国、地方到重点排放点源、多空间尺度、多时间维度、高精度的综合碳排放数据库。积极参与国际IPCC等开展的碳排放核算方法研究，建立既体现我国特色、又与国际衔接的科学合理的方法学，结合“一带一路”、南南合作等国际合作战略探索全球碳排放数据情况，为中国主动参与国际气候谈判、减排成效评估和相关监管提供定量化依据。

三、持续提升气候变化数据质量的建议

目前，中国各类气候变化科学数据之间的质量状况差异较大，存在参差不齐的现象。有些气候变化科学数据如天文数据、大气温室气体数据、气候观测数据等质量较好，数据稳定、更新及时。但还有较多的气候变化科学数据更新滞后，如农牧渔业数据和植被数据等数据集的更新年份仍停留在十年前。在海洋科学数据方面，中国比较缺少集成化的，更长时间序列的，有详细说明和严格数据质量控制的全球化综合化海洋数据产品。随着新时期社会、经济和科技的发展进程，对于数据质量的需求也日益提升。拥有高精度和高稳定度的观测资料是理解气候系统行为和发展、评价地球系统模式、探寻极端天气事件成因以及理解气候长期变化趋势原因的必要条件。因此，建议在国家层面上集中优势力量，对气候变化相关的行业领域的科学数据集进行综合梳理，提出数据资料质量控制的思路方法和标准体系，同时可引用大数据分析手段，产生再分析资料，形成具有权威性和科学性的高质量再分析数据产品（吴国雄等，2014；Overpeck *et al.*，2011）。建议在现有碳中和背景下气候变化相关数据集的系统梳理基础上，提出新时期面向碳中和数据集的质量控制标准体系。

四、推动气候变化数据共享的建议

目前，中国在科学数据共享过程中存在共享限制多、共享资源不足等问题。如大部分数据服务平台的数据获取设置了限制条件，除了需要在线注册外，还需要提供其他信息，包括项目名称及编号、项目概要及数据应用目标等，不利于数据广泛服务于公众。同时，在目前能实现共享的数据资源中，某些数据集如土地利用类型数据、古气候数据、能源数据等，由中国机构或

中国科学家主导的数据平台的影响力还不够，需要到国际平台上注册和获得数据，较依赖于国际资源。从全球变化研究对科学数据的急迫需求出发，必须构建可共享的高质量数据库，进一步提高对数据共享的认识，打造科学数据共享平台，以适应全球变化研究的新挑战（姚辉和赵秀生等，2003；吴国雄等，2014）。建议中国从以下几方面推动气候变化数据共享：

1. 提高对资料共享的认识。目前中国气候变化数据集分布在相关行业主管部门、科研院所和商业公司等，需要根据实际情况进行数据资源的整合。如国家森林生态系统观测研究网络数据集虽然有协议共享，但是主体数据依然保存在各观测站内部，共享难度较高，在网站内申请数据共享服务时效很慢，且获批几率不高。共享数据的建立需要大量人力和财力的投入，更需要一批有经验的科学和技术人员。而且，用户的反馈信息对于资料共享具有重要意义，有助于提高原数据集质量和权威性，拓宽数据的应用范围。

2. 加强可共享数据集的技术保障。目前中国尚有部分数据集由于服务主管部门的服务器能力不足，安全保障措施不到位，只能提供在线查询，还无法实现下载功能。建议加大对数据存储技术、数据传输技术等技术的扶持力度。为了强化数据共享中的安全保障，积极推动探索利用区块链技术、云计算技术、多方安全计算等技术加强数据安全共享。

3. 提高用户界面的友好性。构建有全球影响力的权威数据库，需要基于较高精确度和准确度的定量化数据、配套完整的说明性技术文档，以保证数据能够高效地服务于科学研究、行业决策和国家方针政策的制定。

4. 加强研究机构、高等院校和行业部门之间的交流和合作，建立具有知识产权的气候变化再分析资料数据集，打造具有中国特色的气候变化科学综合数据共享平台。同时，建立中国气候变化科学数据索引系统，便于各级用户查询和使用数据。

5. 加强气候变化科学数据共享中的法律保障和用户分级管理。基于数据共享状况，建议通过构建“数据共享考核机制”，推动中国数据共享。

参考文献

Overpeck, T., G. Meehl and S. Bony, *et al*., Climate Data Challenges in the 21st Century. *Science*, 2011,331(6018):700～702.

吴国雄、林海、邹晓蕾等："全球气候变化研究与科学数据"，《地球科学进展》，2014 年第 29 卷第 1 期。

王昕、王国复、黄小猛："科学大数据在全球气候变化研究中的应用"，《气候变化研究进展》，2016 年第 12 卷第 4 期。

姚辉、赵秀生："全球气候变化信息系统中二进制数据存储的解决方案"，《计算机工程与应用》，2003 年第 16 期。

张强、熊安元、阮新："我国地面格点化数据集的研制"，《中国科技资源导刊》，2008 年第 40 卷第 3 期。